# FUNKTIONENTHEORETISCHE VORLESUNGEN.

Von

HEINRICH BURKHARDT,
O. PROFESSOR AN DER UNIVERSITÄT ZÜRICH.

ZWEITER TEIL.

ELLIPTISCHE FUNKTIONEN.

LEIPZIG,
VERLAG VON VEIT & COMP.
1899.

# ELLIPTISCHE FUNKTIONEN.

Von

HEINRICH BURKHARDT,

O. PROFESSOR AN DER UNIVERSITÄT ZÜRICH.

MIT ZAHLREICHEN FIGUREN IM TEXT.

LEIPZIG,

VERLAG VON VEIT & COMP.

1899.

Druck von Metzger & Wittig in Leipzig.

# Vorwort.

Für die Bearbeitung dieses zweiten Teiles meiner funktionentheoretischen Vorlesungen sind mir im wesentlichen dieselben Grundsätze maßgebend gewesen wie für den ersten. Auch hier haben mir die Riemannschen Vorstellungsweisen überall das Gerippe geliefert, um das sich alle Entwicklungen gruppieren. Es ist in der That merkwürdig, wie wenig Riemanns Vorgang gerade auf diesem Gebiete Nachfolger gefunden hat; ich wüßte nur die Skizze in der ersten Auflage von C. Neumanns Abelschen Funktionen und den „Abriß“ von Thomae zu nennen. Selbst so gute Kenner der Riemannschen grundlegenden Anschauungen wie Durège und Herr Königsberger haben in der Theorie der elliptischen Funktionen von diesen Anschauungen verhältnismäßig wenig Gebrauch gemacht. Und doch giebt es auch hier eine Reihe von Fragen, namentlich die mit dem Umkehrproblem zusammenhängenden, die gerade auf dem Riemannschen Wege am einfachsten und durchsichtigsten erledigt werden können.

Andererseits schien es mir durchaus erforderlich, in dieses Gerüste die weiteren Entwicklungen einzuarbeiten, die seit Riemann teils auf Grund seiner Ideen, wie z. B. in der Theorie der Modulfunktionen, teils unabhängig davon, wie namentlich durch Weierstrass, neu hinzugekommen sind. Zur Übernahme einer solchen Aufgabe durfte ich mich vielleicht deswegen berufen glauben, weil ich in die Weierstrassche Theorie der elliptischen Funktionen von Herrn H. A. Schwarz, in den Riemannschen Ideenkreis von Herrn F. Klein eingeführt worden bin. Für die Detailausführung Riemannscher Ansätze habe ich auch viel aus den Schriften von Herrn J. Thomae geschöpft.

Das Buch beginnt mit den elementarsten Sätzen über die Irrationalität $\sqrt{f_4(z)}$, bezw. $\sqrt{f_3(z)}$ uud die von ihr abhängigen Integrale. Doch habe ich mich bei diesen möglichst kurz aufgehalten, um sobald als möglich das Problem der Umkehrung des Integrals erster Gattung zu formulieren. Der in vielen Lehrbüchern sich findende Beweis für die Eindeutigkeit dieser Umkehrung, den Briot und Bouquet gegeben haben, ist bekanntlich unzulänglich; der Beweis von Schwarz (in der Abhandlung über die konforme Abbildung der Oberfläche des Tetraeders auf die Kugel) schien mir für den Anfang zu schwierig; die übrigen Beweise bedürfen zu vieler Sätze aus der entwickelten Theorie. Ich habe mich deshalb schließlich entschlossen, den Beweis nur für den Fall reeller Verzweigungspunkte hier durchzuführen, dann aber diesen Gang der Untersuchung abzubrechen und im zweiten Abschnitt mit der Untersuchung der Eisenstein-Weierstrassschen Partialbruchreihen für doppeltperiodische Funktionen von neuem einzusetzen; sodaß also, wer will, den ersten Abschnitt zunächst ganz überschlagen und das Studium des Buches mit dem zweiten beginnen kann.

Bei Entwicklung der Weierstrassschen Funktionen kann man entweder mit der Produktentwicklung von $\sigma u$ beginnen und von ihr durch Differentiationen zu $p u$ und $p' u$ vordringen; oder man kann die Partialbruchentwicklung für $p' u$ an die Spitze stellen und von ihr aus durch successive Integrationen zu $p u$, $\zeta u$, $\sigma u$ emporsteigen; ich habe den letzteren Weg vorgezogen, der der Entwicklung der betreffenden allgemeinen Sätze im ersten Teil folgt. — Eine schwierige Sache bei jeder Bearbeitung der elliptischen Funktionen ist die Auswahl unter den verschiedenen Bezeichnungen: ich habe die Weierstrasssche beibehalten, wie sie in der Schwarzschen Formelsammlung fixiert ist, mit einer Ausnahme: ich habe, wie Weierstrass früher selbst gethan und wie neuerdings gleichzeitig von den Herren Study, Tannery und Molk vorgeschlagen worden ist, nicht $\omega_1 + \omega_3$, sondern $-(\omega_1 + \omega_3)$ mit $\omega_2$ bezeichnet. Das bringt einige Änderungen in den Werten der eindeutig definierten zweiten und vierten Wurzeln aus den $e$ mit sich; doch ist es deswegen nicht nötig, $k'$ so zu definieren, daß es im sogen. Normalfall negativ reell wird, wie Tannery und Molk thun.

Auf den ersten Blick größer ist eine andere Unbequemlichkeit, an der man nicht vorbei kommt, wenn man nicht in der Mitte des Buches die Bezeichnung wechseln will. Einerseits nämlich muß man im sogen. Normalfall durchaus der complexen Periode den Index 2 zuweisen, wenn man die den Halbperioden zugeordneten Verzweigungspunkte mit denselben Indices wie diese versehen und dabei doch daran festhalten will, daß die Indices der Verzweigungspunkte ihre Größenfolge festlegen. Andererseits wird man aber doch im Normalfall alle Perioden aus der reellen und der rein imaginären zusammensetzen wollen. Beides zusammen bedingt, daß man überhaupt überall, auch in der Transformationstheorie, $2\omega_1$ und $2\omega_3$ als die Fundamentalperioden behandelt, aus denen sich alles zusammensetzt. — Weierstrass umgeht diese Schwierigkeit, indem er bei allgemeinen Untersuchungen die Fundamentalperioden mit $2\omega$ und $2\omega'$ bezeichnet; dann ist aber der Accent nicht mehr zur Bezeichnung der transformierten Perioden disponibel.

Im fünften Abschnitt habe ich eine allgemeine Theorie der sogen. Jacobischen Funktionen im wesentlichen im Anschluß an das Buch von H. Weber gegeben; sie scheint mir in der That nicht entbehrt werden zu können, wenn man zum Verständnis der Rolle kommen will, die die Thetafunktionen in der Theorie spielen. Daran anschließend habe ich die sogen. elliptischen Funktionen III. Art behandelt; die bezw. Formeln gewinnen merklich an Einfachheit, wenn man sie für Funktionen der Charakteristik (0, 0) statt, wie es meist geschieht, solche der Charakteristik (1, 1) aufstellt.

Der sechste Abschnitt, „das Umkehrproblem“, bildet den Mittelpunkt des Buches. Ich habe versucht (vgl. § 53 a. E. und § 54 a. E.), die verschiedenen hier in Betracht kommenden Fragen sorgfältig auseinander zu halten, um dadurch das Auftreten der Thetafunktionen nicht so ganz unvermittelt erscheinen zu lassen. Von dem übrigen Inhalte dieses Abschnittes möchte ich hier nur noch die in § 60 gegebene nähere Bestimmung der Perioden des Integrals III. Gattung hervorheben.

Nach einem kurzen Zwischenabschnitt über kanonische Formen des elliptischen Integrals habe ich im achten Abschnitt die lineare Transformation soweit behandelt, als es mir der Zweck des Buches mit sich zu bringen schien; auf die explicite Bestimmung der achten

Einheitswurzel, die bei der linearen Transformation der Thetafunktionen auftritt, habe ich verzichten zu dürfen und zu sollen geglaubt. Dagegen bin ich ausführlicher, als es wohl sonst geschieht, auf die Darstellung der Art und Weise eingegangen, wie die lineare Transformation durch Abänderung des Querschnittsystems der RIEMANNschen Fläche zu stande kommt.

Ebenso habe ich den neunten Abschnitt, „Ausartungen der elliptischen Funktionen", ausführlicher angelegt. Insbesondere hat hier die Entwicklung von $K'$ nach Potenzen des Moduls Platz gefunden. Sie läßt sich ja leicht aus der Theorie der hypergeometrischen Reihe, andererseits auch durch iterierte quadratische Transformation gewinnen; das erstere setzt aber Kenntnisse voraus, die ich nicht in Anspruch nehmen wollte; das letztere vertrug sich nicht mit der Anordnung des Stoffes. Aus den Vorlesungen von Herrn SCHWARZ war mir eine elementare Methode bekannt, die das Integral durch Einschaltung eines willkürlichen Zwischenwertes in zwei Summanden spaltet und jeden derselben für sich entwickelt; ich habe den Zwischenwert so gewählt, daß die beiden Summanden einander gleich werden.

In den zehnten Abschnitt, der Realitätsverhältnisse betrifft, habe ich auch eine Diskussion der beiden ganz speziellen Fälle aufgenommen, daß die Verzweigungspunkte harmonisch, bezw. äquianharmonisch liegen.

Der elfte Abschnitt handelt von Modulfunktionen, der zwölfte von den Transformationen höheren Grades der elliptischen Funktionen. Es war dabei meine Absicht, die betreffenden Theorien soweit zu entwickeln, daß die für numerische Rechnung zu benutzenden speziellen Transformationsformeln nicht als isolierte empirische Rechnungsformeln erscheinen, sondern daß ihre Stellung innerhalb der Theorie deutlich wird. Natürlich habe ich mich dabei vielfach an das Buch von KLEIN und FRICKE über Modulfunktionen angeschlossen; nur habe ich von der Theorie der linearen Differentialgleichungen auch hier keinen Gebrauch machen wollen und daher den Hauptsatz des § 93 auf dem von SCHWARZ in der oben schon einmal erwähnten Abhandlung eingeschlagenen Wege abgeleitet. Übrigens wird die ausführliche Behandlung gerade der einfachsten

Fälle auch als Ergänzung des genannten Werkes manchem willkommen sein.

Was den folgenden Abschnitt, „numerische Berechnungen", betrifft, so hat es mich gefreut, aus dem während des Druckes erschienenen II. Heft der Kreiseltheorie von Klein und Sommerfeld zu sehen, daß ich in fast allen wesentlichen Fragen mit den Verfassern derselben Meinung bin. In einem Punkt weiche ich allerdings insofern ab, als ich für die Zwecke meines Buches nicht wie die Verfasser mich auf eine relative Genauigkeit von $1^0/_{00}$ beschränken wollte. Sobald man aber darüber hinausgeht, ist es nicht mehr so bequem, die Legendreschen Tafeln zu benutzen, da man dann in ihnen in Bezug auf beide Argumente interpolieren muß. Vielmehr ist es dann bequemer, sich der quadratischen Transformation zu bedienen; die betreffenden Formeln sind in der von Schwarz herausgegebenen Formelsammlung ausführlich zusammengestellt. Doch habe ich die Sache so dargestellt, daß man nicht nötig hat, erst auf die Weierstrasssche Normalform zu transformieren; in der That hängt ein Teil der Fallunterscheidungen, die Schwarz zu machen genötigt ist, nur an dieser vorhergehenden Transformation.

Schließlich habe ich noch drei Abschnitte Anwendungen hinzugefügt; es schien mir auch für die Zwecke einer ersten Einführung durchaus erforderlich, wenigstens an einigen Beispielen zu zeigen, welcherlei Aufgaben denn nun eigentlich mit den elliptischen Funktionen gelöst werden können. Von den *zahlentheoretischen* Anwendungen habe ich dabei absehen zu dürfen geglaubt, da diese erst vor kurzem in dem Buche von H. Weber dargestellt worden sind. Dagegen habe ich die Anwendungen auf *algebraische Gebilde*, bezw. auf *algebraische Kurven* soweit dargestellt, als es geschehen konnte, ohne von der Theorie der algebraischen Funktionen mehr vorauszusetzen, als im ersten Teil entwickelt ist. Dabei habe ich außer Kleins Normalkurven namentlich auch die These von Humbert benutzt. Dann habe ich (XV) die Theorie der *Laméschen Gleichung* gegeben, wesentlich im Anschluß an Halphen; endlich (XVI) eine Darstellung des Problems des *sphärischen Pendels*, mit besonderer Berücksichtigung der Ausartungsfälle.

Wie man aus dieser Inhaltsübersicht ersieht, habe ich die Aufgabe eines solchen Buches nicht sowohl darin gesehen, die herkömmlicherweise als elementar betrachteten Teile der Theorie erschöpfend zu behandeln, als vielmehr den Studierenden den Zugang zu allen Teilen des Gebäudes zu eröffnen und ihn mit den verschiedenen Methoden zur Behandlung der Theorie bekannt zu machen. Beiseite gelassen habe ich den von Aronhold und Clebsch gebahnten Weg der Verwendung homogener Variabeln und der Invariantentheorie; in der That scheinen mir in der Theorie der *elliptischen* Funktionen (anders in der der Abel'schen) die Vorteile dieses Ganges die Umständlichkeiten nicht aufzuwiegen, die eine einwurfsfreie Begründung desselben mit sich bringt. Infolgedessen mußte ich § 55 die Einordnung der Weierstrassschen Funktionen $\wp u$ und $\wp' u$ in die Riemannsche Theorie anders motivieren als Klein es thut.

Angabe der ersten Quelle von Definitionen und Sätzen habe ich auch in diesem Teil unterlassen zu dürfen geglaubt.

Der Verlagshandlung bin ich zu besonderem Danke für das Entgegenkommen verpflichtet, das sie mir bei Unterbrechungen des Druckes und sonstigen Störungen gezeigt hat.

Zürich, den 9. Februar 1899.

**H. Burkhardt.**

# Inhalt.

## Erster Abschnitt.

### Elliptische Integrale.



## Zweiter Abschnitt.

### Elliptische Funktionen.

## Dritter Abschnitt.

### Darstellung der elliptischen Funktionen durch $\sigma u$ und $\wp u$.



## Vierter Abschnitt.

### Elliptische Funktionen zweiter Stufe.



## Fünfter Abschnitt.

### Jacobische Funktionen.

## Sechster Abschnitt.

### Das Umkehrproblem.



## Siebenter Abschnitt.

### Reduktion der elliptischen Integrale I. Gattung auf kanonische Formen.



## Achter Abschnitt.

### Lineare Transformation.

## Neunter Abschnitt.

### Ausartungen der elliptischen Funktionen.



## Zehnter Abschnitt.

### Realitätsverhältnisse.



## Elfter Abschnitt.

### Modulfunktionen.

## Zwölfter Abschnitt.

### Teilung und Transformation.



## Dreizehnter Abschnitt.

### Numerische Berechnung elliptischer Integrale und Funktionen.

## Vierzehnter Abschnitt.

**Algebraisch-geometrische Anwendungen der elliptischen Funktionen.**



## Fünfzehnter Abschnitt.

**Lineare Differentialgleichungen II. Ordnung, deren Koeffizienten elliptische Funktionen und deren Integrale eindeutige Funktionen der unabhängigen Veränderlichen sind.**



## Sechzehnter Abschnitt.

**Das sphärische Pendel.**

# ERSTER ABSCHNITT.

## Elliptische Integrale.

### § 1. Die zweiblättrige RIEMANN'sche Fläche mit vier Verzweigungspunkten.

In I, § 62[1], hatten wir die rationalen Funktionen von $z$ und der Quadratwurzel aus einer ganzen Funktion ersten oder zweiten Grades von $z$, $s = \sqrt{f(z)}$, untersucht. Wir hatten gefunden, daß es in diesem Falle möglich ist, eine *uniformisierende Hilfsvariable* $t$ (I, § 53) so einzuführen, daß sich $z$ und $\sqrt{f(z)}$ als *rationale* Funktionen von $t$ ausdrücken lassen. Infolgedessen führte die Integration rationaler Funktionen von $z$ und $\sqrt{f(z)}$ auf keine andern Transcendenten, als auf diejenigen, die schon aus den Integralen rationaler Funktionen sich ergeben. Bei Integralen, die von höheren algebraischen Irrationalitäten abhängen, ist das im allgemeinen nicht mehr der Fall; sie stellen selbständige Transscendente dar, deren Eigenschaften nur aus direkter funktionentheoretischer Untersuchung erkannt werden können. Dieser Untersuchung wird eine wenigstens summarische Untersuchung der zugehörigen algebraischen Irrationalitäten vorausgehen müssen.

In diesem Hefte beschränken wir uns auf die Untersuchung der nach den schon behandelten einfachsten Klassen algebraischer Irrationalitäten, nämlich der *Quadratwurzeln aus rationalen ganzen Funktionen dritten oder vierten Grades;* wir werden bald sehen, daß wir diese beiden Gradzahlen zweckmäßigerweise zusammen behandeln.

Halten wir uns zunächst an den Fall, daß unter der Wurzel ein Polynom vierten Grades steht; wir bezeichnen es mit:

1) $$f(z) = a_0 z^4 + 4 a_1 z^3 + 6 a_2 z^2 + 4 a_3 z + a_4,$$

---

[1] In dieser Form wird im folgenden der 1897 im gleichen Verlage erschienene I. Teil dieser Vorlesungen: „*Einführung in die Theorie der analytischen Funktionen einer complexen Veränderlichen*" citiert.

indem wir im Interesse der Vereinfachung späterer Rechnungen nicht die Koeffizienten selbst, sondern ihre Quotienten durch bestimmte Zahlenfaktoren (Binomialkoeffizienten) mit eigenen Buchstaben bezeichnen. Die Gleichung $f(z) = 0$ hat nach dem Fundamentalsatz der Algebra (I, §§ 44, 46) vier Wurzeln; wir bezeichnen sie in beliebig gewählter Reihenfolge mit $\alpha_0$, $\alpha_1$, $\alpha_2$, $\alpha_3$, sodaß:

2) $$f(z) = a_0 (z - \alpha_0)(z - \alpha_1)(z - \alpha_2)(z - \alpha_3)$$

wird. Für diese Wurzeln soll folgende Festsetzung gelten:

I. *So lange nicht das Gegenteil ausdrücklich zugelassen wird, setzen wir hier und im folgenden stets voraus, daß die vier Wurzeln $\alpha$ alle vier voneinander verschieden seien.*

Im übrigen sollen diese Wurzeln bei unseren allgemeinen Untersuchungen keiner weiteren Beschränkung unterliegen.

Um uns nun über die Gesamtheit der Werte der Funktion

3) $$s = \sqrt{f(z)}$$

einen Überblick zu verschaffen, verfahren wir analog, wie in I, § 58—62. Wir bezeichnen einen der beiden Werte von $\sqrt{a_0}$, gleichviel welchen, mit $\overline{\sqrt{a_0}}$; wir setzen:

4) $$z - \alpha_k = r_k e^{i\varphi_k} \qquad (k = 0, 1, 2, 3);$$

wir verstehen unter $\sqrt{r_0 r_1 r_2 r_3}$ den positiven Wert dieser Quadratwurzel. Dann erhalten wir:

5) $$s = \overline{\sqrt{a_0}} \cdot \sqrt{r_0 r_1 r_2 r_3} \cdot e^{1/2\, i(\varphi_0 + \varphi_1 + \varphi_2 + \varphi_3)}.$$

Die Exponenten $\varphi_k$ sind durch (4) nur bis auf ganzzahlige Vielfache von $2\pi$ bestimmt (I, § 4, VII); zwei verschiedene Wertsysteme derselben geben, in (5) eingesetzt, übereinstimmende oder verschiedene Werte von $s$, je nachdem ihre Summen sich um ein gerades oder ein ungerades Vielfaches von $2\pi$ unterscheiden. Wählen wir für einen beliebigen, von $\alpha_0$, $\alpha_1$, $\alpha_2$, $\alpha_3$ verschiedenen Wert $z^0$ von $z$ unter den zugehörigen Werten der $\varphi_k$ willkürliche, aber im folgenden festzuhaltende aus und bezeichnen sie mit $\varphi_k^0$, so können wir die beiden zu $z^0$ gehörenden Werte von $s$ dadurch unterscheiden, daß der eine:

6) $$s_1^0 = \overline{\sqrt{a_0}} \sqrt{r_0 r_1 r_2 r_3}\, e^{1/2\, i(\varphi_0^0 + \varphi_1^0 + \varphi_2^0 + \varphi_3^0)},$$

der andere:

7) $$s_2^0 = \overline{\sqrt{a_0}} \cdot \sqrt{r_0 r_1 r_2 r_3}\, e^{1/2\, i(\varphi_0^0 + \varphi_1^0 + \varphi_2^0 + \varphi_3^0 + 2\pi)} = -s_1^0$$

ist.

Nun lassen wir den Punkt $z$ in seiner Ebene einen von $z^0$ ausgehenden, die Punkte $\alpha_k$ vermeidenden, im übrigen beliebigen Weg beschreiben und schließlich nach $z^0$ zurückkehren. Dabei verfolgen wir, mit $s_1{}^0$ ausgehend, die stetige Änderung von $s$, indem wir in jedem Punkt des Weges denjenigen Wert von $s$ markieren, der sich stetig an die auf dem vorher durchlaufenen Wegstück markierten Werte anschließt. (Daß stets ein und nur ein solcher Wert vorhanden ist, folgt aus I, § 54, IV.) Wir fragen hierauf: wenn $z$ nach $z_0$ zurückgekommen ist, wird dann auch $s_1$ nach $s_1{}^0$ zurückgekommen, oder wird es vielleicht nach $s_2{}^0$ gelangt sein? Das wird davon abhängen, ob die Arcus $\varphi_i$ zu ihren ursprünglichen Werten zurückgekommen sind oder sich geändert haben. Wir kennen aber die Änderung, die der Arcus einer complexen Zahl $z - \alpha_k$ erfährt, wenn die Variable $z$ einen geschlossenen Weg beschreibt: er vermehrt sich (I, § 54, XI) um $2m\pi$, wenn der Weg von $z - \alpha_k$ den Nullpunkt, d. h. wenn der Weg von $z$ den Punkt $\alpha_k$ $m$-mal umwindet. Da nun die Änderungen der einzelnen $\varphi$ sich einfach summieren, und da Vermehrung ihrer Summe um ein gerades Vielfaches von $2\pi$ den Wert von $s$ nicht ändert, so können wir schließen:

II. *Wenn $z$ von $z^0$ ausgehend einen geschlossenen Weg beschreibt und $s$ dabei von $s_1{}^0$ ausgehend sich stetig ändert, so gelangt $s$ nach $s_1{}^0$ zurück oder nach $s_2{}^0$, je nachdem die Summe der Windungszahlen des Weges von $z$ um die Punkte $\alpha_0$ $\alpha_1$ $\alpha_2$ $\alpha_3$ gerade oder ungerade ist.*

(Z. B. sind für den in Fig. 1 gezeichneten Weg die Windungszahlen $+1$, $+2$, $-1$, $+1$; ihre Summe ist $= 3$, $s$ kehrt auf diesem Wege nicht zu seinem Ausgangswert zurück.)

Wollen wir also dem Punkte $z$ nur solche Wege gestatten, auf welchen er mit demselben Funktionswert $s$ belastet zurückkehrt, mit dem er ausgegangen war, so müssen wir verhindern, daß er eine ungerade Anzahl der Punkte $\alpha$ umkreist. Wir könnten das etwa dadurch erreichen, daß wir von jedem dieser Punkte aus eine gerade Linie ins Unendliche zögen und dem Punkte $z$ verböten, eine dieser Linien zu überschreiten, sodaß er überhaupt keinen Verzweigungspunkt umkreisen könnte.

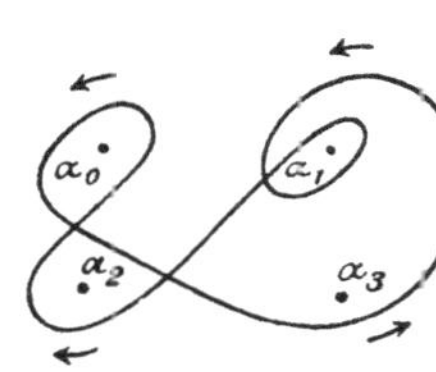

Fig. 1.

Einfacher erreichen wir dasselbe, wenn wir die Verzweigungspunkte paarweise durch sich nicht schneidende[1] Linien verbinden, etwa $\alpha_0$

[1] Diese Einschränkung hat keine wesentliche Bedeutung, sondern wird nur der Bequemlichkeit wegen gemacht.

mit $\alpha_1$ und $\alpha_2$ mit $\alpha_3$. Um dem Verbot der Überschreitung dieser Linien nachdrücklich Geltung zu verschaffen, schneiden wir die Ebene ihnen entlang auf; die aufgeschnittene Ebene nennen wir $S'$.

Lassen wir nun (vgl. Fig. 2) den Punkt $z$ von $z^0$ aus nach einem anderen Punkte $z^1$ zwei verschiedene Wege $L_1$ $L_2$ durchlaufen, die beide ganz innerhalb $S'$ liegen, also keinen der Einschnitte überschreiten, und lassen wir dabei jedesmal $s$, von $s_1{}^0$ beginnend, sich stetig ändern, so muß es beidemal zu demselben Endwert geführt werden. Denn würde es z. B. längs $L_1$ nach $s_1{}^1$, längs $L_2$ nach $s_2{}^1$ kommen, so würde auf dem Wege $L_2$ der andere Ausgangswert $s_2{}^0 = -s_1{}^0$ in $s_1{}^1$ übergeführt werden; dann würde aber auf einem geschlossenen Wege $L$, der von $z^0$ längs $L_1$ nach $z^1$ und dann längs $L_2$ zurück nach $z^0$ führt, $s$ vom Ausgangswert $s_1{}^0$ über $s_1{}^1$ in $s_2{}^0$ übergeführt werden. Das würde aber dem Satze II widersprechen, da der Weg $L$ eine gerade Anzahl Verzweigungspunkte umwindet. Demnach können wir zunächst den Satz aussprechen:

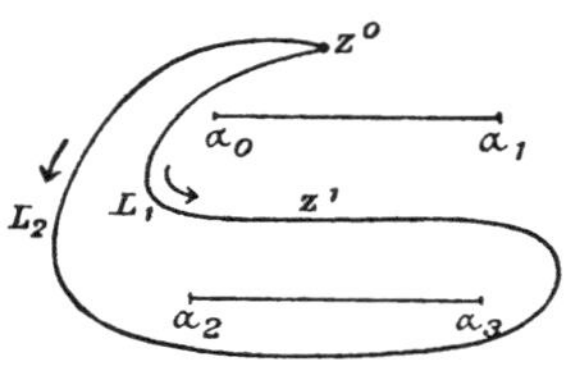

Fig. 2.

III. *Auf allen innerhalb $S'$ möglichen Wegen von $z^0$ nach $z^1$ gelangt $s$, von $s_1{}^0$ ausgehend, immer zu einem und demselben Werte $s_1{}^1$, von $s_2$ ausgehend zu dem anderen Werte $s_2{}^1$.*

Bezeichnen wir dann die Gesamtheit der Werte, die von $s_1{}^0$ aus auf solchen Wegen erreicht werden können, als einen „*Zweig*" $s_1$ der Funktion $s$, die Gesamtheit der von $s_2{}^0$ aus erreichbaren Werte als den anderen Zweig, so können wir den Satz aussprechen:

IV. *Die Gesamtheit der Werte der zweiwertigen Funktion $s$ kann in zwei Funktionszweige $s_1$ und $s_2$ zerlegt werden, deren jeder innerhalb der zerschnittenen Ebene $S'$ eindeutig definiert und stetig ist.*

Bei gegebener Lage der Verzweigungspunkte und nach getroffener Wahl der Einschnitte würde es möglich (wenn auch umständlich) sein, $s_1$ und $s_2$ durch Ungleichungen zwischen den $\varphi_k$ voneinander zu unterscheiden, analog wie der $k^{\text{te}}$ Wert des Logarithmus in I, § 56 durch die Ungleichung:

$$(2k-1)\pi < \varphi \leqq (2k+1)\pi$$

charakterisiert war.

In je zwei Punkten $\beta$, $\gamma$, die einander auf den beiden Ufern eines Einschnittes gegenüberliegen, besitzt der Funktionszweig $s_1$ Werte, die einander entgegengesetzt gleich sind:

8) $$s_1(\beta) = -s_1(\gamma).$$

(Genauer ausgedrückt: Nähert sich ein variabler Punkt $x$, indem er innerhalb $S'$ bleibt, einem bestimmten Punkt $\gamma$ des Einschnittes, das eine Mal von der einen, das andere Mal von der anderen Seite her, so nähert sich dabei $s_1$ jedesmal einem bestimmten Grenzwert; diese beiden Grenzwerte sind einander entgegengesetzt gleich.) Denn will man von einem Ufer des Einschnittes auf das andere gelangen und dabei doch innerhalb $S'$ bleiben, so muß man einen der Verzweigungspunkte umkreisen (Fig. 3).

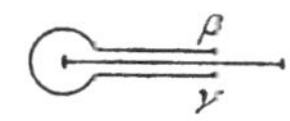

Fig. 3.

Ebenso ist $s_2(\beta) = -s_2(\gamma)$. Andererseits ist aber nach (7): $s_1(\beta) = -s_2(\beta)$ und $s_1(\gamma) = -s_2(\gamma)$. Also folgt:

9) $$s_1(\beta) = s_2(\gamma) \text{ und } s_2(\beta) = s_1(\gamma),$$

d. h.:

V. *Längs des Einschnittes schließen sich die Werte, die jeder der Funktionszweige* $s_1$, $s_2$ *auf der einen Seite des Einschnittes besitzt, stetig an die Werte an, die jedesmal der andere Funktionszweig auf der anderen Seite desselben besitzt.*

Demnach können wir folgendermaßen eine RIEMANNsche Fläche konstruieren, auf der $s$ eine eindeutige und bis auf einzelne Punkte stetige Funktion des Ortes ist:

VI. *Wir nehmen zwei Exemplare der in der angegebenen Weise aufgeschnittenen Ebene* $S'$ *und heften sie längs der Einschnitte kreuzweise aneinander, sodaß an Stelle der Einschnitte Übergangslinien entstehen.*

Ein geschlossener Weg der einfachen Ebene, der die Verzweigungspunkte zusammen eine gerade Anzahl Male umkreist, erscheint auf dieser Fläche als ein Weg, der die Übergangslinien zusammengenommen eine gerade Anzahl Male überschreitet (vgl. I, § 55, IX und X), also auch auf der Fläche geschlossen ist; ein geschlossener Weg in der Ebene, der die Verzweigungspunkte eine ungerade Anzahl Male umkreist, erscheint auf der Fläche als ein Weg, der die Übergangslinien zusammengenommen eine ungerade Anzahl Male überschreitet, also nicht nach demselben Punkt der Fläche, sondern nach dem gerade darüber- bezw. darunterliegenden zurückführt. Infolgedessen überträgt sich Satz II folgendermaßen auf die Fläche:

VII. *Jeder geschlosssene Weg auf der Fläche führt* $s$ *zu seinem Ausgangswerte zurück; und jeder Weg, auf dem nicht nur* $z$, *sondern auch* $s$ *zu seinem Ausgangswerte zurückgelangt, ist auf der Fläche geschlossen.*

Das ist aber gerade, was wir mit der Einführung einer RIEMANNschen Fläche statt der schlichten Ebene erreichen wollen. Wir sagen:

VIII. *Auf der nach Angabe von Nr. VI konstruierten RIEMANNschen Fläche ist s eine eindeutige Funktion des Ortes, die überall da stetig ist, wo sie endlich ist.*

So oft es uns zweckmäßig erscheint, können wir die so gewonnene, zweiblättrig über der Ebene ausgebreitete Fläche durch stereographische Projektion in eine zweiblättrige RIEMANNsche Kugelfläche umformen, ähnlich wie es in I, § 55 ff. mit den dort behandelten Flächen geschehen ist.

Auf eine Fläche von ganz ähnlicher Beschaffenheit werden wir übrigens geführt, wenn wir die Quadratwurzel aus einem Polynom *dritten* Grades:

10) $$s = \sqrt{f_3(z)} = \sqrt{a_0(z - \alpha_1)(z - \alpha_2)(z - \alpha_3)}$$

untersuchen. Wir haben hier allerdings nur drei Verzweigungspunkte $\alpha_1$, $\alpha_2$, $\alpha_3$ im Endlichen; wollen wir aber verhindern, daß der Punkt $z$ eine ungerade Anzahl von ihnen umkreist, so müssen wir notwendig (mindestens) von einem von ihnen einen Einschnitt ins Unendliche ziehen. Die beiden anderen können wir dann durch einen zweiten Einschnitt verbinden. Verfahren wir hierauf wie unter VI angegeben, so erscheint auch der unendlich ferne Punkt als Verzweigungspunkt der Fläche. In der That liefert die Substitution (vgl. I, §§ 21 u. 44):

11) $$z = 1/z'$$

für $s$ den Ausdruck:

12) $$s = \frac{1}{z'^2}\sqrt{-a_0\,\alpha_1\,\alpha_2\,\alpha_3\,z'\left(z' - \frac{1}{\alpha_1}\right)\left(z' - \frac{1}{\alpha_2}\right)\left(z' - \frac{1}{\alpha_3}\right)},$$

aus dem hervorgeht, daß $s$ auch bei Umkreisung von $z' = 0$, d. h. $z = \infty$ sein Vorzeichen ändert. Wenn wir die Ebene auch hier zur Kugel umformen, erhalten wir eine Fläche, die sich von der zuerst betrachteten in nichts weiter unterscheidet, als daß einer der Verzweigungspunkte in dem mit $z = \infty$ bezeichneten Punkte liegt.

## § 2. Umformung dieser Fläche in eine Torusfläche.

Solange es sich nur um *qualitative* Untersuchungen handelt, sind wir nicht an die genaue Form der im vorigen Paragraphen konstruierten Fläche gebunden, sondern können (wie in I, § 60) mit ihr Umformungen vornehmen, wenn wir nur dafür sorgen, daß dabei keine Zerreißung eintritt. Wir verfahren dabei zunächst ganz ähnlich, wie an der eben erwähnten Stelle des I. Teiles, nur können wir hier nicht wie dort die innere Kugel durch eine der Übergangslinien ganz herausziehen, da sie ja außerdem noch durch die andere Übergangslinie mit der äußeren zusammenhängt. Wohl aber können wir sie uns (vgl. Fig. 4) immer mehr und mehr abgeplattet denken, bis sie in eine doppelt überdeckte ebene Scheibe übergeht, und dann die beiden Blätter durcheinander durchschlagen. A. a. O., wo wir nur mit einer Übergangslinie zu thun hatten, haben wir durch diese Operation eine mit einer Einstülpung versehene Kugel erhalten. Hier, wo noch eine zweite Übergangslinie vorliegt, geht diese Einstülpung durch die Kugel hindurch und mündet auf der anderen Seite, da, wo ursprünglich die zweite Übergangslinie sich befand, wieder ins Freie. Mit anderen Worten, wir haben eine *Kugel mit einer Durchbohrung* vor uns. Diese kann dann weiter durch stetiges

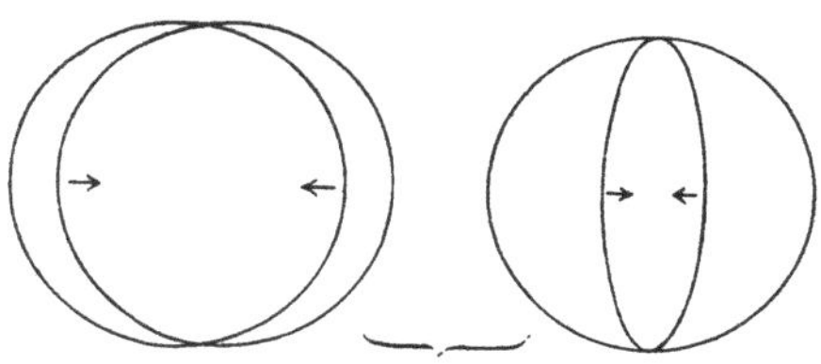

Fig. 4.

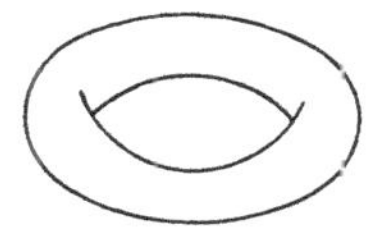

Fig. 5.

Biegen und Verzerren übergeführt werden in einen *Torus* oder Ring, d. h. in die Fläche, die durch Rotation eines Kreises um eine in seiner Ebene liegende, ihn nicht schneidende Axe entsteht (Fig. 5).

Wir können übrigens, wie in I. § 60, die Sache auch noch etwas anders auffassen: wir können wie dort die Fläche auseinanderschneiden, jeden Teil für sich deformieren und dann die Teile wieder zusammenfügen, wenn wir nur dafür sorgen, daß ihre Ränder genau ebenso wieder aneinander gesetzt werden, wie sie ursprünglich zusammengehörten. In unserem Falle können wir etwa die Fläche zunächst längs der Übergangslinien aufschneiden, so daß die Blätter auseinanderfallen. Schieben wir dann die Ränder der Schlitze zurück, so erscheint jedes Blatt als Kugel mit zwei Öffnungen (Fig. 6). Die letzteren lassen wir immer größer werden, sodaß wir zwei Exemplare einer Art von Kugelzone erhalten; diese platten wir ab zu einer Art von ebenen Ringflächen. Zwischen

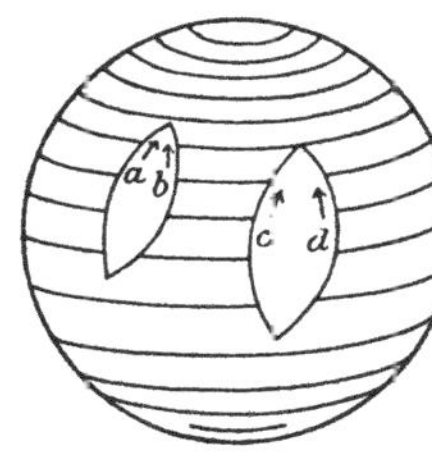


Fig. 6.

deren Rändern müssen wir nun dieselben Verbindungen herstellen, wie sie auf der vorgelegten Fläche bestanden haben, d. h. wir müssen

$$a_1 \quad b_1 \quad c_1 \quad d_1$$

bezw. mit

$$b_2 \quad a_2 \quad d_2 \quad c_2$$

verbinden, und zwar so, daß die Pfeilrichtungen zur Deckung kommen. Man sieht: es kommt auch hier eine torusartige Fläche zu Stande, (die man sich nachher noch durch Biegungen und Verzerrungen in einen genauen Torus übergeführt denken kann); und zwar entspricht die Außenseite dieser Fläche durchweg der Außenseite der ursprünglichen doppelt überdeckten Kugel. Denn um die verlangte Verbindung zu Stande zu bringen, müssen wir die eine der beiden ebenen Ringflächen erst im Raume umdrehen; dann kommt bei beiden die Oberseite nach außen.

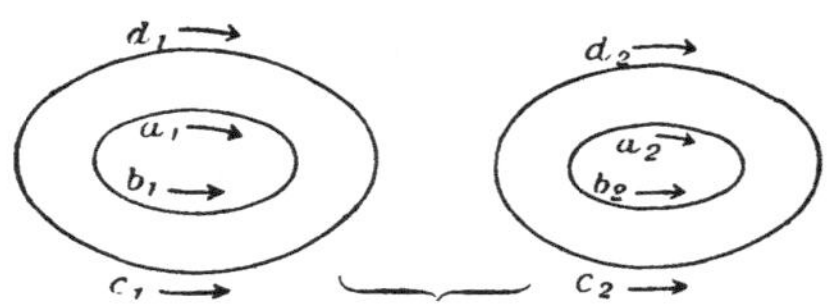


Fig. 7.

## § 3. Zusammenhangsverhältnisse.

Auf der Torusfläche können wir nunmehr die Zusammenhangsverhältnisse bequem überblicken und sie dann auf die zweiblättrige Riemannsche Kugelfläche mit vier Verzweigungspunkten zurückübertragen, auf der sie nicht so unmittelbar anschaulich sind. Wir beginnen mit der Definition:

I. *Einen in sich zurücklaufenden, sich nicht selbst durchsetzenden Schnitt auf einer Fläche, der mit deren etwaiger Berandung keinen Punkt gemeinsam hat, nennen wir einen Rückkehrschnitt.*

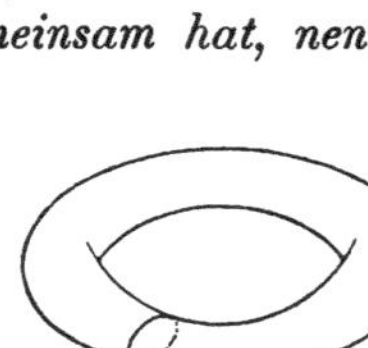

Fig. 8.

Fig. 9.

Eine Kugel hat die Eigenschaft, daß sie durch jeden Rückkehrschnitt in zwei ganz getrennte Stücke zerfällt. Der Torusfläche kommt diese Eigenschaft nicht zu; vielmehr giebt es auf ihr Kurven von der Art, daß ein längs einer solchen Kurve geführter

Rückkehrschnitt die Fläche noch nicht zerfällt. Solche Kurven sind z. B. sowohl die Meridiankreise (Fig. 8), als die Breitenkreise der Fläche (Fig. 9). Wenn aber *ein* solcher Schnitt ausgeführt ist, kann kein weiterer Rückkehrschnitt ausgeführt werden, ohne daß die Fläche zerfällt. Definiert man also:

II. *Unter der Geschlechtszahl $p$ einer geschlossenen Fläche versteht man die größte Anzahl einander nicht schneidender Rückkehrschnitte, die man auf ihr ziehen kann, ohne daß sie zerfällt,*[1]
so folgt:

III. *Die Kugel hat das Geschlecht $p = 0$, die Torusfläche das Geschlecht $p = 1$.*

Aus dieser Eigenschaft allein geht schon hervor:

IV. *Es ist nicht möglich, die Torusfläche oder die zweiblätterige* RIEMANN*sche Fläche mit vier Verzweigungspunkten eindeutig und stetig auf die Kugel abzubilden.*

Ziehen wir auf unserer Torusfläche einen Rückkehrschnitt, z. B. längs eines Meridiankreises, und schneiden sie längs desselben wirklich durch, so wird sie dadurch in eine Fläche mit zwei Randkurven verwandelt, die wir etwa als eine zusammengebogene Cylinderfläche bezeichnen können. Diese Fläche ist nicht einfach zusammenhängend (I, § 29, VII); wir können auf ihr zwar keinen Rückkehrschnitt mehr ziehen, ohne daß sie zerfällt, wohl aber noch einen *Querschnitt*, d. h. einen Schnitt von einem Randpunkte nach einem anderen (I, § 35, Fig. 16) — z. B. längs eines Parallelkreises. So erhalten wir eine Fläche, die mit einiger Verzerrung in ein ebenes Rechteck ausgebreitet werden kann. Wir können daher sagen:

V. *Die Torusfläche kann durch einen Rückkehrschnitt und einen Querschnitt in eine einfach zusammenhängende Fläche verwandelt werden.*

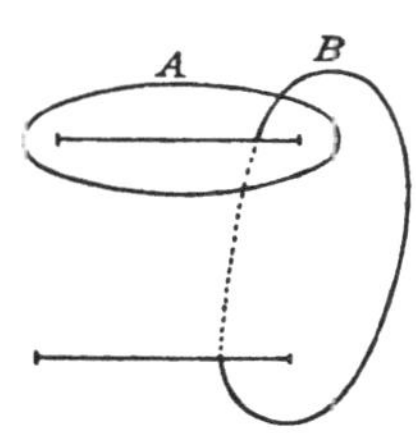

Fig. 10.

Alles dieses übertragen wir nun von der Torusfläche zurück auf die RIEMANNsche Kugelfläche. Dazu müssen wir den Umformungsprozeß, der diese Fläche in jene überführte, rückwärts durchlaufen und dabei die Gestaltsveränderung der Schnitte durch die einzelnen Schritte jenes Prozesses hindurch verfolgen; dabei ist es gleichgültig, ob wir den einen oder den andern der in § 2 geschilderten

[1] Natürlich ist man erst dann berechtigt, diese Definition allgemein aufzustellen, wenn man gezeigt hat, daß diese Anzahl in jedem Falle von der Auswahl der Schnitte unabhängig ist. Bei der Kugel und dem Torus übersieht man das noch unmittelbar.

Prozesse benutzen. Jedesmal entspricht einem Parallelkreis des Ringes eine Kurve (wie $A$ in Fig. 10), die ganz in einem Blatte verläuft und die beiden durch die eine Übergangslinie verbundenen Verzweigungspunkte von den beiden durch die andere Übergangslinie verbundenen in diesem Blatte trennt. Einem Meridiankreis des Ringes andererseits entspricht eine Kurve (wie $B$ in Fig. 10), die von einem Punkt der einen Übergangslinie zu einem Punkt der andern im einen Blatte hin, im andern zurückführt. (In der Figur sind die im einen Blatte verlaufenden Linien ausgezogen, die im andern Blatte verlaufenden punktiert.) Die beiden Kurven schneiden sich auf der Riemannschen Fläche in einem, und nur in einem Punkte, wie das auch auf dem Torus der Fall war. Der andere Schnittpunkt, den Fig. 10 aufzuweisen scheint, ist nur ein scheinbarer: dort verläuft die eine Kurve im einen, die andere im andern Blatte.

## § 4. Rationale Funktionen von $z$ und $\sqrt{f_4(z)}$ oder $\sqrt{f_3(z)}$.

Die Untersuchung eindeutiger, von wesentlichen Singularitäten freier Funktionen auf einer zweiblättrigen Riemannschen Fläche mit *zwei* Verzweigungspunkten wurde uns (I, § 61) wesentlich dadurch erleichtert, daß wir diese Fläche umkehrbar eindeutig und im allgemeinen konform auf die Kugel abbilden und infolgedessen alle jene Funktionen als rationale Funktionen einer Hilfsvariabeln ausdrücken konnten. Die zweiblättrige Riemannsche Fläche mit vier Verzweigungspunkten dagegen läßt (§ 3, IV) überhaupt keine umkehrbar eindeutige und stetige, geschweige denn eine konforme Abbildung auf die Kugel zu. Wir können deshalb hier nicht auf dem damals eingeschlagenen Wege eine solche Hilfsvariable ausfindig machen (und werden in § 7 sehen, daß es auch auf keinem anderen Wege gelingen kann). Infolgedessen müssen wir hier andere Hilfsmittel der Untersuchung herbeiziehen. Wir beginnen mit der Bemerkung:

Wenn es auch nicht möglich ist, die *ganze* Fläche in der erwähnten Weise abzubilden, so ist es doch möglich, die Umgebung jedes ihrer Punkte auf einen einfach überdeckten, ganz im Endlichen gelegenen Bereich einer Hilfsebene ($t$-Ebene) konform so abzubilden, daß jedem Punkt jener Umgebung nur e i n Punkt dieses Bereiches entspricht. Für Punkte der Fläche, die endlichen Werten von $z$ entsprechen und keine Verzweigungspunkte sind, ist das selbstverständlich; für einen Verzweigungspunkt im Endlichen geschieht es durch die Substitution:

1) $$z - a_k = t^2;$$

für einen unendlich fernen Punkt, der kein Verzweigungspunkt ist, durch:

2) $$z = t^{-1};$$

für einen unendlich fernen Verzweigungspunkt durch:

3) $$z = t^{-2}.$$

Man kann eine solche Variable $t$ *„regularisierende Hilfsvariable für den betreffenden Punkt der Fläche“* nennen. Dann erweisen sich folgende Definitionen als zweckmäßig:

I. *Der Ausdruck: eine Funktion ist in der Umgebung von $z = z_0$ „auf der Fläche regulär“ soll bedeuten: sie ist als Funktion der zu diesem Punkt gehörenden regularisierenden Hilfsvariabeln $t$ in der Umgebung von $t = 0$ regulär in dem I, § 33, I (vgl. auch I, § 37, III und § 38, IV) festgesetzten Sinne.*

II. *Wird eine der zu untersuchenden Funktionen irgendwo Null, bezw. unendlich, so versteht man unter der Ordnungszahl dieses Nullpunktes, bezw. Poles den niedrigsten positiven, bezw. höchsten negativen Exponenten, der in ihrer Entwicklung nach Potenzen der betreffenden regularisierenden Hilfsvariabeln vorkommt.*

Nach diesen Festsetzungen wenden wir uns nun zur Untersuchung *rationaler Funktionen von $z$ und $s$.* Eine solche Funktion $R(z, s)$ kann zunächst auf die Form eines Quotienten zweier ganzen Funktionen von $z$ und $s$ gebracht werden; benutzt man dann die Gleichung $s^2 = f(z)$ und die aus ihr folgenden

4) $$s^{2n} = [f(z)]^n, \quad s^{2n+1} = s[f(z)^n]$$

zur Beseitigung aller höheren Potenzen von $z$ als der ersten aus Zähler und Nenner, so erhält man zunächst als allgemeine Form einer rationalen Funktion von $z$ und $s$ die folgende:

5) $$R(z, s) = \frac{a + bs}{c + ds},$$

in der $a, b, c, d$ rationale ganze Funktionen von $z$ allein bedeuten. Diese läßt sich noch weiter reduzieren, indem man im Zähler und Nenner mit $c - ds$ erweitert und dann die Relation $s^2 = f(z)$ abermals benutzt; man erhält so:

6) $$R(s, z) = \frac{ac - bdf + s(bc - ad)}{c^2 - d^2 f} = \frac{g_0(z) + g_1(z)s}{g_2(z)}.$$

Also gilt der Satz:

III. *Jede rationale Funktion von $z$ und $s$ läßt sich auf die Form (6) bringen, in der $g_0, g_1, g_2$ rationale ganze Funktionen von $z$ allein bedeuten.*

Dabei dürfen wir voraussetzen, daß diese drei Funktionen keinen ihnen allen gemeinsamen Teiler haben, da wir einen solchen stets wegheben könnten (vgl. I, § 20, V). Aber auch wenn das geschehen ist, kann es immer noch vorkommen, daß in einem Punkte der Fläche Zähler und Nenner von (6) gleichzeitig Null werden. Denn der Zähler von (6) kann auch Null werden, ohne daß $g_0$ und $g_1$ gleichzeitig Null werden. Um seine Nullpunkte zu finden, hat man aus den beiden Gleichungen für $z$ und $s$:

$$s^2 - f = 0$$

und:

$$g_0 + g_1 s = 0$$

durch Elimination von $s$ die Gleichung für $z$ allein:

$$g_0^2 - g_1^2 f = 0$$

abzuleiten. Für jede Wurzel dieser Gleichung stimmt dann der Wert von $-g_0/g_1$ mit einem der beiden Werte von $s$ überein, so daß zu jeder solchen Wurzel ein Punkt der Fläche gehört, in dem der Zähler von (6) Null wird. Wird dann in einem solchen Punkte $z_0$ auch der Nenner Null, so erscheint die rationale Funktion in unbestimmter Form. Diese Unbestimmtheit kann zwar für den einen Punkt durch algebraische Umformungen beseitigt werden, z. B. indem man im Zähler und Nenner von (6) mit $g_0 - g_1 s$ multipliziert und mit $z - z_0$ dividiert; aber sie tritt dann dafür an andern Punkten auf. Eine einheitliche Festsetzung, die alle Fälle umfaßt, ist folgende: Man entwickle Zähler und Nenner nach Potenzen der für die Umgebung des gerade zu untersuchenden Punktes geltenden regularisierenden Variabeln $t$; dann kann man im Zähler und Nenner, je nach Bedürfnis, mit einer solchen Potenz von $t$ multiplizieren oder dividieren, daß nur noch Potenzen von $t$ mit positiven Exponenten vorkommen und daß mindestens eine von beiden Entwicklungen mit einem von $t$ freien Gliede beginnt. Daraus geht hervor, daß man in jedem Falle einen positiven oder negativen ganzzahligen Exponenten $\alpha$ so bestimmen kann, daß:

$$t^{-\alpha} R(z, s)$$

als Funktion von $t$ betrachtet, in der Umgebung von $t = 0$ regulär und für $t = 0$ von 0 verschieden ist. Dieser Exponent giebt dann die *Ordnungszahl* (I, § 20, IV) der Funktion „auf der Fläche“ in dem untersuchten Punkte an. Diese Ordnungszahl ist also in jedem Punkte der Fläche eine ganze Zahl, und wir können den Satz aussprechen:

IV. *Jede rationale Funktion von $z$ und $s = \sqrt{f_4(z)}$ (oder $\sqrt{f_3(z)}$ ist auf der in § 1 konstruierten Riemannschen Fläche bis auf Pole regulär.*

Aber auch der umgekehrte Satz gilt:

V. *Jede auf der* RIEMANN*schen Fläche von* $s = \sqrt{f_4(z)}$ *(oder* $\sqrt{f_3(z)}$) *eindeutige und bis auf Pole reguläre Funktion ist eine rationale Funktion von z und s.*

Der zweite der Beweise des Satzes I, § 61, VII gilt nämlich auch für den hier vorliegenden Fall.

Man nennt die auf einer Fläche eindeutigen und bis auf Pole regulären Funktionen auch wohl kurz *„Funktionen der Fläche"*. Auch pflegt man ihre Gesamtheit als eine *„Klasse algebraischer Funktionen"* zusammenzufassen, oder mit einem in der Zahlentheorie üblichen Ausdruck als einen *„Funktionenkörper"*, insofern Summe, Differenz, Produkt, Quotient irgend zweier von ihnen immer wieder eine Funktion des Körpers giebt.

## § 5. Anwendung der CAUCHY'schen Sätze auf rationale Funktionen von $z$ und $\sqrt{f_4(z)}$ oder $\sqrt{f_3(z)}$.

Die CAUCHYschen Sätze (I, §§ 45, 46) beruhten auf der Umformung eines über eine geschlossene Kurve zu erstreckenden Randintegrals in ein Doppelintegral, das über die von der Kurve umschlossene Fläche zu erstrecken war. Aber auf unserer zweiblättrigen RIEMANNschen Fläche mit vier Verzweigungspunkten umschließt nicht jede Kurve für sich allein ein Flächenstück vollständig; um daher jene Sätze hier anwenden zu können, müssen wir erst die Fläche nach Anleitung von § 3 in eine einfach zusammenhängende $F'$ verwandeln. Dabei können wir es immer so einrichten, daß die zu diesem Zwecke erforderlichen Schnitte nicht gerade durch singuläre Punkte der zu untersuchenden Funktionen hindurchgehen. Wir erhalten dann zunächst den Satz:

I. *Das Integral einer auf F eindeutigen Funktion, genommen um den gesamten Rand von F', ist in allen Fällen gleich Null.*

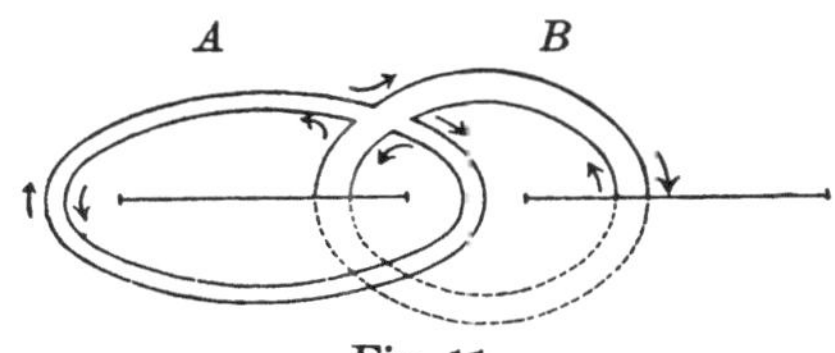


Fig. 11.

Denn durchlaufen wir den Rand in bestimmtem Sinne, etwa so, daß $F'$ stets zur Linken bleibt, so wird jeder Schnitt zweimal durchlaufen, und zwar die beiden Ufer in entgegengesetztem Sinne; ist die zu integrierende Funktion, wie vorausgesetzt, nicht nur auf $F'$, sondern auch auf $F$ eindeutig, so hat sie auf beiden Ufern dieselben Werte und die Beiträge, die die beiden Ufer zum Randintegrale liefern, heben sich auf.

Wollen wir andererseits den Wert eines Integrals berechnen, genommen längs einer Kurve, die einen einzelnen Punkt der Fläche vollständig umschließt, so müssen wir zuerst die Umgebung dieses Punktes durch Einführung einer geeigneten regularisierenden Hilfsvariabeln (§ 4) auf ein Stück einer schlichten Ebene abbilden. Demgemäß definieren wir:

II. *Unter dem Residuum einer auf $F$ eindeutigen Funktion $\psi$ in einem Punkte $z$ verstehen wir das Residuum von*

$$\psi \cdot \frac{dz}{dt}$$

*als Funktion von $t$, wenn $t$ die für die Umgebung von $z_0$ geltende regularisierende Hilfsvariable ist.*

Dann gilt der Satz I, § 45, III auch für Teile unserer Fläche $F''$; wenden wir ihn auf die ganze Fläche $F'$ und auf eine rationale Funktion von $z$ und $s$ an, so folgt mit Rücksicht auf I der zu I, § 45, VI analoge Satz:

III. *Die Gesamtsumme der Residuen einer Funktion der Fläche $F'$ ist stets gleich Null.*

Wenden wir diesen Satz nicht auf die zu untersuchende Funktion $\psi$ selbst, sondern auf:

$$\frac{1}{\psi}\,\frac{d\psi}{dz}$$

an, so geht aus der Definition II hervor, daß deren Residuum gleichzusetzen ist dem von

$$\frac{1}{\psi}\cdot\frac{d\psi}{dt}.$$

Das letztere ist aber gleich der Ordnungszahl von $\psi$ (I, § 46, II. III). Wir finden somit:

IV. *Jede Funktion der Fläche wird auf ihr ebenso oft Null wie Unendlich* —

und wenn wir denselben Satz statt auf $\psi$ auf $\psi - c$ anwenden:

V. *Jede Funktion der Fläche nimmt jeden komplexen Wert ebenso oft an wie jeden andern.*

Dabei bedeutet die Aussage (vgl. I, § 46, IV): „die Funktion $\psi$ nimmt den Wert $c$ in dem Punkte $z_0$ der Fläche $k$-mal an", soviel als: in diesem Punkte ist $\psi = c$, $\frac{d\psi}{dt} = 0$, $\frac{d^2\psi}{dt^2} = 0 \ldots$, $\frac{d^{k-1}\psi}{dt^{k-1}} = 0$, wenn $t$ die für die Umgebung von $z_0$ geltende regularisierende Hilfsvariable ist.

Man nennt wohl eine Funktion der Fläche, die jeden Wert auf ihr $n$-mal annimmt, *„eine $n$-wertige Funktion der Fläche"*; doch kann das zu dem Mißverständnis Anlaß geben, als ob von einer Funktion die Rede sei, die in jedem Punkte der Fläche $n$ verschiedene Werte hat. Besser ist es zu sagen: *eine Funktion $n^{ter}$ Ordnung.* — Man beachte übrigens, daß $z$ selbst, als Funktion der Fläche betrachtet, eine Funktion *zweiter* Ordnung, $s = \sqrt{f_4(z)}$ eine Funktion *vierter* Ordnung ist.

Aus Satz V folgt noch ein wichtiges Korollar:

VI. *Eine überall endliche Funktion der Fläche ist stets eine Konstante.*

Denn wenn eine Funktion der Fläche nirgends unendlich wird, kann sie nach V überhaupt keinen Wert annehmen. Der hierin liegende Widerspruch löst sich nur, wenn $d\psi/dz$ identisch Null, also $\psi =$ Konst. ist.

## § 6. Elliptische Integrale.

Nunmehr können wir zurückkehren zu der Aufgabe, die wir uns ursprünglich gestellt hatten: die Integrale rationaler Funktionen von $z$ und $s = \sqrt{f_4(z)}$ oder $\sqrt{f_3(z)}$ zu untersuchen. Man nennt diese Integrale *elliptische Integrale*, aus dem äußerlichen Grunde, weil die Berechnung der Länge eines Ellipsenbogens auf eines von ihnen führt. Ein solches Integral hat zunächst die Form:

$$\int R(z, s)\, dz; \tag{1}$$

manchmal ist es zweckmäßiger, die Form:

$$\int R_1\, dR_2 \tag{2}$$

zu betrachten, in der $R_1$ und $R_2$ zwei Funktionen der Fläche bedeuten. Sie ist nur scheinbar allgemeiner als (1), wie man erkennt, indem man dafür:

$$\int R_1 \frac{dR_2}{dz}\, dz$$

schreibt.

Ein solches Integral ist eine Funktion seiner beiden Grenzen; wir werden uns aber zumeist die untere Grenze, die etwa $z_0$ heißen möge, als fest gegeben denken und das Integral als Funktion der oberen Grenze $z$ betrachten. Ist dann ein bestimmter Integrationsweg von $z_0$ nach $z$ vorgeschrieben, so kann man ihn in eine Anzahl Teile so zerlegen, daß jeder dieser Teile ganz in einem Bereiche liegt, der durch Einführung einer geeigneten regularisierenden Variabeln $t$ (§ 4) auf ein einfach überdecktes, einfach zusammenhängendes Stück der $t$-Ebene abgebildet werden kann. Für jeden solchen Teil des Integrationsweges gelten dann die Sätze über Integrale eindeutiger Funktionen; insbesondere folgt (vgl. I, § 35, IV):

I. *Ein Integral der Form (2) ist bei gegebenem Integrationsweg eine auf der Fläche $F$ reguläre Funktion der oberen Grenze im Sinne der Definition I von § 4, wenn $R_1$ und $R_2$ längs des ganzen Integrationsweges regulär sind.*

Wollen wir weiter die Werte vergleichen, die ein solches Integral für zwei verschiedene Integrationswege zwischen denselben Grenzen erhält, so werden wir zweckmäßigerweise erst wie in § 3 die Fläche $F$ durch geeignete Schnitte in eine einfach zusammenhängende Fläche $F'$ verwandeln. Auf diese können wir dann die Cauchyschen Sätze (I, § 35) anwenden. Wir finden so:

II. *Die Werte eines elliptischen Integrals, genommen längs zweier verschiedener zwischen denselben Grenzen innerhalb $F'$ verlaufender Wege, stimmen überein, wenn $R_1$ und $R_2$ in dem von diesen beiden Wegen begrenzten Gebiet auf der Fläche regulär sind.*

III. *Ist das nicht der Fall, so läßt sich die Differenz der beiden Werte des Integrals darstellen als Summe von Integralen, genommen um die Pole von $R_1$ und von $R_2$.*

IV. *Der Wert des Integrals $\int R_1\, d R_2$, genommen in positivem Sinne um einen Pol von $R_1$ oder $R_2$ ist gleich dem Residuum (§ 5, II) der Funktion $R_1\, d R_2 / d z$ in diesem Punkte.*

V. Dies führt zu einer *Einteilung der elliptischen Integrale in drei Gattungen.* Ist das Residuum von $R_1\, d R_2/d z$ in allen Polen von $R_1$ und $R_2$ gleich Null, so ist der Integralwert eine innerhalb $F'$ eindeutige Funktion, so lange nur solche Integrationswege zugelassen werden, die ganz innerhalb $F'$ verlaufen; wir nennen diesen Wert den *Hauptwert* des Integrals. Ist diese eindeutige Funktion überall regulär, so heißt das Integral ein *Integral erster Gattung;* hat sie noch Pole, so heißt es ein *Integral zweiter Gattung.* Ist aber das erwähnte Residuum auch nur in einem jener Pole von Null verschieden $= A$, so ist der Integralwert schon innerhalb $F'$ unendlich vieldeutig; das Integral heißt dann ein *Integral dritter Gattung.* Ein solches kann in der Umgebung des betreffenden Punktes dargestellt werden als Summe aus $A \log t +$ einer Funktion, die dort regulär ist oder einen Pol hat.

Untersuchen wir zunächst die Integrale I. und II. Gattung weiter. Sei $w(z)$ der Wert eines solchen, genommen auf einem ganz innerhalb $F'$ verlaufenden Integrationswege; wir fragen, in welcher Beziehung die Werte zu einander stehen mögen, die diese Funktion $w(z)$ ineinander gegenüberliegenden Punkten auf den beiden Ufern eines der Rückkehrschnitte $A$, $B$ besitzt.

Um uns präcise ausdrücken zu können, müssen wir jedem der beiden Rückkehrschnitte einen bestimmten *Richtungssinn* beilegen, sodaß wir sein eines Ufer als das *linke*, das andere als das *rechte* bezeichnen können. An und für sich ist die Wahl des Sinnes für *beide* Rückkehrschnitte gleichgültig; aber mit Rücksicht auf später (im VI. Abschnitt) zu verfolgende Zwecke wollen wir gleich hier eine Festsetzung treffen, nach der der Sinn nur noch auf *einem* der Schnitte willkürlich bleibt, nämlich:

VI. *Der Richtungssinn soll auf den beiden Rückkehrschnitten $A$, $B$ so festgelegt sein, daß der Schnitt $A$ den Schnitt $B$ von links nach rechts, also $B$ den $A$ von rechts nach links überschreitet* (Fig. 12).

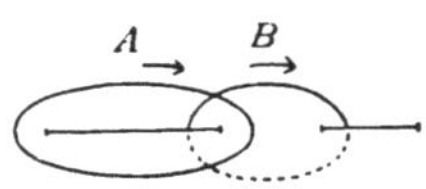

Fig. 12.

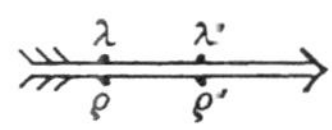

Fig. 13.

Seien nun $\lambda$, $\varrho$ und $\lambda'$, $\varrho'$ zwei Paare einander gegenüberliegender Punkte an den beiden Ufern eines Schnittes (Fig. 13); dann ist, da die Funktionen $R_1$ und $R_2$ innerhalb der *unzerschnittenen* Fläche $F$ eindeutig sind:

3) $$\int_{\lambda}^{\lambda'} R_1\, d R_2 = \int_{\varrho}^{\varrho'} R_1\, d R_2,$$

wenn jedesmal längs des betreffenden Schnittes so integriert wird, daß dabei der andere Schnitt nicht überschritten wird. Da aber beide Integrationswege ganz innerhalb $F'$ verlaufen, so können wir diese Integralwerte auch durch die Werte ausdrücken, die der Hauptzweig $w(z)$ an den oberen und unteren Grenzen annimmt. Wir erhalten so:

$$w(\lambda') - w(\lambda) = w(\varrho') - w(\varrho)$$

oder:

4) $$w(\lambda') - w(\varrho') = w(\lambda) - w(\varrho).$$

In der letzteren Form sagt die Gleichung aus:

VII. *Längs jedes der beiden Rückkehrschnitte ist die Differenz der Werte konstant, die der Hauptzweig eines Integrals I. oder II. Gattung in einander gegenüberliegenden Punkten auf beiden Ufern des Schnittes annimmt.*

Wir nennen diese konstante Differenz $w(\lambda) - w(\varrho)$: *den Periodicitätsmodul des Integrals an dem Rückkehrschnitt.*

Fassen wir vier Punkte ins Auge, die an der Kreuzungsstelle der beiden Rückkehrschnitte $A$, $B$ in der in Fig. 14 angegebenen Weise liegen, dann sind die Periodicitätsmoduln des Integrals $w$:

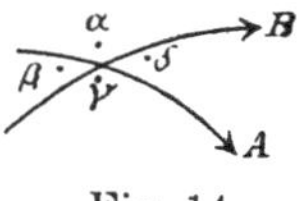


Fig. 14.

$$5)\quad \begin{cases} \text{an } A: & w(\alpha) - w(\beta) = w(\delta) - w(\gamma); \\ \text{an } B: & w(\alpha) - w(\delta) = w(\beta) - w(\gamma). \end{cases}$$

Andererseits ist, wenn die Integrale längs der Schnitte in der für jeden festgesetzten positiven Richtung genommen werden:

$$6)\quad \begin{cases} \int\limits_A dw = w(\alpha) - w(\delta) = w(\beta) - w(\gamma), \\ \int\limits_B dw = w(\beta) - w(\alpha) = w(\gamma) - w(\delta). \end{cases}$$

VIII. *Es ist also, wenn die Festsetzung VI getroffen wird, der Periodicitätsmodul an B gleich dem Wert des Integrals genommen längs A, dagegen der Periodicitätsmodul an A entgegengesetzt gleich dem Werte des Integrals genommen längs B.*

Bei Integralen dritter Gattung modifizieren sich diese Sätze durch das Auftreten der logarithmischen Unstetigkeitspunkte. Von einem solchen Integral kann nicht ein auf $F'$ eindeutiger Zweig abgespalten werden; man muß vielmehr erst von sämtlichen logarithmischen Unstetigkeitspunkten einander nicht treffende Einschnitte $L$ (Fig. 15) nach dem Rande der Fläche führen. Zweckmäßigerweise geschieht das so, daß alle diese Einschnitte im Schnittpunkt von $A$ und $B$ einmünden. Die Fläche $F'$ geht dadurch in eine ebenfalls einfach zusammenhängende Fläche $F''$ über; und ein Zweig des Integrals kann jetzt eindeutig und stetig dadurch definiert werden, daß der Integrationsweg auf diese Fläche $F''$ beschränkt wird. Dann ergiebt sich:

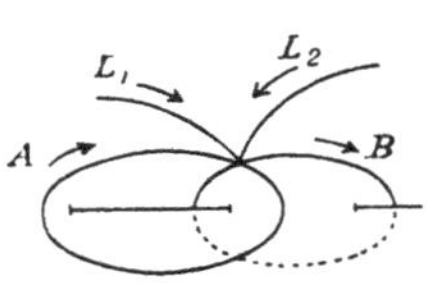


Fig. 15.

IX. *Ein Integral III. Gattung hat konstante Periodicitätsmoduln nicht nur an den Rückkehrschnitten A und B, sondern auch an den Einschnitten L. An jedem der letzteren ist der Periodicitätsmodul* $= 2\pi i$ *mal dem Residuum von* $R_1\, dR_2/dz$ *in dem Pole, von dem er ausgeht; die Summe dieser logarithmischen Periodicitätsmoduln ist also Null* (nach § 5, III).

Nun heben wir die bisher festgehaltene Beschränkung des Integrationsweges auf die Fläche $F'$, bezw. $F''$ auf und lassen ihn ganz willkürlich; oder, was dasselbe ist, wir setzen den Hauptwert des Integrals über die Begrenzung von $F'$, bezw. $F''$ hinaus analytisch fort. Wir finden so (vgl. die Diskussion des Logarithmus, I, § 56, III):

X. *Das Integral einer rationalen Funktion von $z$ und $s$ ist auf der Fläche $F$ eine unendlichvielwertige Funktion, deren sämtliche Werte aus irgend einem von ihnen durch Addition beliebiger ganzzahliger Vielfacher konstanter Periodicitätsmoduln hervorgehen.*

Zu einem gewissen Abschluß gelangt diese Untersuchung durch die folgende Umkehrung dieses Satzes:

XI. *Jede Funktion, die auf der Fläche $F$ bis auf Pole und logarithmische Unstetigkeitspunkte regulär und nur durch konstante Periodicitätsmoduln vieldeutig ist, ist das Integral einer rationalen Funktion von $z$ und $s$.*

Denn ihr Differentialquotient genügt den Bedingungen des Satzes § 4, V.

## § 7. Das elliptische Integral erster Gattung.

Im vorigen Paragraphen ist zwar definiert, was unter einem elliptischen Integral I., II. oder III. Gattung zu verstehen ist, aber noch keineswegs bewiesen, daß es solche Integrale von jeder der drei Gattungen wirklich giebt. Wir wollen nun zunächst versuchen, ein Integral I. Gattung wirklich zu bilden; wir setzen es in der Form

$$\int R(z, s)\, dz \tag{1}$$

an. Ist nun

$$s^2 = f_4(z), \tag{2}$$

so ist an einem im Endlichen gelegenen gewöhnlichen Punkte

$$dz = dt;$$

an einem im Endlichen gelegenen Verzweigungspunkte

$$dz = 2t\, dt;$$

an einem unendlich fernen Punkte

$$dz = -t^{-2} dt$$

zu setzen (vgl. § 4), wenn $t$ jedesmal die zugehörige regularisierende Hilfsvariable bedeutet. Soll also das Integral (1) überall regulär bleiben, so muß die Funktion $R(z, s)$ selbst überall regulär sein, ausgenommen in den Verzweigungspunkten, wo sie Pole 1. Ordnung haben darf; sie muß ferner im Unendlichen auf beiden Blättern je von der 2. Ordnung Null werden. Die Funktion $s^{-1}$ hat diese Eigenschaften; also folgt:

I. *Das Integral:*

$$u = \int^{z} \frac{dz}{\sqrt{f_4(z)}} \tag{3}$$

*ist auf der Fläche von $s = \sqrt{f_4(z)}$ überall regulär, m. a. W. es ist wirklich ein Integral I. Gattung.*

Es ist aber auch das einzige Integral I. Gattung, wenn man von einem konstanten Faktor absieht. Denn soll $R$ die bezeichneten Eigenschaften haben, so muß $R.s$ auf der Fläche überall regulär, also nach § 5, VI eine Konstante sein. Also:

II. *Jedes andere Integral I. Gattung auf unserer Fläche kann sich von (3) nur durch einen konstanten Faktor unterscheiden.*

Im Falle $s^2 = f_3(z)$ sind diese Schlüsse teilweise etwas zu modifizieren. Der Punkt $\infty$ ist dann ein Verzweigungspunkt und $s$ hat in ihm einen Pol 3. Ordnung; aber es ist für ihn auch

$$dz = -2t^{-3}dt$$

zu setzen. Das Resultat bleibt also dasselbe:

III. *Die Sätze I und II gelten auch für den Fall der Quadratwurzel aus einem Polynom dritten Grades.*

In der Existenz des Integrals I. Gattung liegt ein charakteristischer Unterschied zwischen der zweiblättrigen Riemannschen Fläche mit vier und der mit zwei Verzweigungspunkten; man kann aus ihr allein schon schließen:

IV. *Es ist nicht möglich, $z$ und $s = \sqrt{f_3(z)}$ oder $\sqrt{f_4(z)}$ als rationale Funktionen einer Hilfsvariabeln $t$ auszudrücken.*

Denn wenn das möglich wäre, würde das Integral I. Gattung dabei in ein überall endliches Integral einer rationalen Funktion von $t$ übergeführt werden, und ein solches existiert nicht.

N. H. Abel und C. G. J. Jacobi haben gefunden, daß die Umkehrung der durch die Gleichung (3) gegebenen Beziehung zwischen den Variabeln $z$ und $u$ zu einer *eindeutigen* Funktion $z$ von $u$ führt — ebenso wie die Umkehrung der Gleichungen:

$$u = \int_1^z \frac{dz}{z}, \quad u = \int_0^z \frac{dz}{\sqrt{1-z^2}},$$

bezw. die eindeutigen Funktionen:

$$z = e^u, \quad z = \sin u$$

liefert. Um das zu beweisen, ist zunächst erforderlich (wenn auch noch lange nicht hinreichend) zu zeigen:

V. *Hat das Integral (3) für irgend einen Punkt $z_0$ der Fläche einen Wert $u_0$, so ist nicht nur $u$ in der Umgebung von $z_0$ eine reguläre Funktion von $z$, sondern auch $z$ in der Umgebung von $u_0$ eine reguläre Funktion von $u$.*

Der Beweis geschieht durch Entwicklung in Reihen und Umkehrung derselben nach I, § 46, X. Man würde zu diesem Zwecke nur die Anfangsglieder der betreffenden Reihen brauchen; doch wollen wir zum Zwecke späterer Verwendung noch einige Glieder mehr angeben:

Sei erstens $z_0$ ein gewöhnlicher Punkt der Fläche, also $f(z_0) \neq 0$, so setzen wir $z - z_0 = t$; dann kommt der Reihe nach:

$$4)\qquad f(z) = f(z_0) + t f'(z_0) + \tfrac{1}{2} t^2 f''(z_0) + \ldots$$

$$5)\qquad \sqrt{f(z)} = \sqrt{f(z_0)}\left\{1 + \tfrac{1}{2} t \frac{f'(z_0)}{f(z_0)} + t^2\left(\tfrac{1}{4}\frac{f''(z_0)}{f(z_0)} - \tfrac{1}{8}\frac{f'(z_0)^2}{f(z_0)^2}\right) + \ldots\right\}$$

$$6)\qquad \frac{1}{\sqrt{f(z)}} = \frac{1}{\sqrt{f(z_0)}}\left\{1 - \tfrac{1}{2} t \frac{f'(z_0)}{f(z_0)} + t^2\left(-\tfrac{1}{4}\frac{f''(z_0)}{f(z_0)} + \tfrac{3}{8}\frac{f'(z_0)^2}{f(z_0)^2}\right) + \ldots\right\}$$

$$7)\qquad u - u_0 = \frac{1}{\sqrt{f(z_0)}}\left\{t - \tfrac{1}{4} t^2 \frac{f'(z_0)}{f(z_0)} + t^3\left(-\tfrac{1}{12}\frac{f''(z_0)}{f(z_0)} + \tfrac{1}{8}\frac{f'(z_0)^2}{f(z_0)^2}\right) + \ldots\right\}$$

$$8)\qquad \begin{cases} z - z_0 = (u - u_0)\sqrt{f(z_0)} + \tfrac{1}{4}(u - u_0)^2 f'(z_0) \\ \qquad\qquad + \tfrac{1}{12}(u - u_0)^3 \sqrt{f(z_0)}\, f''(z_0) + \ldots \end{cases}$$

Sei zweitens $\alpha$ ein im Endlichen gelegener Verzweigungspunkt der Fläche, so setzen wir $z - \alpha = t^2$. Da wir immer an der Voraussetzung (§ 1, I) festhalten, die Verzweigungspunkte seien voneinander verschieden, so ist $f'(\alpha) \neq 0$; wir erhalten also:

$$9)\qquad f(z) = t^2 f'(\alpha) + \tfrac{1}{2} t^4 f''(\alpha) + \tfrac{1}{6} t^6 f'''(\alpha) + \ldots$$

$$10)\qquad \sqrt{f(z)} = t\sqrt{f'(\alpha)}\left\{1 + \tfrac{1}{4} t^2 \frac{f''(\alpha)}{f'(\alpha)} + t^4\left(\tfrac{1}{12}\frac{f'''(\alpha)}{f'(\alpha)} - \tfrac{1}{32}\frac{f''(\alpha)^2}{f'(\alpha)^2}\right) + \ldots\right\}$$

$$11)\qquad \frac{1}{\sqrt{f(z)}} = \frac{t^{-1}}{\sqrt{f'(\alpha)}}\left\{1 - \tfrac{1}{4} t^2 \frac{f''(\alpha)}{f'(\alpha)} + t^4\left(-\tfrac{1}{12}\frac{f'''(\alpha)}{f'(\alpha)} + \tfrac{3}{32}\frac{f''(\alpha)^2}{f'(\alpha)^2}\right) + \ldots\right\}$$

$$12)\qquad u - u_0 = \frac{2t}{\sqrt{f'(\alpha)}}\left\{1 - \tfrac{1}{12} t^2 \frac{f''(\alpha)}{f'(\alpha)} + t^4\left(-\tfrac{1}{60}\frac{f'''(\alpha)}{f'(\alpha)} + \tfrac{3}{160}\frac{f''(\alpha)^2}{f'(\alpha)^2}\right) + \ldots\right\}$$

$$13)\qquad \begin{cases} t = \tfrac{1}{2}(u - u_0)\sqrt{f'(\alpha)} + \tfrac{1}{96}(u - u_0)^3 f''(\alpha)\sqrt{f'(\alpha)} \\ \qquad + \tfrac{1}{1920}(u - u_0)^5\left(\tfrac{1}{8} f''(\alpha)^2 + f'(\alpha) f'''(\alpha)\right)\sqrt{f'(\alpha)} + \ldots \end{cases}$$

Drittens erhalten wir für einen gewöhnlichen Punkt im Unendlichen:

14) $$f(z) = t^{-4}(a_0 + 4\,a_1\,t + 6\,a_2\,t^2 + \ldots)$$

15) $$\sqrt{f(z)} = t^{-2}\sqrt{a_0}\left\{1 + \frac{2\,a_1}{a_0}\,t + t^2\left(\frac{3\,a_2}{a_0} - \frac{2\,a_1^2}{a_0^2}\right) + \ldots\right\}$$

16) $$\frac{1}{\sqrt{f(z)}} = \frac{t^2}{\sqrt{a_0}}\left\{1 - \frac{2\,a_1}{a_0}\,t + t^2\left(-\frac{3\,a_2}{a_0} + \frac{6\,a_1^2}{a_0^2}\right) + \ldots\right\}$$

17) $$u - u_0 = -\frac{t}{\sqrt{a_0}}\left\{1 - \frac{a_1}{a_0}\,t + t^2\left(-\frac{a_2}{a_0} + \frac{2\,a_1^2}{a_0^2}\right) + \ldots\right\}$$

18) $$t = -\sqrt{a_0}\,(u - u_0) + a_1\,(u - u_0)^2 - a_2\sqrt{a_0}\,(u - u_0)^3 + \ldots$$

Viertens endlich erhalten wir für einen Verzweigungspunkt im Unendlichen:

19) $$f(z) = t^{-6}(4\,a_1 + 6\,a_2\,t^2 + 4\,a_3\,t^4 + \ldots)$$

20) $$\sqrt{f(z)} = 2\,t^{-3}\sqrt{a_1}\left\{1 + \frac{3}{4}\,\frac{a_2}{a_1}\,t^2 + t^4\left(\frac{a_3}{2\,a_1} - \frac{9}{32}\,\frac{a_2^2}{a_1^2}\right) + \ldots\right\}$$

21) $$\frac{1}{\sqrt{f(z)}} = \frac{t^3}{2\sqrt{a_1}}\left\{1 - \frac{3}{4}\,\frac{a_2}{a_1}\,t^2 + t^4\left(-\frac{a_3}{2\,a_1} + \frac{27}{32}\,\frac{a_2^2}{a_1^2}\right) + \ldots\right\}$$

22) $$u - u_0 = -\frac{t}{\sqrt{a_1}}\left\{1 - \frac{1}{4}\,\frac{a_2}{a_1}\,t^2 + t^4\left(\frac{a_3}{10\,a_1} + \frac{27}{160}\,\frac{a_2^2}{a_1^2}\right) + \ldots\right\}$$

23) $$\begin{cases} t = -\sqrt{a_1}\,(u - u_0) - \frac{1}{4}\,a_2\sqrt{a_1}\,(u - u_0)^3 \\ \qquad + \left(\frac{1}{10}\,a_1\,a_3 - \frac{3}{160}\,a_2^2\right)\sqrt{a_1}\,(u - u_0)^5 + \ldots \end{cases}$$

Durch die Gleichungen (8), (13), (18), (23) ist Satz V für alle Fälle bewiesen.

## § 8. Die durch ein elliptisches Integral I. Gattung vermittelte konforme Abbildung der Halbebene auf ein Rechteck.

Wir wollen versuchen, uns eine Vorstellung von der Gestalt desjenigen Bereiches der $u$-Ebene zu verschaffen, auf den unsere Riemannsche Fläche durch den auf ihr eindeutig definierten Hauptwert des Integrals $u$ konform abgebildet wird (I, § 34). Satz V von § 7 sagt von diesem Bereiche aus, daß er keine Verzweigungspunkte (I, § 69) in seinem Innern enthält. Aber daraus allein folgt noch nicht, daß er sich nirgends selbst überdeckt; er könnte ja etwa die I, § 67 in Fig. 42 dargestellte Gestalt haben. Um zu zeigen, daß das nicht der Fall ist, müssten wir seine Kontur bestimmen, d. h. wir müßten untersuchen, welche Werte der Hauptwert von $u$ auf dem Rande von $F'$ annimmt.

Wir wollen diese Untersuchung jedoch zunächst nur für den Fall durchführen, daß die vier Verzweigungspunkte alle vier reell sind. In diesem Falle gelangen wir nämlich zum Ziele, wenn wir die Fläche vermittelst eines längs der Axe der reellen Zahlen durch beide Blätter geführten Schnittes in vier Halbebenen zerlegen und das Bild der ganzen Fläche aus den Bildern dieser vier Halbebenen zusammensetzen.

Die Verzweigungspunkte seien alle im Endlichen gelegen und ihre Bezeichnung sei so gewählt, daß:

1) $$\alpha_0 < \alpha_1 < \alpha_2 < \alpha_3$$

ist; $\alpha_0$ sei positiv. Die untere Grenze des Integrals, deren Wahl uns noch frei steht, legen wir in den Verzweigungspunkt $\alpha_1$, sodaß der Hauptwert:

2) $$u(\alpha_1) = 0$$

ist. Wir wollen zunächst die *positive Halbebene des oberen Blattes* abbilden; sie sei dadurch definiert, daß wir für zwischen $\alpha_1$ und $\alpha_2$ gelegene Werte von $z$ die Wurzelgröße, die dann reell ist, positiv nehmen.[1]

Lassen wir $z$ zunächst von $\alpha_1$ bis $\alpha_2$ zunehmen, so erhält das Integral fortwährend reelle positive Inkremente; *$u$ wächst also von 0 bis zu derjenigen reellen Größe* $\omega_1$, die durch das bestimmte Integral zwischen reellen Grenzen:

3) $$\omega_1 = \int_{a_1}^{a_2} \frac{dz}{\sqrt{a_0(z-\alpha_0)(z-\alpha_1)(\alpha_2-z)(\alpha_3-z)}}$$

definiert ist. In der Umgebung von $\alpha_2$ wird das Verhalten von $u$ als Funktion von $z$ durch die Gleichung (12) des § 7 angegeben, wenn man in ihr $u_0 = \omega_1$ und $t = \sqrt{z - \alpha_2}$ setzt; lassen wir also, um den Ausnahmepunkt $\alpha_2$ zu vermeiden und dabei im oberen Blatte zu bleiben, $z$ vor $\alpha_2$ von seinem bisherigen Wege nach links ausbiegen und einen kleinen Halbkreis um $\alpha_2$ im Sinne der abnehmenden Winkel (I, § 4) beschreiben, so wird $u$ von seinem bisherigen Wege ebenfalls nach links ausbiegen und einen kleinen Viertelkreis

[1] Man schließe nur nicht etwa hieraus, daß sie dann im oberen Blatte überall, wo sie reell ist, positiv zu nehmen sei.

(I, § 69 a. E.) ebenfalls im Sinne der abnehmenden Winkel um $\omega_3$ beschreiben. Dabei nimmt der Arcus von $\alpha_2 - z$ von 0 bis $-\pi$, also der von $\sqrt{\alpha_2 - z}$ von 0 bis $-\pi/2$ ab; die Arcus der drei anderen Faktoren der Quadratwurzel bleiben in der Nähe von 0. Im Endpunkte des Halbkreises ist demnach die Wurzelgröße in unserem Halbblatte negativ imaginär und bleibt es dann auch, wenn wir jetzt $z$ weiter von $\alpha_2$ bis in die Nähe von $\alpha_3$ sich bewegen lassen. Das Integral erhält also dann positiv imaginäre Inkremente; *$u$ bewegt sich auf einer Parallelen zur Axe der rein imaginären Zahlen bis in die Nähe eines Punktes $\omega_1 + \omega_3$*, dessen zweite Koordinate durch das bestimmte Integral zwischen reellen Grenzen:

$$4)\qquad \frac{\omega_3}{i} = \int_{\alpha_2}^{\alpha_3} \frac{dz}{\left|\sqrt{a_0 (z-\alpha_0)(z-\alpha_1)(z-\alpha_2)(\alpha_3 - z)}\right|}$$

definiert ist.

Wieder lassen wir $z$ nach links ausbiegen und einen kleinen Halbkreis um $\alpha_3$ im Sinne der abnehmenden Winkel beschreiben; $u$ beschreibt dann einen kleinen Viertelkreis in demselben Sinne, der Arcus der Wurzelgröße nimmt abermals um $\pi/2$ ab, sie ist

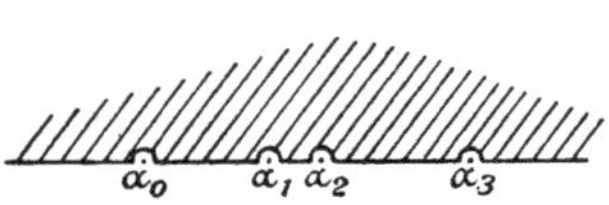


Fig. 16.

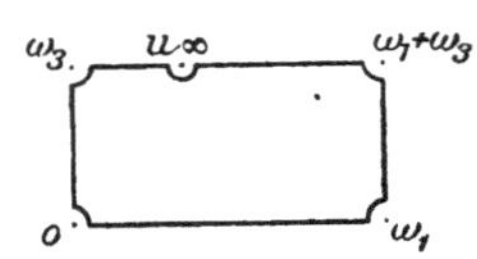


Fig. 17.

also von hier an *negativ reell* (vgl. die Fußnote auf S. 23). Das Integral erhält also jetzt negativ reelle Inkremente; *$u$ bewegt sich auf einer Parallelen zur Axe der reellen Zahlen nach links bis in die Nähe eines Punktes $u_\infty$*, der durch:

$$5)\qquad u_\infty - (\omega_1 + \omega_3) = -\int_{\alpha_3}^{\infty} \frac{dz}{\left|\sqrt{a_0 (z-\alpha_0)(z-\alpha_1)(z-\alpha_2)(z-\alpha_3)}\right|}$$

definiert ist. Lassen wir dann $z$, nach links ausbiegend, auf seiner Kugel einen kleinen Halbkreis um den Punkt $\infty$ beschreiben (der hier kein Verzweigungspunkt ist), so beschreibt $u$, zufolge § 7, Gleichung 17 ebenfalls einen kleinen Halbkreis um den Punkt $u_\infty$. Setzt dann $z$, aus dem Unendlichen kommend, seinen Weg auf der Axe der reellen Zahlen fort, bis in die Nähe des Punktes $\alpha_0$, so *bewegt sich u in der zuletzt verfolgten Richtung weiter bis in die Nähe eines Punktes* $\omega_1 + \omega_3 - (\omega_1)$, der durch:

$$6)\qquad \omega_1 + \omega_3 - (\omega_1) - u_\infty = -\int\limits_{-\infty}^{\alpha_0} \frac{dz}{|\sqrt{a_0(\alpha_0 - z)(\alpha_1 - z)(\alpha_2 - z)(\alpha_3 - z)}|}$$

definiert ist.

Wieder lassen wir $z$ nach links ausbiegend einen kleinen Halbkreis um $\alpha_0$ beschreiben und dann seinen Weg längs der Axe der reellen Zahlen bis in die Nähe von $\alpha_1$ fortsetzen. Dabei umgeht $u$ erst den Punkt $\omega_1 + \omega_3 - (\omega_1)$ in einem Viertelkreis; weiterhin ist die Wurzel positiv imaginär zu nehmen, das Integral erhält negativ imaginäre Inkremente und *u bewegt sich parallel mit der Axe der imaginären Zahlen nach unten bis in die Nähe eines Punktes* $\omega_1 + \omega_3 - (\omega_1) - (\omega_3)$, der durch:

$$7)\qquad \frac{(\omega_3)}{i} = \int\limits_{\alpha_0}^{\alpha_1} \frac{dz}{|\sqrt{a_0(z - \alpha_0)(\alpha_1 - z)(\alpha_2 - z)(\alpha_3 - z)}|}$$

definiert ist.

Schließlich lassen wir $z$ auf einem kleinen Halbkreise um $\alpha_1$ zu seinem Anfangspunkt zurückkehren; dabei beschreibt $u$ einen kleinen Viertelkreis um den zuletzt genannten Punkt. Dabei muß es aber nach I, § 35, V zu seinem Ausgangswerte zurückkommen; denn der von $z$ durchlaufene Weg umschließt ein Gebiet (eben die positive Halbebene), in dessen Innern die zu integrierende Funktion die Bedingungen jenes Satzes erfüllt. Also muß jener Punkt der Nullpunkt der $u$-Ebene sein; und da $\omega_1$ und $(\omega_1)$ nach ihrer Definition reell, $\omega_3$ und $(\omega_3)$ rein imaginär sind, so folgt, daß:

$$8)\qquad (\omega_1) = \omega_1, \quad (\omega_3) = \omega_3$$

sein muß. *Der Axe der reellen Zahlen in der z-Ebene entspricht also der Umfang eines Rechtecks in der u-Ebene mit den Ecken:*

$$o, \quad \omega_1, \quad \omega_1 + \omega_3, \quad \omega_3.$$

Da wir nun wissen, daß im ganzen Innern der positiven $z$-Halbebene $u$ eine reguläre Funktion von $z$ ist, so können wir schließen:[1]

*Durch den Hauptwert des Integrals u wird die positive Hälfte* $P_0$ *des oberen Blattes unserer* RIEMANN*schen Fläche konform abgebildet*

[1] Bei diesem Schlusse ist darauf zu achten, daß die beiden aufeinander abzubildenden Flächen auf derselben Seite (hier der linken) der in entsprechendem Sinne durchlaufenen Konturen liegen müssen.

*auf das Innere des eben genannten Rechtecks, sodaß also jedem Punkte $u$ im Innern des Rechtecks ein und nur ein Punkt $z$ im Innern von $P_0$ entspricht.*

## § 9. Analytische Fortsetzung des so definierten Funktionenelements.

Das so definierte Funktionselement $z(u)$ können wir nun über die Grenzen des Rechtecks hinaus analytisch fortsetzen; dadurch erhalten wir Bilder der drei anderen Halbebenen, die mit $P_0$ zusammen die Fläche bilden. Wenn wir hierüber genauere Angaben machen wollen, müssen wir erst über die Übergangslinien in der $z$-Ebene eine bestimmtere Verfügung treffen, als es in § 1 geschehen ist. Wir wollen etwa festsetzen, daß sie längs der Stücke $\alpha_0 \dots \alpha_1$ und $\alpha_2 \dots \alpha_3$ der Axe der reellen $z$ gezogen werden sollen; sodaß man also beim Überschreiten eines dieser Stücke in die negative Halbebene des unteren Blattes $N_u$, dagegen beim Überschreiten eines der Stücke $\alpha_1 \dots \alpha_2$ und $\alpha_3 \dots \infty \dots \alpha_0$ in die negative Halbebene des oberen Blattes $N_0$ gelangt. Längs der ersteren hängt dann $N_0$ mit $P_u$, längs der letzteren $N_u$ mit $P_u$ zusammen.

Auf der Strecke $0 \dots \omega_1$ ist das durch Satz I definierte Funktionselement $z(u)$ regulär und reell; daraus folgt nach I, § 71, daß es über diese Strecke hinaus analytisch fortgesetzt werden kann in ein Gebiet, das Spiegelbild des ersten Rechtecks in Bezug auf die Axe der reellen $u$ ist; und zwar so, daß zu konjugiert komplexen Werten von $u$ konjugiert komplexe Werte von $z$ gehören. Läßt man also den Punkt $z$ über $\alpha_1 \dots \alpha_2$ aus $P_0$ nach $N_0$ hinübertreten, und die Halbebene $N_0$ beschreiben, so tritt $u$ über $0 \dots \omega_1$ und beschreibt das zu dem ersten Rechteck $(P_0)$ in Bezug auf die Axe der reellen Zahlen symmetrische Rechteck $(N_0)$. Auch in diesem Rechteck ist die Funktion $z(u)$ überall regulär, bis auf einen Pol, in dem zu $u_\infty$ konjugierten Punkte $u_\infty - 2\,\omega_3$.

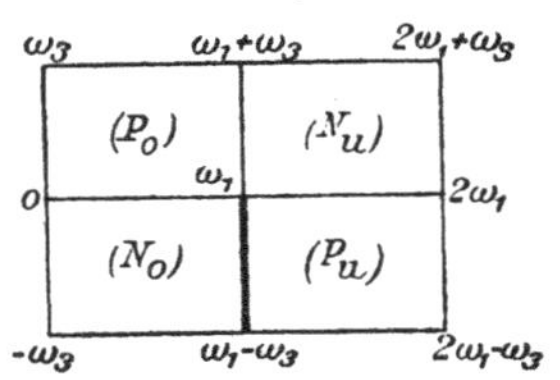

Fig. 18.

Lassen wir ferner $z$ aus $P_0$ über $\alpha_2 \dots \alpha_3$ nach $N_u$ hinübertreten, so erhalten wir ganz ebenso als Bild von $N_u$ ein Rechteck $(N_u)$, das aus $(P_0)$ durch Spiegelung an der Linie $\omega_1 \dots \omega_1 + \omega_3$ hervorgeht.

Lassen wir weiter $z$ aus $N_u$ über $\alpha_1 \dots \alpha_2$ nach $P_u$ übertreten, so erhalten wir als Bild von $P_u$ ein Rechteck $(P_u)$, das aus $(N_u)$

durch Spiegelung an der Seite $(\omega_1 \ldots 2\,\omega_1)$ hervorgeht. Damit ist die ganze zweiblättrige Fläche auf das Rechteck mit den Ecken

$$-\,\omega_3,\quad 2\,\omega_1 - \omega_3,\quad 2\,\omega_1 + \omega_3,\quad \omega_3$$

abgebildet; in diesem ist jedoch die Linie von $\omega_1$ nach $\omega_1 - \omega_3$ zunächst noch als Einschnitt aufzufassen.

Dasselbe Rechteck $(P_u)$ wird aber auch erhalten, wenn man $(N_0)$ an der Seite $(\omega_1 \ldots \omega_1 - \omega_3)$ spiegelt. Wir haben es also hier mit dem I, S. 192 erörterten Falle zu thun, daß zwei verschiedene analytische Fortsetzungen eines Funktionselements zu denselben Funktionswerten führen; wir können den Einschnitt, den wir zuerst fanden, tilgen, da über ihn hinüber ein stetiger Zusammenhang stattfindet.

In der That ist ein Weg, der aus $P_0$ über $\alpha_1 \ldots \alpha_2$ hinüber nach $N_0$, von da über $\alpha_2 \ldots \alpha_3$ nach $P_u$, dann über $\alpha_1 \ldots \alpha_2$ nach $N_u$, endlich über $\alpha_2 \ldots \alpha_3$ zurück nach $P_0$ führt, nichts anderes als eine vollständige Umkreisung von $\alpha_1$ auf der Fläche (Fig. 19);

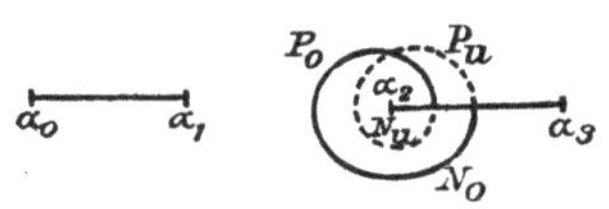


Fig. 19.

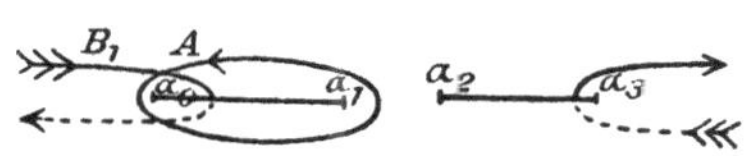


Fig. 20.

der entsprechende Weg in der $u$-Ebene muß daher nach § 7, V ebenfalls geschlossen sein.

*Die Riemannsche Fläche ist sonach auf das genannte Rechteck ohne Störung des Zusammenhangs dieses letzteren abgebildet;* dagegen ist dabei der Zusammenhang der Fläche unterbrochen längs derjenigen Linien, die den Seiten des Rechtecks entsprechen. Das sind die Teile $\alpha_0 \ldots \alpha_1$ und $\alpha_3 \ldots \infty \ldots \alpha_0$ der Axe der reellen Zahlen; man muß sich beide Blätter der Fläche längs dieser Linien durchgeschnitten denken, dann entspricht den beiden Ufern des Schnittes der Rand des Rechtecks. Auch durch ein solches Schnittsystem wird die Fläche in eine einfach zusammenhängende verwandelt; es geht aus dem in § 3 Gegebenen dadurch hervor, daß man die beiden Schnitte bis dicht an die genannten Stücke der Axe heran zusammenzieht (Fig. 20). Die Periodicitätsmoduln an diesen Schnitten sind bezw. gleich $2\,\omega_1$, $2\,\omega_3$. Denn z. B. der in $P_0$ verlaufende Teil des Schnittes $A$ hat zur Rechten $P_0$, zur Linken $N_u$; wenn $z$ in $P_0$ von $\alpha_1$ nach $\alpha_0$ geht, so geht $u$ (vgl. Fig. 18) von 0 nach $\omega_3$; wenn aber $z$ in $N_u$ von $\alpha_1$ nach $\alpha_0$ geht, geht $u$ von $2\,\omega_1$

nach $2\omega_1 + \omega_3$; die Differenz entsprechender Werte von $u$ beträgt hier also $2\omega_1$. Mit $B$ verhält es sich analog.

Nachdem wir uns so über die Hauptwerte des Integrals $u$ vollständig orientiert haben, lassen wir die Beschränkung des Integrationsweges auf die Fläche $F'$ fallen. Dann erhält nach § 6, X das Integral $u$ Werte, die sich von den bisher allein betrachteten um ganzzahlige Vielfache der Periodicitätsmoduln unterscheiden. Infolgedessen erhalten wir in der $u$-Ebene weitere Bilder der Fläche $F'$, die zu dem ersten kongruent und gegen dasselbe um $2h_1\omega_1$ in der Richtung der Axe, der reellen Zahlen und um $2h_3w_3$ in der Richtung der Axe der rein imaginären Zahlen verschoben sind (I, § 8, III). Alle diese Bilder legen sich, wie geometrisch evident ist, glatt nebeneinander und bedecken die ganze $u$-Ebene einfach und lückenlos, ohne sich irgendwo übereinander zu schieben (Fig. 21). Damit ist für den hier betrachteten Fall reeller Verzweigungspunkte der am Anfang von § 8 erhobene Zweifel beseitigt: jeder Punkt $u$ fällt nur in eines der genannten Bilder, und es entspricht ihm also auch nur ein Wert von $z$. Überdies entspricht jedem stetigen Wege (I, § 26, XVIII) in der $u$-Ebene ein stetiger Weg auf der $z$-Fläche; wenn der erstere aus einem Bildrechteck in ein benachbartes übertritt, überschreitet der letztere einen der Querschnitte. Somit haben wir wenigstens *für reelle Werte der Verzweigungspunkte* den Fundamentalsatz der Theorie der elliptischen Funktionen bewiesen:

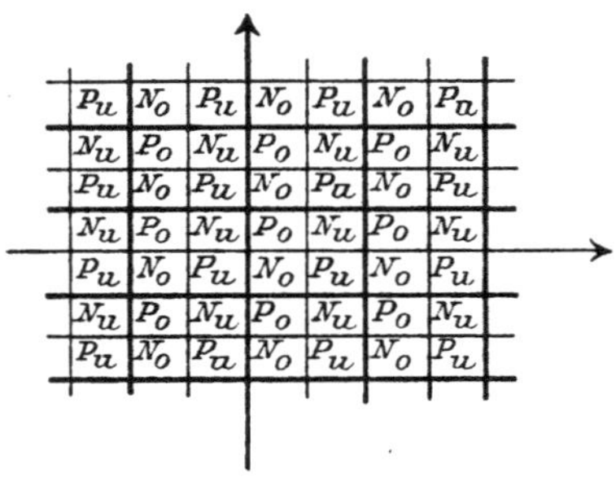

Fig. 21.

I. *Die obere Grenze $z$ des Integrals I. Gattung ist eine eindeutige Funktion des Integralwertes $u$, die für alle endlichen Werte von $u$ bis auf Pole regulär ist.*

In allen Punkten $u$, die aus einem von ihnen durch Addition beliebiger ganzzahliger Vielfacher von $2\omega_1$ und $2\omega_3$ hervorgehen, nimmt $z$ denselben Wert an. $z$ ist also eine *periodische* Funktion von $u$ (I, § 41); und zwar nennen wir sie eine *doppeltperiodische* Funktion von $u$, weil sie zwei verschiedene Perioden hat (eine reelle $2\omega_1$ und eine rein imaginäre $2\omega_3$), die nicht beide ganzzahlige Vielfache einer und derselben dritten Größe sind. Außer in diesen Punkten nimmt $z$ noch denselben Wert an in den Punkten $-u + 2h_1\omega_1 + 2h_3\omega_3$; diese entsprechen nämlich bei der Abbildung dem zu demselben Werte von $z$ gehörenden Punkte des anderen Blattes der RIEMANNschen Fläche. Man erkennt das durch folgende Überlegung: Wenn wir erst an $\alpha_1 \ldots \alpha_2$, dann an $\alpha_0 \ldots \alpha_1$ spiegeln, erhalten wir aus $P_0$ erst $N_0$, dann $P_u$. Dem entsprechen in der $u$-Ebene erst eine Spiegelung an $0 \ldots \omega_1$, dann eine an $0 \ldots -\omega_3$. Zwei Spiegelungen an zwei zu einander senkrechten Geraden setzen sich aber zusammen zu einer Drehung durch $180^0$ um ihren Schnittpunkt (vgl. den Beweis von I, § 13, XII); und eine Drehung der $u$-Ebene um den Nullpunkt durch $180^0$ ist das geometrische Bild der Verwandlung von $u$ in $-u$ (I, § 9, I). Also können wir den Satz I durch folgenden Zusatz ergänzen:

II. *Wird die untere Grenze des Integrals $u(z)$ in einen Verzweigungspunkt der Fläche gelegt, so wird die obere Grenze eine gerade Funktion des Integralwertes.*

Auch $s = \sqrt{f(z)}$ ist eine eindeutige Funktion von $u$, da bei unserer Abbildung jedem Werte von $u$ nur ein Punkt der RIEMANNschen Fläche entsprach. Entgegengesetzt gleichen Werten von $u$ entsprechen dabei übereinanderliegende Punkte der Fläche; in solchen hat demnach $s$ auch entgegengesetzt gleiche Werte. Wir können somit sagen:

III. *Unter denselben Voraussetzungen ist $s = \sqrt{f(z)}$ eine ungerade doppeltperiodische Funktion des Integralwertes $u$, die ebenfalls in der ganzen Ebene bis auf Pole regulär ist.*

Die beiden Sätze I und III lassen sich auch folgendermaßen ausdrücken:

IV. *Es ist zwar nicht möglich, zu zwei durch eine Gleichung $s^2 = f_3(z)$ oder $= f_4(z)$ verbundenen Variablen $s$, $z$ eine „uniformisierende Variable" (I, § 53) zu finden, von der $s$, $z$ rationale Funktionen wären; aber man kann wenigstens im Falle reeller Verzweigungspunkte eine solche angeben, von der sie eindeutige und im Endlichen bis auf Pole reguläre Funktionen sind; nämlich eben den Wert des zugehörigen Integrals I. Gattung.*

## § 10. Fragestellungen bei beliebiger Lage der Verzweigungspunkte.

Auf den allgemeinen Fall beliebiger Lage der Verzweigungspunkte lassen sich die Entwicklungen der §§ 8, 9 nicht übertragen, da die in dem speziellen Falle benutzten Symmetrieeigenschaften hier nicht vorhanden sind. Man kann zwar auch dann das Bild der Fläche $F'$ in der $u$-Ebene dadurch zu erhalten versuchen, daß man seine Kontur bestimmt. Da der Hauptwert von $u$ auf der linken Seite eines Schnittes um den zugehörigen Periodicitätsmodul größer ist, als auf der anderen, so kann man schließen, daß diese Kontur aus vier Stücken besteht; je zwei einander gegenüberliegende von diese Stücken sind kongruent und können durch eine bestimmte Parallelverschiebung miteinander zur Deckung gebracht werden (I, § 8). Aber diese Stücke werden dabei im allgemeinen krummlinig ausfallen; und man kann daher die Möglichkeit nicht von vornherein ausschließen, daß sie sich wie in Fig. 22 schneiden, sodaß kein Bereich zu Stande käme. Man kann nun freilich durch eine eingehendere Untersuchung direkt zeigen,[1] daß man das stets vermeiden kann, daß es stets möglich ist, die Rückkehrschnitte auf der RIEMANNschen Fläche so zu legen, daß ihre Bilder in der $u$-Ebene geradlinig ausfallen. Dann wird die Fläche auf ein geradlinig begrenztes Parallelogramm dieser Ebene abgebildet; und die weiteren Schlüsse können wie im Falle reeller Verzweigungspunkte gezogen werden.

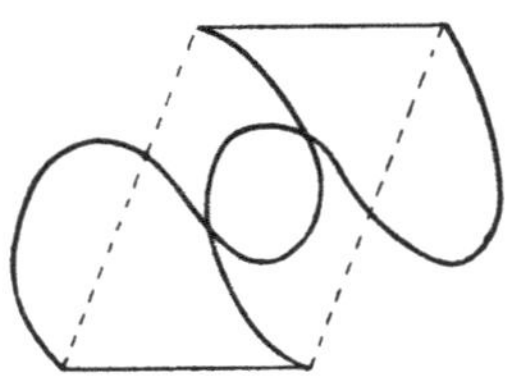

Fig. 22.

Wir wollen das jedoch nicht im einzelnen durchführen, sondern einen anderen Weg der Untersuchung einschlagen. Wir haben gesehen, daß die Umkehrung des elliptischen Integrals I. Gattung bei reellen Verzweigungspunkten durch eine doppeltperiodische Funktion mit einer reellen und einer rein imaginären Periode geschieht. Wir wollen nun in den folgenden Abschnitten (II—V) überhaupt die Eigenschaften doppeltperiodischer Funktionen untersuchen. Dabei wird sich zeigen, daß diese Untersuchung kaum irgendwie vereinfacht würde, wenn man an der Voraussetzung festhielte, daß eine Periode reell, die andere rein imaginär, das „Periodenparallelogramm" also ein Rechteck sei. Die analytischen Ausdrücke solcher Funktionen, die wir finden werden, behalten vielmehr ihre Bedeutung und ihre allgemeinen Eigenschaften, wenn man ein beliebiges anderes Parallelogramm zu Grunde legt. Sind wir so in den analytischen Besitz dieser allgemeineren doppeltperiodischen Funktionen gekommen, so hat es keine Schwierigkeit zu zeigen, daß auch sie Umkehrungen elliptischer Integrale sind, und zwar solcher, deren Verzweigungspunkte complexes Doppelverhältnis haben (§§ 18, 34). Dann muß noch gezeigt werden, daß man das Periodenparallelogramm stets so wählen kann, daß durch die zugehörigen doppelt-

[1] Vgl. H. A. SCHWARZ, ges. Abh. (Berlin 1890), Bd. II, p. 84 ff.

periodischen Funktionen die Umkehrung eines *beliebig vorgelegten* elliptischen Integrals I. Grades geleistet werden kann; das soll im VI. Abschnitt geschehen.

In dieser Weise ist überhaupt in vielen Fällen die Untersuchung komplizierterer Funktionsbeziehungen zu führen. Das erste ist die *Entdeckung* einer geeigneten „uniformisierenden Variabeln" $u$, sie ist Sache der mathematischen Erfindungskraft, zuweilen auch des Zufalls. Hierauf muß der *Beweis* geführt werden, daß die übrigen auftretenden Größen wirklich eindeutige Funktionen von $u$ sind. Zu diesem Zweck beschränkt man zunächst die Parameter, die neben den eigentlichen Variabeln noch vorkommen, auf solche Werte, daß dieser Beweis sich mit Hilfe der Methoden der konformen Abbildung führen läßt, von denen in erster Linie das Symmetrieprinzip in Betracht kommt. Weiß man erst, daß man mit eindeutigen analytischen Funktionen zu thun hat, so kann man aus ihren Eigenschaften *analytische Ausdrücke* für sie ableiten. In diesen Ausdrücken werden abermals neben den Variabeln gewisse Parameter auftreten, die von jenen ersten in zunächst nicht weiter bekannter Weise abhängen und die zunächst wie jene gewissen Realitätsbedingungen unterworfen sind. Stellt sich dann heraus, daß die gefundenen analytischen Ausdrücke auch noch Bedeutung behalten, wenn man diese Parameter diesen Bedingungen nicht unterwirft, so stellen sie Funktionen von $u$ vor, die die Bedingungen des Problems auch in solchen Fällen erfüllen, welche die ursprünglich eingeführte Beschränkung der gegebenen Parameter ausschloß. Endlich bleibt noch die Frage zu erörtern, ob man die neuen Parameter immer so wählen kann, daß die ursprünglichen beliebig vorgeschriebene Werte erhalten.

Erst wenn so die theoretische Untersuchung zum Abschluß gebracht ist, kann man mit Aussicht auf Erfolg daran denken, aus den in ihrem Laufe aufgetretenen mannigfaltigen analytischen Ausdrücken die in jedem einzelnen Falle zu *numerischer Berechnung* geeigneten auszuwählen.

# ZWEITER ABSCHNITT.

## Elliptische Funktionen.

### § II. Definition doppeltperiodischer Funktionen.

Wir beginnen mit der Definition:

I. *Unter einer doppeltperiodischen Funktion versteht man eine analytische Funktion $f(u)$ einer complexen Variabeln $u$, welche zwei voneinander unabhängige Perioden besitzt, d. h. (vgl. I, § 41) welche zwei verschiedenen Funktionalgleichungen der Form genügt:*

1) $$f(u + 2\,\omega_1) = f(u),$$

2) $$f(u + 2\,\omega_3) = f(u),$$

*unter $2\,\omega_1$ und $2\,\omega_3$ von $u$ unabhängige Größen verstanden.*[1]

In dieser Definition bedarf noch der Terminus „voneinander unabhängige Perioden" der Erläuterung. In der Theorie der einfach periodischen Funktionen (I, § 41, V) wird gezeigt, daß aus dem Bestehen einer Gleichung der Form (1) das Bestehen unendlich vieler anderer Gleichungen derselben Form folgt, nämlich:

3) $$f(u + 2\,h_1\,\omega_1) = f(u)$$

für jede positive oder negative ganze Zahl $h_1$. Wenn nun die Gleichung (2) schon unter den Gleichungen (3) enthalten ist, werden wir jedenfalls $2\,\omega_1$ und $2\,\omega_3$ nicht als voneinander unabhängige Perioden ansehen; ebensowenig werden wir das thun, wenn etwa (1) bereits unter den aus (2) folgenden Gleichungen:

4) $$f(u + 2\,h_3\,\omega_3) = f(u) \qquad (h_3 = \pm 1, \ \pm 2, \ldots)$$

vorkommt.

Die Gleichungen (3) und (4) sind aber nicht die einzigen Gleichungen dieser Art, die aus (1) und (2) folgen. Vielmehr gilt allgemein:

5) $$f(u + 2\,h_1\,\omega_1 + 2\,h_3\,\omega_3) = f(u),$$

[1] Daß man nicht für die Perioden selbst, sondern für ihre Hälften eigene Zeichen einführt, ist traditionell und für manche Formeln bequem; daß man der zweiten Periode den Index 3 giebt, bringt gewisse Unbequemlichkeiten, aber auch gewisse Vorteile mit sich.

wie man erkennt, wenn man $u + 2h_3\omega_3$ an Stelle von $u$ in (3) einsetzt und dann (4) berücksichtigt. Mit andern Worten:

II. *Sind $2\omega_1$ und $2\omega_3$ Perioden einer Funktion, so sind auch alle die Größen:*

$$2h_1\omega_1 + 2h_3\omega_3 \tag{6}$$

*Perioden derselben Funktion, wenn $h_1$, $h_3$ irgend welche positive oder negative ganze Zahlen, einschließlich 0, sind.*

Es könnte nun sein, daß unter diesen Größen sich eine befände, von der alle andern ganzzahlige Vielfache wären. Das kann jedenfalls *nur* dann der Fall sein, wenn $\omega_1$ und $\omega_3$ in einem reellen rationalen Verhältnis zu einander stehen; wir können aber auch zeigen, daß es dann *immer* der Fall ist. Ist nämlich $\omega_3/\omega_1$ ein rationaler Bruch, so sei er, auf seine kleinste Benennung gebracht, $= m/n$, wo $m$ und $n$ zu einander teilerfremde ganze Zahlen bedeuten. Nach einem elementaren zahlentheoretischen Satz lassen sich dann (auf mannigfaltige Art) zwei ganze Zahlen $h_1$, $h_3$ von der Beschaffenheit bestimmen, daß:

$$m h_3 + n h_1 = 1 \tag{7}$$

ist. Setzen wir dann:

$$h_1\omega_1 + h_3\omega_3 = \omega, \tag{8}$$

so wird

$$m\omega = m h_1\omega_1 + m h_3\omega_3 = n h_1\omega_3 + m h_3\omega_3 = \omega_3 \tag{9}$$

und

$$n\omega = n h_1\omega_1 + n h_3\omega_3 = n h_1\omega_1 + m h_3\omega_1 = \omega_1. \tag{10}$$

Es ist also in diesem Falle unter den Größen (6) eine, nämlich $2\omega$, von der wegen (9) und (10) die gegebenen Größen $2\omega_1$ und $2\omega_3$ und folglich die sämtlichen Größen (6) ganzzahlige Vielfache sind; mit andern Worten, es gilt der Satz:

III. *Stehen $\omega_1$ und $\omega_3$ in einem reellen rationalen Verhältnis zu einander, so sind die sämtlichen Gleichungen (5) Folgerungen aus einer einzigen unter ihnen. Wenn dann die Funktion nicht etwa außer diesen Perioden noch andere hat, wird sie als einfach, nicht als doppeltperiodisch zu bezeichnen sein.*

Der nächste Fall, der sich hier anschließen würde, ist der eines *reellen irrationalen* Periodenverhältnisses; man kann aber zeigen, daß dieser Fall bei *eindeutigen analytischen* Funktionen niemals eintreten kann. Ist nämlich das Periodenverhältnis $\omega_3/\omega_1$ in einen Kettenbruch entwickelt und $m/n$ ein Näherungsbruch desselben, so ist nach einem bekannten Satze:[1]

$$\left| \frac{\omega_3}{\omega_1} - \frac{m}{n} \right| < \frac{1}{n^2},$$

also:

11) $$\left| n\,\omega_3 - m\,\omega_1 \right| < \left| \frac{\omega_1}{n} \right|.$$

Ist nun $\omega_3 / \omega_1$ irrational, so bricht die Kettenbruchentwicklung niemals ab, die Nenner der Näherungsbrüche überschreiten jede Grenze. Dann würde aus (11) folgen, daß unter den Perioden der Funktion auch solche vorkommen, die dem absoluten Betrag nach kleiner sind als eine noch so kleine vorgegebene Zahl, daß also die Funktion einen und denselben Wert in jedem noch so kleinen Bereiche beliebig oft annimmt. Das ist aber I, § 39, X bei einer *eindeutigen analytischen* Funktion niemals der Fall; also folgt:

IV. *Es giebt keine eindeutige analytische Funktion einer complexen Veränderlichen mit zwei Perioden, deren Verhältnis reell und irrationell wäre.*

Wir haben uns demnach nur mit dem Falle weiter zu beschäftigen, daß das Periodenverhältnis nicht reell ist und können demgemäß Definition I durch den Zusatz ergänzen:

V. *Als voneinander unabhängig gelten zwei Perioden, wenn der imaginäre Bestandteil ihres Quotienten von 0 verschieden ist.*

## § 12. Das Periodenparallelogramm.

Unter dieser Voraussetzung ist der Winkel zwischen den beiden Strecken $0 \ldots 2\,\omega_1$ und $0 \ldots 2\,\omega_3$ von 0 und $\pi$ verschieden; wir können über ihnen ein wirkliches Parallelogramm, das „*fundamentale Periodenparallelogramm*“, konstruieren; seinen vierten Eckpunkt bezeichnen wir[2] mit $-2\,\omega_2$, sodaß

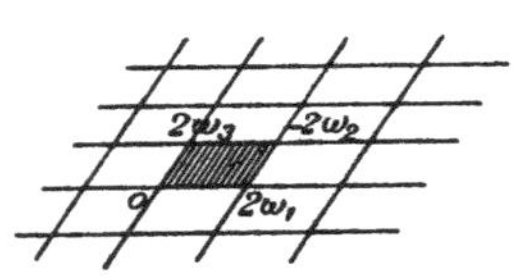

Fig. 23.

1) $$\omega_1 + \omega_2 + \omega_3 = 0$$

ist.

[1] Man vgl. etwa das Handbuch der Algebra von J. A. Serret (deutsch von Wertheim, 2. Aufl. Leipzig 1878), Bd. I, Nr. 5.

[2] Abweichend von Weierstrass und seinen Schülern, die $\omega_2 = \omega_1 + \omega_3$ setzen, aber in Übereinstimmung mit J. Tannery et J. Molk, éléments de la théorie des fonctions elliptiques, Paris 1893 ff., sowie E. Study, Leipz. Abh. 20, 1893.

Ziehen wir durch die sämtlichen Punkte $2 h_1 \omega_1$ für alle positiven und negativen ganzzahligen Werte von $h_1$ Parallelen zur zweiten Seite dieses Parallelogramms, ebenso durch alle Punkte $2 h_3 \omega_3$ Parallelen zur ersten Seite, so wird schließlich die ganze Ebene einfach und lückenlos mit einem Netz von Parallelogrammen überdeckt, die wir alle auch als *Periodenparallelogramme* bezeichnen. Die Knotenpunkte dieses Netzes oder Gitters sind die *Periodenpunkte*, d. h. diejenigen Punkte, die die Größen § 11, (6) geometrisch darstellen.

I. *Zwei Punkte verschiedener Periodenparallelogramme, die zusammenfallen, wenn man das eine mit dem andern durch Parallelverschiebung zur Deckung bringt, heißen „äquivalent" oder* (mit Übertragung einer in der Zahlentheorie üblichen Bezeichnungsweise) *„kongruent modulis Perioden"*.

Die Differenz der zu zwei solchen Punkten gehörenden complexen Zahlen ist nämlich eine Periode (nach I, § 5). Man schreibt dann auch wohl wie in der Zahlentheorie:

$$2) \qquad u_2 \equiv u_1 \quad (\text{modd. } 2\,\omega_1,\ 2\,\omega_3)$$

statt $u_2 = u_1 + 2 h_1 \omega_1 + 2 h_3 \omega_3$.

Elementargeometrische Überlegungen ergeben die Sätze:

II. *Zu jedem Punkte der Ebene findet sich im fundamentalen Periodenparallelogramm ein äquivalenter.*

III. *Zwei verschiedene Punkte des fundamentalen Periodenparallelogramms sind niemals zu einander äquivalent.*

Diese Sätze gelten ausnahmslos, wenn eine geeignete Festsetzung darüber getroffen wird, inwieweit zu dem fundamentalen Periodenparallelogramm auch die Punkte seiner Begrenzung mitgerechnet werden sollen; etwa die folgende:

IV. *Von dem Rande des fundamentalen Periodenparallelogramms sind nur die beiden in 0 zusammenstoßenden Seiten, ausschließlich der Eckpunkte $2\,\omega_1$ und $2\,\omega_3$, mitzurechnen.*

In diesem Sinne sind die Worte: „im fundamentalen Periodenparallelogramm" im folgenden stets zu verstehen.

Analytisch formulieren sich die letzten Überlegungen folgendermaßen: Werden die Perioden in ihren reellen und imaginären Bestandteil gespalten:

$$3) \qquad 2\,\omega_1 = a_1 + b_1 i, \quad 2\,\omega_3 = a_3 + b_3 i,$$

so ist nach Voraussetzung (§ 11, V) $a_1 : b_1 \neq a_3 : b_3$, also:

$$4) \qquad D = a_1 b_3 - a_3 b_1 \neq 0.$$

Man kann demnach die beiden Einheiten 1 und $i$ folgendermaßen linear mit reellen Koeffizienten durch $2\omega_1$ und $2\omega_3$ ausdrücken:

$$5)\qquad 1 = \frac{2 b_3 \omega_1 - 2 b_1 \omega_3}{D}, \quad i = \frac{-2 a_3 \omega_1 + 2 a_1 \omega_3}{D}.$$

V. *Infolgedessen kann jede complexe Größe $u$ auf eine, und nur auf eine Weise in der Form:*

$$6)\qquad u = 2 s \omega_1 + 2 t \omega_3$$

*dargestellt werden, in der $s$ und $t$ reelle Zahlen bedeuten sollen.*

Den Punkten des fundamentalen Periodenparallelogramms gehören dabei diejenigen complexen Werte $u$ zu, bei deren Darstellung in dieser Form $s$ und $t$ *positive echte Brüche* werden; und die oben gegebene Festsetzung, die Randpunkte betreffend, kommt darauf hinaus, daß hier die Null, aber nicht die Eins mit zu den positiven echten Brüchen gerechnet werden soll.

Ist irgend ein Punkt in der Form (6) dargestellt und werden dann:

$$7)\qquad s = h_1 + s_0, \quad t = h_3 + t_0$$

in die ganzen Zahlen $h_1$, $h_3$ und die echten Brüche $s_0$, $t_0$ gespalten, so ist:

$$8)\qquad u_0 = 2 s_0 \omega_1 + 2 t_0 \omega_3$$

der zu $u$ äquivalente Punkt des fundamentalen Periodenparallelogramms.

## § 13. Nichtexistenz ganzer doppeltperiodischer Funktionen; elliptische Funktionen.

Da wir (I, § 41) ganze einfach periodische Funktionen kennen gelernt haben, liegt es nahe, auch die Theorie der doppeltperiodischen Funktionen mit der Frage nach ganzen solchen Funktionen zu beginnen. Aber die Antwort auf diese Frage lautet: es giebt deren keine. Denn wenn eine Funktion im ganzen fundamentalen Periodenparallelogramm und auf seinem Rande regulär ist, bleibt ihr absoluter Betrag dort überall unter einer angebbaren Grenze $M$. Ist die Funktion außerdem doppeltperiodisch, so bleibt ihr absoluter Betrag (wegen § 12, II) auch in jedem andern Periodenparallelogramm unterhalb $M$, folglich auch innerhalb eines Kreises von beliebig großem Radius $R$. Daraus folgt aber (vgl. den Beweis des Satzes IV in I, § 44), daß die Koeffizienten ihrer MACLAURINschen

Reihenentwicklung dem absoluten Betrage nach bezw. kleiner sind als $MR^{-n}$. Da hier $R$ beliebig groß genommen werden kann, $M$ aber von $R$ unabhängig ist, so folgt, daß alle diese Koeffizienten, bis auf den ersten, gleich 0 sind. Mit andern Worten, es gilt der „*erste* LIOUVILLE*sche Satz*“:

I. *Eine doppeltperiodische Funktion, die zugleich eine ganze transscendente Funktion ist, ist notwendig eine Konstante.*

Wir wenden uns deswegen zum nächst einfachen Fall, indem wir definieren:

II. *Unter einer elliptischen Funktion verstehen wir eine doppeltperiodische Funktion, die in der ganzen Ebene bis auf Pole regulär ist.*[1]

Eine solche Funktion hat dann im fundamentalen Periodenparallelogramm nur eine endliche Anzahl Pole (I, § 43, IV; § 68). Wir definieren weiter:

III. *Unter der Ordnungszahl einer doppeltperiodischen Funktion verstehen wir die Anzahl der Pole, die sie im fundamentalen Periodenparallelogramm hat; ein m-facher Pol ist dabei für m einfache zu zählen.*

Dann können wir Satz I auch so aussprechen:

IV. *Eine elliptische Funktion nullter Ordnung ist eine Konstante.*

Wie aus der Definition hervorgeht, ergeben Summe, Differenz, Produkt, Quotient zweier elliptischen Funktionen desselben Periodenparallelogramms stets wieder eine solche Funktion. Man kann diese Eigenschaft mit einem in der Zahlentheorie gebräuchlichen Terminus so ausdrücken:

V. *Die elliptischen Funktionen eines und desselben Periodenparallelogramms bilden einen Funktionenkörper.*

Aus dieser Eigenschaft der Differenz zweier solchen Funktionen und aus Satz I folgt noch:

VI. *Wenn zwei elliptische Funktionen mit denselben Perioden dieselben Pole haben und wenn für jeden Pol die Glieder mit negativen Potenzen in den Entwicklungen beider Funktionen übereinstimmen, unterscheiden sich beide Funktionen nur um eine additive Konstante.*

## § 14. Der Satz von der Summe der Residuen.

Die allgemeinen CAUCHYschen Sätze (I, § 45; 46) geben für die elliptischen Funktionen spezielle Formulierungen, wenn man sie

[1] Später wird auch von „elliptischen Funktionen zweiter und dritter Art“ die Rede sein; diese fallen nicht unter die hier gegebene Definition.

auf ein Periodenparallelogramm anwendet und die auftretenden Integrale mit Hilfe der Periodicitätseigenschaften auswertet. Dabei tritt eine Schwierigkeit auf, wenn Pole der zu integrierenden Funktion auf dem Rande des Periodenparallelogramms liegen; denn dann werden die Integrale unbestimmt. Wir können das aber immer vermeiden, indem wir um ein Parallelogramm mit den Ecken:

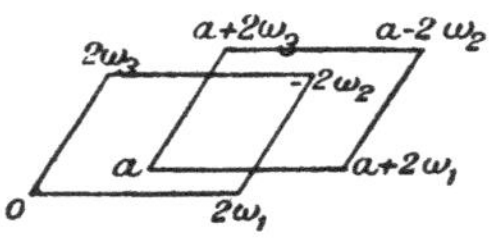


Fig. 24.

$$1)\qquad a,\quad a+2\omega_1,\quad a-2\omega_2,\quad a+2\omega_3$$

herumintegrieren und dabei den Punkt $a$ so wählen, daß auf dem Rande dieses Parallelogramms kein Pol der Funktion liegt. Das ist stets möglich, da nach der Voraussetzung § 13, II in jedem endlichen Bereiche nur eine endliche Anzahl von Polen der Funktion liegt.

I. *Auch ein solches Parallelogramm hat die Eigenschaft, daß sich zu jedem Punkte der Ebene ein, und nur ein äquivalenter in ihm vorfindet,*

vorausgesetzt, daß man über die Randpunkte eine analoge Festsetzung trifft, wie § 12, IV.

Wir können dann jedes um den Rand des Parallelogramms zu erstreckende Integral in vier Teilintegrale zerlegen, die über je eine seiner vier Seiten zu erstrecken sind. Dabei wird es für das Vorzeichen nicht gleichgültig sein, in welcher Aufeinanderfolge die vier Ecken bei einem positiven Umlauf (I, § 29, IV) um das Innere des Parallelogramms getroffen werden. In dieser Hinsicht treffen wir folgende *Festsetzung, die durch das ganze Heft hindurch aufrecht erhalten werden wird:*

II. *Die Endpunkte (1) sollen in der angegebenen Reihenfolge getroffen werden, wenn man den Rand des Parallelogramms in positivem Sinne umläuft.*

Diese Festsetzung ist mit jeder der beiden folgenden gleichbedeutend:

III. *Die Strecke* $0\ldots\omega_3$ *soll links von* $0\ldots\omega_1$ *liegen* (ebenso wie $0\ldots i$ links von $0\ldots 1$ liegt, I, § 4);

oder

IV. *Der Quotient*

$$2)\qquad \omega_3/\omega_1=\tau$$

*soll einen positiven imaginären Bestandteil haben.*

Wir können diese Festsetzung unbeschadet der Allgemeinheit treffen, da wir ja andernfalls die Bezeichnungen $\omega_1$ und $\omega_3$ vertauschen können.

Das um den Rand des Parallelogramms in positivem Sinne zu erstreckende Integral $\int f(u)\,du$ zerfällt dann in die vier Teilintegrale

$$3)\qquad \int\limits_{a}^{a+2\omega_1} f(u)\,du + \int\limits_{a+2\omega_1}^{a-2\omega_2} f(u)\,du + \int\limits_{a-2\omega_2}^{a+2\omega_3} f(u)\,du + \int\limits_{a+2\omega_3}^{a} f(u)\,du,$$

deren jedes auf geradem Wege zu nehmen ist. Das dritte dieser Integrale geht durch die Einführung der neuen Integrationsvariabeln $v = u - 2\,\omega_3$ über in:

$$\int\limits_{a+2\omega_1}^{a} f(v + 2\,\omega_3)\,dv,$$

ebenfalls auf geradem Wege zu nehmen; und das ist wegen der vorausgesetzten Periodicität der Funktion $f$:

$$= \int\limits_{a+2\omega_1}^{a} f(v)\,dv,$$

also entgegengesetzt gleich dem ersten der vier Integrale (3). Ebenso wird gezeigt, daß das zweite entgegengesetzt gleich dem vierten ist. Die Summe aller vier Integrale, mit andern Worten, das $\int f(u)\,du$, genommen um den ganzen Rand des Parallelogramms, ist also Null; und hieraus und aus dem Satze I, § 45, III ergiebt sich der *zweite* Liouvillesche *Satz:*

V. *Die Summe der Residuen einer elliptischen Funktion in den sämtlichen Polen, die im Innern eines Parallelogramms mit den Ecken (1) liegen, ist stets gleich Null.*

Der Satz überträgt sich von dem genannten Parallelogramm sofort auf das *fundamentale Periodenparallelogramm*, wenn man für die etwa auf seinem Rande gelegenen Pole die § 12, IV getroffene Festsetzung beachtet.

Ein wichtiges Korollar des Satzes II ist:

VI. *Es giebt keine elliptische Funktion erster Ordnung.*

Denn eine solche müßte in ihrem einzigen Pole, der ein einfacher sein müßte, das Residuum 0 haben; dann wäre es aber eben kein Pol.

## § 15. Der Satz von den Anzahlen der Nullpunkte und der Pole.

Ist $f(u)$ eine elliptische Funktion, so überzeugt man sich durch Differentiation der definierenden Relationen (§ 11, 1, 2), daß auch $f'(u)/f(u)$ eine solche ist. Die Residuen dieser letzteren Funktion sind aber gleich den Ordnungszahlen von $f(u)$ (I, § 20, IV; § 46, II, III). Wenden wir also den Satz V des § 14 auf die Funktion $f'(u)/f(u)$ an, so erhalten wir für die Funktion $f(u)$ das Resultat, daß die Summe ihrer Ordnungszahlen im Periodenparallelogramm gleich Null ist; mit andern Worten, wir erhalten den *dritten* Liouvilleschen *Satz:*

I. *Jede elliptische Funktion hat im Periodenparallelogramm ebensoviel Nullpunkte als Pole*

oder:

I a. *Jede elliptische Funktion $n^{ter}$ Ordnung hat im Periodenparallelogramm gerade n Nullpunkte.*

Wenden wir diesen Satz, statt auf die Funktion $f(u)$ auf die Funktion $f(u) - c$ an, so sehen wir:

II. *Jede elliptische Funktion $n^{ter}$ Ordnung nimmt im Periodenparallelogramm jeden vorgeschriebenen Wert c gerade n-mal an.*

Der Ausdruck: eine Funktion nimmt in einem Punkte $a$ den Wert $c$ gerade $k$-mal an, ist dabei ebenso zu verstehen, wie in I, § 46, VI.

## § 16. Die Relation zwischen den Lagen der Nullpunkte und der Pole.

Zum Schluß dieser allgemeinen Erörterungen wollen wir noch den Satz I, § 46, XI auf eine elliptische Funktion $f(u)$ anwenden. Zerlegen wir das um den Rand eines Parallelogramms zu erstreckende Integral

$$\int u \frac{f'(u)}{f(u)} du$$

wie in § 14 in vier Teile und nehmen die entsprechende Umformung vor, so erhalten wir für den dritten Bestandteil:

$$\int_{a-2\omega_2}^{a+2\omega_3} u \frac{f'(u)}{f(u)} du = \int_{a+2\omega_1}^{a} (v - 2\omega_3) \frac{f'(v)}{f(v)} dv.$$

Die Summe des ersten und dritten Bestandteils wird also:

$$1) \qquad = 2\omega_3 \int_a^{a+2\omega_1} \frac{f'(v)}{f(v)} dv = 2\omega_3 \{\log f(a + 2\omega_1) - \log f(a)\}.$$

Nun ist zwar $f(a + 2\omega_1) = f(a)$; aber daraus darf man nicht schließen, daß hier auch $\log f(a + 2\omega_1) - \log f(a)$ gesetzt werden dürfe. Denn wenn für $\log f(a)$ ein bestimmter Wert der unendlich vieldeutigem Funktion Logarithmus gewählt ist, kann der Wert von $\log f'(a + 2\omega)$ nicht mehr willkürlich gewählt werden, sondern es ist derjenige Wert zu nehmen, der aus dem ersteren durch stetige Fortsetzung längs des vorgeschriebenen geradlinigen Integrationsweges entsteht; und dieser ist mit dem ersten nicht identisch, wenn das Bild dieses Weges in der Ebene der complexen Größe $z = f(u)$ den Nullpunkt dieser Ebene umwindet (I, § 54, XI; § 56, II). Doch stört uns diese Unbestimmtheit hier nicht; denn jedenfalls ist die Differenz der beiden Werte ein ganzzahliges Vielfaches von $2\pi i$. Die Summe des ersten und dritten Integrals beträgt also:

$$2\omega_3 . 2h_3 \pi i,$$

ebenso die des zweiten und vierten:

$$2\omega_1 . 2h_1 \pi i;$$

$h_1$ und $h_3$ bedeuten dabei ganze Zahlen, über die nichts weiter ausgesagt werden kann, solange von der Funktion $f(u)$ nichts weiter bekannt ist. Werden dann die Nullpunkte von $f(u)$ im Periodenparallelogramm mit $a_1, a_2 \ldots a_n$, die Pole mit $b_1, b_2 \ldots b_n$ bezeichnet, so ergiebt I, § 46, XI die Gleichung:

$$2)\qquad \sum_{\nu=1}^{n} a_\nu - \sum_{\nu=1}^{n} b_\nu = 2h_1\omega_1 + 2h_3\omega_3,$$

oder mit Anwendung der § 12 (2) erklärten Schreibweise die Kongruenz:

$$3)\qquad \sum_{\nu=1}^{n} a_\nu \equiv \sum_{\nu=1}^{n} b_\nu \pmod{2\omega_1,\ 2\omega_3},$$

also den *vierten* Liouvilleschen *Satz:*

*Die Summe der Nullpunkte einer elliptischen Funktion im Periodenparallelogramm ist kongruent zur Summe ihrer Pole.*

Wie aus der Ableitung dieses Satzes hervorgeht, gilt er auch für mehrfache Nullpunkte oder Pole; man muß nur jeden solchen Punkt so oft in die betreffende Summe aufnehmen, als seine Ordnungszahl angiebt. — Übrigens kann man in (3) auch das Gleichheitszeichen setzen, wenn man einen der Nullpunkte oder Pole, die dem ins Auge gefaßten Periodenparallelogramm angehören, durch einen zu ihm kongruenten Punkt ersetzt, der ja auch Nullpunkt, bezw. Pol der betrachteten elliptischen Funktion sein muß.

## § 17. Bildung der Funktionen $\wp u$ und $\wp' u$.

Wir haben bisher eine Reihe von Eigenschaften elliptischer Funktionen abgeleitet, ohne noch gezeigt zu haben, daß es wirklich zu jedem vorgelegten Periodenparallelogramm solche Funktionen giebt. Wir müssen diesen Beweis jetzt dadurch führen, daß wir nach WEIERSTRASS analytische Ausdrücke solcher Funktionen explicite aufstellen. Die Kenntnis der bereits abgeleiteten Sätze wird uns dabei vergebliche Versuche ersparen. Nach § 13, I müssen die zu bildenden Funktionen notwendig Pole haben; also kommen die Entwicklungen in Partialbruchreihen (I, § 51) in Betracht. Wir dürfen annehmen, ein Pol liege bei $u = 0$, da wir dies durch Einführung von $u - c$ an Stelle von $u$ immer erreichen können. Dann müssen auch alle zu $u = 0$ kongruenten Punkte, also alle die Punkte:

1) $$w = 2 h_1 \omega_1 + 2 h_3 \omega_3 \quad (h_1, h_3 = 0, \pm 1, \pm 2 \ldots)$$

Pole sein; und wir haben vor allem zu fragen, ob sich ein Exponent $n$ so bestimmen läßt, daß die Reihe:

2) $$\sum_w{}' |w|^{-n}$$

erstreckt über alle Werte $w$ mit Ausnahme[1] von $w = 0$, konvergiert. Man zeigt folgendermaßen, daß das zwar noch nicht für $n = 2$, wohl aber für $n = 3$ der Fall ist.

Der Nullpunkt ist Mittelpunkt eines aus vier Parallelogrammen bestehenden größeren Parallelogramms; sämtliche Punkte der Begrenzung dieses letzteren haben von ihm einen Abstand, der zwischen zwei leicht angebbaren Grenzen $r$ und $R$ liegt (vgl. Fig. 25). Auf dieser Begrenzung liegen acht Punkte $w$; für jeden von ihnen ist:

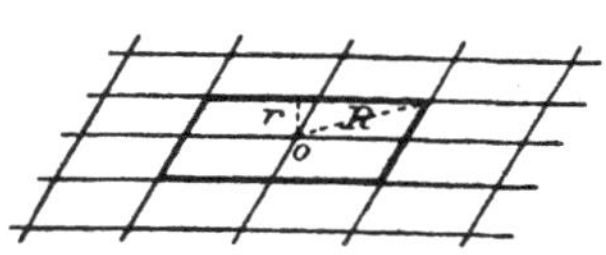

Fig. 25.

$$r \leqq |w| \leqq R.$$

Diesen Kern umgiebt ein Kranz von Periodenparallelogrammen, auf dessen äußerer Begrenzung zweimal acht Punkte $w$ liegen; für sie alle ist:

$$2r \leqq |w| \leqq 2R.$$

[1] Auf solche Ausnahmen wird hier und im folgenden, ebenso wie I, § 52, durch den Accent am Summenzeichen aufmerksam gemacht.

An diesen schließt sich ein zweiter solcher Kranz, mit dreimal acht Punkten $w$ auf seiner äußeren Begrenzung, für die:

$$3\,r < |w| < 3\,R;$$

u. s. w. Da auf diese Weise sämtliche Punkte $w$ nach und nach erhalten werden, so kann man einerseits schließen:

I. *Die Glieder der Reihe (2) sind bezw. nicht kleiner als die entsprechenden Glieder der Reihe:*

$$\frac{8}{R^n} + \frac{2\,.\,8}{(2\,R)^n} + \frac{3\,.\,8}{(3\,R)^n} + \ldots = \frac{8}{R^n}\left\{1 + \frac{1}{2^{n-1}} + \frac{1}{3^{n-1}} + \ldots\right\};$$

*da diese Reihe für $n = 2$ divergiert, divergiert auch die Reihe (2) für $n = 2$.*

Andrerseits folgt:

II. *Die Glieder der Reihe (2) sind bezw. nicht größer als die entsprechenden Glieder der Reihe:*

$$\frac{8}{r^n} + \frac{2\,.\,8}{(2\,r)^n} + \frac{3\,.\,8}{(3\,r)^n} + \ldots = \frac{8}{r^n}\left\{1 + \frac{1}{2^{n-1}} + \frac{1}{3^{n-1}} + \ldots\right\};$$

*da diese Reihe für $n = 3$ konvergiert, konvergiert auch die Reihe (3) für $n = 3$.*

Infolgedessen können wir eine eindeutige analytische Funktion von $u$, die die Punkte $w$ zu dreifachen Polen hat, definieren durch die Gleichung:

$$3)\qquad p'\,u = -\,2\sum_w \frac{1}{(u-w)^3}\,.$$

Wollen wir aber eine Funktion bilden, die die Punkte $w$ nur zu zweifachen Polen hat, so können wir nicht einfach die Reihe $\sum (u-w)^{-2}$ ansetzen, da diese nicht konvergieren würde; wir müssen vielmehr nach Anleitung von I, § 51, Gleichung (13) aus der Gleichung (2) die folgende ableiten:

$$4)\qquad p\,u = \frac{1}{u^2} + \sum_w{}' \left\{\frac{1}{(u-w)^2} - \frac{1}{w^2}\right\}.$$

Durch diese Gleichungen (3) und (4) sind zwei Funktionen definiert, die in der Beziehung:

$$5)\qquad \frac{d\,p\,u}{d\,u} = p'\,u$$

zu einander stehen; wir müssen noch zeigen, daß diese Funktionen wirklich doppeltperiodisch sind. Von der Funktion $p'\,u$ ergiebt sich das direkt aus ihrer analytischen Darstellung (3) selbst. Denn wenn man $u$ um irgend eine Periode vermehrt, werden die Glieder der Reihe (3) nur untereinander vertauscht; dadurch wird aber der Wert der Reihe nicht geändert, da sie ja unbedingt konvergiert. Auf die Reihe (4) können wir diesen Schluß nicht anwenden, da in ihr die durch die Klammer verbundenen Glieder nicht auseinandergerissen werden dürfen. Wir können aber aus der Gleichung:

6) $$p'(u + 2\omega_1) = p'(u),$$

durch Integration ableiten:

7) $$p(u + 2\omega_1) = pu + C$$

und folgendermaßen zeigen, daß die Integrationskonstante $C$ gleich Null sein muß: Wie aus ihrer Definition durch die Reihe (4) hervorgeht, ist die Funktion $pu$ eine *gerade* Funktion ihres Arguments;[1] denn zu jeder Größe $w$ findet sich unter ihnen auch die entgegengesetzte, und die zu zwei entgegengesetzten Werten von $w$ gehörenden Glieder der Summe vertauschen sich einfach, wenn man $u$ durch $-u$ ersetzt. Es ist also auch

8) $$p(\omega_1) = p(-\omega_1);$$

und zwar ist $p\omega_1$ jedenfalls ein endlicher bestimmter Wert. Denn $pu$ ist nach seiner Definition und dem Satze I, § 51, III überall regulär, außer in den Periodenpunkten. (Zu diesen gehört $\omega_1$ sicher nicht; denn wäre $\omega_1 = 2h_1\omega_1 + 2h_3\omega_3$, so wäre das Verhältnis $\omega_3/\omega_1$ reell und rational, gegen die Voraussetzung.) Setzen wir aber in Gleichung (7) $u = -\omega_1$, so folgt:

$$p(\omega_1) = p(-\omega_1) + C.$$

Das kann mit (8) nur zusammen bestehen, wenn $C = 0$ ist. — Für $2\omega_3$ gilt derselbe Schluß; also können wir zusammenfassend sagen:

III. *Durch die Reihen (3) und (4) sind in der That zu jedem nicht reellen Werte des Periodenverhältnisses zwei elliptische Funktionen — eine dritter, die andere zweiter Ordnung — dargestellt.*

Man erhält noch eine bemerkenswerte Gleichung, wenn man die Gleichung (3), statt zwischen den Grenzen 0 und $u$, zwischen den Grenzen $u$ und $u + v$ integriert, nämlich:

9) $$p(u + v) - pu = \sum_w \left\{ \frac{1}{(u + v - w)^2} - \frac{1}{(v - w)^2} \right\}.$$

[1] Auch aus § 16, 3 ergiebt sich die Richtigkeit dieser Behauptung.

Wie aus ihrer Definition hervorgeht, genügen die Funktionen $p u$, $p' u$ für jeden Wert von $m$ den Gleichungen:

10) $$p(m u \mid m\omega_1, m\omega_3) = m^{-2} p(u \mid \omega_1, \omega_3).$$

11) $$p'(m u \mid m\omega_1, m\omega_3) = m^{-3} p'(u \mid \omega_1, \omega_3).$$

Man pflegt das so auszudrücken:

IV. *$p u$ und $p' u$ sind homogene Funktionen der drei Variabeln $u$, $\omega_1$, $\omega_3$ vom Grade* $-2$, bezw. $-3$.

## § 18. Die Differentialgleichung der Funktion $p u$.

Zwischen den Funktionen $p u$ und $p' u$ besteht eine algebraische Gleichung mit von $u$ unabhängigen Koeffizienten, die wir folgendermaßen ableiten:

Zunächst stellen wir die (für eine gewisse Umgebung des Nullpunkts geltende) Entwicklung von $p u$ nach Potenzen von $u$ auf. Nach I, § 50, III dürfen wir dazu die einzelnen Glieder der zur Definition von $p u$ dienenden Reihe nach Potenzen von $u$ entwickeln und dann die Glieder mit gleichen Potenzen von $u$ zusammenfassen. So erhalten wir zunächst:

1) $$p u = u^{-2} - 2u \sum' w^{-3} + 3u^2 \sum' w^{-4} - 4u^3 \sum' w^{-5} - + \ldots$$

In dieser Entwicklung sind jedoch die Koeffizienten ungerader Potenzen von $u$ sämtlich $= 0$, da zu jedem $w$ auch das entgegengesetzte vorhanden ist.[1] Wir können also schreiben:

2) $$p u = u^{-2} + \sum_{n=2}^{\infty} c_n u^{2n-2}$$

und erhalten dann:

3) $$p' u = -2u^{-3} + \sum_{n=2}^{\infty} (2n-2) c_n u^{2n-3}.$$

Für bestimmte Vielfache der beiden ersten Koeffizienten $c$ hat man besondere Zeichen eingeführt; man setzt nämlich:

4) $$g_2 = 20 c_2 = 60 \sum' w^{-4}.$$

5) $$g_3 = 28 c_3 = 140 \sum' w^{-6}.$$

Diese Größen $g_2$ und $g_3$ sind also homogene Funktionen von $\omega_1$ und $\omega_3$, $g_2$ vom Grade $-4$, $g_3$ vom Grade $-6$.

[1] Man beachte auch, daß kein von $u$ freies Glied auftritt; es ist das durch die Verfügung über die Integrationskonstante beim Übergang von $p' u$ zu $p u$ bewirkt.

Unter Benutzung der Reihenentwicklungen (2) und (3) können wir nunmehr eine rationale ganze Funktion von $p\,u$ und $p'\,u$ bilden, die in $u = 0$ keinen Pol mehr hat. Bezeichnen wir zur Abkürzung mit $(u^n)$ das Produkt aus $u^n$ in irgend eine in der Umgebung von $u = 0$ reguläre Funktion (nicht notwendig jedesmal dieselbe), so haben wir der Reihe nach:

$$p\,u = \frac{1}{u^2}\left\{1 + \frac{g_2}{20}\,u^4 + \frac{g_3}{28}\,u^6 + (u^8)\right\}$$

$$p'\,u = \frac{2}{u^3}\left\{1 - \frac{g_2}{20}\,u^4 - \frac{g_3}{14}\,u^6 + (u^8)\right\}$$

$$(p'\,u)^2 = \frac{4}{u^6}\left\{1 - \frac{g_2}{10}\,u^4 - \frac{g_3}{7}\,u^6 + (u^8)\right\}$$

$$4\,p^3\,u = \frac{4}{u^6}\left\{1 + \frac{3\,g_2}{20}\,u^4 + \frac{3\,g_3}{28}\,u^6 + (u^8)\right\}$$

$$(p'\,u)^2 - 4\,p^3\,u + g_2\,p\,u = -\,g_3 + (u^2).$$

Die linke Seite der letzten Gleichung ist sonach eine elliptische Funktion, die auch in $u = 0$ und den dazu kongruenten Punkten, also überall regulär ist; folglich ist sie nach § 13, IV eine Konstante. Deren Wert ergiebt sich aus eben dieser Gleichung, indem man in ihr $u = 0$ setzt, als $-\,g_3$. Damit ist der Satz bewiesen:

I. *Zwischen $p\,u$ und $p'\,u$ besteht identisch die algebraische Gleichung mit von $u$ unabhängigen Koeffizienten:*

6) $$(p'\,u)^2 = 4\,p^3\,u - g_2\,p\,u - g_3.$$

Setzen wir

7) $$p\,u = z,$$

so können wir die Gleichung (6) auch schreiben:

8) $$\left(\frac{dz}{du}\right)^2 = 4\,z^3 - g_2\,z - g_3;$$

wenn wir dann nach $du$ auflösen, integrieren und berücksichtigen, daß $u = 0$ und $z = \infty$ zusammengehörige Werte sind, so erhalten wir:

9) $$u = \int\limits_{\infty}^{z} \frac{dz}{\sqrt{4\,z^3 - g_2\,z - g_3}}$$

als Umkehrung der Gleichung (7). Wir können also sagen:

II. *Durch die Funktion $p\,u$ wird das im I. Abschnitt gestellte Problem der Umkehrung des elliptischen Integrals I. Gattung in dem Falle gelöst, daß die Funktion unter dem Wurzelzeichen die in (9) auftretende spezielle Gestalt hat.*

Zu beachten ist aber dabei, daß $g_2$ und $g_3$ hier nicht unabhängige Parameter bedeuten, die man nach Belieben wählen kann, sondern durch die Gleichungen (4) und (5) als Funktionen der Perioden definiert sind. Ob man die Perioden stets so wählen kann, daß $g_2$ und $g_3$ *beliebig vorgegebene* Werte erhalten, ist eine Frage, die auch hier noch durchaus offen bleibt und die erst durch die Entwicklungen des VI. Abschnitts in bejahendem Sinne entschieden werden wird.

Nach dem Fundamentalsatz der Algebra (I, § 44, VII) kann die rechte Seite der Gleichung (8) in drei lineare Faktoren zerlegt werden; wir setzen sie:

10) $$= 4(z - e_1)(z - e_2)(z - e_3).$$

Wird $p u$ einer dieser Zahlen $e_\alpha$ $(\alpha = 1,\ 2,\ 3)$ gleich, so wird $p' u = 0$. Andrerseits folgt aus den Gleichungen:

$$p'(-u) = -p' u$$

und:

$$p'(u + 2\omega) = p' u,$$

daß $p' u$ entweder Null oder unendlich werden muß, wenn $u$ gleich einer halben Periode wird. Es wird aber nur in den zu 0 kongruenten Punkten unendlich; also muß es in $\omega_1$, $\omega_2$, $\omega_3$ Null werden, und da es eine elliptische Funktion 3. Ordnung ist, kann es nach § 15, I auch nirgends sonst als in diesen Punkten und den zu ihnen kongruenten Null werden, und in keinem von ihnen von höherer als der ersten Ordnung. Also muß $p u$ in jedem der Punkte $\omega_1$, $\omega_2$, $\omega_3$ einen der Werte $e_1$, $e_2$, $e_3$ annehmen; und zwar nimmt es in jedem dieser Punkte den betreffenden Wert gerade zweifach an (I, § 46, VI). Aber $p u$ nimmt jeden Wert im Periodenparallelogramm gerade zweimal an (§ 15, I); also muß es in jedem der drei Punkte $\omega_1$, $\omega_2$, $\omega_3$ einen andern der drei Werte $e_1$, $e_2$, $e_3$ annehmen, und diese drei Werte müssen voneinander verschieden sein. Es gilt also der Satz:

III. *Die drei Faktoren des Ausdrucks (10) sind stets voneinander verschieden.*

(In der That würde auch sonst die Umkehrung des Integrals (9) nur auf einfach periodische Funktionen führen.)

Wir denken uns die Bezeichnung so gewählt, daß

11) $$p\,\omega_1 = e_1, \quad p\,\omega_2 = e_2, \quad p\,\omega_3 = e_3$$

wird.

Nach den Sätzen über den Zusammenhang der symmetrischen Funktionen der Wurzeln mit dem Koeffizienten einer algebraischen Gleichung bestehen die Relationen:

12) $$e_1 + e_2 + e_3 = 0,$$

13) $$e_1 e_2 + e_2 e_3 + e_3 e_1 = -\tfrac{1}{2}(e_1^2 + e_2^2 + e_3^2) = -\tfrac{1}{4} g_2$$

14) $$e_1 e_2 e_3 = \tfrac{1}{4} g_3.$$

Die $e_\alpha$ sind homogene Funktionen von $\omega_1$, $\omega_3$, vom Grade $-1$.

Durch wiederholte Differentiation nach $u$ erhält man aus der Gleichung (6) der Reihe nach die Gleichungen:

15) $$p'' u = 6 p^2 u - \tfrac{1}{2} g_2,$$

16) $$p''' u = 12 p u p' u,$$

17) $$p'''' u = 120 p^3 u - 18 g_2 p u - 12 g_3$$

u. s. w. Man beweist allgemein durch den Schluß von $n$ auf $n+1$:

IV. *Die $(2n)^{te}$ Ableitung von $pu$ ist gleich einer rationalen ganzen Funktion $(n+1)^{ten}$ Grades von $pu$, die $(2n+1)^{te}$ gleich dem Produkt von $p'u$ in eine rationale ganze Funktion $n^{ten}$ Grades von $pu$. Die Koeffizienten dieser Funktionen sind ganze ganzzahlige Funktionen von $\tfrac{1}{2} g_2$ und $g_3$.*

Die Gleichung (16) insbesondere kann zur Ableitung einer einfachen Rekursionsformel für die Koeffizienten der Entwicklung (2) dienen. Entwickeln wir nämlich ihre beiden Seiten nach Potenzen von $u$ und vergleichen die Koeffizienten von $u^{2\lambda-5}$, so erhalten wir für $\lambda > 3$:

$$\begin{aligned}(2\lambda-2)(2\lambda-3)(2\lambda-4)c_\lambda &= 24\{(\lambda-1)c_\lambda + (\lambda-3)c_\lambda c_{\lambda-2} \\ &\quad + (\lambda-4)c_3 c_{\lambda-3} + \dots + 2c_{\lambda-3}c_\lambda + c_{\lambda-2}c_2 - c_\lambda\} \\ &= 24(\lambda-2)c_\lambda + 12(\lambda-2)\{c_2 c_{\lambda-2} + c_3 c_{\lambda-3} + \dots + c_{\lambda-2}c_2\},\end{aligned}$$

also:

$$c_\lambda = \frac{3}{(\lambda-3)(2\lambda+1)}\left\{c_2 c_{\lambda-2} + c_3 c_{\lambda-3} + \dots + c_{\lambda-2} c_2\right\}.$$

V. *Es sind also alle Koeffizienten der Entwicklung (2) rationale ganze Funktionen der beiden ersten.*

Es ist das insofern ein sehr merkwürdiger Satz, als es nicht leicht ist, ihn direkt aus der Definition dieser Koeffizienten durch die Summen $\sum' w^{-2\lambda}$, ohne Zuhilfenahme der Funktion $pu$, zu beweisen.

## § 19. Die Funktion $\zeta u$.

Ebenso wie wir aus Gleichung (3) von § 17 Gleichung (4) desselben abgeleitet haben, erhalten wir aus dieser durch abermalige Integration eine neue Funktion:

1) $$\zeta u = \frac{1}{u} + \sum{}' \left\{ \frac{1}{u-w} + \frac{1}{w} + \frac{u}{w^2} \right\},$$

die in den Gitterpunkten $w$ nur noch je von der ersten Ordnung unendlich groß wird. Diese Funktion kann somit angesehen werden als definiert durch die Gleichungen:

2) $$p u = -\frac{d \zeta u}{du}, \quad \zeta u = -\int^u p u \, du,$$

wenn die Integrationskonstante so bestimmt wird, daß in der Entwicklung von $\zeta u$ nach Potenzen von $u$ kein von $u$ freies Glied vorkommt. Die Anfangsglieder ihrer Reihenentwicklung nach Potenzen von $u$ sind:

3) $$\zeta u = \frac{1}{u} - \frac{1}{60} g_2 u^3 - \frac{1}{140} g_3 u^5 - \dots$$

Doppeltperiodisch kann diese Funktion $\zeta u$ nicht sein, da sie im Periodenparallelogramm nur einmal unendlich groß wird. In der That kann man zwar ganz ebenso, wie aus der Gleichung (6) von § 17 die Gleichung (7) desselben abgeleitet wurde, jetzt aus der letzteren wieder ableiten:

4) $$\zeta (u + 2\omega_1) = \zeta u + \text{Const.};$$

aber man kann jetzt nicht wie damals schließen, daß die Konstante gleich Null sein muß. Denn $\zeta u$ ist eine ungerade Funktion von $u$; setzt man also in der Gleichung (4) $u = -\omega_1$ und benutzt die Bezeichnung:

5) $$\zeta \omega_1 = \eta_1,$$

so erhält man Const. $= 2\eta_1$, also:

6) $$\zeta (u + 2\omega_1) = \zeta u + 2\eta_1.$$

Ebenso findet man:

7) $$\zeta (u + 2\omega_3) = \zeta u + 2\eta_3,$$

wenn $\eta_3$ durch die Gleichung:

8) $$\zeta \omega_3 = \eta_3$$

definiert wird.

Durch wiederholte Benutzung der Gleichungen (7) und (8) findet man:

9) $$\zeta(u + 2h_1\omega_1 + 2h_3\omega_3) = \zeta u + 2h_1\eta_1 + 2h_3\eta_3;$$

insbesondere für $h_1 = h_3 = -1$:

10) $$\zeta(u + 2\omega_2) = \zeta u + 2\eta_2,$$

wenn $\eta_2$ durch die zu § 12 (1) analoge Gleichung:

11) $$\eta_1 + \eta_2 + \eta_3 = 0$$

definiert wird. Substituiert man $u = -\omega_2$ in (10), so folgt noch:

12) $$\zeta\omega_2 = \eta_2.$$

Die durch die Gleichungen (5) und (8) eingeführten Größen $\eta_1$, $\eta_3$ sind Funktionen von $\omega_1$, $\omega_3$; es geht aus unseren bisherigen Entwicklungen zunächst nur soviel über sie hervor, daß sie nicht beide für ein und dasselbe Wertepaar $\omega_1$, $\omega_3$ verschwinden können, da sonst die dazu gehörige Funktion $\zeta u$ doppeltperiodisch wäre. Wir erhalten aber eine wichtige zwischen ihnen bestehende Relation, wenn wir den Satz von der Summe der Residuen (I, § 45, III) auf die Funktion $\zeta u$ und das Periodenparallelogramm anwenden. Da nämlich $\zeta u$ in diesem nur einen Pol und in ihm das Residuum $+1$ hat (wie die Darstellung (1) zeigt), so folgt:

13) $$2\pi i = \int_a^{a+2\omega_1}\zeta u\,du + \int_{a+2\omega_1}^{a-2\omega_2}\zeta u\,du + \int_{a-2\omega_2}^{a+2\omega_3}\zeta u\,du + \int_{a+2\omega_3}^{a}\zeta u\,du.$$

Nun ist (vgl. die Ableitung des Satzes § 14, V):

$$\int_{a-2\omega_2}^{a+2\omega_3}\zeta u\,du = \int_{a+2\omega_1}^{a}\zeta(u + 2\omega_3)\,du = \int_{a+2\omega_1}^{a}(\zeta u + 2\eta_3)\,du$$

(nach Gleichung (7)); also die Summe des ersten und dritten Integrals auf der rechten Seite der Gleichung (13):

$$= -\int_a^{a+2\omega_1} 2\eta_3\,du = -4\omega_1\eta_3.$$

Ebenso ist die Summe des zweiten und vierten Integrals $= +4\eta_1\omega_3$; man erhält also den Satz:

I. *Die durch die Gleichungen (5) und (8) definierten Funktionen* $\eta_1$, $\eta_3$ *von* $\omega_1$, $\omega_3$ *sind nicht voneinander unabhängig, sondern es besteht zwischen ihnen die „LEGENDREsche[1] Relation“:*

$$14) \qquad \eta_1 \omega_3 - \eta_3 \omega_1 = \frac{\pi i}{2}.$$

Das Vorzeichen von $i$ in dieser Relation ist wesentlich durch die in § 14, II getroffene Festsetzung betr. die Lage von $\omega_3$ zu $\omega_1$ bedingt; würde man diese Festsetzung abändern, so würde man auch in der LEGENDREschen Relation das Vorzeichen ändern müssen.

Führt man die Größen $\omega_2$, $\eta_2$ in die LEGENDREsche Relation ein, so erhält man verschiedene gleichbedeutende Formeln, die man in die eine Aussage zusammenfassen kann:

II. *Es ist:*

$$15) \qquad \eta_\alpha \omega_\gamma - \eta_\gamma \omega_\alpha = \frac{\pi i}{2} \quad \text{oder} \quad = -\frac{\pi i}{2},$$

*je nachdem* $(\alpha, \beta, \gamma)$ *eine gerade oder eine ungerade Permutation der drei Indices (1, 2, 3) ist.*

Eine andere Darstellung der Funktion $\zeta$ erhalten wir durch Integration der Gleichung (9) von § 17 in Bezug auf $u$ zwischen den Grenzen 0 und $u$, nämlich:

$$16) \qquad \zeta(u+v) - \zeta v + u p v = \sum_w \left\{ \frac{1}{u+v-w} - \frac{1}{v-w} + \frac{u}{(v-w)^2} \right\}.$$

Was die Homogeneïtät (§ 17, IV) der in diesem Paragraphen eingeführten Größen angeht, so ist $\zeta u$ eine homogene Funktion des Grades $-1$ von $u$, $\omega_1$, $\omega_3$; $\eta_1$ und $\eta_3$ sind ebensolche Funktionen von $\omega_1$ und $\omega_3$ allein.

## § 20. Die Funktion $\sigma u$.

Aus den Eigenschaften der Funktion $\zeta u$ folgt (I, § 65), daß sie die logarithmische Ableitung einer ganzen transscendenten Funktion $\sigma u$ ist. Wir sagen:

I. *Definieren wir eine Funktion* $\sigma u$ *durch die Gleichung:*

$$1) \qquad \frac{d \log \sigma u}{d u} = \frac{\sigma' u}{\sigma u} = \zeta u$$

*und die Nebenbedingung:*

$$2) \qquad \sigma'(o) = 1,$$

[1] Bei LEGENDRE selbst erscheint sie in etwas anderer Form.

*so können wir sie für alle endlichen Werte von u darstellen durch das unendliche Produkt:*

$$3)\qquad \sigma u = u \cdot \prod_w{}' \left\{ \left(1 - \frac{u}{w}\right) e^{\frac{u}{w} + \frac{1}{2}\frac{u^2}{w^2}} \right\}.$$

In diesem Produkte dürfen ebensowenig wie in den unendlichen Reihen der letzten Paragraphen die in einer Klammer vereinigten Bestandteile auseinandergerissen werden.

II. *Als ganze transscendente Funktion läßt sich diese Funktion $\sigma u$ in eine in der ganzen Ebene konvergente Reihe entwickeln.*

Die Koeffizienten dieser Reihe sind ganze Funktionen von $g_2$ und $g_3$ mit rationalen Zahlenkoeffizienten. Man erhält sie aus § 19, 3; zunächst durch Integration:

$$4)\qquad \log \sigma u = \log u - \frac{1}{240} g_2 u^4 - \frac{1}{840} g_3 u^6 + \cdots$$

und daraus:

$$5)\qquad \sigma u = u - \frac{1}{240} g_2 u^5 - \frac{1}{840} g_3 u^7 + \cdots$$

Beide Darstellungen (3) und (7) zeigen übrigens:

III. *$\sigma u$ ist eine ungerade Funktion von u.*

Das Verhalten von $\sigma u$ bei Vermehrung des Arguments um eine Periode leiten wir aus § 19, 4 durch Integration ab. Bezeichnen wir mit $C$ eine Integrationskonstante, so erhalten wir zunächst:

$$\sigma(u + 2\omega_1) = C e^{2\eta_1 u} \sigma u.$$

Um die Konstante zu bestimmen, setzen wir $u = -\omega_1$ und berücksichtigen Satz III; wir erhalten:

$$\sigma \omega_1 = -C e^{-2\eta_1\omega_1} \sigma \omega_1.$$

Da $\omega_1$ keine Periode ist (vgl. § 17), ist $\sigma\omega_1$ sicher $\neq 0$; also muß $C = -e^{2\eta_1\omega_1}$ sein. Die gesuchte Gleichung lautet folglich:

$$6)\qquad \sigma(u + 2\omega_1) = -e^{2\eta_1(u+\omega_1)} \sigma u.$$

Ebenso wird erhalten:

$$7)\qquad \sigma(u + 2\omega_3) = -e^{2\eta_3(u+\omega_3)} \sigma u.$$

Aus diesen beiden Formeln läßt sich nun das Verhalten von $u$ bei Vermehrung des Arguments um eine beliebige Periode ableiten. Man erhält zunächst, wenn man in der Gleichung (6) $u$ durch $u + 2\omega_1$ ersetzt:

$$\sigma(u + 4\omega_1) = -e^{2\eta_1(u+3\omega_1)} \sigma(u + 2\omega_1) = e^{4\eta_1(u+2\omega_1)},$$

allgemein:

8) $$\sigma(u + 2h_1\omega_1) = (-1)^{h_1} e^{2h_1\eta_1(u + h_1\omega_1)}\sigma u,$$

wie man durch den Schluß von $h_1$ auf $h_1 + 1$ bestätigt. Ebenso erhält man:

9) $$\sigma(u + 2h_3\omega_3) = (-1)^{h_3} e^{2h_3\eta_3(u + h_3\omega_3)}\sigma u.$$

Setzt man in Gleichung (9) $u + 2h_1\omega_1$ für $u$ und wendet dann Gleichung (8) an, so erhält man:

$$\sigma(u + 2h_1\omega_1 + 2h_3\omega_3) = (-1)^{h_3} e^{2h_3\eta_3(u + 2h_1\omega_1 + h_3\omega_3)}\sigma(u + 2h_1\omega_1)$$
$$= (-1)^{h_1 + h_3} e^{(2h_1\eta_1 + 2h_3\eta_3)(u + h_1\omega_1 + h_3\omega_3) + 2h_1h_3(\eta_3\omega_1 - \eta_1\omega_3)}\sigma u.$$

Verfährt man aber umgekehrt, so erhält man für dieselbe Größe den Wert:

$$(-1)^{h_1 + h_3} e^{(2h_1\eta_1 + 2h_3\eta_3)(u + h_1\omega_1 + h_3\omega_3) + 2h_1h_3(\eta_1\omega_3 - \eta_3\omega_1)}\sigma u.$$

Beide Werte müssen aber doch übereinstimmen (und zwar für jedes Paar ganzer Zahlen $h_1$, $h_3$); also folgt: Die Differenz der Exponenten, nämlich $\eta_1\omega_3 - \eta_3\omega_1$, muß jedenfalls ein ganzzahliges Vielfaches von $2\pi i$ sein, wenn es überhaupt eine eindeutige Funktion von $u$ geben soll, die die beiden Eigenschaften (6) und (7) gleichzeitig besitzt. Mehr können wir auf diesem Wege allein nicht schließen; aber da wir bereits in § 19, Gleichung (14) gefunden haben, daß dieses Vielfache gerade $= 2\pi i$ ist, so können wir die gefundene Formel schreiben:

10) $$\sigma(u+2h_1\omega_1+2h_3\omega_3)=(-1)^{h_1h_3 + h_1 + h_3} e^{(2h_1\eta_1 + 2h_3\eta_3)(u+h_1\omega_1+h_3\omega_3)}\sigma u.$$

Setzen wir zur Abkürzung:

11) $$h_1\omega_1 + h_3\omega_3 = \omega, \qquad h_1\eta_1 + h_3\eta_3 = \eta,$$

so können wir auch sagen:

IV. *Allgemein ist:*

12) $$\sigma(u + 2\omega) = \mp e^{2\eta(u + \omega)}\sigma u;$$

*und zwar gilt das Zeichen* $-$, *wenn* $\omega$ *nur eine halbe,* $+$, *wenn es zugleich eine ganze Periode ist.*

Insbesondere ist:

13) $$\sigma(u + 2\omega_2) = -e^{2\eta_2(u + \omega_2)}\sigma u.$$

Eine Darstellung von $\sigma u$, die später von Wichtigkeit wird, erhalten wir durch Integration aus § 19, Gleichung (16), nämlich:

14) $$\frac{\sigma(u + v)}{\sigma v}\cdot e^{-u\zeta v + \frac{1}{2}u^2 pv} = \prod_w \left\{\left(1 - \frac{u}{w - v}\right) e^{\frac{u}{w - v} + \frac{u^2}{2(w - v)^2}}\right\}.$$

Aus dieser Darstellung läßt sich die Gleichung (10) durch direkte Rechnung ableiten, indem man in ihr $v = 2\omega$ setzt. Allerdings erscheinen dabei ihre beiden Seiten zunächst in unbestimmter Form; aber der Grenzübergang läßt sich ausführen. Es bleiben nämlich für $\lim v = 2\omega$ alle Faktoren des unendlichen Produkts bis auf einen endlich und das Produkt selbst gleichmäßig konvergent; und zwar ist sein Grenzwert gerade gleich demjenigen Produkt, durch das in Gleichung (1) $\sigma u / u$ ausgedrückt war. Es bleibt dann noch der Grenzwert:

$$\lim_{v = 2\omega_1} \left\{ \sigma v \,.\, e^{u\zeta v - \frac{1}{2}u^2 p v} \,.\, \left(1 - \frac{u}{2\omega - v}\right) e^{\frac{u}{2\omega - v} + \frac{u^2}{2(2\omega - v)^2}} \right\}$$

zu bestimmen, was durch Reihenentwicklung geschieht. Setzen wir zur Abkürzung $v - 2\omega = v_1$ und benutzen die Abkürzung $(v_1{}^n)$ in demselben Sinne wie § 18, so haben wir:

$$\sigma v = v_1 \sigma'(2\omega) + (v_1)^2,$$

$$\left(1 + \frac{u}{v_1}\right)\sigma v = u\,\sigma'(2\omega) + (v_1),$$

$$\zeta v - \frac{1}{r_1} = \frac{\sigma'(2\omega) + v_1\sigma''(2\omega) + (v_1{}^2)}{v_1 \,.\, \sigma'(2\omega) + \frac{1}{2} v_1{}^2 \sigma''(2w) + (v_1{}^3)} - \frac{1}{v_1},$$

$$= \frac{1}{v_1}\left\{1 + v_1 \frac{\sigma''(2\omega)}{\sigma'(2\omega)} + (v_1{}^2)\right\}\left\{1 + \frac{v_1}{2}\,\frac{\sigma''(2\omega)}{\sigma'(2\omega)} + (v_1{}^2)\right\}^{-1} - \frac{1}{v_1},$$

$$= \frac{1}{2}\,\frac{\sigma''(2\omega)}{\sigma'(2\omega)} + (v_1),$$

$$-\frac{1}{2} p v + \frac{1}{2 v_1{}^2} = (v_1{}^2).$$

Setzen wir das alles ein, so erhalten wir als den gesuchten Grenzwert:

$$u\,\sigma'(2\omega)\,e^{\frac{1}{2}\frac{\sigma''(2\omega)}{\sigma'(2\omega)}u},$$

also die Gleichung:

$$\sigma(u + 2\omega) = \sigma'(2\omega) \,.\, e^{\frac{1}{2}\frac{\sigma''(2\omega)}{\sigma'(2\omega)}u}, \tag{15}$$

die, was die Abhängigkeit von $u$ betrifft, mit (12) übereinkommt. Vergleichung der Koeffizienten giebt die Beziehungen:

$$\sigma'(2\omega) = \mp e^{2\eta\omega}, \tag{16}$$

$$\frac{\sigma''(2\omega)}{\sigma'(2\omega)} = 4\eta. \tag{17}$$

## § 21. Darstellung von $\sigma u$ durch ein einfach unendliches Produkt.

In dem unendlichen Produkt (1) des vorigen Paragraphen durchlaufen die Buchstaben $h_1$, $h_3$ unabhängig voneinander alle ganzzahligen Werte; man kann es deshalb als ein *„zweifach unendliches Produkt“* bezeichnen. Faßt man alle diejenigen Faktoren, in welchen $h_3$ einen und denselben Wert hat, zu einem einzigen Faktor zusammen, so hat man dann noch alle diese Faktoren zu einem *„einfach unendlichen Produkt“* zu vereinigen. Um das bequem auszuführen, führen wir zunächst die auch später noch häufig zu benutzenden Bezeichnungen ein:

1) $$\frac{u}{2\,\omega_1} = v, \qquad \frac{\omega_3}{\omega_1} = \tau;$$

dann können wir das zweifach unendliche Produkt, von dem wir ausgehen, folgendermaßen schreiben:

2) $$\sigma(2\,\omega_1 v) = 2\,\omega_1 v \prod{}' \left\{ \left(1 - \frac{v}{w}\right) e^{\frac{v}{w} + \frac{1}{2}\frac{v^2}{w^2}} \right\},$$

$$(w = \mu + \nu\tau, \quad \mu, \nu = 0, \ \pm 1, \ \pm 2 \ldots \text{ in inf.})$$

oder auch:

3) $$\sigma(2\,\omega_1 v) = \prod_{\nu=-\infty}^{+\infty} \varphi_\nu(v),$$

indem wir setzen:

4) $$\varphi_0(v) = 2\,\omega_1 v \prod_{\mu}{}' \left\{ \left(1 - \frac{v}{\mu}\right) e^{\frac{v}{\mu} + \frac{1}{2}\frac{v^2}{\mu^2}} \right\}$$

und für $\nu \neq 0$:

5) $$\varphi_\nu(v) = \prod_{\mu=-\infty}^{+\infty} \left\{ \left(1 - \frac{v}{\mu + \nu\tau}\right) e^{\frac{v}{\mu+\nu\tau} + \frac{1}{2}\frac{v^2}{(\mu+\nu\tau)^2}} \right\}.$$

In jedem dieser Teilprodukte können wir die letzten Faktoren der einzelnen Glieder für sich vereinigen, da die Summen:

6) $$\sum_{\mu}{}' \frac{1}{\mu^2} = \frac{\pi^2}{3}$$

und:

7) $$\sum_{\mu=-\infty}^{+\infty} \frac{1}{(\mu + \nu\tau)^2} = \frac{\pi^2}{\sin^2 \nu\tau\pi}$$

jede für sich unbedingt konvergieren (I, § 52, 1, 17). Die Werte der übrig bleibenden Produkte können wir aus I, § 65, (9) und (10) entnehmen; wir erhalten so:

$$8)\qquad \varphi_0(v) = \frac{2\,\omega_1}{\pi}\, e^{\frac{v^2 \pi^2}{6}} \sin v\pi,$$

und für $\nu \neq 0$:

$$9)\qquad \varphi_\nu(v) = \frac{\sin(\nu\tau - v)\pi}{\sin \nu\tau\pi}\, e^{v\pi \cot \nu\tau\pi + \frac{1}{2}\frac{v^2\pi^2}{\sin^2 \nu\tau\pi}}.$$

Wenn wir dann das Produkt aller dieser Faktoren bilden wollen, so können wir wieder die mit $v^2$ multiplizierten Glieder in den Exponenten für sich vereinigen. Denn: zufolge der Voraussetzung § 14, IV, an der wir immer festhalten, ist

$$10)\qquad b > 0,$$

wenn:

$$11)\qquad \tau\pi = a + bi$$

gesetzt wird. Da dann:

$$\sin \nu\tau\pi = \frac{i}{2}\left(e^{\nu a i - \nu b} - e^{-\nu a i + \nu b}\right)$$

ist (vgl. I, § 40, 9), so ist nach I, § 5, III:

$$12)\qquad |\sin \nu\tau\pi| > \tfrac{1}{2}\left(e^{|\nu| b} - e^{-|\nu| b}\right) > |\nu|\, b;$$

und da die Reihe $\sum' \nu^{-2}$ unbedingt konvergiert, so folgt, daß das Gleiche von der Reihe $\sum' \sin^{-2} \nu\tau\pi$ gilt. Setzen wir also zur vorläufigen Abkürzung:

$$13)\qquad a = \frac{\pi^2}{6} + \sum' \frac{\pi^2}{2\sin^2 \nu\tau\pi},$$

so erhalten wir:

$$14)\qquad \sigma(2\,\omega_1 v) = \frac{2\,\omega_1}{\pi}\, e^{a v^2} \sin v\pi \prod_\nu{}' \left\{\frac{\sin(\nu\tau - v)\pi}{\sin \nu\tau\pi}\, e^{v\pi \cot \nu\tau\pi}\right\}.$$

Damit haben wir für die gesuchte Darstellung der Sigmafunktion durch ein einfach unendliches Produkt eine erste Gestalt gefunden. Eine bequemere Gestalt erhalten wir, wenn wir je zwei Faktoren zusammennehmen, in denen $\nu$ entgegengesetzt gleiche Werte hat; die Exponentialfaktoren heben sich dann weg, die trigonometrischen lassen sich vermöge der Gleichung:

$$\begin{aligned}\sin(\nu\tau + v)\pi \,.\, \sin(\nu\tau - v)\pi &= \tfrac{1}{2}(\cos 2\,v\pi - \cos 2\,\nu\tau\pi)\\ &= \sin^2 \nu\tau\pi - \sin^2 \nu\pi\end{aligned}$$

umformen, und wir erhalten:

15) $$\sigma(2\omega_1 v) = \frac{2\omega_1}{\pi} e^{a v^2} \sin v\pi \prod_{\nu=1}^{\infty} \left\{1 - \frac{\sin^2 v\pi}{\sin^2 \nu\tau\pi}\right\}.$$

Eine dritte Form erhalten wir, wenn wir die trigonometrischen Funktionen durch Exponentialfunktionen ersetzen. Führen wir zu diesem Zwecke die *auch später noch öfter zu benutzenden Bezeichnungen* ein:

16) $$e^{v\pi i} = z, \quad e^{\tau\pi i} = h,$$

so haben wir zu setzen:

17) $$\sin v\pi = \frac{z - z^{-1}}{2i},$$

18) $$\sin \nu\tau\pi = \frac{h^\nu - h^{-\nu}}{2i} = i\,\frac{1 - h^{2\nu}}{2h^\nu},$$

19) $$\sin(\nu\tau - v)\pi = \frac{h^\nu z^{-1} - h^{-\nu} z}{2i} = iz\,\frac{1 - h^{2\nu} z^{-2}}{2h^\nu},$$

20) $$\sin(\nu\tau + v)\pi = \frac{h^\nu z - h^{-\nu} z^{-1}}{2i} = iz^{-1}\,\frac{1 - h^{2\nu} z^2}{2h^\nu}.$$

Damit geht die Gleichung (14) zunächst über in:

21) $$\sigma(2\omega_1 v) = \frac{2\omega_1}{\pi} e^{a v^2} \frac{z - z^{-1}}{2i} \prod_{\nu=1}^{\infty} \frac{(1 - h^{2\nu} z^2)(1 - h^{2\nu} z^{-2})}{(1 - h^{2\nu})^2}.$$

Hier kann man das unendliche Produkt in drei Teilprodukte spalten. Denn aus der Ungleichung (10) folgt:

22) $$|h| < 1;$$

man kann deshalb für jeden endlichen und von Null verschiedenen Wert von $z$ eine Zahl $N$ von der Beschaffenheit angeben, daß $|h^{2\nu} z^2|$ kleiner ist als ein von $\nu$ unabhängiger echter Bruch $m$, sobald $\nu > N$ ist. Für alle solchen $\nu$ läßt sich nach I, § 56, VI der Hauptwert von $\log(1 - h^{2\nu} z^2)$ in eine Reihe entwickeln, aus der hervorgeht, daß sein absoluter Betrag:

$$< \frac{|h^{2\nu} z^2|}{1 - |h^{2\nu} z^2|} < \frac{|h^{2\nu} z^2|}{1 - m}$$

ist. Da nun die Summe $\sum_{\nu=N}^{\infty} |h^{2\nu} z^2|$ wegen (22) unbedingt konvergiert, so folgt, daß das Gleiche auch gilt für die Summe $\sum_\nu \log(1 - h^{2\nu} z^2)$ und folglich auch für das Produkt $\prod (1 - h^{2\nu} z^2)$. Infolgedessen kann man die Gleichung (21) auch schreiben:

$$23)\quad \sigma(2\omega_1 v) = \frac{2\omega_1}{\pi} e^{a v^2} \frac{z - z^{-1}}{2i} \frac{\prod_{\nu=1}^{\infty}(1 - h^{2\nu} z^2) \prod_{\nu=1}^{\infty}(1 - h^{2\nu} z^{-2})}{\prod_{\nu=1}^{\infty}(1 - h^{2\nu})^2}.$$

Auch aus dieser Gleichung können wir ablesen, was aus $\sigma$ wird, wenn wir das Argument um eine Periode vermehren. Ersetzen wir nämlich $u$ durch $u + 2\omega_1$, so haben wir $v$ durch $v + 1$, $z$ durch $-z$ zu ersetzen. Damit erhalten wir:

$$24)\quad \sigma(2\omega_1 v + 2\omega_1) = -e^{a(2v+1)} \cdot \sigma(2\omega_1 v).$$

Wollen wir aber $u$ durch $u + 2\omega_3$ ersetzen, so müssen wir $v + \tau$ für $v$ und $hz$ für $h$ schreiben. Damit erhalten wir zunächst:

$$\sigma(2\omega_1 v + 2\omega_3) =$$
$$\frac{2\omega_1}{\pi} e^{a(v+\tau)^2} \frac{hz - h^{-1}z^{-1}}{2i} \frac{\prod_{\nu=1}^{\infty}(1 - h^{2\nu+2} z^2) \prod_{\nu=1}^{\infty}(1 - h^{2\nu-2} z^{-2})}{\prod_{\nu=1}^{\infty}(1 - h^{2\nu})^2},$$

also:

$$25)\quad \begin{cases} \dfrac{\sigma(2\omega_1 v + 2\omega_3)}{\sigma(2\omega_1 v)} = e^{a\tau(2v+\tau)} \dfrac{hz - h^{-1}z^{-1}}{z - z^{-1}} \dfrac{1 - h^2 z^2}{1 - z^{-2}} \\ \qquad = -e^{a\tau(2v+\tau)} h^{-1} z^{-2} \\ \qquad = -e^{(a\tau - \pi i)(2v+\tau)}. \end{cases}$$

Vergleichen wir diese Formeln mit den früheren (§ 20, 6 und 7), so erhalten wir:

$$26)\quad a = 2\eta_1 \omega_1, \qquad a\tau - \pi i = 2\eta_3 \omega_1;$$

die erste dieser Gleichungen giebt den Ausdruck der in diesem Paragraphen, Gleichung 13, eingeführten Größe $a$ durch die früher benutzten Größen, die zweite dann einen dritten Beweis der Legendreschen Relation (§ 19, 14).

Führen wir in den Ausdruck von $a$ (Gleichung 13) $h$ ein, so erhalten wir noch:

$$\eta_1 = \frac{\pi^2}{2\omega_1} \left\{ \frac{1}{6} - \sum^{\nu} \frac{2}{(h^{\nu} - h^{-\nu})^2} \right\}$$
$$= \frac{\pi^2}{2\omega_1} \left\{ \frac{1}{6} - \sum_{\nu=1}^{\infty} \frac{4h^{2\nu}}{(1 - h^{2\nu})^2} \right\}$$

— ein einigermaßen handlicher Ausdruck für die Größe $\eta_1$, an dem es uns bisher noch fehlte.

# DRITTER ABSCHNITT.

## Darstellung der elliptischen Funktionen durch $\sigma u$ und $p u$.

### § 22. Darstellung der elliptischen Funktionen durch Quotienten von $\sigma$-Produkten.

Jede rationale Funktion einer complexen Veränderlichen kann als Quotient von Produkten von Linearfaktoren dargestellt werden, anders ausgedrückt, von Funktionen, die nur in je einem Punkte Null werden. Wollen wir eine analoge Faktorenzerlegung einer elliptischen Funktion vornehmen, so werden wir nicht verlangen dürfen, daß die einzelnen Faktoren selbst elliptische Funktionen sein sollen; denn es giebt keine elliptische Funktion, die nur in einem Punkte des Periodenparallelogramms Null würde (§ 13, VI). Wohl aber hat die Funktion $\sigma(u-a)$ die Eigenschaft, daß sie nur für $u=a$ und in den dazu kongruenten Punkten Null wird; und aus solchen Faktoren läßt sich in der That jede elliptische Funktion zusammensetzen. Bilden wir nämlich einen Quotienten von Produkten solcher Funktionen:

1) $$\psi(u) = C\frac{\prod\limits_{k=1}^{m} \sigma(u-a_k)}{\prod\limits_{k=1}^{n} \sigma(u-b_k)},$$

unter $C$ einen von $u$ unabhängigen Faktor verstanden, so können wir uns zunächst auf Grund der Gleichungen (6) und (7) des § 20 ohne Mühe von der Richtigkeit des Satzes überzeugen:

I. *Jeder solche Quotient ist eine elliptische Funktion von $u$, wenn die beiden Gleichungen bestehen:*

2) $$m = n,$$

3) $$\sum_{k=1}^{m} a_k = \sum_{k=1}^{n} b_k.$$

Andrerseits haben wir in § 15 und 16 gelernt, daß die Nullpunkte und Pole *jeder* elliptischen Funktion die Gleichungen (2) und (3) befriedigen, wenn wir aus jedem System kongruenter Nullpunkte, bezw. Pole einen geeigneten Repräsentanten auswählen. Da wir ferner gesehen haben, daß zwei elliptische Funktionen mit denselben Nullpunkten und denselben Polen sich nur durch einen von $u$ unabhängigen Faktor unterscheiden können, so können wir schließen:

II. *Jede elliptische Funktion läßt sich in der Form (1), mit den Bedingungen (2) und (3), als Quotient von Sigmaprodukten darstellen.*

Man beachte, daß die Entwicklungen dieses Paragraphen nirgends voraussetzen, daß die $a_k$ oder die $b_k$ voneinander verschieden seien. Die Sätze I und II gelten vielmehr auch für mehrfache Nullpunkte und mehrfache Pole; man hat nur jeden Punkt, der z. B. ein $l$-facher Nullpunkt der Funktion werden soll, $l$-mal unter die $a_k$ aufzunehmen.

## § 23. Ein wichtiger Spezialfall; Additionstheoreme der Funktionen $p u$ und $p' u$.

Wir wenden den Satz II des vorigen Paragraphen zunächst auf die Funktion $p u - p v$ an, indem wir unter $v$ eine von $u$ unabhängige Größe verstehen, von der wir vorläufig voraussetzen, daß sie nicht gleich einer halben Periode sei. Diese Funktion wird, als Funktion von $u$ betrachtet, für $u = 0$ von der 2. Ordnung unendlich groß, dagegen für die beiden unter der angegebenen Voraussetzung inkongruenten Werte $u = v$ und $u = -v$ Null, und zwar nur von der ersten Ordnung, da dann $p' v$ und $p'(-v)$ von Null verschieden sind. In allen Punkten, die weder zu 0, noch zu $v$, noch zu $-v$ kongruent sind, ist sie endlich und von 0 verschieden. Die genannten Pole und Nullpunkte sind unter den unendlich vielen zu ihnen kongruenten schon so ausgewählt, daß die Gleichung (3) des vorigen Paragraphen genau (nicht etwa bloß bis auf Perioden) besteht. Also ist die zu untersuchende Funktion von:

$$\frac{\sigma(u-v)\,\sigma(u+v)}{\sigma^2 u}$$

nur um einen Faktor verschieden, der von $u$ unabhängig ist (aber deswegen nicht auch von $v$ unabhängig zu sein braucht). Um ihn zu bestimmen, entwickeln wir beiderseits nach Potenzen von $u$ und vergleichen die Koeffizienten von $u^{-2}$. Wir erhalten so:

I. *die fundamentale Formel:*

$$1) \qquad p u - p v = -\frac{\sigma(u+v)\,.\,\sigma(u-v)}{\sigma^2 u\,.\,\sigma^2 v}.$$

Bei der Ableitung dieser Formel mußten wir voraussetzen, daß $v$ nicht gleich einer halben Periode sei; wir können uns nachträglich von dieser Einschränkung wieder frei machen. Denn da auf beiden Seiten eindeutige analytische Funktionen auch von $v$ stehen, so müssen (nach I, § 39, III) beide Seiten übereinstimmen für alle diejenigen Werte von $v$, für die sie Bedeutung haben.

Aus der somit als allgemein gültig bewiesenen Formel leiten wir zunächst durch logarithmische Differentiation nach $u$, bezw. $v$ die beiden folgenden her:

$$\text{2)}\qquad \frac{p'u}{pu - pv} = \zeta(u+v) + \zeta(u-v) - 2\zeta u,$$

$$\text{3)}\qquad \frac{-p'v}{pu - pv} = \zeta(u+v) - \zeta(u-v) - 2\zeta v.$$

Aus diesen ergiebt sich durch Addition:

II. *das sogenannte Additionstheorem der Funktion $\zeta u$:*

$$\text{4)}\qquad \zeta(u+v) = \zeta u + \zeta v + \tfrac{1}{2}\frac{p'u - p'v}{pu - pv};$$

und aus diesem durch abermalige Differentiation nach $u$:

III. *das Additionstheorem der Funktion $pu$ in der Form:*

$$\text{5)}\qquad p(u+v) = pu - \tfrac{1}{2}\frac{\partial}{\partial u}\frac{p'u - p'v}{pu - pv}.$$

Dem letzteren kann man noch verschiedene andere Formen geben. Führt man zunächst die Differentiation aus und benutzt die Gleichungen (6) und (15) von § 18, so erhält man:

$$\text{6)}\quad p(u+v) = pu + \frac{(6p^2u - \frac{1}{2}g_2)(pv - pu) + 4p^3u - g_2 pu - g_3 - p'u\,p'v}{2(pu - pv)^2}$$

und wenn man auf gleichen Nenner bringt:

$$\text{7)}\qquad p(u+v) = \frac{2(pu\,pv - \frac{1}{4}g_2)(pu + pv) - g_3 - p'u\,p'v}{2(pu - pv)^2}.$$

Vertauscht man ferner in Gleichung (6) $u$ mit $v$ und verbindet die so entstehende Gleichung mit (6), so erhält man:

$$\text{8)}\qquad p(u+v) + pu + pv = \tfrac{1}{4}\left(\frac{p'u - p'v}{pu - pv}\right)^2.$$

Ersetzt man in dieser Gleichung $u$ durch $u + v$ und $v$ durch $-v$, so findet man, daß ihre linke Seite auch gleich:

$$\tfrac{1}{4}\left(\frac{p'(u+v) + p'v}{p(u+v) - pv}\right)^2$$

ist. Es muß also auch:

$$\frac{p'u - p'v}{pu - pv} = \pm\frac{p'(u+v) + p'v}{p(u+v) - pv}$$

sein; Entwicklung beider Seiten nach Potenzen von $u$ zeigt, daß das untere Zeichen das richtige ist. Diese Formel nimmt eine symmetrische Gestalt an, wenn man ein drittes Argument $w$ so einführt, daß:

$$9) \qquad u + v + w = 0$$

wird; sie lautet dann:

$$10) \qquad \frac{p'u - p'v}{pu - pv} = \frac{p'w - p'v}{pw - pv}$$

oder in Determinantenform:

$$11) \qquad \begin{vmatrix} 1 & pu & p'u \\ 1 & pv & p'v \\ 1 & pw & p'w \end{vmatrix} = 0.$$

Durch Vertauschung von $v$ mit $-v$ erhält man Formeln für $p(u-v)$, die sich mit den schon erhaltenen in mannigfacher Weise verbinden lassen. Unter diesen Verbindungen sei erwähnt:

$$12) \qquad p(u+v) - p(u-v) = -\frac{p'u\,p'v}{(pu-pv)^2} = \frac{\partial^2}{\partial u\,\partial v}\log(pu - pv);$$

aus ihr entspringt durch doppelte Integration in Bezug auf $u$ und auf $v$ wieder die Ausgangsformel (1).

Das Additionstheorem der Funktion $p'u$ erhält man am bequemsten, indem man Gleichung (5) nach $v$ differentiiert; man findet:

$$13) \qquad \begin{cases} p'(u+v) = -\frac{1}{2}\dfrac{\partial^2}{\partial u\,\partial v}\dfrac{p'u - p'v}{pu - pv} \\[2ex] \quad = \left\{\dfrac{(p'v)^2}{(pv-pu)^3} - \dfrac{p''v}{2(pv-pu)^2}\right\}p'u \\[2ex] \quad + \left\{\dfrac{(p'u)^2}{(pu-pv)^3} - \dfrac{p''u}{2(pv-pu)^3}\right\}p'v. \end{cases}$$

Die wesentlichste Eigenschaft dieser Formeln sprechen wir ausdrücklich aus in dem Satze:

IV. *$p(u+v)$ und $p'(u+v)$ drücken sich rational aus durch $pu$, $pv$, $p'u$, $p'v$.*

Man kann sie auch noch etwas anders fassen; man kann nämlich mit Hilfe der Gleichung von § 18 und der aus ihr durch Vertauschung von $u$ und $v$ hervorgehenden $p'u$ und $p'v$, bezw. $pu$ und $pv$ eliminieren. Man findet dann:

V. *Zwischen* $p(u+v)$, $pu$, $pv$ — *und ebenso zwischen* $p'(u+v)$, $p'u$, $p'v$ — *besteht für beliebige Werte von* $u$ *und* $v$ *eine algebraische Gleichung, deren Koeffizienten von* $u$ *und* $v$ *unabhängig sind.*

Von einer Funktion, die diese Eigenschaft hat, sagt man, sie besitze ein algebraisches Additionstheorem.[1]

Wir schließen noch die Darstellung von $p'u$ als Quotient von Sigmaprodukten an. Diese Funktion wird nach § 17 (3) für $u = 0$ von der dritten Ordnung unendlich und nach § 18, III in den drei Punkten $\omega_1$, $\omega_2$, $\omega_3$ je von der ersten Ordnung Null. Diese Punkte genügen der Bedingung § 23, 3; es ist also:

$$14)\qquad p'u = 2\,\frac{\sigma(u-\omega_1)\,\sigma(u-\omega_2)\,\sigma(u-\omega_3)}{\sigma\omega_1\;\sigma\omega_2\;\sigma\omega_3\;\sigma^3 u}.$$

## § 24. Partialbruchzerlegung der elliptischen Funktionen.

Nach § 13, VI ist eine elliptische Funktion bis auf eine additive Konstante bestimmt, wenn für jeden Pol die Glieder mit negativen Exponenten in der zugehörigen Reihenentwicklung der Funktion bekannt sind. Wir wissen bereits aus § 14, V, daß diese Glieder der einen Einschränkung unterliegen, daß die Summe der Residuen gleich Null sein muß; ob sie noch andern Bedingungen unterworfen sind, blieb damals dahingestellt. Wir wollen jetzt versuchen, eine elliptische Funktion zu bilden, für die jene Glieder in Übereinstimmung mit jener Bedingung, im übrigen aber ganz willkürlich vorgeschrieben sind.

Wir nehmen den einfachsten Fall voraus, daß die vorgeschriebenen Pole $a_k$ $(k = 1, 2 \ldots n)$ alle einfach sind. Die Residuen in ihnen, $A_k$, müssen der Bedingung genügen:

$$1)\qquad A_1 + A_2 + \ldots + A_n = 0.$$

Eine Funktion, die diese vorgeschriebenen Pole und Residuen hat, ist:

$$2)\qquad \psi(u) = A_1\,\zeta(u-a_1) + A_2\,\zeta(u-a_2) + \ldots + A_n\,\zeta(u-a_n).$$

Die einzelnen Terme dieser Funktion sind freilich keine elliptischen Funktionen; vielmehr tritt zu jedem von ihnen nach § 19 (9) eine Konstante $2\eta\,.\,A_k$, wenn man das Argument $u$ um eine Periode $2\omega$ vermehrt. Aber die Summe dieser Konstanten ist Null, eben

[1] Man beachte, daß Gleichung (4) kein *algebraisches* Additionstheorem vorstellt, da zwischen $pu$ und $\zeta u$ keine algebraische Gleichung besteht.

wegen der vorausgesetzten Relation (1). Also ist $\psi(u)$ in der That eine elliptische Funktion mit den verlangten Eigenschaften.

Gehen wir nunmehr zum allgemeinsten Fall über; nehmen wir an, für jeden Pol $a_\nu$ sei die Ordnungszahl $k_\nu$ gegeben und das Aggregat der Glieder mit negativen Exponenten in der zugehörigen Reihenentwicklung der zu bildenden Funktion, etwa in der Form:

$$3)\qquad \frac{A_{\nu 1}}{u - a_\nu} + \frac{A_{\nu 2}}{(u - a_\nu)^2} + \ldots + \frac{A_{\nu, k_\nu}}{(u - a_\nu)^{k_\nu}}.$$

Auch hier müssen die Residuen $A_{\nu 1}$ natürlich der Bedingung genügen:

$$4)\qquad A_{11} + A_{21} + \ldots + A_{n1} = 0.$$

Dann können wir uns zunächst aus $\zeta u$ und seinen Ableitungen eine Funktion bilden, die für $u = a_\nu$ einen Pol der vorgeschriebenen Art hat und sonst im ganzen Periodenparallelogramm regulär ist, nämlich:

$$5)\quad \begin{cases} A_{\nu 1}\zeta(u - a_\nu) + A_{\nu 2}p(u - a_\nu) - \frac{A_{\nu 3}}{2}p'(u - a_\nu) + \frac{A_{\nu 4}}{6}p''(u - a_\nu) \\ \qquad - + - \ldots + (-1)^{k_\nu - 1}\frac{A_{\nu, k_\nu}}{(k_\nu - 1)!}p^{(k_\nu - 2)}(u - a_\nu). \end{cases}$$

Diese Funktion selbst ist nicht doppeltperiodisch; bilden wir aber die Summe der so für die einzelnen Pole aufzustellenden Funktionen von $\nu = 1$ bis $\nu = n$, so erhalten wir in der That eine elliptische Funktion, eben wegen der Relation (4). Jede andere elliptische Funktion der verlangten Art kann sich von der so gebildeten nur durch eine additive Konstante unterscheiden. Somit haben wir den Satz gewonnen:

I. *Jede elliptische Funktion, die an vorgeschriebenen Stellen in vorgeschriebener Weise unendlich werden soll, läßt sich in der Form darstellen:*

$$6)\quad \begin{cases} f(u) = C + \sum_{\nu=1}^{n}\Big\{A_{\nu 1}\zeta(u - a_\nu) + A_{\nu 2}p(u - a_\nu) - \frac{1}{2}A_{\nu 3}p'(u - a_\nu) \\ \qquad + - + \ldots + (-1)^{k_\nu - 1}\frac{A_{\nu, k_\nu}}{(k_\nu - 1)!}p^{(k_\nu - 2)}(u - a_\nu); \end{cases}$$

*und jeder solche Ausdruck stellt eine elliptische Funktion der verlangten Art dar.*[1]

[1] Man kann die Formeln § 23, (2)—(5) als spezielle Fälle dieses Satzes ansehen.

Die Formel (6) ist ein Analogon zur Zerlegung einer rationalen Funktion in Partialbrüche; wir werden aus ihr mannigfache Konsequenzen ziehen. Zunächst ermöglicht sie wie jene Zerlegungsformel die Integration; man findet:

$$7)\quad \begin{cases} \int f(u)\,du = Cu + C_1 + \sum_{\nu=1}^{n} \Big\{ A_{\nu 1} \log \sigma(u - a_\nu) - A_{\nu 2}\,\zeta(u - a_\nu) \\ -\frac{1}{2} A_{\nu 3}\, p(u - a_\nu) + - \ldots + (-1)^{k_\nu - 1} \frac{A_{\nu,\,k_\nu}}{(k_\nu - 1)!}\, p^{(k_\nu - 3)}(u - a_\nu)\Big\}, \end{cases}$$

also den Satz:

II. *Das Integral einer beliebigen elliptischen Funktion setzt sich aus folgenden Bestandteilen zusammen:*

*1. einer elliptischen Funktion;*

*2. einer linearen Funktion;*

*3. einer Summe von $\zeta$-Funktionen;*

*4. einer Summe von Logarithmen von Sigmafunktionen.*

(Wenn man will, kann man die Anzahl der $\zeta$-Funktionen auf 1 reduzieren, da die Differenz $\zeta(u - a) - \zeta u$ nach § 23, Gleichung (4) eine elliptische Funktion von $u$ ist.)

Andrerseits liefert Formel (6) auch noch einen für die Theorie der elliptischen Funktionen selbst fundamentalen Satz. Die in ihr vorkommenden höheren Ableitungen von $p(u - a_\nu)$ lassen sich nach § 18, IV rational durch $p(u - a_\nu)$ und $p'(u - a_\nu)$ ausdrücken, diese wieder nach § 23, IV rational durch $pu$ und $p'u$ (und die Konstanten $pa_\nu$, $p'a_\nu$). Auch $\zeta(u - a_\nu)$ drückt sich, wie eben schon benutzt wurde, rational aus durch $\zeta u$, $pu$, $p'u$ und Konstante. Wesentlich ist nun, daß dabei aus der Summe (6) vermöge der Relation (4) $\zeta u$ herausfällt, sodaß man den Satz erhält:

III. *Jede elliptische Funktion läßt sich durch die zu demselben Periodenparallelogramm gehörenden Funktionen $pu$, $p'u$ rational ausdrücken.*

Durch analoge Umformungen wie in § 4, Gleichungen (4) bis (6) können wir jede rationale Funktion von $pu$ und $p'u$ auf die Form bringen:

$$8)\qquad f(u) = A + Bp'u,$$

in der $A$, $B$ rationale Funktionen von $pu$ allein bedeuten. Ist dann $f(u) = f(-u)$, so folgt, daß $B \equiv 0$ sein muß; ist aber $f(u) = -f(-u)$, so folgt $A \equiv 0$. Wir können also Satz III durch folgenden Zusatz ergänzen:

IV. *Jede gerade elliptische Funktion ist eine rationale Funktion der zu demselben Periodenparallelogramm gehörenden Funktion $\wp u$, jede ungerade elliptische Funktion das Produkt einer solchen Funktion in $\wp' u$.*

Aus Satz III. ergeben sich noch weitere Folgerungen. Hat man zwei zu demselben Periodenparallelogramm gehörende elliptische Funktionen, so kann man aus ihren Ausdrücken durch $\wp u$ und $\wp' u$ und aus der zwischen $\wp u$ und $\wp' u$ bestehenden Gleichung $\wp u$ und $\wp' u$ eliminieren. Daraus folgt:

V. *Zwischen irgend zwei elliptischen Funktionen desselben Periodenparallelogramms besteht eine algebraische Gleichung mit von $u$ unabhängigen Koeffizienten.*

Ein spezieller Fall dieses Satzes ergiebt sich, wenn man beachtet, daß die Ableitung einer elliptischen Funktion selbst eine solche Funktion ist; nämlich:

VI. *Jede elliptische Funktion genügt einer algebraischen Differentialgleichung erster Ordnung höheren Grades, in der die unabhängige Veränderliche explicite nicht vorkommt; mit andern Worten, sie ist die Umkehrungsfunktion des Integrals einer algebraischen Funktion.*

Eliminiert man endlich aus den Gleichungen, die $f(u+v)$, $f(u)$, $f(v)$, bezw. mit $\wp(u+v)$, $\wp u$, $\wp v$ verbinden, und aus dem Additionstheorem der Funktion $\wp u$ (§ 23, V) die drei zuletzt genannten Größen, so findet man:

VII. *Jede elliptische Funktion besitzt ein algebraisches Additionstheorem.*[1]

## § 25. Das Additionstheorem der Sigmafunktion.

Die Funktion $\sigma u$ besitzt kein algebraisches Additionstheorem in dem § 23, V definierten Sinne. Doch besteht zwischen Sigmafunktion linear verknüpfter Argumente eine allgemeine Relation, die eine große Anzahl interessanter Spezialfälle in sich schließt und die man im weiteren Sinne als Additionstheorem der Sigmafunktion bezeichnen kann. Man kann sie auf verschiedene Arten ableiten; z. B. indem man in der algebraischen Identität:

$$(x-y)(z-t)+(x-z)(t-y)+(x-t)(y-z) \equiv 0$$

[1] WEIERSTRASS hat in seinen Vorlesungen auch die Umkehrung dieses Satzes bewiesen: daß nämlich alle Funktionen einer Variabeln mit algebraischem Additionstheorem algebraische Funktionen von elliptischen Funktionen oder Ausartungen von solchen (vgl. den IX. Abschnitt) sind.

die Substitutionen:

$$x = p\,u, \quad y = p\,u_1, \quad z = p\,u_2, \quad t = p\,u_3$$

vornimmt und dann die Fundamentalformel § 23, 1 anwendet. Man erhält so:

$$1) \quad \left\{ \begin{aligned} & \sigma(u+u_1)\,\sigma(u-u_1)\,\sigma(u_2+u_3)\,\sigma(u_2-u_3) \\ & + \sigma(u+u_2)\,\sigma(u-u_2)\,\sigma(u_3+u_1)\,\sigma(u_3-u_1) \\ & + \sigma(u+u_3)\,\sigma(u-u_3)\,\sigma(u_1+u_2)\,\sigma(u_1-u_2) = 0. \end{aligned} \right.$$

Eine noch symmetrischere Gestalt nimmt diese Formel durch Einführung neuer Variabler an. Setzt man nämlich:

$$2) \quad \left\{ \begin{aligned} & u+u_1 = b_1, \quad u-u_1 = -c_1, \quad u_2+u_3 = -d_1, \quad u_2-u_3 = a_1, \\ & u+u_2 = b_2, \quad u-u_2 = -c_2, \quad u_3+u_1 = -d_2, \quad u_3-u_1 = a_2, \\ & u+u_3 = b_3, \quad u-u_3 = -c_3, \quad u_1+u_2 = -d_3, \quad u_1-u_2 = a_3, \end{aligned} \right.$$

so kann man jedes der drei Systeme von je vier Größen *a*, *b*, *c*, *d* als ein System unabhängiger Veränderlicher ansehen und die Größen der beiden andern Systeme durch sie ausdrücken. Man erhält so die Gleichungssysteme:

$$3) \quad \left\{ \begin{aligned} 2a_2 &= -a_1 - b_1 - c_1 - d_1 & \qquad 2a_3 &= -a_1 + b_1 + c_1 + d_1 \\ 2b_2 &= \phantom{-}a_1 + b_1 - c_1 - d_1 & 2b_3 &= -a_1 + b_1 - c_1 - d_1 \\ 2c_2 &= \phantom{-}a_1 - b_1 + c_1 - d_1 & 2c_3 &= -a_1 - b_1 + c_1 - d_1 \\ 2d_2 &= \phantom{-}a_1 - b_1 - c_1 + d_1 & 2d_3 &= -a_1 - b_1 - c_1 + d_1, \end{aligned} \right.$$

sowie zwei andere, die aus ihnen durch cyklische Vertauschung der Indices 1, 2, 3 hervorgehen.[1] Man kann demnach das „*Additionstheorem der Sigmafunktion*“ folgendermaßen aussprechen:

*Wenn zwischen drei Systemen von je vier Größen die Relationen (3) bestehen, so ist stets:*

$$4) \quad \sigma a_1\,\sigma b_1\,\sigma c_1\,\sigma d_1 + \sigma a_2\,\sigma b_2\,\sigma c_2\,\sigma d_2 + \sigma a_3\,\sigma b_3\,\sigma c_3\,\sigma d_3 = 0.$$

Man beachte noch, daß man in diesen Formeln nicht nur die Indices 1, 2, 3 cyklisch vertauschen kann, sondern auch die Buchstaben mit gleichem Index, wenn man nur gleichzeitig auch die Buchstaben mit andern Indices in gewisser Weise unter sich ver-

[1] Deutet man *a*, *b*, *c*, *d* als Tetraederkoordinaten eines Punktes im Raume, so stellen die Gleichungen $a_1 = 0, \ldots d_3 = 0$ 3·4 Ebenen vor, die drei Tetraeder bilden. Bestehen dann die Gleichungen (3), so sagt man, „die drei Tetraeder befinden sich in desmischer Lage“.

tauscht und gewisse Vorzeichen ändert. Will man z. B. $a_1$ mit $b_1$ vertauschen, so hat man die zwölf Argumente zu ersetzen durch:

$$\begin{matrix} b_1 & a_1 & c_1 & d_1 \\ a_2 & b_2 & -d_2 & -c_2 \\ -b_3 & -a_3 & c_3 & d_3. \end{matrix}$$

## § 26. Hilfssätze.

Ist eine beliebige Anzahl untereinander zu $u = 0$ inkongruenter Punkte $u_1, u_2 \dots u_n$ gegeben, so erhält man eine elliptische Funktion der Variabeln $u_0$, die sie alle zu Nullpunkten hat, wenn man die Determinante bildet:

$$1) \qquad \varphi(u_0, u_1, u_2 \dots u_n) = \begin{vmatrix} 1 & p u_0 & p' u_0 & \dots & p^{(n-1)} u_0 \\ 1 & p u_1 & p' u_1 & \dots & p^{(n-1)} u_1 \\ 1 & p u_2 & p' u_2 & \dots & p^{(n-1)} u_2 \\ \cdot & \cdot & \cdot & \cdot & \cdot \\ \cdot & \cdot & \cdot & \cdot & \cdot \\ 1 & p u_n & p' u_n & \dots & p^{(n-1)} u_n \end{vmatrix}$$

Diese Funktion ist im fundamentalen Periodenparallelogramm überall regulär, außer in $u = 0$, wo sie einen Pol der Ordnung $n + 1$ hat; folglich hat sie nach § 16, 3 außer den zu ihrer Definition dienenden $n$ Nullpunkten noch einen $(n + 1)^{\text{ten}}$ in:

$$-(u_1 + u_2 + \dots + u_n).$$

Sie läßt sich daher nach § 22, II folgendermaßen durch einen Quotienten von $\sigma$-Produkten ausdrücken:

$$2) \qquad c_n \cdot \frac{\sigma(u_1 - u_0)\,\sigma(u_2 - u_0) \dots \sigma(u_n - u_0)\,\sigma(u_0 + u_1 + u_2 + \dots + u_n)}{\sigma^{n+1} u_0}.$$

Der Faktor $c_n$ hängt nicht mehr von $u_0$ ab, wohl aber noch von $u_1, u_2 \dots, u_n$; um ihn zu bestimmen, entwickeln wir beiderseits nach Potenzen von $u$ und vergleichen die Koeffizienten der Anfangsglieder. So finden wir:

$$3) \qquad -n!\,\varphi(u_1, u_2 \dots u_n) = c_n\, \sigma u_1\, \sigma u_2 \dots \sigma u_n\, \sigma(u_1 + u_2 + \dots + u_n).$$

Andrerseits besteht aber auch, ebenso wie (2), die Gleichung:

$$4) \qquad \varphi(u_1, u_2 \dots u_n) = c_{n-1} \frac{\sigma(u_2 - u_1) \dots \sigma(u_n - u_1)\,\sigma(u_1 + u_2 + \dots + u_n)}{\sigma^n u_1},$$

wo $c_{n-1}$ auch von $u_1$ nicht mehr abhängt, sondern nur mehr von $u_2$, $u_3 \ldots u_n$. Es folgt also:

$$5)\qquad c_n = -n!\, c_{n-1} \frac{\sigma(u_2 - u_1)\,\sigma(u_3 - u_1) \ldots \sigma(u_n - u_1)}{\sigma^{n+1} u_1\, \sigma u_2\, \sigma u_3 \ldots \sigma u_n}.$$

Fahren wir so fort, so können wir $c_n$ schließlich durch $c_1$ ausdrücken, das nur noch eine Funktion von $u_n$ sein kann. Wir erhalten:

$$6)\qquad \varphi(u_{n-1}, u_n) = -p\, u_{n-1} + p\, u_n = c_1 \frac{\sigma(u_n - u_{n-1})\,\sigma(u_n + u_{n-1})}{\sigma^2 u_{n-1}};$$

und Gleichung (1) von § 23 zeigt, daß:

$$c_1 = -\frac{1}{\sigma^2 u_n}$$

gesetzt werden muß. Somit gilt die Gleichung:

$$7)\qquad \begin{cases} \varphi(u_0, u_1, u_2 \ldots u_n) = \\ (-1)^n 2!\, 3!\, 4! \ldots n! \dfrac{\sigma(u_0 + u_1 + u_2 + \ldots + u_n)\, \Pi\, \sigma(u_\alpha - u_\beta)}{(\sigma u_0\, \sigma u_1\, \sigma u_2 \ldots \sigma u_n)^{n+1}}, \end{cases}$$

das Produkt erstreckt über alle Paare von Zahlen $\alpha$, $\beta$ aus der Reihe $0, 1, 2 \ldots n$, für die $\alpha > \beta$ ist.

Die Ableitung dieser Formel setzte implicite voraus, daß keine der Summen $u_1 + u_2 + \ldots + u_n$, $u_2 + u_3 + \ldots + u_n \ldots$, $u_{n-1} + u_n$ der Null kongruent sei; die Formel selbst gilt aber nach I, § 39, III, solange ihre beiden Seiten reguläre Funktionen der Argumente sind, d. h. solange nur keines der $u$ selbst $\equiv 0$ ist.

Einen interessanten speziellen Fall der Gleichung (7) erhält man, wenn man in ihr

$$8)\qquad u_1 = u_2 = \ldots = u_n = v$$

setzt. Dabei werden allerdings zunächst beide Seiten identisch Null; aber man erhält von Null verschiedene Grenzwerte, wenn man erst beiderseits mit $\Pi(u_\alpha - u_\beta)$ dividiert und dann den durch (8) geforderten Grenzübergang vollzieht. Die Determinante (1) kann nämlich auch so geschrieben werden, daß man die dritte Zeile ersetzt durch:

$$0,\ p\,u_2 - p\,u_1,\ p'\,u_2 - p'\,u_1 \ldots p^{(n-1)} u_2 - p^{(n-1)} u_1.$$

Dividiert man dann durch $(u_2 - u_1)$ und setzt hierauf $u_2 = u_1 = v$, so wird diese Zeile:

$$0,\ p'\,v,\ p''\,v \ldots p^{(n)}\,v.$$

Dann kann man die vierte Zeile ersetzen durch:

$$0,\ p u_3 - p v - (u_3 - v) p' v,\ p' u_3 - p' v - (u_3 - v) p'' v \dots$$

und wenn man mit $\frac{1}{2}(u_3 - v)^2$ dividiert und dann auch $u_3 = v$ setzt, so wird diese vierte Zeile:

$$0,\ p'' v,\ p''' v \dots$$

So fortfahrend erhält man schließlich links:

$$\frac{1}{2!\,3!\dots(n-1)!}\begin{vmatrix} 1 & p u & p' u \dots p^{(n-1)} u \\ 1 & p v & p' v \dots p^{(n-1)} v \\ 0 & p' v & p'' v \dots p^{(n)} v \\ 0 & p'' v & p''' v \dots p^{(n+1)} v \\ \vdots & & \\ 0 & p^{(n-1)} v & p^{(n)} v \dots p^{(2n-2)} v \end{vmatrix}$$

rechts dagegen, mit Rücksicht auf § 20, 2:

$$(-1)^n 2!\,3!\dots n!\,\frac{\sigma(u + n v)\,\sigma^n (v - u)}{\sigma^{n+1} u\,\sigma^{nn+n} v},$$

Wenn man also noch links die Determinante etwas vereinfacht, erhält man:

$$9)\quad \left\{\begin{aligned} &\begin{vmatrix} p u - p v & p' u - p' v & \dots & p^{(n-1)} u - p^{(n-1)} v \\ p' v & p'' v & \dots & p^{(n)} v \\ p'' v & p''' v & \dots & p^{(n+1)} v \\ \cdot & \cdot & \cdot & \cdot \\ p^{(n-1)} v & p^{(n)} v & \dots & p^{(2n-2)} v \end{vmatrix} = \\ &\quad - \big(2!\,3!\dots(n-1)!\big)^2 n!\,\frac{\sigma(u + n v)\,\sigma^n (u - v)}{\sigma^{n+1} u\,\sigma^{nn+n} v}; \end{aligned}\right.$$

und wenn man hier noch beiderseits nach Potenzen von $u$ entwickelt, und die Koeffizienten von $u^{-n-1}$ vergleicht:

$$10)\quad \begin{vmatrix} p' v & p'' v & \dots & p^{(n)} v \\ p'' v & p''' v & \dots & p^{(n+1)} v \\ \cdot & \cdot & \cdot & \cdot \\ p^{(n-1)} v & p^{(n)} v & \dots & p^{(2n-2)} v \end{vmatrix} = (-1)^{n-1} \big(2!\,3!\dots(n-1)!\big)\,\frac{\sigma(n v)}{\sigma^{nn} v}.$$

## § 27. Die Multiplikation des Arguments der elliptischen Funktionen.

In den in § 23 mitgeteilten Formen des Additionstheorems der Funktion $p u$ kann man nicht ohne weiteres $v = u$ setzen, indem man dadurch unbestimmte Ausdrücke der Form 0/0 erhalten würde. Man könnte diese Unbestimmtheit (analog wie in § 4) dadurch beseitigen, daß man erst im Zähler und Nenner mit demjenigen Wert multipliziert, in den der Zähler durch Vertauschung von $u$ mit $-u$ übergeht, dann $(p'u)^2$ und $(p'v)^2$ durch ihre Ausdrücke in $pu$, bezw. $pv$ ersetzt und schließlich, was durch diese Umformung möglich geworden ist, Zähler und Nenner durch $(pu - pv)^2$ dividiert. Einfacher ist es, den „wahren Wert" der unbestimmten Ausdrücke nach den Regeln der Differentialrechnung zu bestimmen;[1] die dabei auftretenden höheren Ableitungen von $pu$ können nach § 18, IV durch $pu$ und $p'u$ ersetzt werden. Man findet so:

1) $$p(2u) = \frac{(p^2u + \frac{1}{4}g_2)^2 + 2g_3\,pu}{4p^3u - g_2\,pu - g_3},$$

also gleich einer rationalen Funktion vierten Grades von $pu$. Auf demselben Wege, oder durch Differentiation der bereits abgeleiteten Gleichung (1), erhält man $p'(2u)$ ausgedrückt durch das Produkt aus $p'u$ in eine rationale Funktion 6. Grades von $pu$.

Setzt man in den Additionstheoremen $v = 2u$ und benutzt die bereits abgeleiteten Ausdrücke von $p(2u)$ und $p'(2u)$, so erhält man analoge Ausdrücke für $p(3u)$ und $p'(3u)$. So könnte man fortfahren; indessen erlangt man auf diesem Wege keinen Einblick in das allgemeine Bildungsgesetz der auftretenden rationalen Funktionen.

Zu einem solchen Einblick gelangt man dagegen durch folgende Überlegungen. Wir betrachten $p(nu)$ als Funktion von $u$. Aus den Periodicitätseigenschaften von $pu$ folgt, daß auch $p(nu)$ ungeändert bleibt, wenn man $u$ um $2h_1\omega_1 + 2h_3\omega_3$ vermehrt; also haben wir zunächst:

I. $p(nu)$ *gehört, als Funktion von* $u$ *betrachtet, zu den elliptischen Funktionen des Periodenparallelogramms* $(2\omega_1, 2\omega_3)$.

Ferner ist $p(nu)$ ebenso wie $pu$ eine gerade Funktion von $u$. Also folgt aus § 24, IV:

II. $p(nu)$ *ist gleich einer rationalen Funktion von* $pu$.

Zu einer expliciten Darstellung dieser rationalen Funktion gelangen wir, wenn wir zunächst aus § 23, (1) die Formel ableiten:

2) $$p(nu) - pu = -\frac{\sigma(nu+u)\,\sigma(nu-u)}{\sigma^2 nu\,\sigma^2 u}.$$

[1] Deren Anwendung unterliegt hier keinen Bedenken, da Zähler und Nenner in dem zu untersuchenden Punkte regulär sind.

Wir können dafür schreiben:

3) $$p(nu) - pu = -\frac{\psi_{n+1}(u) \cdot \psi_{n-1}(u)}{\psi_n^2(u)},$$

wenn wir mit $\psi_n(u)$ die Funktion bezeichnen:

4) $$\psi_n(u) = \frac{\sigma(nu)}{\sigma^{nn} u},$$

die in Formel (10) des vorigen Paragraphen explicite durch $pu$ und seine Ableitungen dargestellt ist. Insbesondere erhält man[1] für die niedrigsten Werte von $n$:

5) $$\psi_1(u) = 1,$$

6) $$\psi_2(u) = -p'u,$$

7) $$\left\{\begin{aligned} \psi_3(u) &= \tfrac{1}{4}\begin{vmatrix} p'u & p''u \\ p''u & p'''u \end{vmatrix} = \\ &= \tfrac{1}{4}\{12pu(4p^3u - g_2pu - g_3) - (6p^2u - \tfrac{1}{2}g_2)^2\} \\ &= 3p^4u - \tfrac{3}{2}g_2p^2u - 3g_3pu - \tfrac{1}{16}g_2^2. \end{aligned}\right.$$

Für größere Werte von $n$ (von $n = 5$ an) kann man sich der Rekursionsformel:

8) $$\psi_{m+n}\psi_{m-n} = \psi_{m+1}\psi_{m-1}\psi_n^2 - \psi_{n+1}\psi_{n-1}\psi_m^2$$

bedienen, die man erhält, wenn man aus (2), aus der entsprechenden Gleichung mit $m$ statt $n$ und aus:

$$p(mu) - p(nu) = -\frac{\sigma(mu + nu)\sigma(mu - nu)}{\sigma^2 mu\, \sigma^2 nu}$$

die Funktionen $p$ eliminiert.

## § 28. Elliptische Funktionen II. Art.

Neben den bisher allein betrachteten Funktionen treten häufig noch andere auf, die wir im Anschluß an Hermite folgendermaßen definieren:

[1] Formel (6) kann auch erhalten werden, indem man in § 23, 1 $v = u + h$ setzt, beide Seiten nach Potenzen von $h$ entwickelt und die Koeffizienten von $h$ vergleicht; oder indem man aus den Produktdarstellungen (§ 20, 3 und 14) die Identität:

$$\sigma 2u = 2\sigma u \frac{\sigma(u + \omega_1)}{\sigma\omega_1}\frac{\sigma(u + \omega_2)}{\sigma\omega_2}\frac{\sigma(u + \omega_3)}{\sigma\omega_3}$$

ableitet.

I. *Unter einer elliptischen Funktion II. Art verstehen wir eine im Endlichen bis auf Pole reguläre Funktion, die zwei voneinander unabhängigen Funktionalgleichungen der Form:*

$$1)\qquad \begin{cases} f(u + 2\,\omega_1) = \mu_1 f(u), \\ f(u + 2\,\omega_3) = \mu_3 f(u) \end{cases}$$

*genügt, in denen* $\mu_1$ *und* $\mu_3$ *von* $u$ *unabhängige Größen bedeuten.*

Die bisher allein so genannten elliptischen Funktionen nennt man dann speziell solche „erster Art.“[1]

II. *Zwei elliptische Funktionen II. Art, deren Multiplikatoren übereinstimmen, nennen wir gleichändrig.*

Es gilt dann, wie man sofort sieht, der Satz:

III. *Der Quotient zweier gleichändrigen elliptischen Funktionen II. Art ist eine elliptische Funktion I. Art.*

Wir können Funktionen II. Art leicht bilden. Die Funktion:

$$2)\qquad e^{\varrho u}\frac{\sigma(u-v)}{\sigma u},$$

in der $v$ ein von $u$ unabhängiges Argument bedeutet (das nur keine Periode sein darf), gehört nämlich in jedem Falle zu ihnen, wie aus den Gleichungen § 20, (6), (7) folgt; und zwar ist für sie:

$$3)\qquad \begin{cases} \mu_1 = e^{2\varrho\omega_1 - 2v\eta_1}, \\ \mu_3 = e^{2\varrho\omega_3 - 2v\eta_3}. \end{cases}$$

Sind umgekehrt $\mu_1$ und $\mu_3$ beliebig vorgeschrieben, so können wir $\varrho$ und $v$ stets so bestimmen, daß diese Gleichungen bestehen. Wir erhalten nämlich aus ihnen unter Berücksichtigung der Legendreschen Relation § 19, (14):

$$4)\qquad \varrho\pi i = \eta_1 \log\mu_3 - \eta_3 \log\mu_1,$$

$$5)\qquad v\pi i = \omega_1 \log\mu_3 - \omega_3 \log\mu_1;$$

den Logarithmen können dabei beliebige unter ihren unendlich vielen Werten (I, § 56, III) beigelegt werden, natürlich aber in beiden Gleichungen dieselben.

Hier sind nun zwei Fälle zu unterscheiden. In dem *speziellen Fall*, daß unter den Werten dieser Logarithmen welche sind, die sich verhalten wie die Perioden, kann man eben diese Werte in den Gleichungen (4), (5) nehmen; dann erhält man $v = 0$. Man sieht:

[1] Auch im folgenden sollen übrigens unter „elliptischen Funktionen“ ohne weiteren Zusatz stets solche „erster Art“ verstanden werden, wo nicht das Gegenteil ausdrücklich gesagt wird.

IV. *Eine Exponentialfunktion, deren Exponent eine lineare ganze Funktion $\varrho u + \varrho_1$ von $u$ ist, kann für jedes Periodenparallelogramm angesehen werden als eine spezielle elliptische Funktion II. Art mit den Multiplikatoren:*

$$\mu_1 = e^{\varrho \omega_1}, \quad \mu_3 = e^{\varrho \omega_3}. \tag{6}$$

Aus III. folgt dann:

V. *Jede spezielle elliptische Funktion II. Art, deren Multiplikatoren die Werte (6) haben, ist das Produkt aus $e^{\varrho u}$ in eine elliptische Funktion I. Art.*

Es giebt also in diesem speziellen Falle zwar solche elliptische Funktionen II. Art, die zugleich ganze transscendente Funktionen sind, aber keine, die nur einen einfachen Pol im Periodenparallelogramm hätten.

Sind aber unter den Werten der Logarithmen der $\mu$ keine solchen, die sich verhalten wie die Perioden, so erhält man, welche von diesen Werten man auch nehmen mag, aus der Gleichung (5) stets einen von Null verschiedenen und auch nicht zu Null kongruenten Wert für $v$. In diesem *allgemeinen Falle* reduziert sich also die Funktion (2) nicht auf eine Exponentialfunktion, sondern behält einen Pol bei $u = 0$ und einen Nullpunkt bei $u = v$. Wir erhalten also den Satz:

VI. *Zu jedem beliebig vorgegebenen Multiplikatorensystem giebt es zugehörige elliptische Funktionen II. Art; eine derselben hat die Form (2), wenn man in ihr $v$ und $\varrho$ aus den Gleichungen (4) bestimmt; jede andere ist das Produkt dieser Funktion in eine elliptische Funktion I. Art.*

Stellt man diese letztere nach Anleitung von § 22 als einen Quotienten von Sigmaprodukten dar, so gewinnt man folgende Resultate:

VII. *Jede elliptische Funktion II. Art läßt sich darstellen als Produkt aus einer Exponentialfunktion, deren Exponent eine lineare Funktion von $u$ ist, in einen Quotienten von Sigmaprodukten, der gleichviel Faktoren im Zähler wie im Nenner hat.*

VIII. *Die elliptischen Funktionen II. Art haben mit denjenigen I. Art die Eigenschaft gemein, daß sie im Periodenparallelogramm ebenso oft Null, wie unendlich werden; sie unterscheiden sich aber von ihnen dadurch, daß die Differenz zwischen der Summe der Nullpunkte und der der Pole nicht $\equiv 0$, sondern $\equiv v$ ist.*

Man beachte auch, daß es im allgemeinen Falle zwar elliptische Funktionen II. Art giebt, die im Periodenparallelogramm nur einen einfachen Pol haben, aber keine solchen, die zugleich ganze transscendente Funktionen wären. Denn eine solche würde. durch die Funktion (2) dividiert, eine elliptische Funktion I. Art mit nur einem einfachen Pole liefern; und eine solche kann es nach § 14, VI nicht geben.

Ein Unterfall der elliptischen Funktionen II. Art verdient spezielle Berücksichtigung: daß nämlich die Multiplikatoren den absoluten Betrag 1 haben, ihre Logarithmen also (neben anderen auch) rein imaginäre Werte haben. Nimmt man dann diese Werte in (4) und (5), so erhält man:

7) $$\varrho = 2\nu_1 \eta_1 + 2\nu_3 \eta_3,$$

8) $$v = 2\nu_1 \omega_1 + 2\nu_3 \omega_3,$$

unter $\nu_1$, $\nu_3$ *reelle* Zahlen verstanden. Die Multiplikatoren sind dann:

9) $$\mu_1 = e^{-2\pi i \nu_3}, \quad \mu_3 = e^{+2\pi i \nu_1}.$$

Man setzt in diesem Falle wohl die Funktion (2), unter Hinzufügung eines konstanten Faktors,

10) $$= \frac{\sigma_{\nu_1 \nu_3}(u)}{\sigma u},$$

indem man definiert:

11) $$\sigma_{\nu_1 \nu_3}(u) = e^{(2\nu_1 \eta_1 + 2\nu_3 \eta_3)(u + \nu_1 \omega_1 + \nu_3 \omega_3)} \sigma(u - 2\nu_1 \eta_1 - 2\nu_3 \eta_3).$$

Insbesondere bedient man sich dieser Bezeichnung für den Fall, daß $\nu_1$ und $\nu_3$ *rationale* Zahlen mit gemeinsamen Nenner sind. (Man läßt dann wohl auch diesen gemeinsamen Nenner in der Bezeichnung weg.) Die Multiplikatoren sind in diesem Falle *Einheitswurzeln.*

## § 29. Partialbruchzerlegung der elliptischen Funktionen II. Art.

Wenn wir neben die im vorigen Paragraphen gelehrte Faktorenzerlegung der elliptischen Funktionen II. Art eine Zerlegung in Partialbrüche stellen wollen, so müssen wir den „speziellen“ und den „allgemeinen“ Fall unterscheiden. Im speziellen Fall erhalten wir auf Grund von § 28, V die gesuchten Formeln einfach dadurch, daß wir in den entsprechenden Formeln von § 24 alle Glieder mit $e^{\varrho u}$ multiplizieren. Dagegen im allgemeinen Falle haben wir eine elliptische Funktion II. Art mit nur einem einfachen Pole; wir können sie der Partialbruchzerlegung zu Grunde legen. Dazu normieren wir sie zweckmäßigerweise so, daß ihr Residuum = 1 wird; wir bilden die *„Elementarfunktion II. Art“:*

1) $$\varphi(u;\, v) = -\, e^{\varrho u} \frac{\sigma(u - v)}{\sigma u\, \sigma v}.$$

Ist dann irgend eine elliptische Funktion II. Art mit denselben Multiplikatoren, $\Phi u$, vorgelegt, die im Periodenparallelogramm die einfachen Pole: $b_1, b_2 \ldots b_n$, bezw. mit dem Residuen $R_1, R_2 \ldots R_n$ hat, so gilt die Gleichung:

$$\Phi(u) = \sum_{k=1}^{n} R_k \varphi(u - b_k; v). \tag{2}$$

Wenden wir diese Formel z. B. auf die Funktion:

$$\frac{\sigma(u + u_3)\sigma(u - u_3)}{\sigma(u + u_1)\sigma(u - u_2)}$$

an, für die $v = u_1 - u_2$, $b_1 = -u_1$, $b_2 = u_2$,

$$R_1 = \frac{\sigma(u_3 - u_1)\sigma(u_3 + u_1)}{\sigma(u_1 + u_2)}, \quad R_2 = \frac{\sigma(u_2 + u_3)\sigma(u_2 - u_3)}{\sigma(u_1 + u_2)}$$

ist, so erhalten wir wieder die Gleichung (1) von § 25.

Will man auch elliptische Funktionen II. Art mit mehrfachen Polen in Partialbrüche zerlegen, so muß man neben der Funktion $\varphi(u; v)$ ihre Ableitungen einführen, ebenso wie das in § 24 mit den Ableitungen der Funktion $\zeta u$ geschehen ist.

# VIERTER ABSCHNITT.

## Elliptische Funktionen zweiter Stufe.

### § 30. Sigmafunktionen mit Index.

Wir haben bis jetzt nur solche elliptische Funktionen betrachtet, die von den beiden Fundamentalperioden in ganz gleicher Weise abhängen, sodaß keine derselben vor der andern bevorzugt war. Auch haben wir nur Beziehungen zwischen solchen elliptischen Funktionen aufgestellt, die zu demselben Periodenparallelogramm gehören. Nach den beiden so bezeichneten Richtungen hin müssen wir nun unsere Untersuchungen ausdehnen. Die dabei sich darbietenden prinzipiellen Fragen wollen wir aber erst im XII. Abschnitt angreifen; hier wollen wir uns zunächst auf einem gewissermaßen empirischen Wege zu einer Gruppe von Funktionen führen lassen, die man mit einem später noch genauer zu erläuternden Terminus als *elliptische Funktionen zweiter Stufe* bezeichnet.

Wir untersuchen zunächst diejenigen unter den bereits in § 28 eingeführten Funktionen $\sigma_{\lambda,\,\mu}(u)$ näher, deren Indices ganzzahlige Vielfache von $\frac{1}{2}$ sind. Es giebt deren drei verschiedene; dividiert man sie durch ihre Nullwerte, d. h. durch diejenigen Werte, die sie für $u = 0$ annehmen, so erhält man die von Weierstrass mit $\sigma_\alpha(u) (\alpha = 1, 2, 3)$ bezeichneten Funktionen, nämlich:

$$1)\quad \sigma_1 u = \frac{\sigma_{1/2,\,0}(u)}{\sigma_{1/2,\,0}(0)} = \frac{e^{-\eta_1 u}\sigma(u+\omega_1)}{\sigma\omega_1} = -\frac{e^{\eta_1 u}\sigma(u-\omega_1)}{\sigma\omega_1}$$

$$2)\quad \sigma_2 u = \frac{\sigma_{-1/2,\,-1/2}(u)}{\sigma_{-1/2,\,-1/2}(0)} = \frac{e^{-\eta_2 u}\sigma(u+\omega_2)}{\sigma\omega_2} = -\frac{e^{\eta_2 u}\sigma(u-\omega_2)}{\sigma\omega_2}$$

$$3)\quad \sigma_3 u = \frac{\sigma_{0,\,1/2}(u)}{\sigma_{0,\,1/2}(0)} = \frac{e^{-\eta_3 u}\sigma(u+\omega_3)}{\sigma\omega_3} = -\frac{e^{\eta_3 u}\sigma(u-\omega_3)}{\sigma\omega_3}$$

(Die Identität der beiden je für dieselbe Sigmafunktion gegebenen Werte folgt aus § 20, (6), (7), (13).)

Wie aus dieser ihrer Definition hervorgeht, sind diese Funktionen ebenso wie $\sigma u$ *ganze transscendente* Funktionen des Arguments $u$, und zwar *gerade* Funktionen desselben, da $\sigma u$ eine ungerade Funktion ist. Für $u = 0$ ist:

$$4)\quad \sigma_1(0) = \sigma_2(0) = \sigma_3(0) = 1.$$

Multipliziert man je die beiden verschiedenen Formen derselben Sigmafunktion miteinander und berücksichtigt Gleichung (I) von § 23, so findet man:

$$5)\quad \frac{\sigma^2_\alpha u}{\sigma^2 u} = -\frac{\sigma(u+\omega_\alpha)\,\sigma(u-\omega_\alpha)}{\sigma^2 u\,\sigma^2\omega_\alpha} = pu - e_\alpha \quad (\alpha = 1, 2, 3).$$

Diese Formel zeigt, daß die Gesamtheit der Werte von $\sqrt{pu - e_\alpha}$ nicht eine zweiwertige analytische Funktion von $u$ vorstellt, sondern in zwei eindeutige analytische Funktionen zerfällt, von denen die eine $= \sigma_\alpha u/\sigma u$, die andere $= -\sigma_\alpha u/\sigma u$ ist. (Vgl. I, § 70.)

Andrerseits erhalten wir aus Gleichung (14) von § 23 mit Rücksicht auf Gleichung (11) von § 19:

$$6)\quad p'u = -2\,\frac{\sigma_1 u\,\sigma_2 u\,\sigma_3 u}{\sigma^3 u}.$$

Man kann diese Formel auch ableiten, indem man die drei Gleichungen (5) mit der Gleichung (6) des § 18 verbindet und das dabei unbestimmt bleibende Vorzeichen durch Vergleichung der Glieder mit $u^{-3}$ in den Entwicklungen beider Seiten nach Potenzen von $u$ bestimmt.

Von weiteren Eigenschaften dieser „Nebensigma", wie man sie wohl nennt, ist vor allem wichtig ihr *Verhalten gegenüber Vermehrung des Arguments um eine ganze Periode.* Man erhält, indem man zuerst die zweite, dann die erste Form der Definition benutzt:

8)
$$\begin{cases} \sigma_\alpha(u + 2\,\omega_\alpha) = -\dfrac{e^{\eta_\alpha(u+2\,\omega_\alpha)}\,\sigma(u+\omega_\alpha)}{\sigma\,\omega_\alpha} \\ \qquad = -\,e^{2\,\eta_\alpha(u+\omega_\alpha)}\,\sigma_\alpha u\,.\,(\alpha = 1, 2, 3). \end{cases}$$

Für $\alpha \neq \beta$ erhält man dagegen zunächst:

$$\sigma_\alpha(u + 2\,\omega_\beta) = \frac{e^{-\eta_\alpha(u+2\,\omega_\beta)}\,\sigma(u + 2\,\omega_\beta + \omega_\alpha)}{\sigma\,\omega_\alpha}$$

oder mit Rücksicht auf § 20, Gleichung (12):

$$= \frac{e^{-\eta_\alpha(u+2\,\omega_\beta)+2\,\eta_\beta(u+\omega_\alpha+\omega_\beta)}\,\sigma\,u+\omega_\alpha}{\sigma\,\omega_\alpha},$$

$$= e^{-2\,\eta_\alpha\omega_\beta + 2\,\eta_\beta\omega_\alpha + 2\,\eta_\beta(u+\omega_\beta)}\,\sigma_\alpha u,$$

und wenn man noch § 19, (15) benutzt:

9)
$$\sigma_\alpha(u + 2\,\omega_\beta) = e^{2\,\eta_\beta(u+\omega_\beta)}\,\sigma_\alpha u.$$

*Vermehren wir die Argumente nur um halbe Perioden, so vertauschen sich die vier Sigmafunktionen (mit und ohne Index) unter sich, bis auf zutretende Exponentialfaktoren.* Man erhält zunächst aus der zweiten Definitionsform von $\sigma_\alpha u$:

10)
$$\sigma_\alpha(u + \omega_\alpha) = -\frac{e^{\eta_\alpha(u+\omega_\alpha)}\,\sigma\,u}{\sigma\,\omega_\alpha};$$

ferner aus der ersten:

11)
$$\begin{cases} \sigma_\alpha(u + \omega_\beta) = \dfrac{e^{-\eta_\alpha(u+\omega_\beta)}\,\sigma(u+\omega_\alpha+\omega_\beta)}{\sigma\,\omega_\alpha} \\ \qquad = \dfrac{-\,e^{-\eta_\alpha(u+\omega_\beta)-\eta u}\,\sigma\,\omega_\gamma\,\sigma_\gamma u}{\sigma\,\omega_\alpha} \\ \qquad = -\,e^{\eta_\beta u - \eta_\alpha\omega_\beta}\cdot\dfrac{\sigma\,\omega_\gamma}{\sigma\,\omega_\alpha}\cdot\sigma_\gamma u. \end{cases}$$

Eine übersichtlichere Gestalt nehmen diese „Verwandlungsformeln" an, wenn man statt der Funktionen $\sigma_a u$ die Funktionen $\sigma_{\frac{\lambda}{2}, \frac{\mu}{2}}(u)$ selbst benutzt. Bezeichnet man sie zur Abkürzung mit $T_a u$, setzt also:

$$12)\quad T_\alpha(u) = e^{-\eta_\alpha(u + {}^1\!/_2\omega_\alpha)}\sigma(u + \omega_\alpha) = -e^{\eta_\alpha(u + {}^1\!/_2\omega_\alpha)}\sigma(u - \tfrac{1}{2}\omega_\alpha),$$

so erhält man:

$$13)\quad \sigma(u + \omega_\alpha) = e^{\eta_\alpha(u + {}^1\!/_2\omega_\alpha)}\,T_\alpha(u),$$

$$14)\quad T_\alpha(u + \omega_\alpha) = -e^{\eta_\alpha(u + {}^1\!/_2\omega_\alpha)}\,\sigma u,$$

$$15)\quad T_\beta(u + \omega_\alpha) = \pm\, i\, e^{\eta_\alpha(u + {}^1\!/_2\omega_\alpha)}\,T_\gamma(u);$$

dabei gilt in der letzten Formel das untere oder das obere Zeichen, je nachdem $(\alpha, \beta, \gamma)$ eine gerade oder ungerade Permutation der drei Indices (1, 2, 3) ist.

Endlich bemerken wir noch:

*Die Sigmafunktionen mit Index sind homogene Funktionen der drei Variabeln $u$, $\omega_1$, $\omega_2$ von der Dimension 0.*

## § 31. Darstellung der Sigmafunktionen mit Index durch unendliche Produkte.

Aus der in § 20, (14) gegebenen Darstellung von $\sigma(u + v)$ durch ein unendliches Produkt erhalten wir ohne weiteres Darstellungen der Nebensigma durch solche Produkte, wenn wir in ihr $v$ bezw. $= \omega_1, \omega_2, \omega_3$ setzen. Dieselben schreiben sich am einfachsten, wenn man das Zeichen $w_\alpha$ zur Bezeichnung irgend einer der Größen

$$2k_1\omega_1 + 2k_3\omega_3 + \omega_\alpha$$

benutzt, oder, was dasselbe ist:

$$w_1 \text{ für } (2k_1 + 1)\omega_1 + 2k_3\omega_3,$$

$$w_2 \text{ für } (2k_1 + 1)\omega_1 + (2k_3 + 1)\omega_3,$$

$$w_3 \text{ für } 2k_1\omega_1 + (2k_3 + 1)\omega_3$$

schreibt; man erhält dann:

$$1)\quad \sigma_\alpha u = e^{-{}^1\!/_2 e_\alpha u^2}\prod_{w_\alpha}\left\{\left(1 - \frac{u}{w_\alpha}\right)e^{\frac{u}{w_\alpha} + {}^1\!/_2\frac{u^2}{w_\alpha^2}}\right\}.$$

Aus diesen „zweifach“ unendlichen Produkten kann man ebenso, wie es in § 21 für $\sigma u$ geschehen ist, durch Zusammenfassen der Faktoren „einfach“ unendliche Produkte erhalten. Rascher gelangt man zu demselben Ziele, wenn man in den einfach unendlichen Produkten des § 21 $u$ durch $u + \omega_\alpha$ ersetzt. Dabei macht sich jedoch der Umstand geltend, daß beim Übergang zu jenen einfach unendlichen Produkten die beiden an und für sich gleichberechtigten Perioden $2\omega_1$ und $2\omega_3$ ganz verschieden behandelt worden sind; infolgedessen müssen wir hier die Rechnung für jedes der drei Nebensigma gesondert durchführen.

Um zu $\sigma_1 u$ überzugehen, haben wir $u$ durch $u + \omega_1$, also $v$ durch $v + \frac{1}{2}$, $z$ durch $iz$, $2\eta_1\omega_1 v^2$ durch $2\eta_1\omega_1 v^2 + \eta_1 u + \frac{1}{2}\eta_1\omega_1$ zu ersetzen; ferner haben wir:

$$2)\qquad \sigma\omega_1 = \frac{2\omega_1}{\pi} e^{\frac{1}{2}\eta_1\omega_1} \frac{\Pi(1 + h^{2\nu})^2}{\Pi(1 - h^{2\nu})^2}$$

zu berechnen. Damit erhalten wir:

$$3)\qquad \sigma_1(2\omega_1 v) = e^{2\eta_1\omega_1 v^2} \frac{z + z^{-1}}{2} \frac{\prod\limits_{\nu=1}^{\infty}(1 + h^{2\nu}z^2)\prod\limits_{\nu=1}^{\infty}(1 + h^{2\nu}z^{-2})}{\prod\limits_{\nu=1}^{\infty}(1 + h^{2\nu})^2}$$

$$4)\qquad = e^{2\eta_1\omega_1 v^2} \cos v\pi \prod_{\nu=1}^{\infty} \frac{1 + 2h^{2\nu}\cos 2v\pi + h^{4\nu}}{(1 + h^{2\nu})^2}.$$

Um $\sigma_3(u)$ zu erhalten, ersetzen wir $u$ durch $u + \omega_3$, $v$ durch $v + \frac{1}{2}\tau$, $z$ durch $h^{1/2}z$, $2\eta_1\omega_1 v^2$ durch $2\eta_1\omega_1 v^2 + 2\eta_1\omega_3 v + \frac{1}{2}\eta_1\omega_3{}^2\omega_1{}^{-1}$ oder unter Benutzung der LEGENDREschen Relation durch:

$$2\eta_1\omega_1 v^2 + \eta_3 u + v\pi i + \tfrac{1}{2}\eta_3\omega_3 + \tfrac{1}{4}\tau\pi i$$

und berechnen:

$$\sigma\omega_3 = \frac{2\omega_1}{\pi} e^{\frac{1}{2}\eta_3\omega_3} h^{\frac{1}{4}} \frac{h^{\frac{1}{2}} - h^{-\frac{1}{2}}}{2i} \frac{\prod\limits_{\nu=1}^{\infty}(1 - h^{2\nu+1}) \cdot \prod\limits_{\nu=1}^{\infty}(1 - h^{2\nu-1})}{\prod\limits_{\nu=1}^{\infty}(1 - h^{2\nu})^2}$$

oder wenn wir den isoliert stehenden Faktor in das erste Produkt im Zähler mit hinein ziehen:

$$5)\qquad \sigma\omega_3 = i\frac{2\omega_1}{\pi} e^{\frac{1}{2}\eta_3\omega_3} h^{-\frac{1}{4}} \frac{\prod\limits_{\nu=1}^{\infty}(1 - h^{2\nu-1})^2}{\prod\limits_{\nu=1}^{\infty}(1 - h^{2\nu})^2}.$$

Wir erhalten dann:

$$\sigma_3(2\,\omega_1\,v) = e^{2\eta_1\omega_1 v^2} z\,(z^{-1} - h\,z)\cdot\frac{\prod\limits_{\nu=1}^{\infty}(1 - h^{2\nu+1}z^2)\prod\limits_{\nu=1}^{\infty}(1 - h^{2\nu-1}z^{-2})}{\prod\limits_{\nu=1}^{\infty}(1 - h^{2\nu-1})^2}$$

oder wenn wir auch im Zähler die entsprechende Umformung vornehmen:

$$6)\qquad \sigma_3(2\,\omega_1\,v) = e^{2\eta_1\omega_1 v^2}\,\frac{\prod\limits_{\nu=1}^{\infty}(1 - h^{2\nu-1}z^2)\prod\limits_{\nu=1}^{\infty}(1 - h^{2\nu-1}z^{-2})}{\prod\limits_{\nu=1}^{\infty}(1 - h^{2\nu-1})^2},$$

$$7)\qquad = e^{2\eta_1\omega_1 v^2}\prod_{\nu=1}^{\infty}\frac{1 - 2\,h^{2\nu-1}\cos 2\,v\,\pi + h^{4\nu-2}}{(1 - h^{2\nu-1})^2}.$$

Um endlich $\sigma_2 u$ zu erhalten, ersetzen wir $u$ durch $u + \omega_3$, $v$ durch $v - \frac{1}{2} - \frac{1}{2}\tau$, $z$ durch $-i h^{-1/2} z$, $2\,\eta_1\,\omega_1\,v^2$ durch $2\,\eta_1\,\omega_1\,v^2 + 2\,\eta_1\,\omega_2\,v + \frac{1}{2}\eta_1\,\omega_2{}^2\,\omega_1{}^{-1}$ oder unter Benutzung der Legendreschen Relation durch:

$$2\,\eta_1\,\omega_1\,v^2 + \eta_2\,u - v\,\pi\,i + \tfrac{1}{2}\eta_2\,\omega_2 + \tfrac{1}{4}\tau\,\pi\,i + \tfrac{1}{4}\pi\,i$$

und berechnen:

$$8)\qquad \left\{\begin{aligned} \sigma\,\omega_2 &= \frac{2\,\omega_1}{\pi}\,e^{1/2\,\eta_2\omega_2}.\sqrt{i}.h^{1/4}.\,\frac{-i h^{-1/2} + i h^{1/2}}{2\,i}\,\frac{\prod\limits_{\nu=1}^{\infty}(1+h^{2\nu-1})\prod\limits_{\nu=1}^{\infty}(1+h^{2\nu+1})}{\prod\limits_{\nu=1}^{\infty}(1-h^{2\nu})^2}\\ &= -\,\frac{\omega_1}{\pi}\,e^{1/2\,\eta_2\omega_2}.\sqrt{i}\,.\,h^{-1/4}\,\frac{\prod\limits_{\nu=1}^{\infty}(1 + h^{2\nu-1})^2}{\prod\limits_{\nu=1}^{\infty}(1 - h^{2\nu})^2}.\end{aligned}\right.$$

Damit erhalten wir:

$$\sigma_2(2\omega_1 v) = e^{2\eta_1\omega_1 v^2}.z^{-1}.(z - hz^{-1})\cdot\frac{\prod\limits_{\nu=1}^{\infty}(1+h^{2\nu-1}z^2)\cdot\prod\limits_{\nu=1}^{\infty}(1+h^{2\nu+1}z^{-2})}{\prod\limits_{\nu=1}^{\infty}(1 + h^{2\nu-1})^2}$$

oder nach entsprechender Umformung:

$$9)\qquad \sigma_2(2\,\omega_1\,v) = e^{2\eta_1\omega_1 v^2}\,\frac{\prod\limits_{\nu=1}^{\infty}(1 + h^{2\nu-1}z^2)\prod\limits_{\nu=1}^{\infty}(1 + h^{2\nu-1}z^{-2})}{\prod\limits_{\nu=1}^{\infty}(1 + h^{2\nu-1})^2}$$

$$10)\qquad = e^{2\eta_1\omega_1 v^2}\prod_{\nu=1}^{\infty}\frac{1 + 2h^{2\nu-1}\cos 2\,v\,\pi + h^{4\nu-2}}{(1 + h^{2\nu-1})^2}.$$

In den Zwischenrechnungen dieses Paragraphen kommen die Größen $\sqrt{i}$ und $h^{1/4}$, $h^{1/2}$ vor; aus der Rechnung selbst geht hervor, daß der ersteren der unzweideutig bestimmte Wert $e^{\frac{\pi i}{4}}$ beizulegen ist und daß unter den letzteren die eindeutigen Funktionen des Periodenverhältnisses $e^{1/4 \tau \pi i}$, $e^{1/2 \tau \pi i}$ zu verstehen sind.

## § 32. Die Werte der Sigmafunktionen für die Halbperioden.

Jedes der drei Nebensigma wird gleich Null, wenn man sein Argument gleich der gleichnamigen Halbperiode setzt:

1) $$\sigma_\alpha \omega_\alpha = 0.$$

Setzt man aber das Argument gleich einer der beiden andern Halbperioden, so erhält man sechs Werte, die sich durch die Werte der ursprünglichen Sigmafunktion für die Halbperioden folgendermaßen ausdrücken:

2) $$\sigma_\alpha \omega_\beta = -e^{-\eta_\alpha \omega_\beta} \frac{\sigma \omega_\gamma}{\sigma \omega_\alpha}.$$

Dabei kann $(\alpha, \beta, \gamma)$ irgend eine Permutation der Indices (1, 2, 3) bezeichnen. Vertauscht man hier $\alpha$ mit $\beta$ und verbindet die entstehende Formel mit der ursprünglichen, so findet man mit Rücksicht auf § 19, (15):

3) $$\frac{\sigma_\alpha \omega_\beta}{\sigma \omega_\beta} : \frac{\sigma_\beta \omega_\alpha}{\sigma \omega_\alpha} = e^{-\eta_\alpha \omega_\beta + \eta_\beta \omega_\alpha} = \pm i;$$

und zwar gilt das obere oder untere Zeichen, je nachdem $(\alpha, \beta, \gamma)$ eine gerade oder eine ungerade Permutation von (1, 2, 3) ist.

Ferner folgt aus (2):

4) $$\sigma_\alpha \omega_\gamma \, \sigma_\beta \omega_\gamma = e^{\eta_\gamma \omega_\gamma}$$

und

5) $$\sigma_\alpha \omega_\beta \,.\, \sigma_\beta \omega_\gamma \,.\, \sigma_\gamma \omega_\alpha = -e^{-(\eta_\alpha \omega_\beta + \eta_\beta \omega_\gamma + \eta_\gamma \omega_\alpha)}.$$

Diese Werte der Sigmafunktionen für die Halbperioden sind eindeutige Funktionen der Perioden. Sie lassen sich als solche darstellen mit Hilfe der unendlichen Produkte:

6) $$\begin{cases} H_0 = \prod_{\nu=1}^{\infty} (1 - h^{2\nu}) & H_1 = \prod_{\nu=1}^{\infty} (1 + h^{2\nu}) \\ H_2 = \prod_{\nu=1}^{\infty} (1 + h^{2\nu-1}) & H_3 = \prod_{\nu=1}^{\infty} (1 - h^{2\nu-1}). \end{cases}$$

Diese Produkte konvergieren unbedingt und gleichmäßig, solange $|h| < 1$, d. h. solange der imaginäre Bestandteil von $\tau$ positiv ist, und stellen folglich im Innern der so definierten Bereiche reguläre Funktionen von $h$, bezw. von $\tau$ vor.

Multipliziert man gliedweise aus, so erhält man:

$$H_0 H_1 = \prod_{\nu=1}^{\infty} (1 - h^{4\nu}), \quad H_2 H_3 = \prod_{\nu=1}^{\infty} (1 - h^{4\nu - 2}).$$

Man sieht, daß beide Produkte zusammen gerade die sämtlichen Faktoren von $H_0$ geben; es ist also $H_0 = H_0 H_1 H_2 H_3$ und folglich:

7) $$H_1 H_2 H_3 = 1.$$

Mit dieser Bezeichnung gehen die Formeln (2), (5) und (8) des vorigen Paragraphen über in:

8) $$\begin{cases} \sigma\omega_1 = \dfrac{2\omega_1}{\pi} e^{\frac{1}{2}\eta_1\omega_1} \dfrac{H_1^2}{H_0^2}, \\ \sigma\omega_2 = -\sqrt{i}\,\dfrac{\omega_1}{\pi} h^{-\frac{1}{4}} e^{\frac{1}{2}\eta_2\omega_2} \dfrac{H_2^2}{H_0^2}, \\ \sigma\omega_3 = i\,\dfrac{\omega_1}{\pi} h^{-\frac{1}{4}} e^{\frac{1}{2}\eta_3\omega_3} \dfrac{H_3^2}{H_0^2}. \end{cases}$$

Ferner findet man:

für $u = \omega_1$ wird $v = \frac{1}{2}$, $z = \imath$, $e^{2\eta_1\omega_1 v^2} = e^{\frac{1}{2}\eta_1\omega_1}$,

also:

9) $$\sigma_2\omega_1 = e^{\frac{1}{2}\eta_1\omega_1} \frac{H_3^2}{H_2^2}, \quad \sigma_3\omega_1 = e^{\frac{1}{2}\eta_1\omega_1} \frac{H_2^2}{H_3^2};$$

für $u = \omega_2$ wird $v = -\frac{1}{2} - \frac{\tau}{2}$, $z = -ih^{-\frac{1}{2}}$, $e^{2\eta_1\omega_1 v^2} = \sqrt{i}\,h^{\frac{1}{4}} e^{\frac{1}{2}\eta_2\omega_2}$,

also:

10) $$\sigma_1\omega_2 = -\tfrac{1}{2} i\sqrt{i}\,h^{-\frac{1}{4}} e^{\frac{1}{2}\eta_2\omega_2} \frac{H_3^2}{H_1^2}, \quad \sigma_3\omega_2 = 2\sqrt{i}\,h^{\frac{1}{4}} e^{\frac{1}{2}\eta_2\omega_2} \frac{H_1^2}{H_3^2};$$

für $u = \omega_3$ wird $v = \frac{\tau}{2}$, $z = h^{\frac{1}{2}}$, $e^{2\eta_1\omega_1 v^2} = h^{\frac{1}{4}} e^{\frac{1}{2}\eta_3\omega_3}$,

also:

11) $$\sigma_1\omega_3 = \tfrac{1}{2} h^{-\frac{1}{4}} e^{\frac{1}{2}\eta_3\omega_3} \frac{H_2^2}{H_1^2}, \quad \sigma_2\omega_3 = 2\,h^{\frac{1}{4}} e^{\frac{1}{2}\eta_3\omega_3} \frac{H_1^2}{H_2^2}.$$

Man überzeugt sich, daß diese Ausdrücke der Gleichung (2) Genüge leisten, wenn man berücksichtigt, daß:

$$\begin{aligned} \eta_\beta\omega_\beta + \eta_\alpha\omega_\alpha - \eta_\gamma\omega_\gamma &= -\eta_\beta\omega_\alpha - \eta_\beta\omega_\gamma + \eta_\alpha\omega_\alpha - \eta_\gamma\omega_\gamma \\ &= \pm\frac{\pi i}{2} - \eta_\alpha\omega_\beta + \eta_\alpha\omega_\gamma + \eta_\alpha\omega_\alpha = \pm\frac{\pi i}{2} - 2\eta_\alpha\omega_\beta \end{aligned}$$

ist.

Durch Vermittlung dieser Produkte gelangt man nun auch dazu, die Differenzen der Wurzeln $e_\alpha$ als Funktionen der Perioden explicite durch einigermaßen handliche Ausdrücke darzustellen. Aus der Gleichung (5) von § 30 erhält man nämlich:

$$12)\qquad \sqrt{e_\alpha - e_\beta} = \frac{\sigma_\beta\,\omega_\alpha}{\sigma\,\omega_\alpha},$$

also speziell (unter Berücksichtigung der Gleichung (7)):

$$13)\qquad \left\{\begin{aligned}
\sqrt{e_1 - e_2} &= \frac{\sigma_2\,\omega_1}{\sigma\,\omega_1} = \frac{\pi}{2\,\omega_1} H_0^2\,H_3^4,\\
\sqrt{e_1 - e_3} &= \frac{\sigma_3\,\omega_1}{\sigma\,\omega_1} = \frac{\pi}{2\,\omega_1} H_0^2\,H_2^4,\\
\sqrt{e_2 - e_1} &= \frac{\sigma_1\,\omega_2}{\sigma\,\omega_2} = i\,\frac{\pi}{2\,\omega_1} H_0^2\,H_3^4,\\
\sqrt{e_2 - e_3} &= \frac{\sigma_3\,\omega_2}{\sigma\,\omega_2} = -\,\frac{2\,\pi}{\omega_1} h^{1/2} H_0^2\,H_1^4,\\
\sqrt{e_3 - e_1} &= \frac{\sigma_1\,\omega_3}{\sigma\,\omega_3} = -\,i\,\frac{\pi}{2\,\omega_1} H_0^2\,H_2^4,\\
\sqrt{e_3 - e_2} &= \frac{\sigma_2\,\omega_3}{\sigma\,\omega_3} = -\,i\,\frac{2\,\pi}{\omega_1} h^{1/2} H_0^2\,H_1^4.
\end{aligned}\right.$$

Durch diese Gleichungen sind *bestimmte* Werte der links stehenden Quadratwurzeln als eindeutige Funktionen der Perioden dargestellt (vgl. I, § 70); wir setzen fest:

I. *Im folgenden sollen unter den Zeichen $\sqrt{e_\alpha - e_\beta}$ stets die durch die Gleichungen (9) definierten eindeutigen Funktionen der Perioden verstanden werden.*[1]

Zwischen ihnen bestehen (vgl. 3) die Relationen:

$$14)\qquad \left\{\begin{aligned}
\sqrt{e_2 - e_1} &= \phantom{-}\,i\sqrt{e_1 - e_2},\\
\sqrt{e_3 - e_1} &= -\,i\sqrt{e_1 - e_3},\\
\sqrt{e_3 - e_2} &= \phantom{-}\,i\sqrt{e_2 - e_3}.
\end{aligned}\right.$$

Die Formeln (13) selbst zeigen übrigens, daß auch noch gewisse Kombinationen der *vierten* Wurzeln aus den Differenzen der $e$ sich als eindeutige Funktionen der Perioden darstellen lassen; nämlich einerseits die Produkte:

---

[1] Diese Definition stimmt mit der von Tannery und Molk überein; dagegen nicht durchweg mit der von Weierstrass und Schwarz; vgl. die Fußnote p. 34.

$$15)\qquad \sqrt[4]{(e_\alpha - e_\beta)(e_\alpha - e_\gamma)} = \frac{e^{1/2\,\eta_\alpha \omega_\alpha}}{\sigma\,\omega_\alpha}$$

(wegen (4)), andrerseits die Quotienten:

$$16)\qquad \left\{ \begin{array}{l} \sqrt[4]{\dfrac{e_\alpha - e_\beta}{e_\alpha - e_\gamma}} = \sqrt{\dfrac{\sigma_\beta\,\omega_\alpha}{\sigma_\gamma\,\omega_\alpha}} = -\, e^{1/2(\eta_\gamma - \eta_\beta)\omega_\alpha} \dfrac{\sigma\omega_\gamma}{\sigma\omega_\beta} \\ = e^{-1/2\,\eta_\alpha\omega_\alpha}\,\sigma_\beta\,\omega_\alpha. \end{array} \right.$$

Man erkennt nämlich, daß man in den Gleichungen (15) das Vorzeichen willkürlich so wie geschehen festsetzen kann; in den Gleichungen (16) *muß* es dann aber so wie geschehen gewählt werden, wenn man nicht mit der bereits in (12) gegebenen Definition der Quadratwurzeln in Widerspruch kommen will.

Für zwei von den Quotienten (16) pflegt man besondere Zeichen zu benutzen, nämlich:

$$17)\qquad \sqrt{k} = \sqrt[4]{\frac{e_3 - e_2}{e_3 - e_1}} = e^{-1/2\,\eta_3\omega_3}\,\sigma_2\,\omega_3 = 2\,h_1^{1/4}\,\frac{H_1^2}{H_2^2}$$

und

$$18)\qquad \sqrt{k'} = \sqrt[4]{\frac{e_1 - e_2}{e_1 - e_3}} = e^{-1/2\,\eta_1\omega_1}\,\sigma_2\,\omega_1 = \frac{H_3^2}{H_2^2}.$$

Das Produkt:

$$19)\qquad G = (e_1 - e_2)^2(e_2 - e_3)^2(e_3 - e_1)^2 = \tfrac{1}{16}(g_2^3 - 27\,g_3^2)$$

heißt die *Diskriminante* des zu dem vorgelegten Periodenparallelogramm gehörenden Körpers elliptischer Funktionen. Von ihr ist noch die 12. Wurzel eine eindeutige Funktion der Perioden:

$$20)\qquad \sqrt[12]{G} = \frac{\pi}{2\,\omega_1}\,h^{1/6}\,H_0^2.$$

Auch den vierten Wurzeln selbst kann man eindeutig definierte Werte beilegen, aber nur mit Hilfe einer willkürlichen Festsetzung. Bezeichnet man mit:

$$21)\qquad \sqrt{\frac{\pi}{2\,\omega_1}}$$

irgend einen Wert dieser Wurzelgröße — gleichviel welchen, aber in allen Formeln denselben —; ferner mit $\sqrt{i}$ die bestimmte achte Einheitswurzel:

$$22)\qquad \sqrt{i} = e^{\frac{\pi i}{4}},$$

so kann man festsetzen, daß unter den Zeichen $\sqrt[4]{e_\alpha - e_\beta}$ die folgenden Werte zu verstehen sein sollen:[1]

$$\text{23)}\quad \begin{cases} \sqrt[4]{e_1 - e_2} = -\frac{1}{\sqrt{i}}\sqrt[4]{e_2 - e_1} = \sqrt{\frac{\pi}{2\omega_1}}\, H_0\, H_3^2, \\ \sqrt[4]{e_2 - e_3} = -\frac{1}{\sqrt{i}}\sqrt[4]{e_3 - e_2} = -i\sqrt{\frac{\pi}{2\omega_1}}\, h^{1/4} H_0\, H_1^2, \\ \sqrt[4]{e_3 - e_1} = -\frac{1}{\sqrt{i}}\sqrt[4]{e_1 - e_3} = i\sqrt{i}\sqrt{\frac{\pi}{2\omega_1}}\, H_0\, H_2^2. \end{cases}$$

Diese Festsetzung steht mit den früheren nicht in Widerspruch; die Produkte und Quotienten der so definierten vierten Wurzeln geben genau die in (15) und (16) schon festgelegten Werte. — Man kann dann auch einen Wert der 24. Wurzel aus der Diskriminante festlegen durch:

$$\text{24)}\quad \sqrt[24]{G} = \sqrt{\frac{\pi}{2\omega_1}}\, h^{1/12} H_0$$

und unter $\sqrt[8]{G}$ die dritte Potenz dieses Wertes, also:

$$\text{25)}\quad \sqrt[8]{G} = \frac{\pi}{2\omega_1}\sqrt{\frac{\pi}{2\omega_1}}\, h^{1/4} H_0^3 = \frac{1}{\sqrt{i}}\sqrt[4]{e_1 - e_2}\,\sqrt[4]{e_2 - e_3}\,\sqrt[4]{e_3 - e_1}$$

verstehen.

## § 33. Die Sigmaquotienten und die Funktionen Jacobi's.

Die Gleichungen (8) und (9) von § 30 zeigen, daß die vier Sigmafunktionen bei Vermehrung des Arguments um eine Periode sich mit Faktoren multiplizieren, die sich höchstens im Vorzeichen unterscheiden. Daraus folgt:

I. *Die Sigmaquotienten, d. h. die Quotienten je zweier Sigmafunktionen, ändern sich höchstens im Vorzeichen, wenn man ihr Argument um je eine Periode vermehrt.*

Im einzelnen ist:

$$\text{1)}\quad \frac{\sigma_\alpha(u + 2\omega_\alpha)}{\sigma(u + 2\omega_\alpha)} = \frac{\sigma_\alpha u}{\sigma u},$$

$$\text{2)}\quad \frac{\sigma_\beta(u + 2\omega_\alpha)}{\sigma_\gamma(u + 2\omega_\alpha)} = \frac{\sigma_\beta u}{\sigma_\gamma u} \qquad (\alpha \neq \beta, \gamma),$$

[1] Die beiden Vorzeichen der ersten Zeile kann man willkürlich wählen; man erhält aber nur dann in allen drei Zeilen in der zweiten Kolonne dasselbe Zeichen, wenn man „—" wählt.

dagegen:

3) $$\frac{\sigma_\alpha(u + 2\,\omega_\beta)}{\sigma(u + 2\,\omega_\beta)} = -\frac{\sigma_\alpha u}{\sigma u} \qquad (\alpha \neq \beta)$$

4) $$\frac{\sigma_\beta(u + 2\,\omega_\beta)}{\sigma_\gamma(u + 2\,\omega_\beta)} = \frac{\sigma_\beta(u + 2\,\omega_\gamma)}{\sigma_\gamma(u + 2\,\omega_\gamma)} = -\frac{\sigma_\beta u}{\sigma_\gamma u}.$$

Aus den beiden letzteren Gleichungen folgt:

5) $$\frac{\sigma_\alpha(u + 4\,\omega_\beta)}{\sigma(u + 4\,\omega_\beta)} = \frac{\sigma_\alpha u}{\sigma u},$$

6) $$\frac{\sigma_\beta(u + 4\,\omega_\beta)}{\sigma_\gamma(u + 4\,\omega_\beta)} = \frac{\sigma_\beta(u + 4\,\omega_\gamma)}{\sigma_\gamma(u + 4\,\omega_\gamma)} = \frac{\sigma_\beta u}{\sigma_\gamma u}.$$

Zusammen mit (I) und (2) sagen diese Gleichungen aus:

II. *$\sigma_\alpha u/\sigma u$ und $\sigma_\beta u/\sigma_\gamma u$ sind doppeltperiodische Funktionen von $u$ mit den Perioden $2\,\omega_\alpha$ und $4\,\omega_\beta$.*

In dem durch diese Perioden bestimmten Periodenparallelogramm hat jede dieser beiden Funktionen zwei und nur zwei einfache Pole: nämlich $\sigma_\alpha u/\sigma u$ bei $u = 0$ und $u = 2\,\omega_\beta$, $\sigma_\beta u/\sigma_\gamma u$ bei $u = \omega_\gamma$ und $u = \omega_\gamma + 2\,\omega_\beta$. Hätte nun eine dieser Funktionen noch eine Periode, die von $2\,\omega_\alpha$ und $4\,\omega_\beta$ unabhängig wäre, so müßte diese Periode, zu dem einen Pol addiert, den andern ergeben. Aber $2\,\omega_\beta$ ist nach (4) und (5) keine Periode dieser Funktionen. Also folgt, als Vervollständigung des Satzes II:

III. *Alle Perioden jeder dieser Funktionen lassen sich aus den angegebenen homogen und linear mit ganzzahligen Koeffizienten zusammensetzen.*

Mit diesen $\sigma$-Funktionen stehen diejenigen Funktionen im engsten Zusammenhang, die JACOBI seinerzeit gewählt hat, um alle übrigen elliptischen Funktionen durch sie auszudrücken. Diese Funktionen JACOBIS sind *homogene Funktionen nullten Grades* der drei Argumente $u$, $\omega_1$, $\omega_3$, die in der WEIERSTRASSschen Theorie auftreten; sie hängen also nur von den *Verhältnissen* dieser drei Argumente ab. Doch muß man, um zu JACOBIS Bezeichnung überzugehen, zunächst nicht etwa die schon wiederholt benutzte Größe $v = u/2\,\omega_1$ als unabhängige Variable einführen, sondern:

7) $$w = u\sqrt{e_1 - e_3},$$

wobei der Quadratwurzel die in § 32, 13 definierte Bedeutung beizulegen ist. Diese Größe ist nämlich ebenfalls eine homogene

Funktion nullter Ordnung von $u$, $\omega_1$, $\omega_3$, da die $e_\alpha$ von der Ordnung $(-2)$ sind. JACOBIS Funktionen drücken sich dann folgendermaßen durch die Sigmaquotienten aus:[1]

8) $$sn\, w = \sqrt{e_1 - e_3}\,\frac{\sigma u}{\sigma_3 u}; \qquad cn\, w = \frac{\sigma_1 u}{\sigma_3 u}; \qquad dn\, w = \frac{\sigma_2 u}{\sigma_3 u}.$$

Will man umgekehrt von den JACOBIschen Bezeichnungen zu den WEIERSTRASSschen übergehen, so kann man für $\sqrt{e_1 - e_3}$ einen ganz willkürlichen Wert vorschreiben.

## § 34. Relationen zwischen den Sigmaquotienten, bezw. den Funktionen JACOBI's; Differentialgleichungen, denen sie genügen.

Algebraische Relationen, die zwischen den Sigmafunktionen identisch bestehen, erhält man, wenn man aus den Gleichungen § 30, (5) $p\,u$ eliminiert. Man findet so zunächst:

$$\frac{\sigma_\alpha{}^2 u}{\sigma^2 u} + e_\alpha = \frac{\sigma_\beta{}^2 u}{\sigma^2 u} + e_\beta,$$

oder:

1) $$\sigma_\alpha{}^2 u - \sigma_\beta{}^2 u + (e_\alpha - e_\beta)\,\sigma^2 u = 0.$$

Aus den drei Gleichungen, die aus dieser durch Vertauschung der Indices hervorgehen, erhält man ferner:

2) $$(e_2 - e_3)\,\sigma_1{}^2 u + (e_3 - e_1)\,\sigma_2{}^2 u + (e_1 - e_2)\,\sigma_3{}^2 u = 0.$$

Von den so erhaltenen vier homogenen linearen Relationen sind gerade zwei voneinander unabhängig, sodaß man den Satz erhält:

I. *Durch zwei beliebige der vier Sigmaquadrate lassen sich die beiden andern linear und homogen ausdrücken.*

Für die Funktionen JACOBIS lauten diese Relationen:

3) $$cn^2\, w = 1 - sn^2\, w; \qquad dn^2\, w = 1 - k^2\, sn^2\, w;$$

das Zeichen $k$ hat dabei die durch die erste Gleichung (17) von § 32 erklärte Bedeutung.

Als elliptische Funktionen müssen die Sigmaquotienten zufolge § 24, VI algebraischen Differentialgleichungen erster Ordnung genügen,

[1] JACOBI nannte seine Funktionen bezw. sinus, cosinus, delta amplitudinis und bezeichnete sie mit sin am, cos am, $\Delta$ am; die im Text benutzte Abkürzung dieser Bezeichnung rührt von GUDERMANN her.

in denen die unabhängige Variable explicite nicht vorkommt. Um dieselben aufzustellen, gehen wir aus von der Gleichung (5) von § 30. Wir erhalten aus ihr zunächst durch Differentiation:

$$2\,\frac{\sigma_\alpha u}{\sigma u}\cdot\frac{d}{du}\,\frac{\sigma_\alpha u}{\sigma u}=p'u,$$

also wegen § 30 (4):

4) $$\frac{d}{du}\,\frac{\sigma_\alpha u}{\sigma u}=-\,\frac{\sigma_\beta u}{\sigma u}\,\frac{\sigma_\gamma u}{\sigma u}.$$

Hieraus folgt weiter:

5) $$\frac{d}{du}\,\frac{\sigma u}{\sigma_\alpha u}=\frac{\sigma_\beta u}{\sigma_\alpha u}\,\frac{\sigma_\gamma u}{\sigma_\alpha u};$$

endlich durch Verbindung der Gleichungen (4) und (5):

6) $$\left\{\begin{aligned}\frac{d}{du}\,\frac{\sigma_\beta u}{\sigma_\gamma u}&=\frac{\sigma u}{\sigma_\gamma u}\,\frac{d}{du}\,\frac{\sigma_\beta u}{\sigma u}+\frac{\sigma_\beta u}{\sigma u}\,\frac{d}{du}\,\frac{\sigma u}{\sigma_\gamma u}\\&=-\,\frac{\sigma_\alpha u}{\sigma u}+\frac{\sigma_\beta^2 u\,\sigma_\alpha u}{\sigma u\,\sigma_\gamma^2 u}=-(e_\beta-e_\gamma)\,\frac{\sigma u}{\sigma_\gamma u}\,\frac{\sigma_\alpha u}{\sigma_\gamma u}\end{aligned}\right.$$

(die letzte Umformung mit Rücksicht auf (1)).

Ersetzt man in diesen Gleichungen jedesmal die rechts auftretenden Sigmaquotienten mit Hilfe der Gleichungen (1) und (2) durch die links vorkommenden, so findet man:

II. *Die vier Funktionen:*

7) $$\frac{\sigma u}{\sigma_\alpha u},\quad \frac{1}{\sqrt{e_\beta-e_\alpha}}\,\frac{\sigma_\beta u}{\sigma_\gamma u},\quad \frac{1}{\sqrt{e_\gamma-e_\alpha}}\,\frac{\sigma_\gamma u}{\sigma_\beta u},\quad \frac{1}{\sqrt{(e_\beta-e_\alpha)(e_\gamma-e_\alpha)}}\,\frac{\sigma_\alpha u}{\sigma u}$$

*sind partikuläre Integrale einer und derselben Differentialgleichung (erster Ordnung, zweiten Grades):*

8) $$\left(\frac{d\xi}{du}\right)^2=\left(1-(e_\beta-e_\alpha)\xi^2\right)\left(1-(e_\gamma-e_\alpha)\xi^2\right).$$

Wollen wir aus diesem Satz den entsprechenden für die Funktionen Jacobis ableiten, so müssen wir beachten, daß in diesen die unabhängige Veränderliche anders gewählt ist (§ 33, 7). Damit erhalten wir aus (5):

9) $$\frac{d\,sn\,w}{dw}=cn\,w\,dn\,w=\sqrt{(1-sn^2 w)(1-k^2\,sn^2 w)}$$

und aus (6):

10) $$\frac{d\,cn\,w}{dw} = -\,sn\,w\;dn\,w,$$

11) $$\frac{d\,dn\,w}{dw} = -\,k^2\,sn\,w\;dn\,w.$$

Auch die Sigmafunktionen, bezw. die Funktionen JACOBIS, sind also, ebenso wie $pu$ (§ 18, II) Umkehrungen gewisser elliptischer Integrale I. Gattung; so ist z. B. die Gleichung $sn\,w = x$ gleichbedeutend mit:

12) $$w = \int_0^x \frac{dx}{\sqrt{(1-x^2)(1-k^2x^2)}}.$$

Auch hier ist aber zu beachten: der „Modul“ $k$ ist durch die Gleichung § 32, 17 als Funktion des Periodenverhältnisses definiert; es geht aus unseren bisherigen Untersuchungen noch nichts darüber hervor, ob wir das Periodenverhältnis stets so wählen können, daß $k$ einen vorgegebenen Wert erhält.

## § 35. Additionstheoreme der Sigmafunktionen.

Aus der Gleichung (1) bezw. (4) von § 25 erhält man eine große Menge weiterer Relationen zwischen allen vier Sigmafunktionen, wenn man die Argumente um halbe Perioden vermehrt. Von diesen unterscheiden sich aber immer eine Anzahl nur durch die Bezeichnung; um zu sehen, welche wirklich voneinander verschiedene man bekommt, hat man zu beachten, daß die vier Größen $u$ alle unter sich gleichberechtigt sind, daß die Gleichung sich nicht ändert, wenn man irgend zwei von ihnen vertauscht. Infolgedessen hat man folgende Möglichkeiten zu unterscheiden:

1. Vermehrung aller vier Größen $u$ um dieselbe Halbperiode ändert die $a, b, c, d$ nur um ganze Perioden, giebt also nichts Neues.

2. Vermehrung nur einer der Größen $u$ um eine halbe Periode — etwa von $u$ um $\omega_\alpha$ — führt die zwölf Argumente über in:

$$\begin{array}{llll} a_1 & b_1 + \omega_\alpha & c_1 - \omega_\alpha & d_1, \\ a_2 & b_2 + \omega_\alpha & c_2 - \omega_\alpha & d_2, \\ a_3 & b_3 + \omega_\alpha & c_3 - \omega_\alpha & d_3. \end{array}$$

Setzt man diese Werte ein und führt die Sigmafunktionen mit Indices ein, so findet man, daß die Exponentialfaktoren sich wegheben; man behält die Gleichung übrig:

1) $$\sigma a_1\,\sigma_\alpha b_1\,\sigma_\alpha c_1\,\sigma d_1 + \sigma a_2\,\sigma_\alpha b_2\,\sigma_\alpha c_2\,\sigma d_2 + \sigma a_3\,\sigma_\alpha b_3\,\sigma_\alpha c_3\,\sigma d_3 = 0.$$

3. Vermehrung zweier der Größen $u$, etwa von $u$ und $u_1$ um dieselbe Halbperiode $\omega_\alpha$ führt die zwölf Argumente über in:

$$\begin{array}{llll} a_1 & b_1 + 2\,\omega_\alpha & c_1 & d_1 \\ a_2 - \omega_\alpha & b_2 - \omega_\alpha & c_2 - \omega_\alpha & d_2 - \omega_\alpha, \\ a_3 + \omega_\alpha & b_3 + \omega_\alpha & c_3 - \omega_\alpha & d_3 - \omega_\alpha, \end{array}$$

Man erhält:

$$2)\quad \left\{ \begin{array}{l} (e_\beta - e_\alpha)(e_\gamma - e_\alpha)\,\sigma a_1\,\sigma b_1\,\sigma c_1\,\sigma d_1 \\ \quad + \sigma_\alpha a_2\,\sigma_\alpha b_2\,\sigma_\alpha c_2\,\sigma_\alpha d_2 - \sigma_\alpha a_3\,\sigma_\alpha b_3\,\sigma_\alpha c_3\,\sigma_\alpha d_3 = 0. \end{array} \right.$$

4. Vermehrung von zweien der $u$ um zwei verschiedene Halbperioden — etwa von $u$ um $\omega_\alpha$ und $u_1$ um $\omega_\beta$ giebt:

$$\begin{array}{llll} a_1 & b_1 - \omega_\gamma & c_1 + \omega_\gamma + 2\,\omega_\beta & d_1 \\ a_2 - \omega_\beta & b_2 + \omega_\alpha & c_2 - \omega_\alpha & d_2 - \omega_\beta \\ a_3 + \omega_\beta & b_3 + \omega_\alpha & c_3 - \omega_\alpha & d_3 - \omega_\beta \end{array}$$

und damit:

$$3)\quad \left\{ \begin{array}{l} (e_\alpha - e_\beta)\,\sigma a_1\,\sigma_\gamma b_1\,c_\gamma c_1\,\sigma d_1 \\ \quad + \sigma_\beta a_2\,\sigma_\alpha b_2\,\sigma_\alpha c_2\,\sigma_\beta d_2 - \sigma_\beta a_3\,\sigma_\alpha b_3\,\sigma_\alpha c_3\,\sigma_\beta d_3 = 0. \end{array} \right.$$

5. Vermehrung von dreien der vier $u$ um dieselbe Halbperiode $\omega_\alpha$ kann dadurch erreicht werden, daß man erst das vierte $u$ um $-\omega_\alpha$ vermehrt, dann alle vier $u$ gleichzeitig um je $\omega_\alpha$. Diese letztere Operation ändert die $a_1 \ldots d_3$ nur um ganze Perioden, hat also auf die Formel keinen Einfluß.

6. Ebenso kann Vermehrung von $u$ und $u_1$ um je $\omega_\alpha$, von $u_2$ um $-\omega_\beta$ dadurch erreicht werden, daß man erst $u_2$ um $\omega_\gamma$, $u_3$ um $-\omega_\alpha$ vermehrt, dann alle Größen gleichzeitig um $-\omega_\alpha$. Auch damit erhalten wir also keine neue Formel.

7. Dagegen erhalten wir noch eine neue Formel, wenn wir drei der vier $u$ jedes um eine andere Halbperiode vermehren. So führt z. B. Vermehrung von $u_1$ um $\omega_\alpha$, von $u_2$ um $\omega_\beta$, von $u_3$ um $\omega_\gamma$ die zwölf Argumente über in:

$$\begin{array}{llll} a_1 + \omega_\beta - \omega_\gamma & b_1 + \omega_\alpha & c_1 + \omega_\alpha & d_1 - \omega_\alpha \\ a_2 + \omega_\gamma - \omega_\alpha & b_2 + \omega_\beta & c_2 + \omega_\beta & d_2 - \omega_\beta \\ a_3 + \omega_\alpha - \omega_\beta & b_3 + \omega_\gamma & c_3 + \omega_\gamma & d_3 - \omega_\gamma, \end{array}$$

liefert also die Formel:

$$4)\quad \begin{cases} (e_\beta - e_\gamma)\,\sigma_\alpha a_1\,\sigma_\alpha b_1\,\sigma_\alpha c_1\,\sigma_\alpha d_1 + (e_\gamma - e_\alpha)\,\sigma_\beta a_2\,\sigma_\beta b_2\,\sigma_\beta c_2\,\sigma_\beta d_2 \\ + (e_\alpha - e_\beta)\,\sigma_\gamma a_3\,\sigma_\gamma b_3\,\sigma_\gamma c_3\,\sigma_\gamma d_3 = 0. \end{cases}$$

8. Die Größen $a_1 \ldots d_3$ vermehren sich auch dann um Halbperioden, wenn man die vier Größen $u$ um eine und dieselbe Viertelperiode vermehrt. Dabei erhält man aus (1) eine neue Formel; vermehrt man nämlich alle $u$ noch einmal um je $\frac{1}{2}\omega_\beta$, so gehen die zwölf Argumente über in:

$$\begin{array}{llll} a_1 & b_1 - \omega_\gamma & c_1 - \omega_\alpha & d_1 - \omega_\beta \\ a_2 & b_2 - \omega_\gamma & c_2 - \omega_\alpha & d_2 - \omega_\beta \\ a_3 & b_3 - \omega_\gamma & c_3 - \omega_\alpha & d_3 - \omega_\beta; \end{array}$$

man findet also:

$$5)\quad \sigma a_1\,\sigma_\gamma b_1\,\sigma_\alpha c_1\,\sigma_\beta d_1 + \sigma a_2\,\sigma_\gamma b_2\,\sigma_\alpha c_2\,\sigma_\beta d_2 + \sigma a_3\,\sigma_\gamma b_3\,\sigma_\alpha c_3\,\sigma_\beta d_3 = 0.$$

Wenn man in den Formeln (1) bis (5) eine oder zwei der vier Größen $u$ gleich Null setzt, erhält man spezielle Formeln. Von diesen mögen hier nur einige der zweitgenannten Kategorie angehörige aufgeführt werden. Man erhält z. B. aus (1) für $u = u_1 = 0$, wenn man $u$ für $u_2$, $v$ für $u_3$ schreibt:

$$6)\qquad \sigma(u+v)\,\sigma(u-v) = \sigma^2 u\,\sigma_\alpha{}^2 v - \sigma^2 v\,\sigma_\alpha{}^2 u;$$

aus (2) für $u_1 = u_3 = 0$:

$$7)\quad \sigma_\alpha(u+v)\,\sigma_\alpha(u-v) = \sigma_\alpha{}^2 u\,\sigma_\alpha{}^2 v - (e_\alpha - e_\beta)(e_\alpha - e_\gamma)\,\sigma^2 u\,\sigma^2 v;$$

aus (5) für $u = 0$, $u_1 = 0$:

$$8)\qquad \sigma_\beta(u+v)\,\sigma(u-v) = \sigma u\,\sigma_\beta u\,\sigma_\gamma v\,\sigma_\alpha v - \sigma_\gamma u\,\sigma_\alpha u\,\sigma v\,\sigma_\beta v;$$

endlich wenn man aus (3) durch Buchstabenvertauschung (§ 25 a. E.) ableitet:

$$\begin{aligned} (e_\alpha - e_\beta)\,\sigma_\gamma a_1\,\sigma b_1\,\sigma_\gamma c_1\,\sigma d_1 - \sigma_\beta a_2\,\sigma_\alpha b_2\,\sigma_\beta c_2\,\sigma_\alpha d_2 \\ + \sigma_\beta a_3\,\sigma_\alpha b_3\,\sigma_\beta c_3\,\sigma_\alpha d_3 = 0 \end{aligned}$$

und dann $u_1 = u_3 = 0$ setzt:

$$9)\quad \sigma_\alpha(u+v)\,\sigma_\beta(u-v) = \sigma_\alpha u\,\sigma_\beta u\,\sigma_\alpha v\,\sigma_\beta v - (e_\alpha - e_\beta)\,\sigma u\,\sigma_\gamma u\,\sigma v\,\sigma_\gamma v.$$

Die Formeln (6) und (7) lassen sich durch Benutzung der Formeln (1) und (2) von § 34 noch in verschiedene andere Gestalten bringen.

## § 36. Additionstheoreme der Sigmaquotienten und der Funktionen JACOBI's.

Aus den letzten Formeln des vorigen Paragraphen lassen sich durch geeignete Divisionen Additionstheoreme für die Sigmaquotienten ableiten. So folgt z. B. aus (6) und (8):

$$1)\qquad \frac{\sigma(u+v)}{\sigma_\alpha(u+v)} = \frac{\dfrac{\sigma^2 u}{\sigma_\alpha^2 u} - \dfrac{\sigma^2 v}{\sigma_\alpha^2 v}}{\dfrac{\sigma u}{\sigma_\alpha u}\dfrac{\sigma_\beta v}{\sigma_\alpha v}\dfrac{\sigma_\gamma v}{\sigma_\alpha v} - \dfrac{\sigma v}{\sigma_\alpha v}\dfrac{\sigma_\beta u}{\sigma_\alpha u}\dfrac{\sigma_\gamma u}{\sigma_\alpha u}};$$

ferner erhält man, wenn man in (9) $\alpha$ durch $\gamma$ ersetzt, und die so umgeformte Gleichung mit der ursprünglichen verbindet:

$$2)\qquad \frac{\sigma_\gamma(u+v)}{\sigma_\alpha(u+v)} = \frac{\dfrac{\sigma_\gamma u}{\sigma_\alpha u}\dfrac{\sigma_\beta u}{\sigma_\alpha u}\dfrac{\sigma_\gamma v}{\sigma_\alpha v}\dfrac{\sigma_\beta v}{\sigma_\alpha v} - (e_\gamma - e_\beta)\dfrac{\sigma u}{\sigma_\alpha u}\dfrac{\sigma v}{\sigma_\alpha v}}{\dfrac{\sigma_\beta u}{\sigma_\alpha u}\dfrac{\sigma_\beta v}{\sigma_\alpha v} - (e_\alpha - e_\beta)\dfrac{\sigma u}{\sigma_\alpha u}\dfrac{\sigma_\gamma u}{\sigma_\alpha u}\dfrac{\sigma v}{\sigma_\alpha v}\dfrac{\sigma_\gamma v}{\sigma_\alpha v}}.$$

Führt man die Funktionen JACOBIS ein, so erhält man aus (1):

$$3)\qquad sn(u+v) = \frac{sn^2 u - sn^2 v}{sn\,u\,cn\,v\,dn\,v - sn\,v\,cn\,u\,dn\,u},$$

aus (2):

$$4)\qquad cn(u+v) = \frac{cn\,u\,dn\,u\,cn\,v\,dn\,v - sn\,u\,sn\,v}{cn\,u\,cn\,v - sn\,u\,dn\,u\,sn\,v\,dn\,v}$$

und:

$$5)\qquad dn(u+v) = \frac{cn\,u\,dn\,u\,cn\,v\,dn\,v - sn\,u\,sn\,v}{dn\,u\,dn\,v - sn\,u\,cn\,u\,sn\,v\,dn\,v}.$$

Da zwischen den Sigmaquotienten, bezw. den Funktionen JACOBIS algebraische Gleichungen (§ 34) bestehen, vermöge deren man diese verschiedenen Funktionen durch je eine unter ihnen ausdrücken kann, so stellen die Gleichungen dieses Paragraphen *algebraische Additionstheoreme* in dem § 23, V definierten Sinne vor (wie denn aus § 24, VII und § 33, II hervorgeht, daß solche Theoreme existieren müssen). Sie teilen übrigens mit dem Additionstheorem der Funktion $pu$ die Eigenschaft, daß ihre rechten Seiten für bestimmte Werte des Arguments in der unbestimmten Form $0/0$ oder $\infty/\infty$ erscheinen. Durch algebraische Umformung kann man diese Unbestimmtheit an der Stelle, an der sie zunächst auftritt, beseitigen; aber dann tritt sie dafür an einer andern Stelle auf. So erscheint

z. B. die rechte Seite von (3) für $u = v$ in der Form 0/0; multipliziert man im Zähler und Nenner mit:

$$sn\,u\,cn\,v\,dn\,v + sn\,v\,cn\,u\,dn\,u,$$

formt den entstehenden Nenner:

$$sn^2 u\,cn^2 v\,dn^2 v - sn^2 v\,cn^2 u\,dn^2 u$$

durch Benutzung der Gleichungen § 34 (3) um in:

$$sn^2 u - sn^2 v + k^2 (sn^2 u\,sn^4 v - sn^2 v\,sn^4 u)$$

und dividiert mit $sn^2 u - sn^2 v$ im Zähler und Nenner, so erhält man:

6) $$sn(u + v) = \frac{sn\,u\,cn\,v\,dn\,v + sn\,v\,cn\,u\,dn\,u}{1 - k^2 sn^2 u\,sn^2 v}.$$

Diese Form wird für $u = v$ nicht mehr unbestimmt, sondern liefert direkt:

7) $$sn\,2u = \frac{2\,sn\,u\,cn\,u\,dn\,u}{1 - k^2 sn^4 u};$$

dagegen wird sie unbestimmt, wenn man dem $u$ einen solchen Wert beilegt, daß die (miteinander verträglichen) Gleichungen bestehen:

$$sn\,u = \frac{1}{k\,sn\,v}, \qquad cn\,u = \frac{i}{k}\,\frac{dn\,v}{sn\,v}, \qquad dn\,u = i\,\frac{cn\,v}{sn\,v}.$$

# FÜNFTER ABSCHNITT.

## Jacobi'sche Funktionen.

### § 37. Elliptische Funktionen III. Art.

In den $\sigma$-Funktionen mit und ohne Index sind uns Funktionen geläufig, welche die Eigenschaft haben, bei Vermehrung des Arguments um eine Periode ungeändert zu bleiben bis auf einen zutretenden Exponentialfaktor, dessen Exponent eine lineare Funktion des Arguments ist. Wir stellen nunmehr die Frage nach den allgemeinsten eindeutigen analytischen Funktionen dieser Art, die in jedem endlichen Bereich bis auf Pole regulär sind. Bringen wir die zutretenden Exponentialfaktoren gleich auf eine für die weiterhin durchzuführenden Rechnungen bequeme Form, so können wir die Aufgabe folgendermaßen formulieren:

*Alle im Endlichen bis auf Pole regulären Funktionen zu finden, die den beiden Funktionalgleichungen genügen:*

1) $$\Phi(u + 2\,\omega_1) = e^{-2\pi i a_1 (u + \omega_1) - \pi i b_1}\,\Phi(u).$$

2) $$\Phi(u + 2\,\omega_3) = e^{-2\pi i a_3 (u + \omega_3) - \pi i b_3}\,\Phi(u).$$

In diesen Gleichungen sollen die „*Perioden I. Art*“ $2\,\omega_1$, $2\,\omega_3$, die „*Perioden II. Art*“ $-2\pi i a_1$, $-2\pi i a_3$ und die „*Parameter*“ $b_1$, $b_3$ von $u$ unabhängige Größen bedeuten.

Bevor wir die Frage beantworten, ob es Funktionen der verlangten Art für beliebige Werte dieser Größen giebt, wollen wir erst aus den Gleichungen (1) und (2) einige andere ableiten, die dann für alle Funktionen gelten müssen, für die die ersteren gelten.

Wir erhalten zunächst, indem wir in (1) $u$ durch $u - 2\omega_1$ ersetzen:

3) $$\Phi(u - 2\,\omega_1) = e^{2\pi i a_1 (u - \omega_1) + \pi i b_1}\,\Phi(u)$$

und ebenso:

4) $$\Phi(u - 2\,\omega_3) = e^{2\pi i a_3 (u - \omega_3) + \pi i b_3}\,\Phi(u).$$

Ersetzen wir ferner in (1) $u$ durch $u + 2\,\omega_1$, so erhalten wir:

$$\Phi(u + 4\,\omega_1) = e^{-2\pi i a_1 (u + 3\omega_1) - \pi i b_1}\,\Phi(u + 2\,\omega_1)$$
$$= e^{-4\pi i a_1 (u + 2\omega_1) - 2\pi i b_1}\,\Phi(u)$$

und durch Wiederholung dieses Verfahrens:

5) $$\Phi(u + 2\,k_1\,\omega_1) = e^{-2k_1 \pi i a_1 (u + k_1 \omega_1) - k_1 \pi i b_1}\,\Phi(u),$$

wie man durch den Schluß von $k_1$ auf $k_1 + 1$ beweist. Aus Gleichung (3) folgt übrigens, daß (5) auch für negative (ganze) Zahlen $k_1$ gilt. Ebenso erhält man:

6) $$\Phi(u + 2\,k_3\,\omega_3) = e^{-2k_3 \pi i a_3 (u + k_3 \omega_3) - k_3 \pi i b_3}\,\Phi(u).$$

Setzen wir ferner in (5) $u + 2\,k_3\,\omega_3$ für $u$ und benutzen dann (6), so erhalten wir:

7) $$\left\{\begin{aligned} &\Phi(u + 2\,k_1\,\omega_1 + 2\,k_3\,\omega_3) \\ &= e^{-2k_1 \pi i a_1 (u + 2k_3\omega_3 + k_1\omega_1) - 2k_3 \pi i a_3 (u + k_3\omega_3) - k_1 \pi i b_1 - k_3 \pi i b_3}\,\Phi(u). \end{aligned}\right.$$

Setzen wir aber umgekehrt in (6) $u + 2\,k_1\,\omega_1$ für $u$ und benutzen dann (5), so erhalten wir:

8) $$\left\{\begin{aligned} &\Phi(u + 2\,k_1\,\omega_1 + 2\,k_3\,\omega_3) \\ &= e^{-2k_1 \pi i a_1 (u + k_1\omega_1) - 2k_3 \pi i a_3 (u + k_3\omega_3 + 2k_1\omega_1) - k_1 \pi i b_1 - k_3 \pi i b_3}\,\Phi(u). \end{aligned}\right.$$

Soll $\Phi$ eine eindeutige Funktion von $u$ sein, so müssen die beiden Ausdrücke (7) und (8) übereinstimmen. Das ist aber nur dann der Fall, wenn die Differenz der beiden Exponenten, also die Differenz zwischen:

$$-4 k_1 k_3 \pi i a_1 \omega_3 \quad \text{und} \quad -4 k_1 k_3 \pi i a_3 \omega_1$$

für alle ganzzahligen $k_1$ und $k_3$ ein ganzzahliges Vielfaches von $2\pi i$ ist, also wenn $2(a_1 \omega_3 - a_3 \omega_1)$ eine ganze Zahl ist. Es gilt also der Satz:

I. *Eine eindeutige Funktion, die den Funktionalgleichungen (1) und (2) genügt, kann jedenfalls nur dann existieren, wenn:*

9) $$-2 a_1 \omega_3 + 2 a_3 \omega_1 = n$$

*eine ganze Zahl ist.*

Wir definieren nun:

II. *Unter einer elliptischen Funktion III. Art verstehen wir eine Funktion, die den Funktionalgleichungen (1) und (2) genügt und in der ganzen Ebene bis auf Pole regulär ist.*

III. *Zwei elliptische Funktionen III. Art, deren Perioden I. und II. Art und Parameter übereinstimmen, heißen gleichändrig.*

Für solche Funktionen können wir über die durch die Gleichung (9) eingeführte ganze Zahl noch weiteres aussagen. Um dabei nicht Vorzeichenunterscheidungen eintreten lassen zu müssen, nehmen wir die *Festsetzung II von § 14 wieder auf.* Leiten wir dann aus den Definitionsgleichungen (1), (2) durch Differentiation die beiden folgenden ab:

10) $$\frac{\Phi'(u + 2\omega_1)}{\Phi(u + 2\omega_1)} = \frac{\Phi'(u)}{\Phi(u)} - 2\pi i a_1,$$

11) $$\frac{\Phi'(u + 2\omega_3)}{\Phi(u + 2\omega_3)} = \frac{\Phi'(u)}{\Phi(u)} - 2\pi i a_3,$$

so können wir auf diese Funktion $\Phi'(u) : \Phi(u)$ dieselben Schlüsse anwenden, wie in § 19 auf die Funktion $\zeta u$; wir müssen nur $\eta_1$ und $\eta_3$ durch $-\pi i a_1$ und $-\pi i a_3$ ersetzen. Wir finden dann:

IV. *Die durch die Gleichung (9) definierte ganze Zahl $n$ hat für eine elliptische Funktion III. Art folgende Bedeutung: sie ist gleich der Anzahl der Nullpunkte, vermindert um die Anzahl der Pole, die die Funktion im fundamentalen Periodenparallelogramm besitzt. Wir nennen sie die Ordnungszahl der Funktion.*

Endlich seien hier noch folgende Sätze erwähnt, die sich unmittelbar aus den Definitionsgleichungen ergeben:

V. *Das Produkt zweier elliptischen Funktionen III. Art mit denselben Perioden I. Art ist wieder eine solche Funktion; ihre Parameter und ihre Perioden II. Art, also auch ihre Ordnungszahl ergeben sich aus den entsprechenden Bestimmungsstücken der Faktoren durch Addition.*

VI. *Der Quotient zweier gleichändrigen elliptischen Funktionen III. Art ist eine elliptische Funktion I. Art.*

VII. *Ist $\Phi(u)$ eine elliptische Funktion III. Art des Arguments $u$ mit den Perioden I. Art $2\omega_1$, $2\omega_3$, den Perioden II. Art $-2\pi i a_1$, $-2\pi i a_3$ und den Parametern $b_1$, $b_3$; ist ferner $v$ eine von $u$ unabhängige Größe, so ist $\Phi(u+v)$, als Funktion von $u$ betrachtet, eine elliptische Funktion III. Art mit denselben Perioden I. und II. Art, aber den Parametern $b_1 + 2a_1 v$, $b_3 + 2a_3 v$.*

## § 38. Pole, Nullpunkte und Charaktere der elliptischen Funktionen III. Art.

Wir erhalten weitere Auskunft über die Lage der Pole und Nullpunkte einer elliptischen Funktion III. Art, wenn wir den I, § 46, XI ausgesprochenen und in § 16 dieses Heftes für die elliptischen Funktionen I. Art benutzten Satz heranziehen. Wie dort zerlegen wir das um ein Periodenparallelogramm zu nehmende Integral:

$$\int u \frac{\Phi'(u)}{\Phi(u)} du$$

in vier Einzelbestandteile, die über je eine seiner Seiten zu erstrecken sind. Den dritten formen wir unter Berücksichtigung von § 37, Gleichung 11 um in:

$$\int_{a+2\omega_1}^{a} (u + 2\omega_3)\left(\frac{\Phi'(u)}{\Phi(u)} - 2\pi i a_3\right) du;$$

die Summe des ersten und dritten Bestandteils wird also:

$$= \int_{a}^{a+2\omega_1} \left\{ 4\pi i a_3 \omega_3 + 2\pi i a_3 u - 2\omega_3 \frac{\Phi' u}{\Phi u} \right\} du$$

$$= \Big[ 4\pi i a_3 \omega_3 u + \pi i a_3 u^2 - 2\omega_3 \log \Phi(u) \Big]_{a}^{a+2\omega_1}$$

$$= 8\pi i a_3 \omega_1 \omega_3 + \pi i a_3 (4a\omega_1 + 4\omega_1^2)$$

$$+ 2\omega_3 [2\pi i a_1 (a + \omega_1) + \pi i b_1 + 2 \nu_3 \pi i]$$

$$= 2\pi i \{ 2a(a_3\omega_1 + a_1\omega_3) + 2(a_1 + 2a_3)\omega_1\omega_3 + 2a_3\omega_1^2 + \omega_3 b_1 + 2\nu_3 \omega_3 \}.$$

Ebenso wird die Summe des zweiten und vierten Bestandteils:

$$-2\pi i\{2a(a_3\omega_1 + a_1\omega_3) + 2(2a_1 + a_3)\omega_1\omega_3 + 2a_1\omega_3^2 + \omega_1 b_3 - 2\nu_1\omega_1\};$$

der Wert des Integrals wird also:

$$= 2\pi i\{2a_3\omega_1^2 + 2(a_3 - a_1)\omega_1\omega_3 - 2a_1\omega_3^2 + \omega_3 b_1 - \omega_1 b_3 + 2\nu_1\omega_1 + 2\nu_3\omega_3\}$$

oder mit Rücksicht auf § 37, (9):

$$= 2\pi i\{n(\omega_1 + \omega_3) + \omega_3 b_1 - \omega_1 b_3 + 2\nu_1\omega_1 + 2\nu_3\omega_3\}.$$

$\nu_1$ und $\nu_2$ bedeuten dabei ganze Zahlen, die durch die Vieldeutigkeit des Logarithmus hereingekommen sind und deren Wert uns hier nicht weiter interessiert. Wir sprechen das Resultat vielmehr folgendermaßen aus:

I. *Die Differenz zwischen der Summe der Nullpunkte und der Summe der Pole, die eine elliptische Funktion III. Art $n^{ter}$ Ordnung in einem Periodenparallelogramm hat, ist modulis Perioden kongruent zu:*

$$n(\omega_1 + \omega_3) + b_1\omega_3 - b_3\omega_1.$$

Dieser Satz giebt Veranlassung, *die beiden complexen Größen $b_1$, $b_3$ auszudrücken durch eine complexe Größe $\mu$ und zwei wesentlich reelle Zahlen $g_1$, $g_3$.* Nach § 12, V ist es nämlich auf eine, und nur auf eine Weise möglich, zwei reelle Zahlen $g_1$, $g_3$ so zu bestimmen, daß die complexe Größe:

1) $$c = b_1\omega_3 - b_3\omega_1 = g_1\omega_3 - g_3\omega_1$$

wird; definiert man dann $\mu$ durch:

2) $$\mu = \frac{b_1 - g_1}{\omega_1} = \frac{b_3 - g_3}{\omega_3},$$

so wird:

3) $$b_1 = \mu\omega_1 + g_1, \quad b_3 = \mu\omega_3 + g_3.$$

II. *Die beiden durch diese Gleichungen eingeführten reellen Zahlen $g_1$, $g_3$ nennen wir einzeln die Charaktere, zusammengenommen die Charakteristik der elliptischen Funktion III. Art.*

Die Definitionsformeln (§ 37, 1, 2) bleiben ungeändert, wenn man die Parameter, oder, was dasselbe ist, die Charaktere um gerade Zahlen vermehrt oder vermindert. Man kann das so ausdrücken, daß man sagt: die Charaktere kommen überhaupt nur modulo 2 in Betracht. Indessen ist wohl zu beachten, daß in späteren Formeln (§ 43) die Charaktere selbst, nicht etwa nur ihre modulo 2 genommenen Reste auftreten.

## § 39. Elliptische Funktionen III. Art nullter Ordnung. Verwandte elliptische Funktionen III. Art.

Wir betrachten nun speziell elliptische Funktionen III. Art von der Ordnung 0. Aus der Gleichung (9) des § 37 folgt, daß für eine solche Funktion die Perioden II. Art zu denjenigen I. Art proportional sein müssen, mit andern Worten, daß sich eine Größe $\lambda$ so bestimmen lassen muß, daß:

1) $$a_1 = \lambda\,\omega_1, \qquad a_3 = \lambda\,\omega_3$$

ist. Zu diesen Funktionen gehört, wenn $\lambda \neq 0$ ist, insbesondere die Exponentialfunktion:

2) $$e^{-1/2\,\pi i \lambda u^2},$$

die als elliptische Funktion III. Art mit den Parametern 0, 0 betrachtet werden kann. Satz VI von § 37 liefert dann das Resultat:

I. *Jede elliptische Funktion III. Art der Ordnung 0 ist gleich dem Produkt einer Exponentialfunktion der Form 2 in eine elliptische Funktion II. Art.*

Wir erhalten noch eine weitergehende Reduktion, wenn wir auch noch ein Glied mit der ersten Potenz von $u$ im Exponenten hinzufügen. Die Funktion $e^{-\pi i \mu u}$ kann angesehen werden als eine elliptische Funktion III. Art der Ordnung 0, mit den (beliebigen) Perioden I. Art $(2\,\omega_1,\ 2\,\omega_3)$, den Perioden II. Art (0, 0) und den Parametern $(\mu\,\omega_1,\ \mu\,\omega_3)$. Verstehen wir unter $\mu$ die durch die Doppelgleichung (2) des vorigen Paragraphen definierte Größe und wenden Satz V von § 37 an, so finden wir die beiden folgenden Sätze:

II. *Jede elliptische Funktion III. Art der Ordnung 0 ist gleich dem Produkt eines Exponentialfaktors der Form:*

3) $$e^{-\pi i (1/2\,\lambda u^2 + \mu u)}$$

*in eine elliptische Funktion II. Art, deren Multiplikatoren den absoluten Betrag 1 haben.*

III. *Überhaupt kann man durch Multiplikation mit einem Exponentialfaktor der Form (3) jede elliptische Funktion III. Art in eine andere verwandeln, die dieselben Perioden I. Art und dieselben Charaktere, aber beliebig vorgeschriebene Perioden II. Art und Parameter hat, die nur den Relationen* § 37 (9) und § 38 (2) *genügen müssen.*

Solche elliptische Funktionen III. Art, die dieselben Perioden I. Art und dieselben Charaktere haben, nennt man wohl *verwandt*; man kann dann Satz III so aussprechen:

IV. *Verwandte elliptische Funktionen III. Art können durch Multiplikation mit einem Exponentialfaktor der Form (3) in gleichändrige übergeführt werden.*

## § 40. Jacobi'sche Funktionen; der negative Teil des Hermite'schen Satzes.

I. *Elliptische Funktionen III. Art, die zugleich ganze transscendente Funktionen des Arguments u sind, nennt man Jacobische Funktionen;* insofern mit einigem Recht, als bereits Jacobi verschiedene derartige Funktionen betrachtet hat.[1]

Für solche Funktionen ergeben sich aus den vorhergehenden allgemeinen Entwicklungen speziell die folgenden Sätze:

II. *Die Ordnungszahl einer Jacobischen Funktion kann nicht negativ sein.*
(aus § 37, IV).

III. *Jede Jacobische Funktion nullter Ordnung ist gleich einer Exponentialfunktion, deren Exponent eine ganze Funktion II. Grades des Arguments ist.*

Denn eine elliptische Funktion II. Art, die keinen Pol hat, gehört notwendig dem singulären Fall dieser Funktionen an und ist gleich einer Exponentialfunktion, deren Exponent eine ganze Funktion ersten Grades von $u$ ist (§ 28, V); hieraus und aus § 39, IV ergiebt sich der ausgesprochene Satz.

Ferner erhalten wir einen wichtigen Satz über Jacobische Funktionen aus dem Satz I von § 38. Aus demselben folgt nämlich, daß die Summen der Nullpunkte zweier gleichändrigen Jacobischen Funktionen kongruent sind. Haben also zwei gleichändrige Jacobische Funktionen $n^{\text{ter}}$ Ordnung $n-1$ inkongruente Nullpunkte gemein, so haben sie auch den letzten gemein. Dann ist aber ihr Quotient eine elliptische Funktion I. Art ohne Pole, also nach § 13, I eine Konstante. Es gilt also der Satz:

IV. *Zwei gleichändrige Jacobische Funktionen $n^{\text{ter}}$ Ordnung, die im Periodenparallelogramm $n-1$ Nullpunkte gemein haben, haben auch den letzten gemein und sind bis auf einen von u unabhängigen Faktor identisch.*

Wir nehmen nun (zunächst ohne Beweis) an, es gebe $m$ gleichändrige Jacobische Funktionen $m^{\text{ter}}$ Ordnung $T_1, T_2 \ldots T_m$, zwischen

[1] Andere Namen sind „fonctions intermédiaires“; „$T$-Funktionen“; „quasiperiodische Funktionen“.

denen keine homogene lineare Relation mit von $u$ unabhängigen Koeffizienten identisch, d. h. für alle Werte von $u$, besteht. Für die Koeffizienten des Aggregats:

1) $$c_1 T_1 + c_2 T_2 + \ldots + c_m T_m$$

lassen sich dann Werte angeben, die nicht alle gleich Null und so beschaffen sind, daß dieses Aggregat in $m - 1$ beliebig vorgeschriebenen Punkten Null wird. Denn diese Forderung giebt $m - 1$ lineare homogene Gleichungen zur Bestimmung der $m$ Unbekannten $c$; solche können aber immer durch Werte der Unbekannten erfüllt werden, die nicht alle $= 0$ sind. Das mit diesen Werten der $c$ gebildete Aggregat ist dann sicher nicht identisch Null, da nach Voraussetzung überhaupt keine lineare homogene Verbindung der $T$ mit konstanten Koeffizienten identisch Null ist. Bestimmen wir die $c$ insbesondere so, daß das Aggregat in $m - 1$ von den Nullpunkten einer $(m + 1)^{\text{ten}}$ mit den gegebenen gleichändrigen Jacobischen Funktion $T_{m+1}$ Null wird, so folgt aus IV, daß es sich von $T_{m+1}$ nur um einen von $u$ unabhängigen Faktor unterscheiden kann. Damit haben wir den negativen Teil des für die Theorie der Jacobischen Funktionen fundamentalen Hermiteschen Satzes gewonnen:

V. *Es giebt nicht mehr als $m$ linear unabhängige gleichändrige Jacobische Funktionen $m^{\text{ter}}$ Ordnung; mit andern Worten, zwischen $m+1$ gleichändrigen Jacobischen Funktionen $m^{\text{ter}}$ Ordnung $T_0, T_1 \ldots T_{m+1}$ besteht stets eine lineare homogene Identität mit von $u$ unabhängigen Koeffizienten, die nicht alle gleichzeitig $0$ sind:*

2) $$c_1 T_1 + c_2 T_2 + \ldots c_m T_m + c_{m+1} T_{m+1} \equiv 0.$$

Der Satz ist unabhängig von der bei seinem Beweise gemachten Voraussetzung, daß $T_1, T_2 \ldots T_m$ linear unabhängig seien. Denn würde schon zwischen diesen eine lineare Relation bestehen, so würde man diese auch als Relation der Form (2) mit $c_{m+1} = 0$ auffassen können. Auch beachte man, daß der Satz auch gilt, wenn $T_{m+1}$ mehrfache Nullpunkte hat; denn die Forderung, daß das Aggregat (1) einen bestimmten Punkt zum $k$-fachen Nullpunkt haben soll, drückt sich ebenfalls durch $k$ lineare Gleichungen zwischen den $c$ aus.

Aus diesem Satz und aus § 39, IV ergiebt sich noch der folgende:

VI. *Zwischen $m + 1$ verwandten Jacobischen Funktionen $m^{\text{ter}}$ Ordnung $T_1, T_2 \ldots T_{m+1}$ besteht stets eine lineare homogene Identität:*

3) $$L_1 T_1 + L_2 T_2 + \ldots + L_m T_m + L_{m+1} T_{m+1} \equiv 0,$$

*deren Koeffizienten Jacobische Funktionen nullter Ordnung sind.*

## § 41. Reduzierte Jacobi'sche Funktionen. Thetafunktionen.

Aus der Gesamtheit aller untereinander verwandten Systeme gleichändriger Jacobischer Funktionen heben wir nun ein solches System als besonders einfach heraus durch die Definition:

I. *Eine Jacobische Funktion heißt reduziert, wenn ihre erste Periode zweiter Art Null ist und ihre Parameter gleich ihren Charakteren sind, wenn also ihre Definitionsgleichungen folgendermaßen lauten:*

1) $$T(u + 2\omega_1 = e^{-g_1 \pi i} T(u),$$

2) $$T(u + 2\omega_3) = e^{-g_3 \pi i} e^{-\frac{n \pi i}{\omega_1}(u + \omega_3)} T(u).$$

In diesen Gleichungen kommen die drei Variabeln $u$, $\omega_1$, $\omega_3$ nur in den beiden Verbindungen (vgl. § 21, 1):

3) $$\frac{u}{2\omega_1} = v, \quad \frac{\omega_3}{\omega_1} = \tau$$

vor; wenn es überhaupt möglich ist, sie zu befriedigen, muß es auch möglich sein, sie durch Funktionen zu befriedigen, die die drei Variabeln nur in diesen beiden Verbindungen enthalten. Solche Funktionen nennt man Thetafunktionen; deren Definition lautet demnach:

II. *Unter einer Thetafunktion $n^{ter}$ Ordnung versteht man eine ganze transscendente Funktion von $v$, die den Gleichungen genügt:*

4) $$\Theta(v + 1) = e^{-g_1 \pi i} \Theta(v),$$

5) $$\Theta(v + \tau) = e^{-g_3 \pi i} e^{-n \pi i (2v + \tau)} \Theta(v).$$

Jede reduzierte Jacobische Funktion kann dann angesehen werden als Produkt einer Thetafunktion mit einem von $u$ unabhängigen Faktor.

Wir rekapitulieren noch einmal die Schritte, die erforderlich sind, um eine beliebige Jacobische Funktion durch eine solche Thetafunktion auszudrücken.

Zuerst ist aus den Gleichungen:

6) $$a_1 = \lambda \omega_1, \quad a_3 = \frac{n}{2\omega_1} + \lambda \omega_3$$

der Faktor $\lambda$ zu berechnen (§ 39, III). Dann ist $b_1 \omega_3 - b_3 \omega_1$ auf die Form $g_1 \omega_3 - g_3 \omega_1$ zu bringen, in der $g_1$, $g_3$ reelle Zahlen bedeuten und:

7) $$\mu = \frac{b_1 - g_1}{\omega_1} = \frac{b_3 - g_3}{\omega_3}$$

zu setzen (§ 38, II). Sind $\lambda$, $\mu$, $g_1$, $g_3$ so bestimmt, so findet man:

8) $$T(u;\ \omega_1, \omega_3;\ a_1, a_3;\ b_1, b_3) = C e^{-\pi i (1/2 \lambda u^2 + \mu u)} \Theta^{(\tau)}_{g_1 g_3}\left(\frac{u}{2\omega_1};\ \frac{\omega_3}{\omega_1}\right);$$

dabei bedeutet $C$ einen von $u$ unabhängigen Faktor.

## § 42. Die fundamentale Thetafunktion.

Wir wollen uns nun zunächst mit Thetafunktionen erster Ordnung der Charakteristik (0, 0) beschäftigen, also mit ganzen transscendenten Funktionen von $v$, die den Gleichungen:

1) $$\vartheta(v+1) = \vartheta(v),$$

2) $$\vartheta(v+\tau) = e^{-\pi i (2v+\tau)}\, \vartheta(v)$$

genügen. Nach § 40, V können sich alle solchen Funktionen (sofern es deren überhaupt giebt) nur durch von $v$ unabhängige Faktoren unterscheiden. Über diese Faktoren wollen wir weiterhin noch Verfügung treffen; zunächst müssen wir uns durch wirkliche Aufstellung eines analytischen Ausdrucks von der Existenz einer Funktion mit den verlangten Eigenschaften überzeugen. Aus der Gleichung (1) und aus I, § 49 folgt zunächst, daß sich jede solche Funktion durch eine gleichmäßig konvergente Fouriersche Reihe der Form:

3) $$\vartheta(v) = \sum_{m=-\infty}^{+\infty} A_m e^{2m\pi i v}$$

darstellen lassen muß. Diese Entwicklung soll nun auch die Gleichung (2) befriedigen, es soll also:

$$\sum_{m=-\infty}^{+\infty} A_m e^{2m\pi i(v+\tau)} = \sum_{m=-\infty}^{+\infty} A_m e^{\pi i[(2m-2)v-\tau]}$$

sein. In der Summe rechts kann man den Summationsbuchstaben $m$ durch $m+1$ ersetzen; sie lautet dann:

$$\sum_{m=-\infty}^{+\infty} A_{m+1} e^{\pi i (2mv-\tau)}.$$

Nun ist aber (vgl. I, § 47, II) eine Entwicklung einer ganzen Funktion in eine Reihe der Form (3), wenn überhaupt, nur auf eine

Weise möglich; man kann also durch Vergleichung der Koeffizienten gleichhoher Potenzen von $e^{2\pi i v}$ den Schluß ziehen:

Soll die Reihe (3) die Gleichung (2) befriedigen, so müssen ihre Koeffizienten der Rekursionsformel genügen:

4) $$A_{m+1} = e^{(2m+1)\tau\pi i} A_m.$$

Diese Rekursionsformel gestattet, alle diese Koeffizienten folgendermaßen durch den ersten auszudrücken:

5) $$A_m = e^{m^2\tau\pi i} A_0;$$

die Reihe (3) erhält damit die Form:

6) $$A_0 \sum_{m=-\infty}^{+\infty} e^{(m^2\tau + 2mv)\pi i}.$$

Wir haben vor allem zu untersuchen, ob sie konvergiert. Zu diesem Zweck bilden wir (für $m > 0$) den Quotienten des $(m+1)^{\text{ten}}$ Gliedes durch das $m^{\text{te}}$; wir erhalten:

7) $$e^{\pi i[(2m+1)\tau + 2v]}.$$

Man sieht, daß er mit wachsendem $m$ unendlich groß wird, wenn die zweite Koordinate von $\tau$ negativ ist, dagegen unendlich klein, wenn sie positiv ist; und zwar gleichmäßig für alle endlichen Werte von $v$ und alle dieser Bedingung genügenden Werte von $\tau$. Ebenso wird gezeigt, daß unter derselben Bedingung auch der zu negativen Werten von $m$ gehörende Teil der Reihe konvergiert. Wir haben aber seit § 14, II an der Voraussetzung festgehalten, daß die zweite Koordinate von $\tau$ positiv sei, können also jetzt sagen:

I. *Die Reihe (6) konvergiert gleichmäßig in jedem in Betracht kommenden Gebiet der Variabeln $v$ und $\tau$, d. h. in jedem Gebiet, das nur endliche Werte von $v$ und nur Werte von $\tau$ mit positiver zweiter Koordinate enthält.*

Indem man die ausgeführten Schritte rückwärts verfolgt, überzeugt man sich, daß die durch diese Reihe definierte ganze transscendente Funktion von $v$ auch wirklich alle verlangten Eigenschaften besitzt. Wir vervollständigen die Definition noch dadurch, daß wir den Koeffizienten $A_0$, der bis jetzt noch eine willkürliche Funktion von $\tau$ sein konnte, von $\tau$ unabhängig und zwar $= 1$ annehmen. Wir definieren also:

II. *Als fundamentale Thetafunktion bezeichnen wir die durch die Reihe:*

8) $$\vartheta(v) = \vartheta(v \mid \tau) = \sum_{m=-\infty}^{+\infty} e^{(m^2\tau + 2mv)\pi i}$$

*dargestellte ganze transscendente Funktion von $v$.*

Zieht man je zwei Glieder mit entgegengesetzten Vorzeichen zusammen und führt trigonometrische Funktionen ein (I, § 40, 6), so erhält man die Darstellung:

9) $$\vartheta(v) = 1 + 2\sum_{m=1}^{\infty} e^{m^2 \tau \pi i} \cos 2 m v \pi;$$

benutzt man bereits die in § 21, (16) eingeführte Bezeichnung, so kann man auch schreiben:

10) $$\vartheta(v) = \sum_{m=-\infty}^{+\infty} h^{mm} z^{2m}.$$

Diesen expliciten analytischen Darstellungen der Thetafunktion entnehmen wir noch die beiden folgenden Sätze:

III. *Die fundamentale Thetafunktion ist eine gerade Funktion von v, d. h. es ist:*

11) $$\vartheta(-v \mid \tau) = \vartheta(v \mid \tau).$$

IV. *Sie genügt der partiellen Differentialgleichung:*

12) $$\frac{\partial^2 \vartheta}{\partial v^2} = 4 \pi i \frac{\partial \vartheta}{\partial \tau}.$$

Jedes einzelne Glied der Reihe genügt nämlich dieser Gleichung; und da die Reihe gleichmäßig konvergiert, so dürfen die Differentiationen nach I, § 50, II gliedweise vollzogen werden.

## § 43. Thetafunktionen höherer Ordnung. Positiver Teil des Hermite'schen Satzes.

Die wirkliche Existenz von Thetafunktionen höherer Ordnung kann ganz analog durch Aufstellung von Reihenentwicklungen solcher Funktionen dargethan werden, wie es in § 42 für die Thetafunktionen erster Ordnung geschehen ist. Auch hier dürfen wir uns zunächst auf die Funktionen der Charakteristik (0, 0) beschränken, da wir nach § 37, VII von diesen zu Funktionen einer beliebigen Charakteristik durch Vermehrung der Argumente um Konstante kommen können. Wie in § 42 schließen wir aus der Gleichung:

1) $$\Theta(v + 1) = \Theta(v),$$

daß jede solche Funktion sich durch eine gleichmäßig konvergente Fouriersche Reihe der Form:

2) $$\sum_{m=-\infty}^{+\infty} A_m e^{2 m \pi i v}$$

darstellen lassen muß. Soll diese Entwicklung auch die Gleichung

3) $$\Theta(v + \tau) = e^{-n\pi i(2v+\tau)}\,\Theta(v)$$

befriedigen, so muß

$$\sum_{m=-\infty}^{+\infty} A_m\, e^{2m\pi i(v+\tau)} = \sum_{m=-\infty}^{+\infty} A_m\, e^{\pi i[(2m-2n)v - n\tau]}$$

oder wenn man rechts den Summationsbuchstaben $m$ durch $m + n$ ersetzt:

$$= \sum_{m=-\infty}^{+\infty} A_{m+n}\, e^{(2mv - n\tau)}$$

sein. Die Koeffizienten müssen also durch die Rekursionsformel:

4) $$A_{m+n} = h^{2m+n} A_m$$

verbunden sein. Diese Rekursionsformel läßt noch $n$ von den Koeffizienten $A$ unbestimmt; wir können z. B. $A_0$, $A_1$, $A_2 \ldots A_{n-1}$ willkürlich annehmen. Setzen wir z. B. alle diese Koeffizienten bis auf $A_\alpha$ gleich Null, $A_\alpha = h^{\frac{\alpha\alpha}{n}}$, so werden von den Koeffizienten $A$ nur diejenigen von Null verschieden sein, deren Index modulo $n$ zu $\alpha$ kongruent ist; und zwar wird:

$$A_{kn+\alpha} = h^{\frac{1}{n}(kn+\alpha)^2},$$

sodaß man eine Reihe der Form erhält:

5) $$\begin{cases} \varphi_\alpha(v \mid \tau) = \sum\limits_{k=-\infty}^{+\infty} h^{\frac{1}{n}(kn+\alpha)^2}\, z^{2(kn+\alpha)} \\ \qquad = h^{\frac{\alpha\alpha}{n}}\, z^{2\alpha} \sum\limits_{k=-\infty}^{+\infty} h^{kkn} (h^\alpha z^n)^{2k}. \end{cases}$$

Man sieht, daß diese Reihe sich folgendermaßen durch die fundamentale Thetafunktion ausdrückt:

6) $$\varphi_\alpha(v \mid \tau) = e^{\alpha\pi i\left(2v + \frac{\alpha\tau}{n}\right)}\, \vartheta(nv + \alpha\tau \mid n\tau).$$

Damit ist auch zugleich die Konvergenzfrage entschieden; denn die zweite Koordinate von $n\tau$ hat dasselbe Vorzeichen wie die von $\tau$. Wir haben also in der That $n$ verschiedene ganze transscendente Funktionen gefunden, die den Bedingungen Genüge leisten; zugleich geht aus der Entwicklung hervor, daß jede andere Funktion dieser Art sich aus den angegebenen linear und homogen mit von $u$ unabhängigen Koeffizienten zusammensetzen läßt. Damit ist der negative

Teil des HERMITEschen Satzes (§ 40, V) von neuem abgeleitet; darüber hinaus aber sehen wir jetzt noch: Jede der $n$ Reihen (5) enthält andere Potenzen von $z$, es kann also zwischen ihnen keine lineare Relation mit von $v$ unabhängigen Koeffizienten bestehen. Wir können also jetzt auch den positiven Teil des HERMITEschen Satzes aussprechen:

I. *Es giebt wirklich $n$ voneinander linear unabhängige Thetafunktionen $n^{\text{ter}}$ Ordnung;*

oder allgemeiner:

II. *Zu beliebig vorgegebenen Werten der Perioden I. und II. Art und der Parameter, die den Bedingungen § 14 (2) und § 37 (9) genügen, giebt es stets wirklich $n$ voneinander linear unabhängige JACOBIsche Funktionen der positiven Ordnungszahl $n$.*

## § 44. Thetafunktionen mit von Null verschiedener Charakteristik.

Durch die in § 42 eingeführte fundamentale Thetafunktion lassen sich alle Thetafunktionen, weiterhin überhaupt alle elliptischen Funktionen III. Art ausdrücken. Zunächst ist nach § 37, VII $\vartheta\left(v - \frac{g_1\tau - g_3}{2}\right)$ als Funktion von $v$ betrachtet eine JACOBIsche Funktion mit den Perioden I. Art 1, $\tau$, den Perioden II. Art 0, $-2\pi i$ und den Parametern 0, $-g_1\tau + g_3$; es ist also für sie $\lambda = 0$ (§ 41, 6) und wenn, wie wir annehmen dürfen und wollen, $g_1$ und $g_3$ reell sind, so ist für sie $\mu = -g_1$ und die Zahlen $g_1$, $g_3$ bilden ihre Charakteristik (§ 41, 7). Aus § 41, 8 folgt also:

I. *Die Funktion:*

$$f(v\,|\,\tau) = C e^{-\pi i g_1 v}\, \vartheta\left(v - \frac{g_1\tau - g_3}{2}\right) \tag{1}$$

*ist eine Thetafunktion erster Ordnung mit der Charakteristik $(g_1, g_3)$; und jede solche Funktion stellt sich in dieser Form dar.*

Unter allen diesen Funktionen wollen wir eine bestimmte herausgreifen, nämlich diejenige, bei der die Abhängigkeit der Konstanten $C$ von $\tau$ so festgelegt ist, daß die Funktion der partiellen Differentialgleichung (12) von § 42 gleichfalls genügt. Um die dazu erforderliche Rechnung durchzuführen, bezeichnen wir mit $\left(\frac{\partial\vartheta}{\partial\tau}\right)$ den partiellen Differentialquotienten von $\vartheta$ nach $\tau$, gebildet ohne Rücksicht auf eine etwa vorhandene Abhängigkeit des Arguments von $\tau$, und schreiben $\vartheta$ für $\vartheta\left(v - \frac{g_1\tau - g_3}{2}\right)$; wir haben dann:

$$\frac{\partial f}{\partial v} = C e^{-\pi i g_1 v} \left\{ -\pi i g_1 \vartheta + \frac{\partial \vartheta}{\partial v} \right\}$$

$$\frac{\partial^2 f}{\partial v^2} = C e^{-\pi i g_1 v} \left\{ -\pi^2 g_1{}^2 \vartheta - 2\pi i g_1 \frac{\partial \vartheta}{\partial v} + \frac{\partial^2 \vartheta}{\partial v^2} \right\}$$

$$\frac{\partial f}{\partial \tau} = e^{-\pi i g_1 v} \quad \left\{ C \left( \frac{\partial \vartheta}{\partial \tau} \right) - \frac{g_1}{2} \frac{\partial \vartheta}{\partial v} + \frac{d C}{d \tau} \vartheta \right\}.$$

Soll also die erwähnte Gleichung erfüllt sein, so muß $C$ der gewöhnlichen Differentialgleichung:

$$4 \pi i \frac{d C}{d \tau} = -\pi^2 g_1{}^2 C$$

genügen, mit andern Worten, es kann sich von

$$e^{\frac{\pi i}{4} g_1^2 \tau}$$

nur durch einen auch von $\tau$ unabhängigen Faktor unterscheiden. Dieser Faktor, der eventuell noch von der Charakteristik abhängen kann, wird von verschiedenen Schriftstellern verschieden gewählt wir wollen ihn mit Hermite für alle Charakteristiken gleich 1 annehmen.

II. *Demgemäß definieren wir die Thetafunktion erster Ordnung mit der Charakteristik $(g_1, g_3)$ vollständig durch folgende Gleichung:*

$$\text{2)} \qquad \vartheta_{g_1 g_3}(v) = e^{-\pi i g_1 (v - {}^1/_4 g_1 \tau)} \vartheta \left( v - \frac{g_1 \tau - g_3}{2} \right).$$

Setzt man in ihr für die fundamentale Thetafunktion ihre Reihenentwicklung, so erhält man:

$$\text{3)} \quad \begin{cases} \vartheta_{g_1 g_3}(v \mid \tau) = e^{-\pi i g_1 (v - {}^1/_4 g_1 \tau)} \sum\limits_{m=-\infty}^{+\infty} e^{\pi i \left[ (m^2 - m g_1) \tau + 2m \left( v + \frac{g_3}{2} \right) \right]} \\ \qquad = e^{{}^1/_2 \pi i g_1 g_3} \sum\limits_{m=-\infty}^{+\infty} e^{\pi i [(m - {}^1/_2 g_1)^2 \tau + 2(m - {}^1/_2 g_1)(v + {}^1/_2 g_3)]}. \end{cases}$$

Ersetzt man in einer solchen Thetafunktion das Argument $v$ durch $v - \frac{1}{2}(\gamma_1 \tau - \gamma_3)$, so erhält man:

$$\text{4)} \quad \begin{cases} \vartheta_{g_1 g_3} \left( v - \frac{\gamma_1 \tau - \gamma_3}{2} \right) \\ = e^{-\pi i g_1 [v - ({}^1/_4 g_1 + {}^1/_2 \gamma_1) \tau + {}^1/_2 \gamma_3]} \vartheta \left( v - \frac{(g_1 + \gamma_1) \tau - (g_3 + \gamma_3)}{2} \right). \end{cases}$$

Andrerseits ist aber die Thetafunktion mit der Charakteristik $(g_1 + \gamma_1, g_3 + \gamma_3)$:

$$
5)\quad \left\{ \begin{aligned} & \vartheta_{g_1+\gamma_1,\ g_3+\gamma_3}(v) \\ & = e^{-\pi i (g_1+\gamma_1)[v - \frac{1}{4}(g_1+\gamma_1)\tau]}\, \vartheta\left(v - \frac{(g_1+\gamma_1)\tau - (g_3+\gamma_3)}{2}\right). \end{aligned} \right.
$$

Vergleichung von (4) und (5) giebt:

III. *die allgemeine Verwandlungsformel:*

$$
6)\qquad \vartheta_{g_1 g_3}\left(v - \frac{\gamma_1 \tau - \gamma_3}{2}\right) = e^{\pi i [\gamma_1 v - \frac{1}{4}\gamma_1^2 \tau - \frac{1}{2} g_1 \gamma_3]}\, \vartheta_{g_1+\gamma_1,\ g_3+\gamma_3}(v).
$$

Aus dieser allgemeinen Formel ergeben sich eine Reihe von speziellen. Zunächst erhält man für $\gamma_1 = -g_1$, $\gamma_3 = -\gamma_3$ die Formel:

$$
7)\qquad \vartheta_{g_1 g_3}\left(v + \frac{g_1 \tau - g_3}{2}\right) = e^{-\pi i g_1 [v + \frac{1}{4} g_1 \tau - \frac{1}{2} g_3]}\, \vartheta_{00}(v),
$$

die als Umkehrung von (2) angesehen werden kann; ferner für $\gamma_1 = 2$, $\gamma_3 = 0$:

$$
8)\qquad \vartheta_{g_1 g_3}(v - \tau) = e^{\pi i (2v - \tau)}\, \vartheta_{g_1+2,\ g_3}(v)
$$

und für $\gamma_1 = 0$, $\gamma_3 = 2$:

$$
9)\qquad \vartheta_{g_1 g_3}(v + 1) = e^{-\pi i g_1}\, \vartheta_{g_1,\ g_3+2}(v).
$$

Es ist aber zufolge der Definition der Thetafunktionen:

$$
\vartheta_{g_1 g_3}(v - \tau) = e^{g_3 \pi i} e^{\pi i (2v - \tau)}\, \vartheta_{g_1 g_3}(v)
$$

und:

$$
\vartheta_{g_1 g_3}(v + 1) = e^{-\pi i g_1}\, \vartheta_{g_1 g_3}(v);
$$

also folgt aus (8) und (9):

$$
10)\qquad \vartheta_{g_1+2,\ g_3}(v) = e^{g_3 \pi i}\, \vartheta_{g_1 g_3}(v),
$$

$$
11)\qquad \vartheta_{g_1,\ g_3+2}(v) = \vartheta_{g_1 g_3}(v).
$$

(Zu diesen Formeln vergleiche man die Schlußbemerkung von § 38.)

Endlich sei noch eine Formel erwähnt, deren Richtigkeit man direkt aus der Definitionsformel abliest, wenn man berücksichtigt, daß die fundamentale Thetafunktion eine gerade Funktion ihres Arguments ist (§ 42, III); nämlich:

$$
12)\qquad \vartheta_{-g_1,\ -g_3}(-v) = \vartheta_{g_1 g_3}(v).
$$

## § 45. Hauptcharakteristiken.

I. *Als „Hauptcharakteristiken“ bezeichnet man diejenigen, deren Elemente beide den Wert 0 oder 1 haben.*

Zufolge der Gleichungen § 44 (10), (11) giebt es deren vier wesentlich verschiedene, nämlich außer der fundamentalen (0, 0) noch die drei (0, 1), (1, 0), (1, 1). Die zugehörigen Thetafunktionen sind:

$$1)\quad \begin{cases} \vartheta_{0,1}(v\mid\tau) = \vartheta(v+\tfrac{1}{2}\mid\tau) \\ \quad = \sum\limits_{m=-\infty}^{+\infty} e^{\pi i[m^2\tau + 2m(v+1/2)]} \\ \quad = 1 + 2\sum\limits_{m=1}^{+\infty}(-1)^m h^{mm}\cos 2mv\pi; \end{cases}$$

$$2)\quad \begin{cases} \vartheta_{1,0}(v\mid\tau) = e^{-\pi i(v-1/4\tau)}\,\vartheta(v-\tfrac{1}{2}\tau\mid\tau) \\ \quad = \sum\limits_{m=-\infty}^{+\infty} e^{\pi i[(m-1/2)^2\tau + 2(m-1/2)v]} \\ \quad = 2\sum\limits_{m=0}^{\infty} h^{(m+1/2)^2}\cos(2m+1)v\pi; \end{cases}$$

$$3)\quad \begin{cases} \vartheta_{1,1}(v\mid\tau) = e^{-\pi i(v-1/4\tau)}\,\vartheta(v+\tfrac{1}{2}-\tfrac{1}{2}\tau\mid\tau) \\ \quad = i\sum\limits_{m=-\infty}^{+\infty} e^{\pi i[(m-1/2)^2\tau + 2(m-1/2)(v+1/2)]} \\ \quad = 2i\sum\limits_{m=-\infty}^{+\infty}(-1)^m h^{(m+1/2)^2}\sin(2m+1)v\pi. \end{cases}$$

Da man mit diesen Funktionen sehr viel zu rechnen hat, ist eine kürzere Bezeichnung als die durch Doppelindices wünschenswert; man setzt nach Weierstrass:

$$4)\qquad \vartheta_{0,1}(v) = \vartheta_0(v),\quad \vartheta_{1,0}(v) = \vartheta_2(v),\quad \vartheta_{1,1}(v) = i\,\vartheta_1(v)$$

und bezeichnet dann wohl auch die fundamentale Thetafunktion oder $\vartheta_{0,0}(v)$ mit $\vartheta_3(v)$.[1]

Wie aus ihrer Definition hervorgeht, sind $\vartheta_0(v)$ und $\vartheta_2(v)$ ebenso wie $\vartheta_3(v)$ *gerade* Funktionen ihres Arguments; $\vartheta_1(v)$ dagegen ist eine *ungerade* Funktion.

Ihrer häufigen Verwendung wegen lohnt es sich, die Formeln für die Vermehrung des Arguments um halbe oder ganze Perioden, die sich aus § 44 ergeben, für diese Funktionen explicite zusammen-

[1] Man kann den hier bei $\vartheta_1$ auftretenden Faktor $i$ in die allgemeinen Formeln mit hereinziehen, wenn man in § 44 (2) den auch von $\tau$ unabhängigen Faktor, statt ihn mit Hermite $= 1$ zu setzen, mit H. Weber $= e^{1/4\pi i g_1 g_2}$ setzt. Dann werden aber die allgemeinen Formeln jenes Paragraphen weniger einfach.

zustellen; man hat dabei auch die Gleichungen (10) und (11) desselben zu beachten. Man hat zunächst:

$$5)\quad\begin{cases}\vartheta_0(v+1)=\vartheta_0(v), & \vartheta_0(v+\tau)=-e^{-\pi i(2v+\tau)}\vartheta_0(v),\\ \vartheta_1(v+1)=-\vartheta_1(v), & \vartheta_1(v+\tau)=-e^{-\pi i(2v+\tau)}\vartheta_1(v),\\ \vartheta_2(v+1)=-\vartheta_2(v), & \vartheta_2(v+\tau)=e^{-\pi i(2v+\tau)}\vartheta_2(v),\\ \vartheta_3(v+1)=\vartheta_3(v), & \vartheta_3(v+\tau)=e^{-\pi i(2v+\tau)}\vartheta_3(v);\end{cases}$$

ferner:

$$6)\quad\begin{cases}\vartheta_0(v+\tfrac{1}{2})=\vartheta_3(v),\\ \vartheta_1(v+\tfrac{1}{2})=\vartheta_2(v),\\ \vartheta_2(v+\tfrac{1}{2})=-\vartheta_1(v),\\ \vartheta_3(v+\tfrac{1}{2})=\vartheta_0(v).\end{cases}$$

$$7)\quad\begin{cases}\vartheta_0\left(v+\frac{\tau}{2}\right)=i\,e^{-\pi i(v+{}^1\!/_4\tau)}\vartheta_1(v),\\ \vartheta_1\left(v+\frac{\tau}{2}\right)=i\,e^{-\pi i(v+{}^1\!/_4\tau)}\vartheta_0(v),\\ \vartheta_2\left(v+\frac{\tau}{2}\right)=e^{-\pi i(v+{}^1\!/_4\tau)}\vartheta_3(v),\\ \vartheta_3\left(v+\frac{\tau}{2}\right)=e^{-\pi i(v+{}^1\!/_4\tau)}\vartheta_2(v).\end{cases}$$

$$8)\quad\begin{cases}\vartheta_0\left(v+\frac{1}{2}+\frac{\tau}{2}\right)=e^{-\pi i(v+{}^1\!/_4\tau)}\vartheta_2(v),\\ \vartheta_1\left(v+\frac{1}{2}+\frac{\tau}{2}\right)=e^{-\pi i(v+{}^1\!/_4\tau)}\vartheta_3(v),\\ \vartheta_2\left(v+\frac{1}{2}+\frac{\tau}{2}\right)=i\,e^{-\pi i(v+{}^1\!/_4\tau)}\vartheta_0(v),\\ \vartheta_3\left(v+\frac{1}{2}+\frac{\tau}{2}\right)=i\,e^{-\pi i(v+{}^1\!/_4\tau)}\vartheta_1(v).\end{cases}$$

## § 46. Übergang von den Sigma- zu den Thetafunktionen.

Zu den JACOBIschen Funktionen gehören gemäß ihrer Definition auch die Sigmafunktionen. Das Hauptsigma speziell (§ 20, 6. 7) ist eine JACOBIsche Funktion erster Ordnung, mit den Perioden I. Art $2\omega_1$, $2\omega_3$, den Perioden II. Art $2\eta_1$, $2\eta_3$ und den Parametern 1, 1. Es ist also eine mit $\vartheta_1$ verwandte Funktion und muß folglich mit $\vartheta_1$ durch eine Formel verbunden sein, die einen Spezialfall der allgemeinen Formel § 41, (8) vorstellt. Bestimmt man $\lambda$ und $\mu$ in der dort angegebenen Weise, so findet man für diesen Spezialfall:

$$\lambda = \frac{\eta_1}{\pi i \omega_1}, \qquad \mu = 0,$$

also:

$$1) \qquad \sigma u = C e^{\frac{\eta_1}{2\omega_1} u^2} \vartheta_1(v) = C e^{2\eta_1\omega_1 v^2} \vartheta_1(v).$$

Die Konstante $C$ läßt sich bestimmen, indem man beiderseits nach $u$ differentiiert und dann $u = 0$ setzt; man erhält so:

$$2) \qquad \sigma u = \frac{2\omega_1 e^{2\eta_1\omega_1 v^2} \vartheta_1(v)}{\vartheta_1'(0)}.$$

Ebenso sind die Nebensigma verwandt zu den Thetafunktionen mit den drei von (1, 1) verschiedenen Hauptcharakteristiken. Man erhält die entsprechenden Formeln auf ganz demselben Wege (nur daß es zur Bestimmung des konstanten Faktors keiner Differentiation bedarf), nämlich:[1]

$$3) \qquad \sigma_1 u = e^{2\eta_1\omega_1 v^2} \frac{\vartheta_2(v)}{\vartheta_2(0)},$$

$$4) \qquad \sigma_2 u = e^{2\eta_1\omega_1 v^2} \frac{\vartheta_3(v)}{\vartheta_3(0)},$$

$$5) \qquad \sigma_3 u = e^{2\eta_1\omega_1 v^2} \frac{\vartheta_0(v)}{\vartheta_0(0)}.$$

An diesen Formeln (2) bis (5) ist noch unbefriedigend, daß in ihnen die „*Thetanullwerte*", d. h. die Werte der Thetafunktionen und ihrer Differentialquotienten für den Wert 0 des Arguments, vorkommen, die man nicht als bekannt wird ansehen wollen, wenn man von den Sigma aus die Theta einführen will. Es entsteht daher die Frage, nach welchem Gesetze diese Größen von den $e_1$, $e_2$, $e_3$ abhängen. Man kann diese Frage auf zwei ganz verschiedenen Wegen beantworten: entweder durch direkte Umformung der unendlichen Produkte der §§ 21 und 31 in die unendlichen Reihen der §§ 42 und 45; oder durch Umformung der partiellen Differentialgleichung § 42, (12), durch die der von $u$ unabhängige Faktor in den Thetafunktionen bestimmt war. Den ersten Weg wollen wir im nächsten Paragraphen einschlagen, den zweiten können wir erst später (§ 59) betreten.

[1] Die Indices der Thetafunktionen sind modulo 4 genommen je um eine Einheit größer als die der ihnen entsprechenden Sigmafunktionen.

## § 47. Darstellung der Thetafunktionen durch unendliche Produkte.

Da die Formeln § 30, (10), (11) und § 45, (6) bis (8) den Übergang von jeder Sigma-, bezw. Thetafunktion zu jeder andern durch Addition halber Perioden gestatten, so genügt es, wenn wir die Umformung des unendlichen Produkts in die unendliche Reihe für eine der vier Sigmafunktionen durchführen. Am bequemsten ist es, dazu die Funktion $\sigma_2 u$ zu wählen, die der fundamentalen Thetafunktion zugeordnet ist. Statt des unendlichen Produkts betrachten wir zunächst das endliche:

1) $$f_m(z) = \prod_{\nu=1}^{m}(1 + h^{2\nu-1}z^2)(1 + h^{2\nu-1}z^{-2}).$$

Dieses Produkt ändert seinen Wert nicht, wenn man $z$ mit $-z$ vertauscht; seine Entwicklung nach Potenzen von $z^2$ mit positiven und negativen Exponenten hat also die Form:

2) $$\begin{cases} f_m(z) = A_0^{(m)} + A_1^{(m)}(z^2 + z^{-2}) + A_2^{(m)}(z^4 + z^{-4}) \\ \qquad + \dots + A_m^{(m)}(z^{2m} + z^{-2m}). \end{cases}$$

Von den Koeffizienten dieser Entwicklung ist, wie man direkt sieht, der letzte:

3) $$A_m^{(m)} = h \,.\, h^3 \,.\, h^5 \dots h^{2m-1} = h^{mm};$$

für die übrigen leiten wir eine Rekursionsformel ab. Die einzelnen Faktoren von $f_m(z)$ vertauschen sich nämlich zum größten Teil untereinander, wenn man $z$ durch $hz$ ersetzt; es fallen nur $1 + hz^2$ und $1 + h^{2m-1}z^{-2}$ weg und $1 + h^{2m+1}z^2$, sowie $1 + h^{-1}z^{-2}$ kommen neu hinzu, sodaß man die Gleichung erhält:

$$f_m(hz) = \frac{(1 + h^{2m+1}z^2)(1 + h^{-1}z^{-2})}{(1 + h^{2m-1}z^{-2})(1 + hz^2)} f_m(z)$$

oder:

4) $$(h^{2m} + hz^2) f_m(hz) = (1 + h^{2m+1}z^2) f_m(z).$$

Entwickelt man die beiden Seiten dieser Gleichung nach Potenzen von $z$ und vergleicht die Koeffizienten von $z^{2k}$, so erhält man die gesuchte Rekursionsformel:

$$h^{2m+2k} A_k^{(m)} + h^{2k-1} A_{k-1}^{(m)} = A_k^{(m)} + h^{2m+1} A_{k-1}^{(m)}$$

oder:

5) $$A_{k-1}^{(m)} = \frac{1 - h^{2m+2k}}{h^{2k-1}(1 - h^{2m-2k+2})} A_k^{(m)}.$$

Sie liefert der Reihe nach:

6) $$\begin{cases} A_{m-1}^{(m)} = \dfrac{1 - h^{4m}}{h^{2m-1}(1 - h^2)} A_m^{(m)} = h^{(m-1)^2} \dfrac{1 - h^{4m}}{1 - h^2}, \\ A_{m-2}^{(m)} = \dfrac{1 - h^{(4m-2)}}{h^{2m-3}(1 - h^4)} A_{m-1}^{(m)} = h^{(m-2)^2} \dfrac{(1 - h^{4m})(1 - h^{4m-2})}{(1 - h^2)(1 - h^4)} \end{cases}$$

u. s. w.; endlich:

$$A_0^{(m)} = \frac{(1 - h^{4m})(1 - h^{4m-2}) \ldots (1 - h^{2m+2})}{(1 - h^2)(1 - h^4) \ldots (1 - h^{2m})}.$$

Diese Formeln zeigen, daß man eine etwas einfachere Entwicklung für die Funktion:

7) $$\varphi_m(z) = \prod_{\nu=1}^{m} (1 - h^{2\nu}) . f_m(z)$$

erhält; setzt man nämlich:

8) $$\varphi_m(z) = a_0^{(m)} + \sum_{k=1}^{m} h^{kk} a_k^{(m)} (z^{2k} + z^{-2k}),$$

so wird:

9) $$a_k^{(m)} = h^{-kk} A_k^{(m)} \prod_{\nu=1}^{m} (1 - h^{2\nu}) = \prod_{\nu=m-k+1}^{m} (1 - h^{2\nu}) . \prod_{\nu=m+k+1}^{2m} (1 - h^{2\nu}),$$

10) $$a_0^{(m)} = \prod_{\nu=m+1}^{2m} (1 - h^{2\nu}).$$

Für den absoluten Betrag dieser Koeffizienten $a_k^{(m)}$ können wir leicht eine obere Grenze angeben; denn da das unendliche Produkt

$$\prod_{\nu=1}^{\infty} (1 - h^{2\nu}) = H_0$$

(§ 32, 6) unbedingt konvergiert, jedes der Produkte $a_k^{(m)}$ aber nur einen Teil der Faktoren dieses unendlichen Produkts enthält, so folgt, daß für alle Werte der Indices $k$, $m$:

11) $$\left| a_k^{(m)} \right| < a = \prod_{\nu=1}^{\infty} (1 + |h|^{2\nu})$$

ist. Man erkennt auch, daß man für jeden gegebenen Wert des Index $k$ und jede gegebene Größe $\varepsilon M$ so bestimmen kann, daß:

12) $$| a_k^{(m)} - 1 | < \varepsilon$$

wird, sobald $m > M$ ist. Andererseits haben wir aber in § 42 gesehen, daß die unendliche Reihe:

13) $$F(z) = 1 + \sum_{k=1}^{\infty} h^{kk}(z^{2k} + z^{-2k})$$

unbedingt konvergiert, infolgedessen kann man, wenn irgend eine positive Größe $\varepsilon$ gegeben ist, $K$ so bestimmen, daß:

13a) $$\sum_{k=K+1}^{\infty} | h^{kk}(z^{2k} + z^{-2k}) | < \varepsilon$$

wird. Wegen (11) wird dann auch:

14) $$\sum_{k=K+1}^{m} | a_k^{(m)} h^{kk}(z^{2k} + z^{-2k}) | < a\,\varepsilon.$$

(Natürlich hat diese Ungleichung nur für $m > K$ eine Bedeutung.) Nachdem so $K$ festgelegt ist, können wir $M$ so wählen, daß die Ungleichung (12) für $m > M$ und für alle $k \leqq K$ besteht. Also können wir $M$ auch so groß wählen, daß die Ungleichung:

15) $$\sum_{k=0}^{K} | (a_k^{(m)} - 1) h^{kk}(z^{2k} + z^{-2k}) | < \varepsilon$$

für alle $m > M$ stattfindet. Dann folgt aus (13a), (14) und (15), daß:

16) $$| F(z) - \varphi_m(z) | < \varepsilon(2 + a)$$

wird, sobald $m > M$ ist; und zwar geht aus der Ableitung selbst hervor, daß man es so einrichten kann, daß diese Ungleichung in irgend einem Bereiche der Variabeln $h$ und $z$ besteht, der ganz im Innern des Konvergenzbereichs der Reihe (13) liegt. Diese Ungleichung (16) sagt also aus, daß die Funktion $\varphi_m(z)$ mit wachsendem $m$ in jedem solchen Bereiche gleichmäßig gegen die Funktion $F(z)$ konvergiert. Hält man andererseits die Gleichung (7) mit der Gleichung (1) zusammen, so sieht man, daß $\varphi_m(z)$ nichts anderes ist, als das Produkt der ersten $m$ Faktoren des unendlichen Produkts:

$$\prod_{\nu=1}^{\infty} \{(1 - h^{2\nu})(1 + h^{2\nu-1} z^2)(1 + h^{2\nu-1} z^{-2})\}.$$

Es folgt also, daß dieses Produkt unbedingt und gleichmäßig konvergiert (wie wir übrigens schon aus § 31 wissen) und daß sein Wert identisch ist mit dem der unendlichen Reihe $F(z)$. Durch das Produkt haben wir in § 31 die Funktion $\sigma_2 u$, durch die Reihe in § 42 die Funktion $\vartheta_3(v)$ dargestellt; das Resultat der Untersuchungen dieses Paragraphen ist also die Gleichung:

$$17)\qquad \vartheta_3(v) = e^{-2\eta_1\omega_1 v^2}\prod_{\nu=1}^{\infty}(1-h^{2\nu})\prod_{\nu=1}^{\infty}(1+h^{2\nu-1})^2\sigma_2 u$$

oder mit Rücksicht auf § 32, (23):

$$18)\qquad = \sqrt{\frac{2\omega_1}{\pi}}\sqrt[4]{e_1 - e_3}\, e^{-2\eta_1\omega_1 v^2}\sigma_2 u.$$

Durch Vermehrung der Argumente um Halbperioden lassen sich aus dieser Gleichung drei andere ableiten, die die drei andern Theta mit den drei andern Sigma in Beziehung setzen; nämlich:

$$19)\qquad \vartheta_0(v) = \sqrt{\frac{2\omega_1}{\pi}}\frac{\sqrt[4]{e_2 - e_1}}{-\sqrt{i}}\, e^{-2\eta_1\omega_1 v^2}\sigma_3 u,$$

$$20)\qquad \vartheta_2(v) = \sqrt{\frac{2\omega_1}{\pi}}\frac{\sqrt[4]{e_2 - e_3}}{-i}\, e^{-2\eta_1\omega_1 v^2}\sigma_1 u,$$

$$21)\qquad \vartheta_1(v) = \sqrt{\frac{2\omega_1}{\pi}}\sqrt[8]{G}\, e^{-2\eta_1\omega_1 v^2}\sigma u.$$

(Am einfachsten erhält man diese Gleichungen aus (17), wenn man zunächst die in § 30 mit $T$ bezeichneten Funktionen statt der $\sigma$ einführt.)

Was die Werte der in diesen Formeln auftretenden Wurzelgrößen betrifft, so kann für $\sqrt{2\omega_1/\pi}$ ein beliebiger Wert gewählt werden; unter den vierten Wurzeln aus den Differenzen der $e$ sind dann diejenigen Werte zu verstehen, die sich für *diesen* Wert von $\sqrt{2\omega_1/\pi}$ aus den Gleichungen (23) von § 32 ergeben.

## § 48. Thetarelationen.

Zwischen den Thetafunktionen mit Hauptcharakteristiken bestehen Relationen, die wir mit Hilfe ihrer Ausdrücke durch die Sigmafunktionen aus den zwischen diesen bestehenden erhalten könnten. Wir können sie aber auch aus der Theorie der Thetafunktionen selbst ableiten, und zwar aus dem Hermiteschen Satz (§ 40). Denn das Produkt aus einer Thetafunktion $m^{\text{ter}}$ Ordnung mit der Charakteristik $(g_1, g_3)$ und einer Thetafunktion $n^{\text{ter}}$ Ordnung mit der Charakteristik $(h_1, h_3)$ ist eine Thetafunktion $(m+n)^{\text{ter}}$ Ordnung mit der Charakteristik $(g_1 + h_1, g_3 + h_3)$. Da man nun, abgesehen von den niedersten Fällen, mehr als $m + n$ solche Produkte mit derselben Charakteristik bilden kann, so lehrt der Hermitesche Satz die *Existenz* linearer Relationen zwischen ihnen kennen. Die

Koeffizienten dieser Relationen lassen sich dann a posteriori dadurch bestimmen, daß man in der zunächst mit unbestimmten Koeffizienten angesetzten Relation der Variabeln nacheinander eine genügende Anzahl geeigneter spezieller Werte beilegt und die Koeffizienten aus den so entstehenden, in Bezug auf sie linearen Gleichungen berechnet.

Für den Fall $m + n = 1$ erhalten wir noch keine solchen Relationen; denn es giebt zu jeder Charakteristik nur eine Thetafunktion erster Ordnung. Auch der Fall $m + n = 2$ liefert noch keine Relationen, wenn die Charakteristik $(g_1 + h_1, g_3 + h_3)$ von $(0, 0)$ verschieden ist. Denn jede von $(0, 0)$ verschiedene Charakteristik läßt sich nur auf zwei Arten als Summe zweier Hauptcharakteristiken darstellen $\left(\text{z. B. } (0, 1) \equiv (0, 0) + (0, 1) \equiv (1, 0) + (1, 1) \pmod{2}\right)$; und die zugehörigen Produkte stehen, wie man aus ihren Nullpunkten sieht, zu einander nicht in konstantem Verhältnis. Dagegen läßt sich $(0, 0)$ auf *vier* verschiedene Arten als Summe zweier Hauptcharakteristiken darstellen:

$$\begin{aligned}(0, 0) &\equiv (0, 0) + (0, 0) \equiv (0, 1) + (0, 1)\\ &\equiv (1, 0) + (1, 0) \equiv (1, 1) + (1, 1) \pmod{2}.\end{aligned}$$

Daraus folgt, daß die Quadrate der vier Thetafunktionen als Thetafunktionen zweiter Ordnung mit der Charakteristik $(0, 0)$ angesehen werden können; es können also höchstens zwei von ihnen linear unabhängig sein. Man sieht aber sofort, daß irgend zwei von ihnen wirklich linear unabhängig sind. Denn würde zwischen zwei Thetaquadraten eine homogene lineare Relation mit von $v$ unabhängigen Koeffizienten bestehen, so würde daraus eine ebensolche Relation zwischen den betreffenden Thetafunktionen selbst folgen. Eine solche kann aber nicht existieren, da sie verschiedene Charakteristiken haben, also verschiedenen Funktionalgleichungen genügen. Durch zwei beliebige der vier Thetaquadrate müssen sich also die beiden andern linear und homogen ausdrücken lassen, mit andern Worten, es müssen zwei Relationen der folgenden Form bestehen:

$$\begin{aligned}\vartheta_2^2(v) &= c_1\,\vartheta_0^2(v) + c_2\,\vartheta_1^2(v),\\ \vartheta_3^2(v) &= c_3\,\vartheta_0^2(v) + c_4\,\vartheta_1^2(v).\end{aligned}$$

Setzt man in diesen Relationen $v = 0$ und schreibt, wie es üblich ist, $\vartheta_\alpha$ für $\vartheta_\alpha(0)$, so findet man:

$$\vartheta_2^2 = c_1\,\vartheta_0^2, \qquad \vartheta_3^2 = c_3\,\vartheta_0^2;$$

setzt man aber $v = \frac{1}{2}\tau$ und berücksichtigt die Gleichungen § 45, 7, so findet man:

$$\vartheta_3^2 = -c_2\,\vartheta_0^2, \qquad \vartheta_2^2 = -c_4\,\vartheta_1^2.$$

Die Relationen lauten also:

$$1)\qquad A \equiv \vartheta_0^2\,\vartheta_2^2(v) - \vartheta_2^2\,\vartheta_0^2(v) + \vartheta_3^2\,\vartheta_1^2(v) = 0,$$

$$2)\qquad B \equiv \vartheta_0^2\,\vartheta_3^2(v) - \vartheta_3^2\,\vartheta_0^2(v) + \vartheta_2^2\,\vartheta_1^2(v) = 0.$$

Für die Bedeutung dieser Formeln ist es wesentlich, daß ihre Koeffizienten nicht Null sein können. Es gilt nämlich der Satz:

I. *Für keinen der Bedingung IV von § 14 genügenden Wert von $\tau$ kann einer der drei Thetanullwerte den Wert Null annehmen.*

Denn wäre einer dieser Werte gleich Null, so würde die zugehörige Thetafunktion für $v = 0$ von der zweiten Ordnung Null werden; denn sie ist nach § 44 (12) eine gerade Funktion, also $\vartheta'(0) = 0$. Das stünde aber mit Satz IV von § 37 im Widerspruch.

Übrigens erhalten wir aus der Gleichung (2), wenn wir in ihr $\tau = \frac{1}{2}$ setzen und die Gleichungen (6) von § 45 benutzen, eine Relation zwischen den Thetanullwerten, nämlich:

$$3)\qquad \vartheta_3^4 = \vartheta_0^4 + \vartheta_2^4.$$

Die zu Beginn dieses Paragraphen durchgeführten Überlegungen liefern außer den Relationen (1) und (2) noch eine große Menge weiterer; man kann sich aber auf folgendem Wege überzeugen, daß alle diese Relationen bereits aus (1) und (2) folgen. Zur Abkürzung werde:

$$4)\qquad \vartheta_0(v) = x, \qquad \vartheta_1(v) = y, \qquad \vartheta_2(v) = z, \qquad \vartheta_3(v) = w$$

gesetzt; ferner:

$$\frac{\vartheta_2}{\vartheta_0} = \alpha, \qquad \frac{\vartheta_3}{\vartheta_0} = \beta;$$

es wird dann identisch (d. h. auch wenn man $x, y, z, w$ als voneinander unabhängig veränderliche Größen, betrachtet):

$$z^2 \equiv \vartheta_0^{-2}A + \alpha^2 x^2 - \beta^2 y^2,$$

$$w^2 \equiv \vartheta_0^{-2}B + \beta^2 x^2 - \alpha^2 y^2.$$

Infolgedessen kann man jede homogene rationale ganze Funktion der vier Variabeln $x, y, z, w$ durch identische Umformung auf die Form bringen:

$$5)\qquad F \equiv M_1 A + M_2 B + f_1 + z f_2 + w f_3 + w z f_4,$$

in der $M_1$ und $M_2$ homogene Funktionen aller vier Variabeln, $f_1$, $f_2$, $f_3$, $f_4$ aber solche Funktionen von $x$ und $y$ allein bedeuten. Wenn nun eine solche Funktion die Eigenschaft hat, Null zu werden, sobald man für die $x, y, z, w$ die Werte (4) setzt, so muß auch die Summe der vier letzten Glieder in (5) für sich Null werden. Das ist aber nur möglich, wenn sie identisch Null ist. Denn jedes Glied dieser Summe hat eine andere Charakteristik, müßte also für sich Null sein; und das ist nicht möglich, da zwischen $\vartheta_0(v)$ und $\vartheta_1(v)$ allein keine homogene Relation besteht. Also folgt:

II. *Jede homogene Funktion von vier Variabeln, die Null wird, wenn man diese vier Variabeln durch die vier Thetafunktionen mit Hauptcharakteristiken ersetzt, läßt sich durch identische Umformung in die Gestalt $M_1 A + M_2 B$ setzen;*

und daraus:

III. *Jede homogene Relation zwischen den vier Thetafunktionen ist eine Folge der Relationen (1) und (2).*

Andere als homogene Relationen können zwischen den Thetafunktionen nicht bestehen. Denn homogene ganze Funktionen der Thetafunktionen von verschiedenen Dimensionen sind Thetafunktionen von verschiedener Ordnung, können sich also nicht gegeneinander wegheben.

## § 49. Additionstheoreme der Thetafunktionen.

Aus den in § 35 behandelten Additionstheoremen der Sigmafunktionen ergeben sich unter Benutzung der Formeln (17) bis (21) von § 47 entsprechende Theoreme für die Thetafunktionen. Aus der Theorie dieser letzteren selbst erhält man dieselben Theoreme durch folgende Überlegungen:

I. Die Produkte $\vartheta_{g_1 g_2}(u+v)\,\vartheta_{g_1 g_2}(u-v)$ sind als Funktionen von $u$ betrachtet, Thetafunktionen zweiter Ordnung mit der Charakteristik (0, 0); sie lassen sich also linear durch irgend zwei Thetaquadrate ausdrücken. Die Koeffizienten dieser Ausdrücke sind Funktionen von $v$; man bestimmt sie, indem man für $u$ nacheinander zwei geeignete Halbperioden setzt. Setzt man z. B. in der Relation:

$$\vartheta_3(u+v)\,\vartheta_3(u-v) = A(v)\,\vartheta_3^2(u) + B(v)\,\vartheta_1^2(u)$$

$u = 0$, so wird $\vartheta_1(u) = 0$ und man erhält $A$; setzt man $u = \frac{1+\tau}{2}$, so wird $\vartheta_3(u) = 0$ und man erhält $B$. So findet man:

1) $$\vartheta_3^2\,\vartheta_3(u+v)\,\vartheta_3(u-v) = \vartheta_3^2(u)\,\vartheta_3^2(v) - \vartheta_1^2(u)\,\vartheta_1^2(v).$$

II. Die Produkte $\vartheta_{g_1 g_3}(u+v)\,\vartheta_{h_1 h_3}(u-v)$ sind als Funktionen von $u$ betrachtet, Thetafunktionen zweiter Ordnung mit der Charakteristik $(g_1 + h_1,\ g_3 + h_3)$. Jedes solche Produkt läßt sich also durch zwei Produkte zweier Thetafunktionen von $u$ allein ausdrücken, mit Koeffizienten, die noch von $v$ abhängen, z. B.:

$$\vartheta_3(u+v)\,\vartheta_1(u-v) = A(v)\,\vartheta_0(u)\,\vartheta_2(u) + B(v)\,\vartheta_1(u)\,\vartheta_3(u).$$

Setzt man hier $u = 0$ oder $= \frac{1+\tau}{2}$, so findet man $A$; setzt man $u = \frac{1}{2}$ oder $u = \frac{\tau}{2}$, so findet man $B$. Das Resultat ist:

$$2)\quad \left\{ \begin{aligned} \vartheta_0\,\vartheta_2\,\vartheta_3(u+v)\,\vartheta_1(u-v) &= \vartheta_0(u)\,\vartheta_2(u)\,\vartheta_1(v)\,\vartheta_3(v) \\ &\quad - \vartheta_1(u)\,\vartheta_3(u)\,\vartheta_0(v)\,\vartheta_2(v). \end{aligned} \right.$$

## § 50. Die Differentialgleichungen der Thetaquotienten.

Daß die Quotienten je zweier Thetafunktionen algebraischen Differentialgleichungen erster Ordnung und zweiten Grades genügen, in denen die unabhängige Variable explicite nicht vorkommt, folgt aus der entsprechenden Eigenschaft der Sigmaquotienten (§ 34). Aus der Theorie der Thetafunktionen selbst gewinnt man diese Gleichungen durch folgende Überlegungen:

Der Differentialquotient einer Jacobischen Funktion nach dem Argument ist selbst keine Jacobische Funktion, sondern verhält sich bei Vermehrung des Arguments um eine Periode so, wie es in § 37 (10), (11) angegeben ist. Jene Gleichungen selbst zeigen aber, daß die Determinante:

$$T_1(u)\,T_2'(u) - T_2(u)\,T_1'(u)$$

eine Jacobische Funktion ist, wenn $T_1$ und $T_2$ irgend zwei Jacobische Funktionen mit denselben Perioden I. und II. Art sind. Insbesondere ist die Determinante:

$$1)\qquad \vartheta_{g_1 g_3}(v)\,\vartheta'_{h_1 h_3}(v) - \vartheta_{h_1 h_3}(v)\,\vartheta'_{g_1 g_3}(v)$$

(in der die Accente Differentiationen nach $v$ bedeuten) eine Thetafunktion zweiter Ordnung der Charakteristik $g_1 + g_3,\ h_1 + h_3)$. Als solche läßt sie sich (vgl. § 49, II) linear und homogen durch zwei Produkte je zweier Thetafunktionen ausdrücken; und da sie entweder eine gerade oder eine ungerade Funktion von $v$ ist, so kann von diesen beiden Produkten nur das eine auftreten. So erhält man z. B.:

2) $$\vartheta_0(v)\vartheta_1'(v) - \vartheta_1(v)\vartheta_0'(v) = \frac{\vartheta_0\vartheta_1'}{\vartheta_2\vartheta_3}\vartheta_2(v)\vartheta_3(v)$$

oder:

3) $$\frac{d}{dv}\frac{\vartheta_1(v)}{\vartheta_0(v)} = \frac{\vartheta_0\vartheta_1'}{\vartheta_2\vartheta_3}\frac{\vartheta_2(v)}{\vartheta_0(v)}\frac{\vartheta_3(v)}{\vartheta_0(v)}.$$

Der hier auftretende von $v$ unabhängige Faktor läßt sich vereinfachen, wenn man die in § 47 aus der Theorie der Sigmafunktionen abgeleiteten Ausdrücke der Thetanullwerte benutzt. Unabhängig von dieser Theorie läßt sich eine solche Vereinfachung durch folgende Überlegungen erzielen:

Differentiieren wir die beiden Seiten der Gleichung (2) noch zweimal nach $v$, so erhalten wir:

$$\vartheta_0(v)\vartheta_1'''(v) + \vartheta_0'(v)\vartheta_1''(v) - \vartheta_0''(v)\vartheta_1'(v) - \vartheta_0'''(v)\vartheta_1(v)$$
$$= \frac{\vartheta_0\vartheta_1'}{\vartheta_2\vartheta_3}[\vartheta_2(v)\vartheta_3''(v) + 2\vartheta_2'(v)\vartheta_3'(v) + \vartheta_2''(v)\vartheta_3(v)];$$

und wenn wir hierin $v = 0$ setzen:

$$\frac{\vartheta_1'''}{\vartheta_1'} = \frac{\vartheta_0''}{\vartheta_0} + \frac{\vartheta_2''}{\vartheta_2} + \frac{\vartheta_3''}{\vartheta_3}.$$

Ersetzen wir in dieser Gleichung vermöge § 42, (12) zwei Differentiationen nach $v$ durch eine solche nach $\tau$, so geht sie über in:

$$\frac{d\log\vartheta_1'}{d\tau} = \frac{d\log(\vartheta_0\vartheta_2\vartheta_3)}{d\tau}.$$

Es muß also:

4) $$\vartheta_1' = C\vartheta_0\vartheta_2\vartheta_3$$

sein, wo $C$ eine auch von $\tau$ unabhängige Konstante bedeutet. Durch Vergleichung der Anfangsglieder der Reihenentwicklungen nach Potenzen von $h$ findet man:

5) $$C = \pi.$$

## § 51. Partialbruchzerlegung der elliptischen Funktionen III. Art von positiver Ordnungszahl.

Nachdem wir nunmehr die Theorie der Jacobischen Funktionen zu einem gewissen Abschluß gebracht haben, kehren wir wieder zur allgemeinen Theorie der elliptischen Funktionen III. Art zurück indem wir zunächst den Satz beweisen:

I. *Jede elliptische Funktion III. Art läßt sich als Quotient zweier Jacobischen Funktionen darstellen.*

Denn: wir können immer eine Jacobische Funktion $n^{\text{ter}}$ Ordnung mit denselben Perioden I. und II. Art wie die vorgelegte Funktion bilden, die in allen Polen der vorgelegten Funktion Null wird; nämlich, wenn $t(u)$ eine Jacobische Funktion 1. Ordnung mit diesen Perioden und der Charakteristik (1, 1) bedeutet und $b_1, b_2 \ldots b_m$ die Pole sind, das Produkt:

$$1)\qquad t(u-b_1)\,t(u-b_2)\ldots t(u-b_m).$$

Das Produkt aus dieser Funktion in die gegebene ist dann nach § 37, V ebenfalls eine elliptische Funktion III. Art, und zwar, da sie keine Pole mehr hat, eine Jacobische Funktion, w. z. b. w.

Wenn wir auch die im Zähler stehende Jacobische Funktion in der Form (1) darstellen, erhalten wir eine Darstellung der elliptischen Funktionen III. Art als Quotienten von Produkten von Jacobischen Funktionen I. Ordnung, von der die in § 22, II und § 28, VII gelehrten Darstellungen der elliptischen Funktionen I. und II. Art spezielle Fälle sind.

Andererseits gelangen wir auch zu einer Partialbruchzerlegung der elliptischen Funktionen III. Art durch eine Verallgemeinerung der Untersuchung von § 43. Bezeichnen wir die Funktion $z^{2\alpha}$ mit $\chi(z)$, so sagt die Gleichung (5) jenes Paragraphen aus: die Funktion:

$$2)\qquad \Theta_n(z)=\sum_{p=-\infty}^{+\infty} h^{np^2} z^{2np}\chi(h^p z)$$

hat die Eigenschaft, daß:

$$3)\qquad \left\{\begin{aligned} \Theta_n(hz) &= \sum_{p=-\infty}^{+\infty} h^{np^2+2np} z^{2np}\chi(h^{p+1}z) \\ &= \sum_{p=-\infty}^{+\infty} h^{n(p-1)^2+2n(p-1)} z^{2n(p-1)}\chi(h^p z) \\ &= h^{-n} z^{-2n}\Theta_n(z). \end{aligned}\right.$$

ist. Wie man sieht, ist diese Eigenschaft einer Summe der Form (2) von der speziellen Natur der Funktion $\chi$ ganz unabhängig; der Beweis setzt von ihr nichts weiter voraus, als daß sie eindeutig und so beschaffen ist, daß die Reihe konvergiert. Das letztere ist sicher dann der Fall, wenn man sowohl für $\lim z = 0$, als für $\lim z = \infty$ je eine Zahl $M$ und einen Exponenten $r$ so bestimmen kann, daß:

$$4)\qquad \lim \frac{\chi(z)}{z^r} = M$$

ist. Denn dann ist:

$$\lim_{p=+\infty} \frac{\chi(h^{p+1} z)}{\chi(h^p z)} = h^r,$$

der Quotient zweier aufeinander folgenden Glieder der Reihe konvergiert also, wenn $n$ positiv ist, gegen Null; und für $\lim p = -\infty$ gilt entsprechendes.

Insbesondere ist diese Bedingung erfüllt für jede *rationale* Funktion. Verstehen wir unter $\chi(z)$ eine solche Funktion, die zugleich eine gerade Funktion von $z$ ist, also eine rationale Funktion von $z^2$, $\chi(z) = \chi_1(z^2)$, so stellt die Reihe (2) eine mit der fundamentalen Thetafunktion gleichändrige Funktion von $v$ dar, die überall bis auf Pole regulär ist; jeder Pol der rationalen Funktion $\chi_1$ giebt nämlich zu einem Pol dieser Funktion in jedem Periodenparallelogramm Veranlassung. Wir werden also insbesondere eine Funktion dieser Art erhalten, die in jedem Periodenparallelogramm nur einen und zwar einfachen Pol hat, wenn wir für $\chi(z)$ eine gebrochene Funktion ersten Grades nehmen. So werden wir dazu geführt, als Elementarfunktion III. Art die folgende zu benutzen:

$$5)\qquad F(u, w) = \frac{\pi i}{\omega_1} \sum_{p=-\infty}^{+\infty} h^{np^2} z^{2np} \frac{\zeta^2}{h^{2p} z^2 - \zeta^2},$$

indem wir nämlich, ebenso wie:

$$6)\qquad e^{\frac{u\pi i}{2\omega_1}} = z, \quad \text{auch } e^{\frac{w\pi i}{2\omega_1}} = \zeta$$

setzen. Diese Funktion, als Funktion von $u$ betrachtet, genügt den Funktionalgleichungen § 43, (1), (3); sie hat die Punkte:

$$u = w + 2k_1\omega_1 + 2k_3\omega_3$$

zu einfachen Polen. In den Punkten $u = w + 2k_1\omega_1$, $z^2 = \zeta^2$ ist ihr Residuum, wenn man sie als Funktion von $z^2$ betrachtet:

$$\frac{\pi i}{\omega_1}\zeta^2,$$

da in der Umgebung eines solchen Punktes:

$$z^2 - \zeta^2 = \frac{\pi i}{\omega_1}\zeta^2(u - w) + \ldots$$

ist, so folgt, daß sie, als Funktion von $u$ betrachtet, in einem solchen Punkt das Residuum 1 hat. In den Punkten $u = w + 2k_1\omega_1 + 2k_3\omega_3$, $z^2 = h^{2k_3}\zeta^2$ hat sie als Funktion von $z^2$ das Residuum:

$$\frac{\pi i}{\omega_1} h^{nk_3(k_3-2)} \zeta^{-2nk_3+2},$$

also als Funktion von $u$ betrachtet, das Residuum:

7) $$h^{n k_3^2} \zeta^{-2 n k_3}.$$

Da diese Residuen jedenfalls endlich und von Null verschieden sind, so kann man durch Differentiation von $F(u, w)$ nach dem *zweiten* Argument, das in den Funktionalgleichungen sonst nicht vorkommt, Funktionen erhalten, die denselben Funktionalgleichungen genügen und die im Periodenparallelogramm auch nur an je einer Stelle, an dieser aber bezw. von der zweiten, dritten .... Ordnung unendlich groß werden. Z. B. ist die erste dieser Funktionen:

8) $$\frac{\partial F}{\partial w} = \frac{\pi i}{w_1} F + \left(\frac{\pi i}{\omega_1}\right)^2 \sum_{p=-\infty}^{+\infty} h^{n p^2} z^{2 n p} \frac{\zeta^4}{(h^{2p} z^2 - \zeta^2)^2}.$$

Nun gilt der Satz:

II. *Aus diesen Funktionen und den Funktionen $\varphi_a(v)$ von § 43 läßt sich jede reduzierte elliptische Funktion III. Art von $u$ mit positiver Ordnungszahl und der Charakteristik $(0, 0)$ linear und homogen mit von $u$ unabhängigen Koeffizienten zusammensetzen.*

Denn man kann aus diesen $F(u)$ und ihren Ableitungen immer eine Funktion bilden, die an denselben Punkten des fundamentalen Periodenparallelogramms und in derselben Weise unendlich groß wird, wie die vorgelegte; die Differenz zwischen beiden Funktionen ist dann eine Thetafunktion $n^{\text{ter}}$ Ordnung der Charakteristik $(0, 0)$, also nach § 43 eine lineare Verbindung der $\varphi_a$.

Setzt man für die $F$ und die $\varphi$ die sie darstellenden Reihen und faßt entsprechende Glieder dieser Reihen zu je einem zusammen, so erhält man *jede reduzierte elliptische Funktion III. Art der Charakteristik $(0, 0)$ dargestellt durch eine Reihe der Form (2), in der $\chi$ eine rationale Funktion von $z$ ist.*

## § 52. Eigenschaften der Elementarfunktion III. Art als Funktion ihres zweiten Arguments; Partialbruchzerlegung der elliptischen Funktionen III. Art von negativer Ordnungszahl.

Die Funktion $F(u, w)$ ist bei gegebenem $u$ nach I, § 50, I eine eindeutige analytische Funktion ihres zweiten Arguments $w$, die für alle endlichen Werte von $w$ sich regulär verhält mit Ausnahme derjenigen, für welche $\zeta^2$ gleich einem der Werte von $h^{2p} z^2$ wird, d. h. mit Ausnahme der Werte:

1) $$w = u + 2 k_1 \omega_1 + 2 k_3 \omega_3 \qquad (k_1, k_3 = 0, \pm 1, \pm 2 \ldots).$$

In diesen Punkten hat sie Pole erster Ordnung; die zugehörigen Residuen sind, wenn man sie als Funktion von $\zeta^2$ betrachtet:

$$\frac{\pi i}{\omega_1} h^{n k_3^2} z^{2 n k_3} h^{n k_3},$$

also wenn man sie als Funktion von $w$ betrachtet (da $\frac{d\zeta^2}{dw} = \frac{\pi i}{\omega_1} \zeta^2$ ist)

$$= h^{n k_3^2} z^{2 n k_3}.$$

Vermehrt man $w$ um $2\omega_1$, so bleibt $\zeta^2$ ungeändert, man hat also:

$$F(u, w + 2\omega_1) = F(u, w). \tag{3}$$

Vermehrt man aber $w$ um $2\omega_3$, so geht $\zeta^2$ in $h^2\zeta^2$ über; man erhält also zunächst:

$$F(u, w + 2\omega_3) = \frac{i\pi}{\omega_1} \sum_{p=-\infty}^{+\infty} h^{np^2} z^{2np} \frac{\zeta^2}{h^{2p-2} z^2 - \zeta^2}$$

oder wenn man den Summationsbuchstaben $p$ durch $p+1$ ersetzt:

$$= \frac{i\pi}{\omega_1} \sum_{p=-\infty}^{+\infty} h^{np^2} z^{2np} \frac{h^{2np+n} z^{2n} \zeta^2}{h^{2p} z^2 - \zeta^2}.$$

Man erhält also:

$$F(u, w + 2\omega_3) - h^n \zeta^{2n} (F(u, w)$$

$$= \frac{i\pi}{2\omega_1} \sum_{p=-\infty}^{+\infty} h^{np^2} z^{2np} \frac{h^{2np} z^{2n} - \zeta^{2n}}{h^{2n} z^2 - \zeta^2} h^n \zeta^2$$

$$= \frac{i\pi}{2\omega_1} \sum_{p=-\infty}^{+\infty} h^{np^2+n} z^{2np} \{(h^{2p} z^2)^{n-1} \zeta^2 + (h^{2p} z^2)^{n-2} \zeta^4 + \ldots + \zeta^{2n}\},$$

oder mit Berücksichtigung von § 43 (5):

$$= \frac{i\pi}{2\omega_1} h^n \sum_{a=0}^{n-1} \zeta^{2n-2a} h^{-\frac{a^2}{n}} \varphi_a\left(\frac{u}{2\omega_1}\right). \tag{4}$$

Die einzelne Funktion $F(u, w)$ ist also, als Funktion ihres zweiten Elements betrachtet, keine elliptische Funktion III. Art; aber eine Summe solcher Funktionen kann eine elliptische Funktion III. Art sein. Es gilt nämlich der Satz:

I. *Die Summe:*

$$\sum_k A_k F(u_k, w) \tag{5}$$

*ist eine elliptische Funktion III. Art von $w$, mit der negativen Ordnungszahl $-n$, wenn die Koeffizienten $A_k$ den $n$ Relationen genügen:*

$$6)\qquad \sum_k A_k\, \varphi_\alpha\left(\frac{u_k}{2\omega_1}\right) = 0 \qquad (\alpha = 0,\ 1,\ 2 \ldots n-1).$$

In diesen Relationen sind die $A_k$ die Residuen der Funktion in den Polen $u_k$.

Man überzeugt sich nun, daß in jeder reduzierten elliptischen Funktion III. Art mit negativer Ordnungszahl und der Charakteristik (0, 0) die Residuen solchen Relationen genügen müssen. Ist nämlich $\Phi(u)$ eine solche Funktion von der Ordnungszahl $-n$, $\varphi_\alpha(u/2\omega_1)$ eine der Funktionen des § 43, so ist das Produkt $\Phi\varphi_\alpha$ eine elliptische Funktion I. Art, für die eine der Gleichungen (6) den Satz von der Summe der Residuen (§ 14) ausdrückt.

Andererseits muß eine elliptische Funktion III. Art von negativer Ordnungszahl, die keine Pole hat, notwendig identisch Null sein.

Aus diesen beiden Thatsachen folgt:

II. *Jede reduzierte elliptische Funktion III. Art von negativer Ordnungszahl und der Charakteristik (0, 0) läßt sich in der Form (5) darstellen.*

Auf Grund der Sätze § 37, VII und § 39, IV lassen sich die Sätze dieses und des vorhergehenden Paragraphen auf beliebige elliptische Funktionen III. Art übertragen.

# SECHSTER ABSCHNITT.

# Das Umkehrproblem.

## § 53. Allgemeine Grundlagen für die Lösung des Umkehrproblems.

Nunmehr können wir die am Schlusse des ersten Abschnitts fallen gelassene Fragestellung wieder aufnehmen. Wir denken uns eine zweiblättrige Riemannsche Fläche mit vier willkürlich angenommenen Verzweigungspunkten vorgelegt und fragen, ob es stets möglich ist, die auf dieser Fläche eindeutigen algebraischen Funktionen von $z$, insbesondere $z$ selbst und $\sqrt{f(z)}$, als elliptische Funktionen (I. Art) des Wertes darzustellen, den das zu der Fläche gehörende Integral 1. Grades im Punkte $z$ annimmt.

Wir denken uns wieder die vorgelegte Fläche durch geeignete Rückkehrschnitte in eine einfach zusammenhängende verwandelt; dann müssen wir vor allem untersuchen, ob die Periodicitätsmoduln des Integrals:

1) $$u = \int \frac{dx}{\sqrt{f_4(x)}}$$

an diesen Querschnitten nicht etwa ein reelles Verhältnis zu einander haben. Dazu bedienen wir uns des I, § 35, VII bewiesenen Hilfssatzes. Setzen wir nämlich:

2) $$u = v + iw,$$

wo also $v$ und $w$ reelle Größen bedeuten sollen, so können wir den Wert des Integrals $\int v\,dw$, genommen um die gesamte Begrenzung der durch die Rückkehrschnitte einfach zusammenhängend gemachten Riemannschen Fläche, folgendermaßen durch die reellen und rein imaginären Bestandteile der Periodicitätsmoduln von $u$ ausdrücken.

Wir haben in § 4 bereits festgesetzt, der positive Sinn der Querschnitte $A$, $B$ solle so gewählt werden, daß $A$ den $B$ von links nach rechts überschreitet. Sind dann $a_1 + a_2 i$ und $b_1 + b_2 i$ die Periodicitätsmoduln von $u = v + wi$ an diesen Querschnitten, so finden wir, analog wie in § 6:

$$\int v\,dw = \int_{A_\lambda} v\,dw + \int_{B_\lambda} v\,dw - \int_{A_\varrho} v\,dw - \int_{B_\varrho} v\,dw,$$

$$= \int_A (v_\lambda - v_\varrho)\,dw + \int_B (v_\lambda - v_\varrho)\,dw,$$

$$= a_1 \int_A dw + b_1 \int_B dw = a_1 b_2 - b_1 a_2.$$

Aus I, § 35, VII folgt also, da $u$ nicht auf der ganzen Fläche konstant ist:

3) $$a_1 b_2 - b_1 a_2 > 0.$$

Dadurch ist nicht nur der Satz bewiesen:

I. *Die beiden Periodicitätsmoduln eines elliptischen Integrals I. Gattung stehen niemals in einem reellen Verhältnis zu einander* —

sondern es ist darüber hinaus auch noch gezeigt:

II. *Wenn wir den positiven Sinn der Querschnitte $A$, $B$ so wie in § 6, VI geschehen, festlegen und dann die Periodicitätsmoduln an diesen Querschnitten mit $2\omega_1$ und $2\omega_3$ bezeichnen, so erfüllen diese Perioden* *gerade die § 14, IV eingeführte und seitdem stets festgehaltene Voraussetzung, daß der imaginäre Teil des Periodenverhältnisses $\omega_3 / \omega_1$ positiv sei.*

Wir können also in der That mit den so bestimmten Werten als Perioden nach den Methoden der Abschnitte II bis V elliptische Funktionen von $u$ bilden. Von einer solchen Funktion $\varphi(u)$ kann dann gezeigt werden, daß sie, als Funktion von $z$ betrachtet, auf der RIEMANNschen Fläche von $s = \sqrt{f_4(z)}$ eindeutig und bis auf Pole regulär, also nach § 4, V eine rationale Funktion von $z$ und $s$ ist. Denn einerseits ist $u$ in der Umgebung jedes Punktes der Fläche regulär (§ 7, I), andererseits ist $\varphi(u)$ nach Definition (§ 13, II) eine bis auf Pole reguläre Funktion von $u$; also ist es auch auf der Fläche bis auf Pole regulär (vgl. I, § 33, VII). Daraus allein würde nun noch nicht folgen, daß es auch auf der Fläche eindeutig ist; aber man überzeugt sich davon durch folgenden Schluß: Beschreibt $z$ irgend einen geschlossenen Weg auf der Fläche, der die Schnitte $A$ und $B$ bezw. $k_1$ mal und $k_3$ mal von links nach rechts überschreitet, so vermehrt sich $u$ um $2 k_1 \omega_1 + 2 k_3 \omega_3$; dabei kehrt aber $\varphi(u)$ zu seinem Ausgangswerte zurück, da es doch eine eindeutige doppeltperiodische Funktion von $u$ mit den Perioden $2\omega_1$ und $2\omega_3$ sein sollte. Damit ist in der That der Satz bewiesen:

III. *Jede elliptische Funktion I. Art des Integralwertes $u$, deren Perioden mit den Periodicitätsmoduln des Integrals übereinstimmen, ist eine rationale Funktion von $z$ und $s$.*

Wenn wir aber die Umkehrung dieses Satzes beweisen, d. h. wenn wir zeigen wollen, daß *jede* rationale Funktion von $z$ und $s$, insbesondere $z$ und $s$ selbst, sich als elliptische Funktion von $u$ darstellen läßt, so giebt dazu die Untersuchung der elliptischen Funktionen I. Art selbst noch nicht die Mittel; wir müssen sie dazu notwendig als Quotienten zweier ganzen Funktionen darstellen. Denn für eine *ganze* Funktion haben wir in dem Residuensatz ein Mittel, um festzustellen, wie oft sie in einem gegebenen Bereich einen gegebenen Wert annimmt. Solche ganzen Funktionen lassen sich, wenn man ihre Nullpunkte kennt, nach I, § 65 als unendliche Produkte darstellen; und man bekommt die einfachste Darstellung einer bis auf Pole regulären Funktion als Quotient zweier ganzen Funktionen, wenn man in jene Produkte nicht mehr Exponentialfaktoren aufnimmt, als zur Erzwingung der Konvergenz erforderlich sind. Dann wird man aber gerade darauf geführt, die elliptischen Funktionen als Quotienten je zweier gleichändrigen JACOBIschen Funktionen darzustellen.

## § 54. Jacobi'sche Funktionen des Integrals I. Gattung.

Es sei also $T(u)$ irgend eine Jacobische Funktion $n^{\text{ter}}$ Ordnung von $u$, deren Perioden I. Art mit den Periodicitätsmoduln von $u$ übereinstimmen. Da $u$ in der „zerschnittenen" Fläche $F'$ eindeutig ist und $T$ eine eindeutige und reguläre Funktion von $u$ ist, so folgt zunächst, daß $T(u)$ auf $F'$ eindeutig und in dem § 4, I definierten Sinne regulär ist. Infolgedessen giebt der Cauchysche Satz von den Anzahlen der Nullpunkte und der Pole (I, § 46, IV) direkt die Anzahl der Nullpunkte von $Tu$ auf der Fläche $F'$, wenn wir das Integral:

$$\int \frac{1}{T(u)} \frac{d\,T(u)}{d\,z} d\,z = \int \frac{T'(u)}{T(u)} \frac{d\,u}{d\,z} d\,z,$$

um deren gesamte Begrenzung berechnen. Das gelingt aber ohne Schwierigkeit. Denn längs $A$ ist (§ 6, VII):

$$u_\lambda = u_\varrho + 2\,\omega_1,$$

also:

$$\left(\frac{T'u}{Tu}\right)_\lambda = \left(\frac{T'u}{Tu}\right)_\varrho - 2\,\pi\,i\,a_1;$$

ebenso längs $B$:

$$\left(\frac{T'u}{Tu}\right)_\lambda = \left(\frac{T'u}{Tu}\right)_\varrho - 2\,\pi\,i\,a_3.$$

Der andere Faktor $du/dz$ hat auf beiden Seiten der Schnitte denselben Wert. Der Wert des Integrals wird also (vgl. § 19, 13):

$$= -\,2\,\pi\,i\,a_1 \int_A du - 2\,\pi\,i\,a_3 \int_B d\,u$$

oder (nach § 6, VIII):

$$= 2\,\pi\,i\,(a_3\,\omega_1 - a_1\,\omega_3) = 2\,\pi\,i\,.\,n$$

(nach § 37, 9). Es gilt also der Satz:

I. *Jede Jacobische Funktion $n^{\text{ter}}$ Ordnung des Integrals I. Gattung $u$, deren Perioden I. Art mit den Periodicitätsmoduln dieses Integrals übereinstimmen, hat auf der zerschnittenen Riemannschen Fläche $F'$ gerade $n$ Nullpunkte.*

Da nun der Quotient zweier gleichändrigen Jacobischen Funktionen $n^{\text{ter}}$ Ordnung eine elliptische Funktion $n^{\text{ter}}$ Ordnung ist (§ 37, VI) und da wir andererseits unter einer Funktion $n^{\text{ter}}$ Ordnung der

Fläche eine solche verstanden haben, die auf ihr $n$ Nullpunkte und also auch (§ 5, IV) $n$ Pole hat, so können wir aus dem Satz I die folgende nähere Präzisierung des Satzes § 53, III ableiten:

II. *Jede elliptische Funktion I. Art $n^{ter}$ Ordnung des Integrals I. Gattung $u$, deren Perioden mit den Periodicitätsmoduln des Integrals übereinstimmen, ist gleich einer Funktion $n^{ter}$ Ordnung der zu Grunde gelegten* RIEMANN*schen Fläche.*

Wenn wir mit diesem allgemeinen Satz uns nicht begnügen wollen, sondern eine *vorgelegte* elliptische Funktion explicite als Funktion der Fläche darstellen wollen, so können wir sie uns entweder in der Form des § 21 oder in der des § 22 gegeben denken. Im ersten Fall müssen wir die Punkte der Fläche kennen, die den Polen der Funktion entsprechen, im letzteren Falle auch noch die den Nullpunkten entsprechenden. Die *allgemeine* Lösung dieser Aufgabe ist natürlich identisch mit der allgemeinen Lösung des Umkehrproblems selbst, sodaß durch diese Formulierung zunächst nichts gewonnen ist. Wir können die hieraus entspringende Schwierigkeit auf doppelte Weise überwinden. Wir können *einmal* davon Gebrauch machen, daß es uns noch freisteht, die untere Grenze des Integrals beliebig zu wählen. Nehmen wir also eine Funktion mit nur einem Pol im Periodenparallelogramm (der dann ein mehrfacher sein muß), so können wir diesem einen beliebigen Punkt der Fläche entsprechen lassen; da eine solche Funktion durch Angabe der Glieder negativer und nullter Ordnung ihrer Reihenentwicklung vollständig bestimmt ist, brauchen wir in diesem Fall für keinen weiteren Wert von $u$ den zugehörigen Flächenpunkt vor Aufstellung der Formeln zu kennen. *Andererseits* aber können wir auch, wenn wir die untere Grenze in einen Verzweigungspunkt legen, für gewisse *spezielle* Werte von $u$, nämlich für die *Halbperioden*, direkt die zugehörigen Flächenpunkte bestimmen. Der erste Ansatz führt auf die Lösung des Umkehrproblems durch $pu$ und $p'u$, der zweite auf die Lösung durch Sigma-, bezw. Thetaquotienten.

## § 55. Darstellung von $pu$ und $p'u$ als Funktionen der Fläche.

Legen wir die untere Grenze des Integrals in einen willkürlichen Punkt $(y, \sqrt{f(y)})$ der Fläche, setzen also:

1) $$u = \int_y^x \frac{dz}{\sqrt{f(z)}},$$

so wird z. B. $pu$ eine Funktion von $x$ sein, die für $x = y$[1] von der zweiten Ordnung, sonst aber nirgends unendlich wird, und die außerdem dadurch charakterisiert ist, daß ihre Entwicklung nach Potenzen von $u$ kein von $u$ freies Glied enthält. Eine solche Funktion können wir auf algebraischem Wege bilden; dabei setzen wir der Einfachheit wegen zunächst voraus, daß $y$ im Endlichen liege und kein Verzweigungspunkt sei. Wir haben schon in § 4, III gesehen, daß wir jede rationale Funktion von $x$ und $\sqrt{f(x)}$ in der Form darstellen können:

$$\frac{g_0(x) + g_1(x)\sqrt{f(x)}}{g_2(x)}, \tag{2}$$

in der $g_0$, $g_1$, $g_2$ rationale ganze Funktionen von $x$ allein bedeuten. Wenn hier $g_2(x)$ für einen von $y$ und den Verzweigungspunkten verschiedenen Punkt $\xi$ Null würde, würde die Funktion entweder für $(x = \xi,\ \sqrt{f(x)} = \sqrt{f(\xi)})$ oder für $(x = \xi,\ \sqrt{f(x)} = -\sqrt{f(\xi)})$ unendlich, wenn nicht sowohl $g_0(\xi) + g_1(\xi)\sqrt{f(\xi)}$, als auch $g_0(\xi) - g_1(\xi)\sqrt{f(\xi)}$ Null sind. Dann müßten aber $g_0(\xi)$ und $g_1(\xi)\sqrt{f(\xi)}$ Null sein; man könnte also mit $x - \xi$ heben. Wenn ferner der Nenner für einen Verzweigungspunkt $\alpha$ Null würde, müßte $g_0(\alpha) = 0$ sein; der Zähler würde dann, auf der Fläche gerechnet (§ 4, II), nur von der ersten Ordnung 0, der Quotient also unendlich, wenn nicht auch $g_1(\alpha) = 0$ wäre; dann könnte man aber mit $x - \alpha$ heben. Setzen wir also, wie wir dürfen, voraus, daß gemeinsame Faktoren von Zähler und Nenner bereits beseitigt seien, so muß sich der Nenner auf $(x - y)^2$ reduzieren. Ferner müssen wir dafür sorgen, daß die Funktion für $x = \infty$ auf beiden Blättern endlich bleibt; daraus folgt, daß $g_0(x)$ höchstens vom 2. Grad und $g_1$ von $x$ unabhängig sein muß. Endlich müssen wir noch dafür sorgen, daß die Funktion für $x = y$, $\sqrt{f(x)} = -\sqrt{f(y)}$ nicht unendlich wird; dazu ist erforderlich und hinreichend, daß der Zähler in diesem Punkt von der zweiten Ordnung 0 wird, daß also nicht nur:

$$g_0(y) - g_1(y)\sqrt{f(y)} = 0,$$

sondern auch:

$$\left[\frac{d\left(g_0(x) - g_1(x)\sqrt{f(x)}\right)}{dx}\right]_{x=y} = 0$$

[1] Eine solche Gleichung soll jedesmal bedeuten, daß nicht nur die Variable $x$ den Wert $y$ erhält, sondern auch der mit $\sqrt{f(x)}$ bezeichnete Wert der Quadratwurzel mit $\sqrt{f(y)}$ (nicht mit dem entgegengesetzten Wert) zusammenfällt.

wird. Setzen wir also:

$$g_0(x) = A_0(x-y)^2 + A_1(x-y) + A_2,$$

so sind $A_0$, $A_1$, $A_2$, $g_1$ Funktionen von $y$, zwischen denen wir bis jetzt die Gleichungen haben:

$$A_2 - g_1 \sqrt{f'(y)} = 0, \tag{3}$$

$$A_1 - \frac{g_1}{2} \frac{f'(y)}{\sqrt{f(y)}} = 0. \tag{4}$$

Zur weiteren Bestimmung dieser Funktionen ziehen wir nun noch die Eigenschaft der Funktion $pu$ heran, daß in ihrer Reihenentwicklung nach Potenzen von $u$ auf das Glied $u^{-2}$ sogleich Glieder mit positiven Exponenten folgen. Infolgedessen muß die Entwicklung der Funktion (2) nach Potenzen von $x - y = t$ in den Gliedern $(-2)^{\text{ter}}$, $(-1)^{\text{ter}}$ und $0^{\text{ter}}$ Ordnung übereinstimmen mit der entsprechenden Entwicklung von $u^{-2}$. Die letztere erhalten wir aus § 7 (7); schreiben wir zur Abkürzung $f$, $f'$, $f''$ für $f(y)$, $f'(y)$, $f''(y)$, so lautet sie:

$$u^{-2} = f t^{-2} \left\{1 + \tfrac{1}{2} \frac{f'}{f} t + \left(-\tfrac{1}{16} \frac{f'^2}{f^2} + \tfrac{1}{6} \frac{f''}{f}\right) t^2 + \ldots\right\};$$

die erstere wird (vgl. § 7, 5):

$$A_2 t^{-2} + A_1 t^{-1} + A_0$$

$$+ g_1 \sqrt{f} t^{-2} \left\{1 + \tfrac{1}{2} \frac{f'}{f} t + \left(-\tfrac{1}{8} \frac{f'^2}{f^2} + \tfrac{1}{4} \frac{f''}{f}\right) t^2 + \ldots\right\}.$$

Man erhält also zu den zwei Gleichungen (3) und (4) noch die drei weiteren:

$$f = A_2 + g_1 \sqrt{f}, \tag{5}$$

$$\tfrac{1}{2} f' = A_1 + \tfrac{1}{2} g_1 \frac{f'}{\sqrt{f}}, \tag{6}$$

$$-\tfrac{1}{16} \frac{f'^2}{f} + \tfrac{1}{6} f'' = A_0 + g_1 \left(-\tfrac{1}{8} \frac{f'^2}{f^{3/2}} + \tfrac{1}{4} \frac{f''}{f^{1/2}}\right). \tag{7}$$

Aus (3) und (5) folgt:

$$g_1 = \tfrac{1}{2} \sqrt{f(y)}, \qquad A_2 = \tfrac{1}{2} f(y),$$

aus (4) und (6) dann übereinstimmend:

$$A_1 = \tfrac{1}{4} f'(y),$$

endlich aus (7):

$$A_0 = \tfrac{1}{24} f''(y).$$

Somit erhalten wir:

$$8)\qquad p\left(\int\limits_y^x \frac{dz}{\sqrt{f(z)}}\right) = \frac{F(x, y) + \sqrt{f(x)}\sqrt{f(y)}}{2(x-y)^2},$$

mit:

$$9)\qquad \begin{cases} F(x, y) = f(y) + \frac{1}{2}(x-y)f''(y) + \frac{1}{12}(x-y)^2 f'''(y) \\ \qquad = a_0 x^2 y^2 + 2a_1(x^2 y + xy^2) + a_2(x^2 + 4xy + y^2) \\ \qquad + 2a_3(x+y) + a_4. \end{cases}$$

Man sieht, daß diese Funktion[1] ungeändert bleibt, wenn man $x$ und $y$ vertauscht; wie es sein muß, da die übrigen Bestandteile der Gleichung (8) diese Eigenschaft haben.

Wir hatten vorausgesetzt, daß $y$ im Endlichen liege und kein Verzweigungspunkt sei, können uns jedoch von diesen Einschränkungen nachträglich frei machen. Denn beide Seiten bleiben stetig, wenn $y$ in einen der ausgeschlossenen Punkte rückt; wir können also den Grenzübergang ausführen. Wir erhalten so einmal:

$$10)\qquad p\left(\int\limits_\infty^x \frac{dz}{\sqrt{f(z)}}\right) = \frac{1}{2}\{a_0 x^2 + 2a_1 x + a_2 + \sqrt{f(x)}\sqrt{a_0}\}$$

(das Vorzeichen von $\sqrt{a_0}$ unterscheidet die Punkte $\infty$ der beiden Blätter). Lassen wir andererseits $y$ in einen Verzweigungspunkt $\alpha$ rücken, so ist $f(\alpha) = 0$; wir können daher auch $F(x, \alpha)$ in die Form setzen:

$$a_0\alpha^2(x^2 - \alpha^2) + 2a_1(x^2\alpha + x\alpha^2 - 2\alpha^3) + a_2(x^2 + 4x\alpha + \alpha^2 - 6\alpha^2) \\ + 2a_3(x + \alpha - 2\alpha).$$

Wir können also in diesem Falle mit $(x-\alpha)$ dividieren (wie es sein muß) und erhalten die Gleichung:

$$11)\qquad \begin{cases} p\left(\int\limits_\alpha^x \frac{dz}{\sqrt{fz}}\right) = \dfrac{a_0\alpha^2(x+\alpha) + 2a_1\alpha(x+2\alpha) + a_2(x+5\alpha) + 2a_3}{2(x-\alpha)} \\ \qquad = \frac{1}{2}(a_0\alpha^2 + 2a_1\alpha + a_2) + \dfrac{a_0\alpha^3 + 3a_1\alpha^2 + 3a_2\alpha + a_3}{(x-\alpha)}. \end{cases}$$

In ganz analoger Weise könnten wir nun auch $p'u$ ausdrücken.

[1] $F(x, y)$ ist bis auf einen Zahlenfaktor diejenige Funktion, die man in der Invariantentheorie als zweite Polare von $f(x)$ zu bezeichnen pflegt.

Wir kommen aber einfacher zum Ziele, wenn wir den gefundenen Ausdruck differentiieren. Wir erhalten:

$$p'\left(\int\limits_y^x \frac{dz}{\sqrt{f(z)}}\right)\cdot\frac{du}{dx}$$

$$= -\frac{F(x,y)+\sqrt{f(x)}\sqrt{f(y)}}{(x-y)^3} + \frac{F_1(x,y)+2\frac{f'(x)}{\sqrt{f(x)}}\sqrt{f(y)}}{2(x-y)^2}$$

$$= \frac{-1}{(x-y)^3\sqrt{f(x)}}\left\{\left(F(x,y)-\tfrac{1}{2}(x-y)F_1(x,y)\right)\sqrt{f(x)}\right.$$

$$\left.+\left(f(x)-\tfrac{1}{4}(x-y)f'(x)\right)\sqrt{f(y)}\right\}.$$

Der Koeffizient von $\sqrt{f(y)}$ in der Klammer ist:[1]

$$F(\overset{3}{x},\overset{1}{y}) = y(a_0x^3+3a_1x^2+3a_2x+a_3)$$
$$+(a_1x^3+3a_2x^2+3a_3x+a_4);$$

der Koeffizient von $\sqrt{f(x)}$ muß aus ihm durch Vertauschung von $x$ mit $y$ hervorgehen, da $p'u$ bei Vertauschung von $x$ mit $y$ sein Zeichen wechselt; man erhält also:

$$12)\qquad p'\left(\int\limits_\infty^x \frac{dz}{\sqrt{f(z)}}\right) = \frac{F(\overset{1}{x},\overset{3}{y})\sqrt{f(x)}+F(\overset{3}{x},\overset{1}{y})\sqrt{f(y)}}{(y-x)^3};$$

speziell für $y=\infty$:

$$13)\quad p'\left(\int\limits_\infty^x \frac{dz}{\sqrt{f(z)}}\right) = (a_0x+a_1)\sqrt{f(x)}+(a_0x^3+3a_1x^2+3a_2x+a_3)\sqrt{a_0}$$

und für $y=\alpha$:

$$14)\qquad p'\left(\int\limits_\alpha^x \frac{dz}{\sqrt{f(z)}}\right) = -\tfrac{1}{4}f'(\alpha)\cdot\frac{\sqrt{f(x)}}{(x-\alpha)^2}.$$

Die Formeln gelten auch für den Fall, daß die Funktion unter dem Wurzelzeichen nur vom dritten Grade ist;[2] man hat dann

[1] Die erste Polare von $f(y)$, genommen nach $x$, in der Sprache der Invariantentheorie.

[2] Will man (vgl. die vorhergehenden Noten) in diesem Falle die Polaren bilden, so hat man $f(x)$ nicht als eine Funktion 3. Grades zu behandeln, sondern als eine Funktion 4. Grades, deren erster Koeffizient 0 ist.

einfach $a_0 = 0$ zu setzen. Es wird dann $p\left(\int\limits_{\infty}^{x} \frac{dz}{\sqrt{f(z)}}\right)$ eine ganze lineare Funktion von $x$. Nimmt man insbesondere an, die Funktion unter dem Integralzeichen habe die spezielle Form, die in der Gleichung (9) von § 18 aufgetreten war, es sei also:

$$a_0 = 0, \qquad a_1 = 1, \qquad a_2 = 0,$$

so erhält man direkt:

$$17) \qquad p\left(\int\limits_{\infty}^{x} \frac{dz}{\sqrt{f(z)}}\right) = x, \qquad p'\left(\int\limits_{\infty}^{x} \frac{dz}{\sqrt{f(z)}}\right) = \sqrt{f(x)}\,.$$

Man kann nun auch Ausdrücke von $g_2$ und $g_3$ durch die Koeffiziention von $f$ ableiten, indem man die durch Elimination von $x$ entstehende Gleichung zwischen $p$ und $p'$ mit § 18, (6) vergleicht. Mit den allgemeinen Ausdrücken (8) und (12) würde diese Rechnung ziemlich umständlich sein; aber da die Existenz und die Form der gesuchten Relation bereits feststeht und es sich nur noch um die Bestimmung ihrer Koeffizienten handelt, können wir $x$ und $y$ irgendwie spezialisieren. Setzen wir z. B., wie schon in (10) und (13) geschehen, $y = \infty$ und dazu noch $x = 0$, so erhalten wir:

$$p = \tfrac{1}{2}(a_2 + \sqrt{a_0}\sqrt{a_4}),$$

$$p' = a_1\sqrt{a_4} + a_3\sqrt{a_0},$$

also:

$$p'^2 - 4p^3 = a_0 a_3^2 - \tfrac{3}{2} a_0 a_2 a_4 + a_1^2 a_4 - \tfrac{1}{2} a_2^3$$
$$+ \tfrac{1}{2}\sqrt{a_0 a_4}(-a_0 a_4 + 4 a_1 a_3 - 3 a_2^2).$$

Dieser Ausdruck muß also gleich

$$-\tfrac{1}{2} g_2 (a_2 + \sqrt{a_0 a_4}) - g_3$$

sein, und zwar muß diese Gleichung für jeden der beiden Werte der Quadratwurzel bestehen. Man erhält so:

$$18) \qquad g_2 = a_0 a_4 - 4 a_1 a_3 + 3 a_2^2,$$

$$19) \qquad g_3 = a_0 a_2 a_4 - a_0 a_3^2 - a_1^2 a_4 + 2 a_1 a_2 a_3 - a_2^3.$$

Eine besonders einfache Formel ergiebt sich noch, wenn man:

$$20) \qquad u = \int\limits_{a}^{x} \frac{dz}{\sqrt{f(z)}}, \qquad v = \int\limits_{a}^{x} \frac{dz}{\sqrt{f(z)}}$$

setzt und nun $pu - pv$ als Funktion von $x$ und $\xi$ darstellt. Man erhält aus (11):

$$21)\quad pu - pv = \tfrac{1}{4} f'(\alpha)\left\{\frac{1}{x-\alpha} - \frac{1}{\xi-\alpha}\right\} = -\tfrac{1}{4}\frac{f'(\alpha)(x-\xi)}{(x-\alpha)(\xi-\alpha)}.$$

## § 56. Darstellung der Sigma- und Thetaquotienten als Funktionen der Fläche.

Eine andere Art, elliptische Funktionen von $u$ als rationale Funktionen von $z$ und $\sqrt{f(z)}$ darzustellen, erhalten wir, wenn wir folgenden Umstand berücksichtigen: Für gewisse Werte von $u$ können wir die zugehörigen Werte von $x$ unmittelbar angeben, wenn wir die untere Grenze in einen Verzweigungspunkt legen: nämlich für die halben Perioden. Wir wissen nämlich einerseits aus § 18, p. 47, daß $p'u$ dann und nur dann gleich 0 wird, wenn $u$ gleich einer halben Periode wird. Andererseits zeigt Gleichung (14) von § 55, daß $p'(\int_\alpha^x)$ Null wird in den von $\alpha$ verschiedenen Verzweigungspunkten. Diese Überlegung giebt uns noch keinen Aufschluß darüber, *welche* Halbperiode zu jedem einzelnen Verzweigungspunkt gehört; und in der That kann darüber auch keine Auskunft gegeben werden, solange über die Wahl der Rückkehrschnitte auf der RIEMANNschen Fläche noch nichts verfügt ist. Wir müssen also jetzt darüber Verfügung treffen; wir wollen folgendes festsetzen[1] (vgl. Fig. 26):

I. *Die Übergangslinien sollen $\alpha_0$ mit $\alpha_3$ und $\alpha_1$ mit $\alpha_2$ verbinden, ohne sich zu überkreuzen; der Querschnitt $B$ soll im ersten Blatt liegen und in ihm $\alpha_1$ und $\alpha_2$ von $\alpha_0$ und $\alpha_3$ trennen; sein Richtungssinn soll so festgelegt sein, daß $\alpha_1$ und $\alpha_2$ rechts, $\alpha_0$ und $\alpha_3$ links von ihm liegen; $A$ soll $\alpha_0$ und $\alpha_1$ von $\alpha_2$ und $\alpha_3$ trennen, also beide Übergangslinien überschreiten, und sein Richtungssinn soll übereinstimmend mit der Festsetzung § 6, VI festgelegt sein.*

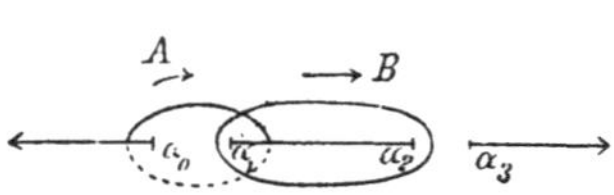

Fig. 26.

Wir können nun die Rückkehrschnitte bis dicht an die Übergangslinien heran zusammenziehen. Es erscheint dann $A$ als ein Weg, der von $\alpha_1$ im ersten Blatt nach $\alpha_0$ hin, im zweiten Blatt

[1] Man beachte, daß über die Numerierung der Verzweigungspunkte nichts festgesetzt wird.

nach $\alpha_1$ zurückführt, $B$ als ein Weg, der rechts von der Übergangslinie $\alpha_1\,\alpha_2$ von $\alpha_1$ nach $\alpha_2$ hin, links von ihr nach $\alpha_1$ zurückführt. Bezeichnen wir mit $\sqrt{f(z)}$ den Wert, den die Quadratwurzel im ersten Blatt links von der Linie $\alpha_0\,\alpha_1\,\alpha_2$ hat und beachten, daß längs $\alpha_0\,\alpha_1$ der Wert im zweiten Blatte, längs $\alpha_1\,\alpha_2$ der Wert auf der andern Seite der Übergangslinie der entgegengesetzte ist, so erhalten wir aus § 6, VIII:

$$2\,\omega_1 = \int_{\alpha_1}^{\alpha_2} \frac{dz}{\sqrt{f(z)}} + \int_{\alpha_2}^{\alpha_1} \frac{dz}{-\sqrt{f(z)}} = 2\int_{\alpha_1}^{\alpha_2} \frac{dz}{\sqrt{f(z)}},$$

$$2\,\omega_3 = -\int_{\alpha_0}^{\alpha_1} \frac{dz}{\sqrt{f(z)}} - \int_{\alpha_1}^{\alpha_0} \frac{dz}{-\sqrt{f(z)}} = -2\int_{\alpha_0}^{\alpha_1} \frac{dz}{\sqrt{f(z)}},$$

also:

1) $$\omega_1 = \int_{\alpha_1}^{\alpha_2} \frac{dz}{\sqrt{f(z)}}, \qquad \omega_3 = \int_{\alpha_1}^{\alpha_0} \frac{dz}{\sqrt{f(z)}}.$$

Ebenso können wir aber auch die Rückkehrschnitte über die Kugel hin jedesmal bis zu den beiden andern Verzweigungspunkten zusammenziehen; wir erhalten dann:

2) $$\omega_1 = \int_{\alpha_0}^{\alpha_3} \frac{dz}{\sqrt{f(z)}}, \qquad \omega_3 = \int_{\alpha_2}^{\alpha_3} \frac{dz}{\sqrt{f(z)}}.$$

Wir erhalten daraus noch:

3) $$\omega_2 = -\int_{\alpha_1}^{\alpha_3} \frac{dz}{\sqrt{f(z)}}, \qquad \omega_1 - \omega_3 = \int_{\alpha_0}^{\alpha_2} \frac{dz}{\sqrt{f(z)}}.$$

Wir entnehmen diesen Formeln den folgenden Satz:

II. *Wenn wir die untere Grenze des Integrals in den Verzweigungspunkt $\alpha_1$ legen, entsprechen*

*den Werten:* $u = \omega_1, \quad \omega_2, \quad \omega_3,$

*bezw. die Werte:* $x = \alpha_2, \quad \alpha_3, \quad \alpha_0.$

Damit erhalten wir aus der Gleichung (21) von § 55 die folgenden speziellen Fälle:

$$4)\quad \begin{cases} pu - e_1 = \frac{1}{4} a_0 (\alpha_1 - \alpha_0)(\alpha_1 - \alpha_3)\dfrac{x - \alpha_2}{x - \alpha_1}, \\ pu - e_2 = \frac{1}{4} a_0 (\alpha_1 - \alpha_0)(\alpha_1 - \alpha_2)\dfrac{x - \alpha_3}{x - \alpha_1}, \\ pu - e_3 = \frac{1}{4} a_0 (\alpha_1 - \alpha_2)(\alpha_1 - \alpha_3)\dfrac{x - \alpha_0}{x - \alpha_1}. \end{cases}$$

Wir können übrigens diese Ausdrücke auch unabhängig von den Rechnungen des vorigen Paragraphen erhalten, wenn wir zuerst Nullpunkte und Pole beider Seiten in Übereinstimmung bringen und den dabei noch unbestimmt bleibenden konstanten Faktor durch Vergleichung der ersten Glieder der Entwicklungen in der Umgebung von $u = 0$, $x = \alpha_1$ festlegen.

Aus (4) ergeben sich nun auch die Ausdrücke der Differenzen der $e$ durch die Wurzeln von $f(z)$, nämlich:

$$5)\quad \begin{cases} e_1 - e_2 = \frac{1}{4} a_0 (\alpha_0 - \alpha_1)(\alpha_2 - \alpha_3), \\ e_2 - e_3 = \frac{1}{4} a_0 (\alpha_2 - \alpha_1)(\alpha_3 - \alpha_0), \\ e_3 - e_1 = \frac{1}{4} a_0 (\alpha_3 - \alpha_1)(\alpha_0 - \alpha_2). \end{cases}$$

Aus diesen Ausdrücken und aus § 18, (12) bis (14) erhält man Ausdrücke von $g_2$ und $g_3$ durch symmetrische Funktionen der Wurzeln von $f(z)$; diese müssen natürlich mit den Ausdrücken von $g_2$ und $g_3$ durch rationale Funktionen der Koeffizienten von $f(z)$ § 55, (18), (19) übereinstimmen.

Vielfach, namentlich zum Zweck numerischer Berechnungen, ist es wünschenswert, in die Lösung des Umkehrproblems die Thetafunktionen einzuführen. Man kann dazu entweder von den Formeln 5 von § 30 aus gelangen, indem man den Durchgang durch die Sigmafunktionen nimmt; oder man kann direkt an die Sätze von § 54 anknüpfen.

Die genannten Formeln liefern zunächst:

$$6)\quad \begin{cases} \dfrac{\sigma_1 u}{\sigma u} = \frac{1}{2}\sqrt{a_0 (\alpha_1 - \alpha_0)(\alpha_1 - \alpha_3)}\sqrt{\dfrac{x - \alpha_2}{x - \alpha_1}}, \\ \dfrac{\sigma_2 u}{\sigma u} = \frac{1}{2}\sqrt{a_0 (\alpha_1 - \alpha_0)(\alpha_1 - \alpha_2)}\sqrt{\dfrac{x - \alpha_3}{x - \alpha_1}}, \\ \dfrac{\sigma_3 u}{\sigma u} = \frac{1}{2}\sqrt{a_0 (\alpha_1 - \alpha_2)(\alpha_1 - \alpha_3)}\sqrt{\dfrac{x - \alpha_0}{x - \alpha_1}}. \end{cases}$$

Hier bedürfen nur die Vorzeichen der Quadratwurzeln einiger Erläuterung. In jeder einzelnen der drei Formeln kann man sie an und für sich zunächst für einen bestimmten Punkt beliebig wählen; sie bleiben dann richtig, wenn man von diesem Punkt aus beide Seiten auf entsprechenden Wegen analytisch fortsetzt. (So ändert z. B. die linke Seite der ersten Gleichung nach § 33, (3) ihr Vorzeichen, wenn man $u$ um $2\omega_3$ vermehrt. Eine solche Vermehrung kommt aber dadurch zu Stande, daß man $x$ den Periodenweg $A$ durchlaufen läßt; da dieser $\alpha_1$, nicht aber $\alpha_2$ umkreist, ändert auch die rechte Seite ihr Zeichen.) Ist aber in zweien der drei Gleichungen das Vorzeichen fixiert, so ist es mit Rücksicht auf § 30, (6) in der dritten so zu wählen, daß die Multiplikation der drei rechten Seiten das $(-2)$fache der rechten Seite der Gleichung (14) von § 55 ergiebt. Führen wir nun die Thetafunktionen ein, so erhalten wir:

$$\sqrt{\frac{x-\alpha_2}{x-\alpha_1}} = \frac{\sqrt[4]{(e_1-e_2)(e_1-e_3)}}{\sqrt{2(\alpha_1-\alpha_0)(\alpha_1-\alpha_3)}} \cdot \frac{\vartheta_2(v)}{\vartheta_1(v)},$$

oder wenn wir die Differenzen der $e$ durch ihre Ausdrücke aus (5) ersetzen:

$$\sqrt{\frac{x-\alpha_2}{x-\alpha_1}} = \frac{1}{2}\sqrt[4]{a_0\frac{(\alpha_3-\alpha_2)(\alpha_0-\alpha_2)}{(\alpha_0-\alpha_1)(\alpha_3-\alpha_1)}} \cdot \frac{\vartheta_2(v)}{\vartheta_1(v)} \tag{7}$$

und ebenso:

$$\sqrt{\frac{x-\alpha_3}{x-\alpha_1}} = \frac{1}{2}\sqrt[4]{a_0\frac{(\alpha_0-\alpha_3)(\alpha_2-\alpha_3)}{(\alpha_0-\alpha_1)(\alpha_2-\alpha_1)}} \cdot \frac{\vartheta_3(v)}{\vartheta_1(v)}, \tag{8}$$

$$\sqrt{\frac{x-\alpha_0}{x-\alpha_1}} = \frac{1}{2}\sqrt[4]{a_0\frac{(\alpha_2-\alpha_0)(\alpha_3-\alpha_0)}{(\alpha_2-\alpha_1)(\alpha_3-\alpha_1)}} \cdot \frac{\vartheta_0(v)}{\vartheta_1(v)}. \tag{9}$$

Man kann diese Formeln auch aus der Theorie der Thetafunktionen ableiten, ohne von den Funktionen $pu$ und $\sigma u$ Gebrauch zu machen. Man erhält zunächst, indem man das Verhalten beider Seiten bei Vermehrung des Arguments um Perioden, sowie die Pole und Nullpunkte vergleicht:

$$\sqrt{\frac{x-\alpha_2}{x-\alpha_1}} = C \cdot \frac{\vartheta_2(v)}{\vartheta_1(v)}.$$

Um die Konstante zu bestimmen, kehrt man die Brüche um, differentiiert beiderseits nach $v$ und setzt dann $v = 0$ (also $x = \alpha_1$); man erhält unter Berücksichtigung von § 50, (3):

$$\left\{\frac{1}{\sqrt{(x-\alpha_2)(x-\alpha_1)}} - \frac{\sqrt{x-\alpha_1}}{\sqrt{(x-\alpha_2)^3}}\right\}\sqrt{f(x)}\,.\,\omega_1 = \frac{1}{C}\,\frac{-\vartheta_2'(v)\,\vartheta_1(v)+\vartheta_2(v)\,\vartheta_1'(v)}{\vartheta_2^2(v)}$$

$$= \frac{(\alpha_1-\alpha_2)\sqrt{f(x)}\,\omega_1}{\sqrt{(x-\alpha_1)(x-\alpha_2)^3}}$$

und daraus:

$$\frac{1}{C} = \omega_1 \frac{\vartheta_2(0)}{\vartheta_1'(0)} \cdot \sqrt{a_0(\alpha_1 - \alpha_0)(\alpha_1 - \alpha_3)},$$

also:

10) $$\sqrt{\frac{x-\alpha_2}{x-\alpha_1}} = \frac{\vartheta_1'(0)}{\omega_1 \vartheta_2(0)} \frac{1}{\sqrt{a_0(\alpha_1-\alpha_0)(\alpha_1-\alpha_3)}} \cdot \frac{\vartheta_2(v)}{\vartheta_1(v)},$$

sowie zwei analoge Formeln. Diese Formeln lassen sich weiter reduzieren, wenn man in ihnen die Thetanullwerte durch ihre Ausdrücke ersetzt; man kann aber auch umgekehrt Ausdrücke für die Verhältnisse der Thetanullwerte aus ihnen entnehmen. Setzt man z. B. in der Formel:

11) $$\sqrt{\frac{x-\alpha_2}{x-\alpha_3}} = \sqrt{\frac{\alpha_1-\alpha_2}{\alpha_1-\alpha_3}} \frac{\vartheta_3(0)}{\vartheta_2(0)} \frac{\vartheta_2(v)}{\vartheta_3(v)}$$

$v = \frac{1}{2}\tau$, $x = \alpha_0$ und benutzt die Formel (7) von § 46, so erhält man:

12) $$\frac{\vartheta_3(0)}{\vartheta_2(0)} = \sqrt{\frac{(\alpha_0-\alpha_2)(\alpha_1-\alpha_3)}{(\alpha_0-\alpha_3)(\alpha_1-\alpha_2)}},$$

sowie zwei analoge Formeln; jede derselben setzt den Quotienten zweier Thetanullwerte der vierten Wurzel aus einem Doppelverhältnis der Verzweigungspunkte gleich. — Setzt man in (10) direkt $x = \alpha_2$, $v = 0$ und geht zur Grenze über, so erhält man ebenso:

13) $$\frac{\vartheta_1'(0)}{\vartheta_2(0)} = \sqrt{\omega_1}\sqrt[4]{a_0(\alpha_0-\alpha_1)(\alpha_0-\alpha_2)(\alpha_3-\alpha_1)(\alpha_3-\alpha_2)}.$$

Aus diesen Formeln kann man auch die Thetanullwerte selbst bis auf ein gemeinsames Vorzeichen bestimmen, wenn man die Gleichung (4) von § 50 zu Hilfe nimmt. Man erhält zunächst:

$$\frac{\vartheta_1'(0)^3}{\vartheta_2(0)\vartheta_3(0)\vartheta_0(0)}$$
$$= \sqrt{a_0^3(\alpha_0-\alpha_1)(\alpha_2-\alpha_1)(\alpha_3-\alpha_1)(\alpha_0-\alpha_2)(\alpha_2-\alpha_3)(\alpha_3-\alpha_0)},$$

also:

14) $$\vartheta_1'(0) = \frac{1}{\sqrt{\pi}}\sqrt[4]{G}$$

und folglich:

15) $$\vartheta_2(0) = \sqrt{\frac{\omega_1}{\pi}}\sqrt[4]{(\alpha_0-\alpha_3)(\alpha_2-\alpha_1)}.$$

16) $$\vartheta_3(0) = \sqrt{\frac{\omega_1}{\pi}}\sqrt[4]{(\alpha_2-\alpha_0)(\alpha_3-\alpha_1)},$$

17) $$\vartheta_0(0) = \sqrt{\frac{\omega_1}{\pi}}\sqrt[4]{(\alpha_3-\alpha_2)(\alpha_0-\alpha_1)}.$$

Zwei andere Methoden zur Bestimmung dieser Thetanullwerte werden wir in § 59 und in § 83 kennen lernen.

*Durch Umkehrung der Formeln dieses Paragraphen erhält man $x$ und $\sqrt{f(x)}$ — und damit überhaupt jede Funktion der Fläche — als elliptische Funktionen I. Art von $u$ dargestellt.* Die in § 10 gestellte Frage ist also zu bejahen.

## § 57. Die Integrale II. und III. Gattung als Funktionen des Integrals I. Gattung.

Da wir die algebraischen Funktionen der Fläche als elliptische Funktionen des Integrals I. Gattung ausgedrückt haben, können wir die Integrale algebraischer Funktionen, die wir im ersten Abschnitt summarisch untersucht haben, in Integrale elliptischer Funktionen überführen. Für die letzteren haben wir in § 24 (7) einen allgemeinen Ausdruck kennen gelernt; wir müssen jetzt die einzelnen Bestandteile desselben als Funktionen der oberen Grenze $x$ des Integrals untersuchen.

Die Summe:

$$1)\quad C_2 + \sum_{\nu=1}^{n}\left\{-\tfrac{1}{2}A_{\nu 3}\,p(u-a_\nu) + \dots + (-1)^{k_\nu-1}\frac{A_{\nu k_\nu}}{(k_\nu-1)!}\,p^{(k_\nu-3)}(u-a_\nu)\right\}$$

ist eine *auf der Fläche eindeutige algebraische Funktion* von $x$.

$C_1 u$ ist ein *Integral erster Gattung.*

Die Terme:

$$2)\qquad \zeta(u-a_\nu) = -\int p(u-a_\nu)\,du$$

stellen *Integrale zweiter Gattung* vor; und zwar sogen. *Elementarintegrale* zweiter Gattung, d. h. solche, die nur in einem Punkte der Fläche, in diesem nur von der ersten Ordnung und mit dem Residuum 1 unendlich groß werden. Zufolge § 55, (8) läßt sich ein solches Elementarintegral, dessen Pol im Punkte $z'$, $\sqrt{f(z')}$ liegt, folgendermaßen darstellen:

$$3)\qquad Z^{(z')}_{x,\,y} = -\int_y^x \frac{F(z,z') + \sqrt{f(z)}\,\sqrt{f(z')}}{2(z-z')^2}\,\frac{dz}{\sqrt{f(z)}}\,.$$

Jedes andere Elementarintegral II. Gattung mit demselben Pol entsteht aus diesem durch Addition des mit irgend einer Konstanten multiplizierten Integrals I. Gattung; denn die Differenz zweier Elementarintegrale I. Gattung mit demselben Pol wird nirgends mehr unendlich. Unter allen diesen Elementarintegralen II. Gattung kann das durch die Formel (3) dargestellte als *„algebraisch normiertes Elementarintegral“* herausgehoben werden. Andererseits kann man aber auch den konstanten Faktor des zutretenden Integrals I. Gattung so wählen, daß eine Periode des Elementarintegrals II. Gattung, z. B. die erste, gleich Null wird; man erhält dann ein *„transscendent normiertes Elementarintegral II. Gattung“*:

$$4)\qquad 2\,\omega_1\,\frac{\sigma'(u-a)}{\sigma(u-a)} - 2\,\eta_1\,u = \frac{\vartheta_1'(v-\alpha)}{\vartheta_1(v-\alpha)}$$

(wenn $u = 2\,\omega_1\,v,\quad a = 2\,\omega_1\,\alpha$ gesetzt wird).

Die Darstellung dieser normierten Elementarintegrale als Funktionen von $u$ zeigt, daß von ihnen der Satz gilt:

I. *Die Perioden sowohl des algebraisch, als des transscendent normierten Elementarintegrals II. Gattung sind von der Lage des Pols unabhängig.*

Daraus folgt dann weiter, daß die Differenz zweier solcher in derselben Weise normierter Elementarintegrale I. Gattung mit verschiedenen Polen, $z_1'$, $z_2'$, aber derselben oberen Grenze, als Funktion dieser oberen Grenze betrachtet, eine auf der unzerschnittenen Fläche $F$ eindeutige Funktion, also (§ 4, V) eine rationale Funktion von $x$ und $\sqrt{f(x)}$ ist. Den expliciten Ausdruck dieser Funktion erhält man aus der Gleichung (vgl. § 23, 4):

$$5)\qquad \zeta(u-a_1) - \zeta(u-a_2) = \zeta(a_2-a_1) - \tfrac{1}{2}\,\frac{p'(u-a_1)+p'(u-a_2)}{p(u-a_1)-p(u-a_2)},$$

wenn man in ihr die Funktionen $p$ und $p'$ durch ihre Ausdrücke (§ 55, 8 und 12) ersetzt.[1]

Was endlich die Terme betrifft:

$$\sum_{\nu=1}^{n} A_{\nu 1}\log\sigma(u-a_\nu),$$

so lassen sie sich mit Rücksicht auf die Relation § 24, (4) umformen in:

$$\sum_{\nu=1}^{n-1} A_{\nu 1}\log\frac{\sigma(u-a_\nu)}{\sigma(u-a_n)}.$$

Eine Funktion der Form:

$$6)\qquad \log\frac{\sigma(u-a)}{\sigma(u-b)}$$

[1] Natürlich kann man auch damit beginnen, daß man die der Gleichung (5) entsprechende algebraische Identität auf algebraischem Wege ableitet, und dann aus ihr rückwärts den Satz I erschließen.

ist als Funktion auf der Fläche $F$ betrachtet, auch auf der durch die Rückkehrschnitte $A$ und $B$ einfach zusammenhängend gemachten Fläche $F'$ nicht eindeutig, sondern erst auf einer Fläche $F''$, die entsteht, wenn man vom Schnittpunkt von $A$ und $B$ noch Einschnitte nach denjenigen Punkten $x', y'$ der Fläche legt, die bezw. den Argumentwerten $a$, $b$ zugehören. Bei Überschreitung eines dieser Einschnitte, oder eines der Rückkehrschnitte vermehrt sich die Funktion (6) um Konstante. Sie ist also zufolge § 6, IX und XI ein Integral III. Gattung, und zwar nennen wir sie ein *Elementarintegral III. Gattung*, sofern sie keine algebraischen und nur zwei logarithmische Unstetigkeitspunkte und in diesen die logarithmischen Residua $+1$ und $-1$ hat. Jedes andere Elementarintegral III. Gattung mit demselben Pol entsteht aus ihm durch Addition des mit irgend einer Konstanten multiplizierten Integrals I. Gattung; unter ihnen allen kann das in der Form (6) darstellbare als *algebraisch normiert* hervorgehoben werden. Andererseits kann man auch den konstanten Faktor des zutretenden Integrals I. Gattung so wählen, daß der Periodicitätsmodul an $A$ gleich Null wird; man erhält dann das *transscendent normierte* Elementarintegral III. Gattung:

$$\log \frac{\sigma(u-a)}{\sigma(u-b)} + \frac{\eta_1}{\omega_1}(a-b)(u-a-b) = \log \frac{\vartheta(v-\alpha)}{\vartheta(v-\beta)}.$$

Wir können also aus dem Satze von § 24 über elliptische *Funktionen* mit Hilfe des Umkehrtheorems den folgenden Satz über elliptische *Integrale* ableiten:

II. *Jedes elliptische Integral läßt sich darstellen als Summe aus:*
*einer algebraischen Funktion der Fläche;*
*einem Integral I. Gattung;*
*einem mit einer Konstanten multiplizierten Elementarintegral II. Gattung, dessen Pol beliebig gewählt werden kann;*
*und einer Anzahl von mit Konstanten multiplizierten Elementarintegralen III. Gattung.*

## § 58. Übertragung der Sätze von Liouville und Hermite auf die Riemann'sche Fläche: das Abel'sche Theorem und der Riemann-Roch'sche Satz.

Auf Grund der Resultate der vorhergehenden Paragraphen und des Satzes V von § 7 können wir die Sätze, die wir über elliptische Funktionen kennen gelernt haben, auf rationale Funktionen einer Variabeln $z$ und der Quadratwurzel aus einer ganzen Funktion dritten oder vierten Grades von $z$ übertragen. Wir erhalten dabei zum Teil frühere Sätze wieder; so ist z. B. § 13, I äquivalent mit § 5, VI; § 14, V mit § 5, III; § 15, II mit § 5, V. Außerdem erhalten wir aber auch noch andere, für uns neue Sätze. So liefert § 14, VI den im ersten Abschnitt wenigstens nicht ausdrücklich ausgesprochenen Satz:

I. *Es giebt keine rationale Funktion von $z$ und $s$, die nur in einem Punkte der Fläche und in ihm nur von der ersten Ordnung unendlich groß würde.*

Die Sätze von § 16 und § 22 geben, wenn man mit $u(x)$ den Wert des Integrals I. Gattung bezeichnet, dessen obere Grenze $x$ ist, folgende Formulierung:

II. *Wenn $x_1, x_2 \ldots x_n$ die Nullpunkte, $y_1, y_2 \ldots y_n$ die Pole einer Funktion der Fläche sind, so ist:*

$$1) \qquad u(x_1) + u(x_2) + \ldots + u(x_n) \equiv u(y_1) + u(y_2) + \ldots + u(y_n) \quad \text{(modd. Per.)};$$

*und umgekehrt, wenn eine solche Relation besteht, existiert eine Funktion der Fläche, die in den Punkten $x$ und nur in diesen Null, und in den Punkten $y$ und nur in diesen unendlich wird.*

Der erste Teil dieses Satzes ist ein sehr spezieller Fall des großen, auf beliebige algebraische Irrationalitäten sich beziehenden Theorems, das den Namen seines Entdeckers N. H. ABEL trägt.

Zwei Punktaggregate $(x_1 \ldots x_n)$ und $(y_1 \ldots y_n)$, die durch die Relation (1) verbunden sind, nennt man *„äquivalent“* oder *„corresidual“*.

Man kann in dem Satze II statt Null und Unendlich zwei beliebige andere konstante Werte $a$, $b$ setzen. Denn wenn eine Funktion $\psi$ in den Punkten $x$ den Wert $a$, in den Punkten $y$ den Wert $b$ annimmt, so wird:

$$\frac{\psi - a}{\psi - b}$$

in den ersteren Null, in den letzteren unendlich; und umgekehrt.

Setzt man:

$$2) \qquad \int_y^x \frac{dz}{\sqrt{f(z)}} = u_{xy},$$

so kann man Gleichung (1) auch so schreiben:

$$\sum u_{x_i y_i} \equiv 0 \quad \text{(modd. Per.)}$$

Übrigens ist wesentlich, daß die Gültigkeit des Satzes II keineswegs auf einfache Nullpunkte und Pole beschränkt ist; es ist nur jeder mehrfache Nullpunkt oder Pol so oft unter die $x$, bezw. die $y$ aufzunehmen, als seine Ordnungszahl angiebt.

Einen weiteren fundamentalen Satz über rationale Funktionen von $z$ und $s$ erhalten wir aus dem HERMITEschen Satz § 43. Dazu müssen wir zunächst diesen letzteren auf elliptische Funktionen übertragen, indem wir mit einer der gleichändrigen JACOBIschen Funktionen dividieren; wir erhalten dann den Satz:

III. *Alle elliptischen Funktionen desselben Periodenparallelogramms, die nirgendwo sonst als in gegebenen Punkten und in diesen nicht von höherer als je einer gegebenen Ordnungszahl unendlich werden, lassen sich linear und homogen durch so viele voneinander linear unabhängige solche Funktionen ausdrücken, als die Summe der gegebenen Ordnungszahlen beträgt.*

Man kann diesen Satz auch aus der Gleichung (6) von § 24 ablesen, wenn man beachtet, daß die in ihr auftretenden Konstanten durch keine andere Bedingung als die Gleichung (4) daselbst in ihrer Willkürlichkeit eingeschränkt sind.

Weiter erhalten wir aus III:

IV. *einen ganz ebenso lautenden Satz über rationale Funktionen von $z$ und $s$.* Auch dieser Satz ist ein sehr spezieller Fall eines allgemeinen, auf beliebige algebraische Irrationalitäten bezüglichen, der als RIEMANN-ROCHscher Satz bezeichnet zu werden pflegt.

Man beachte, daß auch die Konstanten mit zu denjenigen Funktionen zu zählen sind, von denen in diesen Sätzen III und IV die Rede ist.

## § 59. Bestimmung der Thetanullwerte unter Benutzung von Integralen II. Gattung.

Auf Grund der Entwicklungen der letzten Paragraphen erhält man eine direkte Bestimmung der Thetanullwerte selbst (nicht bloß ihrer Quotienten) durch folgende Überlegungen. Halten wir drei von den Verzweigungspunkten, sowie die Grenzen eines Integrals I. Gattung fest, so ist es noch abhängig von dem vierten Verzweigungspunkt. Solange der Integrationsweg diesen nicht berührt, dürfen wir die Differentiation nach ihm unter dem Integralzeichen ausführen; wir erhalten dann:

$$1)\qquad \frac{\partial u}{\partial \alpha_3} = \frac{1}{2}\int^{x} \frac{dz}{(z-\alpha_3)\sqrt{f(z)}}\,.$$

Dieses Integral ist ein Integral *zweiter* Gattung, dessen Pol in $\alpha_3$ liegt und das dort unendlich wird wie:

$$-\frac{1}{\sqrt{f'(\alpha_3)}} \cdot \frac{1}{\sqrt{x-\alpha_3}}.$$

Andererseits ist nach § 57, (4) $\vartheta_3'(v)/\vartheta_3(v)$ ebenfalls ein Integral II. Gattung, dessen Pol in $v = \frac{1+\tau}{2}$, d. h. in $x = \alpha_3$ liegt, und das dort unendlich wird wie:

$$\left(v - \frac{1+\tau}{2}\right)^{-1} = 2\,\omega_1\,(u + \omega_2)^{-1},$$

d. h. nach § 7, (12) wie:

$$\frac{\omega_1 \sqrt{f'(\alpha_3)}}{\sqrt{x-\alpha_3}}.$$

Also ist:

$$\frac{\vartheta_3'(v)}{\vartheta_3(v)} + \omega_1 f''(\alpha_3) \frac{\partial u}{\partial \alpha_3}$$

ein Integral *erster* Gattung; seine Periode an $A$ ist =

$$2\,\omega_1 \frac{\partial \omega_1}{\partial \alpha_3} \cdot f''(\alpha_3);$$

es kann sich also von

$$u \frac{\partial \omega_1}{\partial \alpha_3} \cdot f''(\alpha_3)$$

nur um eine additive Konstante unterscheiden. Diese muß Null sein, wenn wir die untere Grenze der Integrale übereinstimmend nach $x = \alpha_1$ (entsprechend $v = 0$) verlegen; wir erhalten somit die Gleichung:

$$2)\qquad \frac{\vartheta_3'(v)}{\vartheta_3(v)} + \omega_1 f''(\alpha_3) \frac{\partial u}{\partial \alpha_3} = u \frac{\partial \omega_1}{\partial \alpha_3} f''(\alpha_3).$$

Aus dieser Gleichung erhalten wir einerseits durch Bestimmung der Perioden am Querschnitt $B$:

$$-2\pi i + 2\,\omega_1 \frac{\partial \omega_3}{\partial \alpha_3} f''(\alpha_3) = 2\,\omega_3 \frac{\partial \omega_1}{\partial \alpha_3} f''(\alpha_3)$$

oder:

$$3)\qquad \frac{\partial \tau}{\partial \alpha_3} = \frac{\pi i}{\omega_1^2} \cdot \frac{1}{f''(\alpha_3)};$$

andererseits durch abermalige Differentiation nach $x$:

$$\frac{\partial^2 \log \vartheta_3(v)}{\partial v^2} \cdot \frac{1}{2\,\omega_1 \sqrt{f(x)}} + \omega_1 \frac{f'(\alpha_3)}{2(x-\alpha_3)\sqrt{f(x)}} = \frac{\partial\,\omega_1}{\partial\,\alpha_3}\frac{f'(\alpha_3)}{\sqrt{f(x)}}$$

oder:

$$4)\qquad \frac{\partial^2 \log \vartheta_3(v)}{\partial v^2} = -\frac{\omega_1^2 f'(\alpha_3)}{x-\alpha_3} + 2\,\omega_1 \frac{\partial\,\omega_1}{\partial\,\alpha_3} f'(\alpha_3).$$

Setzt man in dieser Gleichung $v = 0$ und berücksichtigt, daß $\vartheta_3'(0) = 0$ ist, so erhält man:

$$\frac{\vartheta_3''(0)}{\vartheta_3(0)} = -\frac{\omega_1^2 f'(\alpha_3)}{\alpha_1-\alpha_3} + 2\,\omega_1 \frac{\partial\,\omega_1}{\partial\,\alpha_3} f'(\alpha_3),$$

oder wegen § 42, (12):

$$5)\qquad \frac{d \log \vartheta_3}{d\tau} = \frac{f'(\alpha_3)}{4\pi i}\left\{-\frac{\omega_1^2}{\alpha_1-\alpha_3} + 2\,\omega_1 \frac{\partial\,\omega_1}{\partial\,\alpha_3}\right\}.$$

Hier können wir vermöge der Gleichung (3) die Differentiation nach $\tau$ durch eine solche nach $\alpha_3$ ersetzen; wir erhalten:

$$\frac{\partial \log \vartheta_3}{\partial\,\alpha_3} = \frac{1}{4(\alpha_3-\alpha_1)} + \frac{1}{2\,\omega_1}\frac{\partial\,\omega_1}{\partial\,\alpha_3},$$

also durch Integration:

$$6)\qquad \vartheta_3 = c_1 \sqrt{\omega_1}\,\sqrt[4]{\alpha_3-\alpha_1}\,.$$

Dabei bedeutet $c_1$ eine von $\alpha_3$ unabhängige Größe, die aber noch von den übrigen Verzweigungspunkten abhängt. Um sie zu bestimmen, beachten wir, daß wir auf demselben Wege wie die Gleichung (3) auch die beiden folgenden Gleichungen erhalten können:

$$7)\qquad \frac{\partial\,\tau}{\partial\,\alpha_0} = \frac{\pi i}{\omega_1^2}\frac{1}{f'(\alpha_0)}, \qquad \frac{\partial\,\tau}{\partial\,\alpha_2} = \frac{\pi i}{\omega_1^2}\cdot\frac{1}{f'(\alpha_2)}.$$

Ebenso stellen wir der Gleichung (4) die beiden folgenden zur Seite:

$$8)\qquad \frac{\partial^2 \log \vartheta_0(v)}{\partial v^2} = -\frac{\omega_1^2 f'(\alpha_0)}{x-\alpha_0} + 2\,\omega_1 \frac{\partial\,\omega_1}{\partial\,\alpha_0} f'(\alpha_0),$$

$$9)\qquad \frac{\partial^2 \log \vartheta_2(v)}{\partial v^2} = -\frac{\omega_1^2 f'(\alpha_2)}{x-\alpha_2} + 2\,\omega_1 \frac{\partial\,\omega_1}{\partial\,\alpha_0} f'(\alpha_2).$$

Setzen wir in Gleichung (8) $v = \frac{1}{2}$ und benutzen die erste Gleichung (7), so erhalten wir:

$$\frac{\partial \log \vartheta_3}{\partial\,\alpha_0} = \frac{1}{4(\alpha_0-\alpha_2)} + \frac{1}{2\,\omega_1}\frac{\partial\,\omega_1}{\partial\,\alpha_2},$$

also:

10) $$\vartheta_3 = c_2 \sqrt{\omega_1} \sqrt[4]{\alpha_0 - \alpha_2};$$

setzen wir in Gleichung (9) $v = \frac{\tau}{2}$, und benutzen die zweite Gleichung (7), so erhalten wir:

$$\frac{\partial \log \vartheta_3}{\partial \alpha_2} = \frac{1}{4(\alpha_0 - \alpha_2)} + \frac{1}{2\omega_1} \frac{\partial \omega_1}{\partial \alpha_2},$$

also:

11) $$\vartheta_3 = c_3 \sqrt{\omega_1} \sqrt[4]{\alpha_0 - \alpha_2}.$$

Etwas umständlicher ist es, die Abhängigkeit des Thetanullwerts von dem Verzweigungspunkt $\alpha_1$ festzustellen, da die Differentiation von $u$ nach $\alpha_1$ nicht ohne weiteres unter dem Zeichen vollzogen werden kann. Wir können diese Schwierigkeit durch folgende Überlegungen umgehen:

Das Integral

$$u = \int_{\alpha_1}^{x} \frac{dz}{\sqrt{a_0 (z - \alpha_0)(z - \alpha_1)(z - \alpha_2)(z - \alpha_3)}}$$

geht durch die Substitution $\zeta = \lambda z$ über in:

$$u = \lambda \int_{\lambda \alpha_1}^{\lambda x} \frac{d\zeta}{\sqrt{a_0 (\zeta - \lambda \alpha_0)(\zeta - \lambda \alpha_1)(\zeta - \lambda \alpha_2)(\zeta - \lambda \alpha_3)}}.$$

Wenn wir also an Stelle der Verzweigungspunkte $\alpha_k$ die Werte $\bar{\alpha}_k = \lambda \alpha_k$ treten lassen, so erhalten wir Perioden $2\bar{\omega}$, die mit den zu den $\alpha_k$ gehörenden Perioden durch die Gleichungen:

$$2\omega = \lambda . 2\bar{\omega}$$

verbunden sind. Das Periodenverhältnis und somit auch die Thetanullwerte ändern sich hierbei nicht. Wenn wir also die Gleichungen (6), (10) und (11) zu der einen zusammenfassen:

$$\vartheta_3 = C \sqrt{\omega_1} \sqrt[4]{(\alpha_0 - \alpha_2)(\alpha_3 - \alpha_1)},$$

in der $C$ höchstens noch von $a_0$ und $\alpha_1$ abhängen kann, und dann $\lambda \alpha_k$ für $\alpha_k$ einführen, so sehen wir: $C$ darf sich dabei nicht ändern, kann also von $\alpha_1$ nicht abhängen.

Was endlich die Abhängigkeit von $a_0$ betrifft, so sieht man: wenn man $a_0$ durch $\lambda a_0$ ersetzt, hat man $\omega_1$ durch $\lambda^{-1/2} \omega_1$ zu ersetzen, während $\vartheta_3$ sich nicht ändert; $C$ muß also mit $\sqrt[4]{a_0}$ proportional sein. So erhält man schließlich die Formel:

$$12)\qquad \vartheta_3 = C\sqrt{\omega_1}\ \sqrt[4]{a_0(\alpha_0-\alpha_2)(\alpha_3-\alpha_1)},$$

in der $C$ eine rein numerische Konstante bedeutet, auf deren Bestimmung wir später noch zurückkommen müssen.

## § 60. Nähere Untersuchung des Elementarintegrals III. Gattung.

Als „Elementarintegral III. Gattung" hatten wir in § 57 die Funktion:

$$\log\frac{\sigma(u-a)}{\sigma(u-b)}$$

bezeichnet. Soll die Integration zwischen zwei bestimmten Grenzen $u_0$, $u_1$ vollzogen werden, so erhalten wir:

$$\log\frac{\sigma(u_1-a)}{\sigma(u_1-b)} - \log\frac{\sigma(u_0-a)}{\sigma(u_0-b)} = \int\limits_{u_0}^{u_1}[\zeta(u-a)-\zeta(u-b)]\,du,$$

oder wenn wir Gleichung (2) von § 19 benutzen, die *Darstellung des Elementarintegrals III. Gattung in Gestalt eines Doppelintegrals:*

$$1)\qquad \int\limits_{u_0}^{u_1}\int\limits_{a}^{b} p(u-v)\,dv\,du.$$

Aus dieser Darstellung ergiebt sich unmittelbar der *Satz von der Vertauschbarkeit der Grenzen $u_0$, $u_1$ und der „Parameter" $a$, $b$,* von dem in älteren Darstellungen der Theorie viel die Rede ist.

Dagegen bedarf eine andere Frage eingehende Untersuchung: nämlich die Frage nach dem Werte, der dem Logarithmus beizulegen ist, wenn die Integrationswege von $a$ nach $b$ und von $u_0$ nach $u_1$ vorgeschrieben sind. Zu diesem Zweck untersuchen wir zunächst dieselbe Frage für das einfachere Doppelintegral:

$$2)\qquad \int\limits_{y}^{x}\int\limits_{y'}^{x'}\frac{dz'\,dz}{(z-z')^2} = \log\frac{(x-x')(y-y')}{(x-y')(y-x')}.$$

Wir nehmen zuerst an, es sei eine bestimmte Reihenfolge für die Integrationen vorgeschrieben: die innere, auf $z'$ bezügliche sei zuerst auszuführen. Dann thut es der Allgemeinheit keinen Eintrag, wenn wir annehmen, diese Integration geschehe *auf geradem Wege*, denn ihr Resultat ist die *eindeutige* Funktion:

$$\frac{1}{z - x'} - \frac{1}{z - y'},$$

also vom Integrationsweg ganz unabhängig. Aus den Entwicklungen von I, § 54—56 geht dann hervor:

I. *Für* $log \frac{y - x'}{y - y'}$ *kann unbeschadet der Allgemeinheit der Hauptwert des Logarithmus genommen werden. Schneidet dann der Integrationsweg der Argumente die gerade Verbindungslinie der Parameter k mal öfter von links nach rechts als von rechts nach links, so ist für* $log \frac{x - x'}{x - y'}$ *der* $k^{te}$ *Wert zu nehmen.*

Dabei ist der positive Sinn des Integrationsweges der Parameter von $y'$ nach $x'$ genommen. Um auf das in I, § 56 behandelte Integral zu kommen, muß man $y' = \infty$, $x' = 0$ setzen; dort war aber der positive Sinn des Einschnitts von 0 nach $\infty$ genommen. Infolgedessen ist hier links und rechts gegen dort vertauscht.

Hieraus ergiebt sich nun, wie der Satz von der Vertauschung, der zunächst nur gilt, wenn die Integrationswege sich nicht schneiden, zu modifizieren ist, wenn das eintritt. Nehmen wir z. B. an, die beiden Integrationswege seien geradlinig und $(y \ldots x)$ überschreite den Weg $(y' \ldots x')$ von rechts nach links, so überschreitet $(y' \ldots x')$ den Weg $(y \ldots x)$ von links nach rechts. Integrieren wir zuerst nach $z'$ und dann nach $z$, so erhalten wir einen Wert, dessen imaginärer Bestandteil zwischen $-2\pi i$ und 0 liegt; integrieren wir zuerst nach $z$ und dann nach $z'$, so erhalten wir einen Wert, dessen imaginärer Bestandteil zwischen 0 und $2\pi i$ liegt. Der letztere Wert ist um $2\pi i$ größer als der erstere. Es gilt also der Lehrsatz:

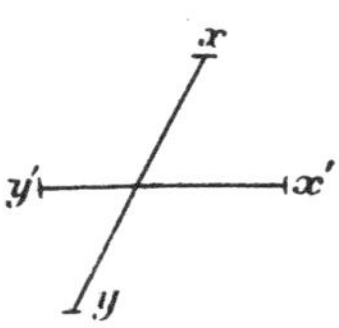

Fig. 27.

II. *Wenn der Integrationsweg der Argumente den der Parameter von rechts nach links überschreitet, liefert Vertauschung der Argumente mit den Parametern einen um* $2\pi i$ *größeren Wert.*

Die Gültigkeit dieses Satzes ist unabhängig von der bei seinem Beweise gemachten Voraussetzung, daß die Integrationswege geradlinig seien. Denn auf die Änderung des Wertes bei Vertauschung der Integrationsreihenfolge hat nur die Umgebung des Schnittpunktes Einfluß.

Diesen Satz müssen wir nun auf unser Integral $Q$ anwenden. Wir schreiben es zunächst in der Form:

$$3)\qquad \int_{u_0}^{u_1}\int_a^b \frac{dv\,du}{(u-v)^2} + \sum_w{}' \int_{u_0}^{u_1}\int_a^b \left\{\frac{1}{(u-v-w)^2} - \frac{1}{w^2}\right\}$$

und lesen daraus folgende Regel ab:

III. *Wenn ein Integrationsweg der Parameter von $a$ bis $b$ vorgeschrieben ist, so verbinde man jeden Punkt $a + w$ mit dem entsprechenden Punkt $b + w$ durch einen dazu parallelen Weg und zähle für jede dieser Linien ab, wie oft sie der Integrationsweg des Arguments von rechts nach links und wie oft er sie von links nach rechts überschreitet. Ist die Summe der ersteren Zahlen $= k_1$, die der letzteren $= k_2$, so giebt Vertauschung der Argumente und der Parameter einen um $(k_1 - k_2)\,2\pi i$ größeren Wert.*

Mit Hilfe dieses Satzes können wir nun insbesondere die *Perioden der Funktion* $Q$ bestimmen, d. h. die Werte, um die sie sich vermehrt, wenn man $u_1$ um irgend eine Periode $2\omega$ vermehrt also die Werte der *auf geradem Wege* genommenen Integrale:

$$\int_{u_0}^{u_0+2\omega} [\zeta(u-a) - \zeta(u-b)]\,du.$$

Nach III können wir dafür setzen:

$$4)\qquad \int_b^a [\zeta(u_0 + 2\omega - v) - \zeta(u_0 - v)]\,du + 2n\pi i.$$

Das Integral hat den Wert:

$$5)\qquad \int_b^a 2\eta\,dv = 2\eta\,(a-b);$$

die ganze Zahl $n$ bestimmt sich folgendermaßen: Man verbinde zunächst jeden zu $u_0$ äquivalenten Punkt mit dem entsprechenden Punkt $u_0 + 2\omega$ durch eine gerade Linie. Wir wollen nun zunächst annehmen, $2\omega$ sei eine *primitive* Periode; dann werden alle diese Strecken sich schlicht nebeneinander legen und zusammen die sämtlichen zu $(0\ldots 2\omega)$ parallelen Geraden einfach und lückenlos überdecken, auf denen zu $u_0$ äquivalente Punkte liegen. Die Zahl $n$ in (4) giebt an, wie oft die

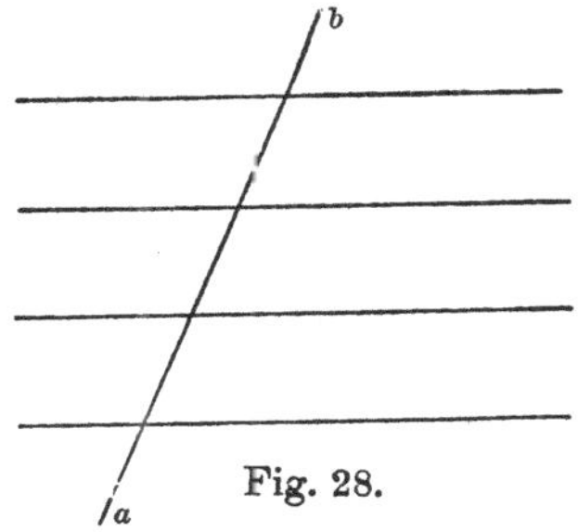

Fig. 28.

Verbindungslinie von $b$ nach $a$ diese Geraden von links nach rechts überschreitet, vermindert um die Anzahl der Überschreitungen von rechts nach links.

Man sieht, daß diese Zahl unabhängig davon ist, wie der die Punkte $a$ und $b$ verbindende Weg gewählt wird.

Ist aber $2\omega$ keine primitive Periode, sondern etwa das $m$-fache einer solchen, so bedecken jene Strecken die genannten Geraden überall $m$-fach. Dann ist jeder Schnittpunkt bei Bestimmung der Zahl $m$-fach zu zählen.

Setzt man in Satz III speziell:

$$u_1 = -u_0 = \omega_1, \qquad b = -a = \omega_3,$$

so liefert er:

$$\omega_1 \eta_3 - \eta_1 \omega_3 = -\frac{\pi i}{2},$$

d. h. die Legendresche Relation. Umgekehrt kann aus diesem speziellen Falle der allgemeine Satz III hergeleitet werden, wenn man beachtet, daß das Doppelintegral eine stetige Funktion sowohl von $u_0$ als von $b$ ist, solange keiner dieser beiden Punkte den Integrationsweg des andern trifft.

## § 61. Erweiterte Formulierung des Umkehrproblems.

Man kann das Umkehrproblem auch noch in einem weiteren Sinne fassen, als es bisher geschehen ist. Statt die Variable $u$ einem einzigen Integral I. Gattung der Fläche gleichzusetzen, kann man sie auch (in Erinnerung an das Abelsche Theorem) einer *Summe* solcher Integrale gleichsetzen:

$$1)\qquad u = \sum_{k=1}^{n} \int_{y_k}^{x_k} \frac{dz}{\sqrt{f(z)}}$$

und sich die Aufgabe stellen, Funktionen der $2n$ Flächenpunkte $x$ und $y$ als elliptische Funktionen von $u$ darzustellen. Natürlich wird das nicht mit beliebigen Funktionen dieser Punkte möglich sein, sondern nur mit solchen, welche ungeändert bleiben, wenn man an Stelle der $x$, $y$ ein anderes Punktsystem der $\xi$, $\eta$ setzt, das denselben Wert von $u$ liefert (bezw. einen modulis Perioden kongruenten). Die Bedingung:

$$\sum_{k=1}^{n} \int_{y_k}^{x_k} \frac{dz}{\sqrt{f(z)}} \equiv \sum_{k=1}^{n} \int_{\eta_k}^{\xi_k} \frac{dz}{\sqrt{f(z)}}$$

kann auch ersetzt werden durch:

$$2)\qquad \sum_{k=1}^{n}\int_{y_k}^{x_k} + \sum_{k=1}^{n}\int_{\xi_k}^{\eta_k} \equiv 0;$$

sie bedingt also nach dem ABELschen Theorem, daß eine rationale Funktion eines Punktes $x$ existiert, die in den Punkten $y_k$ und $\xi_k$ unendlich, in den Punkten $x_k$ und $\eta_k$ Null wird.

Diese Bedingung erlaubt nun noch eine Umformung, durch die die weitere Behandlung des Problems sehr vereinfacht wird. Bezeichnen wir nämlich allgemein mit $\overline{y}$ den zu $y$ konjugierten Punkt der Fläche, d. h. denjenigen, der über oder unter $y$ im andern Blatt der Fläche liegt, so ist:

$$\int_{a_1}^{y} \equiv -\int_{a_1}^{y};$$

also:

$$\int_{\xi}^{\eta} \equiv -\int_{\eta}^{\overline{\xi}};$$

die Kongruenz (2) kann daher auch ersetzt werden durch:

$$3)\qquad \sum_{k=1}^{n}\int_{\xi_k}^{x_k} + \sum_{k=1}^{n}\int_{\eta_k}^{\overline{y}_k} \equiv 0,$$

mit andern Worten, *es muß eine rationale Funktion eines Punktes $x$ der Fläche existieren, die in den Punkten $x_k$ und $\overline{y}_k$ unendlich, in den Punkten $\xi_k$ und $\overline{\eta}_k$ Null wird.*

Für spezielle Werte von $u$ können wir nun angeben, wie die $x_k$ und $\overline{y}_k$ beschaffen sein müssen, wenn:

$$\sum_{n=1}^{n}\left\{\int_{a_1}^{x_k} + \int_{a_1}^{y_k}\right\} \equiv u$$

werden soll; nämlich für die halben Perioden. Soll $u \equiv 0$ werden, so muß eine Funktion der Fläche existieren, die in den Punkten $x_k$ und $\overline{y}_k$ je von der ersten Ordnung 0 und in dem Punkte $a_1$ von der $2\,n^{\text{ten}}$ Ordnung $\infty$ wird. Eine solche Funktion muß die Form haben:

$$\frac{g_n(x) + g_{n-2}(x)\sqrt{f(x)}}{(x-\alpha_1)^n},$$

unter $g_n(x)$, $g_{n-2}(x)$ rationale ganze Funktionen von $x$ der angegebenen Grade verstanden. Soll der Zähler in den $2n$ gegebenen Punkten Null werden können, so muß eine Determinante Null sein, von deren Zeilen wir zwei anschreiben:

$$4)\quad \begin{vmatrix} x_1^n & x_1^{n-1}\dots x_1 & 1 & x_1^{n-2}\sqrt{f(x_1)} & x_1^{n-3}\sqrt{f(x_1)}\dots & \sqrt{f(x_1)} \\ y_1^n & y_1^{n-1}\dots y_1 & 1 & y_1^{n-2}\sqrt{f(y_1)} & -y_1^{n-3}\sqrt{f(y_1)}\dots & -\sqrt{f(y_1)} \end{vmatrix} = 0.$$

Soll $u \equiv \omega_1$, also nach § 56, (1)

$$\equiv \int_{\alpha_1}^{\alpha_2} \frac{dx}{\sqrt{f(x)}}$$

werden, so schließt man ebenso: es muß eine Funktion der Fläche existieren, die in $x_k$, $\overline{y}_k$, $\alpha_2$ je von der ersten Ordnung 0, in $\alpha_1$ von der $(2n+1)$ Ordnung unendlich wird. Eine solche Funktion muß die Form haben:

$$\frac{g_{n+1}(x) + g_{n-1}(x)\sqrt{f(x)}}{(x-\alpha_1)^{n+1}};$$

und der Zähler muß in $\alpha_1$, $\alpha_2$, den $x_k$ und den $\overline{y}_k$ Null werden. Diese Bedingung läßt noch einen etwas einfacheren Ausdruck zu, wenn man $f(x)$ in zwei Faktoren zweiten Grades, $\varphi(x)$ und $\psi(x)$ spaltet, sodaß:

$$5)\quad \begin{cases} \varphi(x) = a_{01}(x-\alpha_1)(x-\alpha_2), \quad \psi(x) = a_{02}(x-\alpha_0)(x-\alpha_3), \\ a_{01}\,a_{02} = a_0 \end{cases}$$

wird; sie lautet dann: es muß eine Funktion der Form:

$$6)\quad g_{n-1}(x)\sqrt{\varphi(x)} + g'_{n-1}(x)\sqrt{\psi(x)}$$

existieren, unter $g_{n-1}$ und $g'_{n-1}$ rationale ganze Funktionen des Grades $(n-1)$ verstanden, die in den Punkten $x_k$ und $\overline{y}_k$ Null wird; es muß also die Determinante:

$$7)\quad \begin{vmatrix} x_1^{n-1}\sqrt{\varphi(x_1)}\dots\sqrt{\varphi(x_1)} & x_1^{n-1}\sqrt{\psi(x_1)}\dots & \sqrt{\psi(x_1)} \\ y_1^{n-1}\sqrt{\varphi(y_1)}\dots\sqrt{\varphi(y_1)} & -y_1^{n-1}\sqrt{\psi(y_1)}\dots & -\sqrt{\psi(y_1)} \end{vmatrix}$$

Null sein. Von den beiden Quadratwurzeln $\sqrt{\varphi(x)}$, $\sqrt{\psi(x)}$ kann dabei der einen in jedem Flächenpunkt ein willkürlicher ihrer beiden Werte beigelegt werden; der andern ist dann ein solcher Wert beizulegen, daß das Produkt aus diesen beiden Werten gerade den zu diesem Flächenpunkt gehörenden Wert von $\sqrt{f(x)}$ liefert.

Die Bedingung dafür, daß $u \equiv \omega_2$ oder $\equiv \omega_3$ wird, erhält man hieraus durch Vertauschung von $\alpha_2$ mit $\alpha_3$, bezw. $\alpha_0$.

Zu beachten ist übrigens, daß die angeführten Bedingungen nur notwendige, keine hinreichenden sind. Denn die Determinanten werden jedesmal gleich Null, wenn zwei der $2n$ Punkte $x$ und $\bar{y}$ zusammenfallen. Soll aber eine Funktion von einer der angegebenen Formen existieren, die in $2n-2$ Punkten von der ersten und in einem von der zweiten Ordnung Null wird, so ist dazu erforderlich, daß eine Determinante Null wird, die aus der Determinante (4), bezw. (7) dadurch entsteht, daß man alle Elemente einer Zeile durch ihre Ableitungen ersetzt.

Dieser Übelstand fällt weg, wenn man den Quotienten zweier solcher Determinanten bildet. Ein solcher Quotient erscheint zwar in der unbestimmten Form 0/0, wenn zwei der $2n$ Punkte $x$ und $\bar{y}$ zusammenfallen; aber der Grenzübergang läßt sich nach den Regeln der Differentialrechnung ausführen und liefert dann gerade den Quotienten zweier solchen modifizierten Determinanten, von denen eben die Rede war. Gleiches gilt auch noch, wenn mehr als zwei der $2n$ Punkte zusammenfallen; man hat dann Umformungen vorzunehmen, die zu den in § 26 vorgenommenen analog sind.

Auch wenn einer der Punkte $x$ oder $\bar{y}$ ins Unendliche rückt, findet Entsprechendes statt. Auch dann erscheint der Quotient zunächst in unbestimmter Form $(\infty/\infty)$; auch dann kann man den Grenzübergang vollziehen und erhält einen Quotienten zweier modifizierter Determinanten, deren Nullwerden für ein Punktaggregat, von dem ein Punkt im Unendlichen liegt, dieselbe Bedeutung hat, wie das Nullwerden der Determinante (4), bezw. (7) für ein ganz im Endlichen gelegenes Punktaggregat.

Der Quotient $q$ der Determinanten (4) und (7) wird also *nur* Null, wenn $u \equiv 0$ und *nur* unendlich, wenn $u \equiv \omega_1$ (modulis Perioden) wird. Man kann folgendermaßen zeigen, daß er überhaupt nur von $u$ abhängt. Wir stellen neben die Gleichung (1) die andere:

$$u \equiv \cdot \sum_{i=1}^{n} \int_{\eta_i}^{\xi_i} \frac{dz}{\sqrt{f(z)}};$$

dann können wir von den $4n$ Punkten $x_i$, $y_i$, $\xi_i$, $\eta_i$ alle bis auf zwei festhalten, etwa $x_1$ als unabhängige Variable, $\xi_1$ als Funktion von ihr vermöge der Gleichungen (1) und (8) ansehen. Der Quotient

$$9) \qquad \left(\frac{q(\xi, \eta)}{q(x, y)}\right)^2$$

wird dann eine Funktion des Flächenpunktes $x_1$, deren Eigenschaften wir untersuchen müssen. Zunächst ist nach § 56 klar, daß $\xi_1$ eine auf der Fläche eindeutige Funktion von $x_1$ ist; infolgedessen ist auch der Quotient (9) eine solche Funktion. Denn wenn $x_1$ einen auf der Fläche geschlossenen Weg beschreibt, können zwar $\sqrt{\varphi(x_1)}$, $\sqrt{\psi(x_1)}$ möglicherweise ihre Vorzeichen ändern, aber immer nur gleichzeitig. Wir müssen nun die Pole dieses Quotienten bestimmen. Der Zähler wird nur unendlich, wenn die Punkte $\alpha_1$, $\alpha_2$, $x_k$, $\overline{y}_k$ die Nullpunkte einer ganzen Funktion $q$ der oben angegebenen Gestalt sind. Nach (1) und (8) existiert aber eine Funktion $f$ der Fläche, die in den $x_k$ und den $\overline{y}_k$ $\infty$, den $\xi_k$ und den $\overline{\eta}_k$ Null wird; das Produkt $fq$ ist also dann eine Funktion der Fläche, die im Endlichen nirgends unendlich wird. Es existiert also dann eine ganze Funktion der Fläche, die in den $\xi_k$, den $\eta_k$, $\alpha_1$ und $\alpha_2$ Null wird; und der Nenner von (9) wird also stets gleichzeitig mit dem Zähler unendlich. Durch ganz analoge Überlegungen wird gezeigt, daß der Zähler von (9) jedesmal Null wird, wenn der Nenner es wird.

Nun müssen wir noch zeigen, daß Zähler und Nenner von (9) stets von derselben Ordnung Null, bezw. unendlich werden. Dazu bemerke man zunächst: wenn

$$\int_{\xi_1}^{x_1} \frac{dz}{\sqrt{f(z)}} = \text{konst.}$$

sein soll und wenn $\xi_1^{(0)}$, $x_1^{(0)}$ irgend zwei spezielle Werte von $\xi_1$, bezw. $x_1$ sind, so wird die Differenz $\xi_1 - \xi_1^{(0)}$ mit der Differenz $x_1 - x_1^{(0)}$ von derselben Ordnung unendlich klein; das folgt aus Satz V von § 7. Ferner aber: wenn bei Annäherung von $x_1$ an $x_1^{(0)}$ z. B. die Determinante (4) von der zweiten Ordnung Null werden sollte, so müßte zugleich mit ihr auch diejenige Determinante Null werden, die aus ihr dadurch entsteht, daß man alle Elemente der ersten Zeile durch ihre ersten Differentialquotienten nach $x_1$ ersetzt. Man kann annehmen, $x_2 \ldots x_n$ und $y_1, y_2 \ldots y_n$ seien so gewählt, daß das nicht eintritt. Dann folgt, daß Zähler und Nenner von (9) stets von derselben Ordnung Null, bezw. unendlich werden. Der Quotient (9) selbst ist also dann eine Funktion des Flächenpunktes $x_1$, die nirgends unendlich wird, folglich nach § 5, VI eine Konstante. Diese kann von 1 nicht verschieden sein. Wenn man nämlich die Punkte $x_i$, $y_i$, $\eta_i$ und alle $\xi_i$ bis auf einen beliebig vorschreibt und diesen so wählt, daß die $\xi_i$ und $\bar{\eta}_i$ zu den $x_i$ und $\bar{y}_i$ äquivalent werden, so ist

$$10) \qquad q(\xi, \eta) = c\, q(x, y),$$

wo $c$ eine von $x_1$ unabhängige Größe bedeutet. Da wir aber die $x$ und $\bar{y}$ unbeschadet des Wertes von $q(x, y)^2$ beliebig vertauschen dürfen, so folgt, daß diese Größe auch von den übrigen $x$ und den $y$ nicht abhängen kann. Ihr Wert ergiebt sich als 1, wenn man die $\xi$ mit den $x$ und die $y$ mit den $\eta$ zusammenfallen läßt. Das Quadrat der Funktion $q$ hängt also nur ab von $u$; und zwar ist es eine elliptische Funktion von $u$, deren Perioden mit den Periodicitätsmoduln von $u$ identisch sind. Aus der oben vorgenommenen Bestimmung der Null und der Unendlichkeitsstellen ergiebt sich die Gleichung:

$$11) \qquad q(x, y) = \frac{D_1(x, y)}{D(x, y)} = C_1 \frac{\sigma_1 u}{\sigma u},$$

wo $C_1$ eine von $u$ unabhängige Größe bezeichnet; und analoge Gleichungen erhält man für die übrigen Sigmaquotienten.

Da alle elliptischen Funktionen sich durch die drei Sigmaquotienten rational ausdrücken lassen, so folgt:

*Jede Funktion beliebig vieler Flächenprodukte, die für alle äquivalenten Punktsysteme denselben Wert hat, läßt sich rational durch die vier Determinanten $D$ ausdrücken.*

Die sich hier anschließende Frage nach der Beziehung zwischen $D_a(x, y)$ und $\sigma_a u$ müssen wir beiseite lassen; nur darauf sei noch hingewiesen, daß die in § 26 auftretenden Determinanten spezielle Fälle der hier behandelten sind.

# SIEBENTER ABSCHNITT.

## Reduktion der elliptischen Integrale I. Gattung auf kanonische Formen.

### § 62. Umformung des elliptischen Integrals I. Gattung durch lineare Transformation der Integrationsvariabeln.

Führen wir in das elliptische Integral I. Gattung:

$$1)\quad \begin{cases} u = \int \dfrac{dz}{\sqrt{a_0 z^4 + 4a_1 z^3 + 6a_2 z^2 + 4a_3 z + a_4}} \\ \phantom{u} = \int \dfrac{dz}{\sqrt{a_0 (z-\alpha_0)(z-\alpha_1)(z-\alpha_2)(z-\alpha_3)}} \end{cases}$$

durch die lineare gebrochene Substitution:

$$2)\qquad z = \frac{\alpha\zeta + \beta}{\gamma\zeta + \delta}, \qquad \zeta = \frac{\delta z - \beta}{-\gamma z + \alpha}$$

eine neue Integrationsvariable ein, so hebt sich $(\gamma\zeta + \delta)^{-2}$ aus Zähler und Nenner weg und wir erhalten wieder ein Integral derselben Form:

$$3)\qquad u = (\alpha\delta - \beta\gamma)\int \frac{d\zeta}{\sqrt{\varphi_4(\zeta)}}.$$

Die dabei auftretende rationale ganze Funktion vierten Grades hat den Wert:

$$4)\quad \begin{cases} \varphi_4(\zeta) = a_0(\alpha\zeta+\beta)^4 + 4a_1(\alpha\zeta+\beta)^3(\gamma\zeta+\delta) \\ \qquad + 6a_2(\alpha\zeta+\beta)^2(\gamma\zeta+\delta)^2 + 4a_3(\alpha\zeta+\beta)(\gamma\zeta+\delta)^3 + a_4(\gamma\zeta+\delta)^4; \end{cases}$$

wir sagen von ihr: *$\varphi(\zeta)$ geht durch die lineare Substitution (2) aus $f(z)$ hervor.* Dabei ist aber wohl zu beachten: die lineare Substitution ist bestimmt, wenn nur die *Verhältnisse* der Koeffizienten $\alpha$, $\beta$, $\gamma$, $\delta$ gegeben sind, sie ändert sich nicht, wenn man diese vier Koeffizienten gleichzeitig mit einem und demselben Faktor multipliziert. In $\varphi(\zeta)$ kommen aber die Koeffizienten selbst vor; *will man sich also der erwähnten Redeweise bedienen, so muß man sich diese Koeffi-*

*zienten selbst, nicht nur ihre Verhältnisse, als gegeben denken.* Dann kann man den Satz aussprechen:

I. *Geht $\varphi(\zeta)$ durch die lineare Substitution (2) aus $f(z)$ hervor, so ist:*

$$5)\qquad \int \frac{dz}{\sqrt{f(z)}} = (\alpha\delta - \beta\gamma) \int \frac{d\zeta}{\sqrt{\varphi(\zeta)}}.$$

Man pflegt nun zu definieren:

II. *Eine Funktion der Koeffizienten $a_0 \ldots a_4$ von $f$ und der Variabeln $z$, die die Eigenschaft hat, daß zwischen ihr und derselben Funktion der Koeffizienten $a_0' \ldots a_4'$ von $\varphi$ und der Variabeln $\zeta$ die Relation besteht:*

$$6)\qquad \psi(\zeta;\, a_0' \ldots a_4') = (\alpha\delta - \beta\gamma)^r \psi(z;\, a_0 \ldots a_4),$$

*heißt eine (relative) Covariante von $f$ vom Gewichte $r$.*

III. *Eine Covariante vom Gewichte 0 heißt absolute Covariante.*

In dieser Terminologie lautet Satz I:

IV. *Das elliptische Integral I. Gattung ist eine Covariante der Grundform $f$, vom Gewichte $-1$.*

Häufig ist es bequemer, statt der Koeffizienten die Wurzeln von $f$, also die Verzweigungspunkte, als gegeben zu betrachten; man muß aber zu ihnen einen Koeffizienten, etwa $a_0$, noch mit hinzunehmen, da durch sie allein zwar die *Gleichung* $f = 0$, aber nicht die *Funktion* $f$ selbst bestimmt ist. Der entsprechende Koeffizient $a_0'$ der transformierten Funktion ist dann:

$$7)\qquad a_0\alpha^4 + 4a_1\alpha^3\gamma + 6a_2\alpha^2\gamma^2 + 4a_3\alpha\gamma^3 + a_4\gamma^4 = \gamma^4 f\left(\frac{\alpha}{\gamma}\right).$$

Ihre Nullpunkte sind:

$$8)\qquad \alpha_k' = \frac{\delta\alpha_k - \beta}{-\gamma\alpha_k + \alpha} \qquad (k = 0, 1, 2, 3);$$

d. h. sie werden aus den Nullpunkten der vorgelegten Funktion durch dieselbe Substitution erhalten, wie die neue Integrationsvariable aus der alten. Aus I. § 15, II folgt, daß man die Koeffizienten der Substitution (1) so wählen kann, daß von diesen Nullpunkten der transformierten Form *drei* beliebig vorgeschriebene Werte erhalten, oder daß sie überhaupt drei Bedingungen erfüllen. Infolgedessen kann man durch lineare Substitution jedes vorgelegte Integral auf eine „*kanonische Form*“ bringen. Für die Auswahl einer solchen kanonischen Form können verschiedene Rücksichten maßgebend sein; es ist nicht möglich, eine Form anzugeben, die in jeder Beziehung den Vorzug verdient. Wir werden vielmehr in den drei nächsten Paragraphen drei verschiedene solche Formen besprechen.

## § 63. Die erste Normalform.

Eine erste Normalform erhalten wir, wenn wir die Koeffizienten der Substitution § 62, (2) so wählen, daß drei bestimmte der neuen Verzweigungspunkte, etwa $\alpha_0$, $\alpha_1$ und $\alpha_2$, bezw. nach $\infty$, 0 und 1 fallen. Zufolge I, § 15, IV und VII hat die Substitution dann die Form:

$$1)\qquad \zeta = \frac{z-\alpha_1}{z-\alpha_0} : \frac{\alpha_2-\alpha_1}{\alpha_2-\alpha_0},$$

oder umgekehrt:

$$2)\qquad z = \frac{(\alpha_2-\alpha_0)\alpha_1 - (\alpha_2-\alpha_1)\alpha_0\zeta}{(\alpha_2-\alpha_0)-(\alpha_2-\alpha_1)\zeta},$$

$$3)\qquad z-\alpha_0 = \frac{(\alpha_1-\alpha_0)(\alpha_2-\alpha_0)}{(\alpha_2-\alpha_0)-(\alpha_2-\alpha_1)\zeta},$$

$$4)\qquad z-\alpha_1 = \frac{(\alpha_2-\alpha_1)(\alpha_1-\alpha_0)}{(\alpha_2-\alpha_0)-(\alpha_2-\alpha_1)\zeta}\cdot\zeta,$$

$$5)\qquad z-\alpha_2 = \frac{(\alpha_2-\alpha_0)(\alpha_1-\alpha_2)}{(\alpha_2-\alpha_0)-(\alpha_2-\alpha_1)\zeta}\cdot(1-\zeta),$$

$$6)\qquad z-\alpha_3 = \frac{(\alpha_2-\alpha_0)(\alpha_1-\alpha_3)}{(\alpha_2-\alpha_0)-(\alpha_2-\alpha_1)\zeta}\cdot(1-\lambda\zeta),$$

wenn nämlich:

$$7)\qquad \lambda = \frac{(\alpha_2-\alpha_1)(\alpha_0-\alpha_3)}{(\alpha_2-\alpha_0)(\alpha_1-\alpha_3)} = \frac{\alpha_2-\alpha_1}{\alpha_2-\alpha_0} : \frac{\alpha_3-\alpha_1}{\alpha_3-\alpha_0}$$

gesetzt wird. Man hat dann (am bequemsten aus (3)):

$$8)\qquad dz = \frac{(\alpha_1-\alpha_0)(\alpha_2-\alpha_0)(\alpha_2-\alpha_1)}{[(\alpha_2-\alpha_0)-(\alpha_2-\alpha_1)\zeta]^2}\,d\zeta,$$

also schließlich:

$$9)\qquad \begin{cases} \displaystyle\int_{\alpha_1}^{z} \frac{dz}{\sqrt{a_0(z-\alpha_0)(z-\alpha_1)(z-\alpha_2)(z-\alpha_3)}} \\[2ex] \displaystyle = \frac{1}{\sqrt{(\alpha_2-\alpha_0)(\alpha_3-\alpha_1)}}\int_0^{\zeta}\frac{d\zeta}{\sqrt{a_0\,\zeta(1-\zeta)(1-\lambda\zeta)}}. \end{cases}$$

Das Vorzeichen der vor dem Integralzeichen stehenden Quadratwurzel auf der rechten Seite kann willkürlich genommen werden; das der andern bestimmt sich dann für die Umgebung eines Verzweigungspunktes (z. B. $z = \alpha_1$, $\zeta = 0$) durch Vergleichung der Anfangsglieder von Reihenentwicklungen, weiterhin durch analytische Fortsetzung.

Die Transformation in diese Normalform ist auf 24 verschiedene Arten möglich, da man die vier Indices 0, 1, 2, 3 auf 24 Arten auf die vier Verzweigungspunkte verteilen kann. Je vier dieser Arten geben aber nach I, § 15, VIII immer denselben Wert von $\lambda$ sowohl, wie von dem vor dem Integralzeichen rechts auftretenden Faktor.

## § 64. Die zweite (WEIERSTRASS'sche) Normalform.

Auf eine zweite Normalform werden wir geführt, wenn wir davon ausgehen, daß die Funktion

$$p\left(\int_{\alpha_1}^{z} \frac{dz}{\sqrt{f(z)}}\right)$$

nach § 55, (11) eine lineare gebrochene Funktion von $z$ ist. Bezeichnen wir sie mit $\zeta$, so entsprechen

den Werten von $z$: $\alpha_0 \quad \alpha_1 \quad \alpha_2 \quad \alpha_3$,

bezw. die Werte von $\zeta$: $e_3 \quad \infty \quad e_1 \quad e_2$.

Wir haben § 4 bereits die Formeln angegeben, die $\zeta$ durch $z$ ausdrücken, und brauchen ihnen jetzt nur noch ihre Auflösung nach $z$ beizufügen; wir erhalten:

$$1)\quad \begin{cases} z = \alpha_1 + \dfrac{\zeta - \frac{1}{2}(a_0\alpha_1^2 + 2a_1\alpha_1 + a_2)}{a_0\alpha_1^3 + 3a_1\alpha_1^2 + 3a_2\alpha_1 + a_3} \\ \quad = \alpha_1 + \dfrac{\zeta - \frac{1}{24} f''(\alpha_1)}{\frac{1}{4} f'(\alpha_1)}. \end{cases}$$

Durch diese Substitution geht das vorgelegte Integral über in:

$$2)\quad \int_{\infty}^{\zeta} \frac{d\zeta}{\sqrt{4(\zeta - e_1)(\zeta - e_2)(\zeta - e_3)}}.$$

Auch die Transformation in diese Normalform ist auf 24 verschiedene Arten möglich, entsprechend den 24 Permutationen der 4 Verzweigungspunkte. Die Koeffizienten der Normalform sind jedoch symmetrische Funktionen der $e_\alpha$; daraus würde man zunächst schließen, daß diese Koeffizienten bei je 6 Permutationen der $\alpha$ ihre Werte nicht ändern, also nur je vier verschiedene Werte haben können. Die Ausführung der Rechnung (§ 55, 18, 19) hat jedoch für diese Koeffizienten der Normalform Werte ergeben, die sich rational durch die Koeffizienten der vorgelegten Form ausdrücken, also bei *keiner* Vertauschung der Wurzeln derselben sich ändern.

## § 65. Die dritte (Legendre'sche) Normalform.

Eine dritte Normalform, die namentlich in den älteren, an Legendre, Abel und Jacobi anschließenden Arbeiten fast ausschließlich benutzt wurde, erhält man, wenn man verlangt, daß die Verzweigungspunkte einander zu je zweien entgegengesetzt gleich sein sollen. Man kann dann noch einem Verzweigungspunkt einen beliebigen Wert vorschreiben, etwa den Wert 1, sodaß ein zweiter nach $-1$ fällt; bezeichnet man die beiden andern mit $\pm\mu^{-2}$ und verlangt, daß

$$\begin{array}{llllll} \text{den Punkten:} & z = \alpha_0 & \alpha_1 & \alpha_2 & \alpha_3, \\ \text{bezw. die Punkte:} & \zeta = 1 & \mu^{-2} & -\mu^{-2} & -1 \end{array}$$

entsprechen sollen, so erhält man folgende Formeln:

$$1)\qquad \lambda = \frac{\alpha_2-\alpha_1}{\alpha_2-\alpha_0} : \frac{\alpha_3-\alpha_1}{\alpha_3-\alpha_0} = \frac{-\mu^{-2}-\mu^{-2}}{-\mu^{-2}-1} : \frac{-1-\mu^{-2}}{-1-1} = \frac{4\mu^2}{(1+\mu^2)^2},$$

also:

$$2)\qquad \mu = \sqrt{\frac{1}{\lambda}} + \sqrt{\frac{1-\lambda}{\lambda}} = \frac{1+\sqrt{1-\lambda}}{\sqrt{\lambda}} = \frac{\sqrt{\lambda}}{1-\sqrt{1-\lambda}}.$$

Zu jedem der 6 verschiedenen Werte von $\lambda$ gehören also 4 verschiedene Werte von $\mu$. Alle diese 24 Werte sind voneinander verschieden; aber je vier von ihnen unterscheiden sich nur durch Faktoren, die Potenzen von $i$ sind. Jeder dieser Werte läßt sich übrigens rational durch jeden andern ausdrücken; ist $\mu$ irgend einer der vier in der Formel (2) enthaltenen Werte, so sind die drei andern: $-\mu$, $\mu^{-1}$, $-\mu^{-1}$. Ersetzt man $\lambda$ durch $1-\lambda$, so erhält man vier Werte, von denen einer ist:

$$\mu_1 = \sqrt{\frac{1}{1-\lambda}} + \sqrt{\frac{\lambda}{1-\lambda}} = \frac{1+\mu^2}{1-\mu^2} + \frac{2\mu}{1-\mu^2} = \frac{1+\mu}{1-\mu},$$

also die drei andern:

$$-\frac{1+\mu}{1-\mu}, \quad \frac{1-\mu}{1+\mu}, \quad -\frac{1-\mu}{1+\mu}.$$

Ersetzt man $\lambda$ durch $\frac{\lambda-1}{\lambda}$, so erhält man die vier Werte $i\mu$, $-i\mu$, $i\mu^{-1}$, $-i\mu^{-1}$. Die 12 andern Werte sind nun leicht zu bilden.

Jede lineare Substitution, die einen dieser 24 Werte in einen andern überführt, muß sie notwendig alle unter sich permutieren; und die 24 linearen Substitutionen, die man so erhält (die Identität mitgerechnet), müssen eine Gruppe bilden. Man erhält also hier nebenbei eine endliche Gruppe, die aus 24 linearen Substitutionen besteht. Sie führt den Namen der *Oktaedergruppe.*

Die zugehörigen Substitutionen der Integrationsvariabeln erhalten wir am bequemsten, wenn wir den Durchgang durch die erste Normalform nehmen. Wir finden:

$$\frac{\zeta-0}{1-0}:\frac{\zeta-\infty}{1-\infty}=\frac{\mathfrak{z}-\mu^{-2}}{-\mu^{-2}-\mu^{-2}}:\frac{\mathfrak{z}-1}{-\mu^{-2}-1},$$

d. h.:

3) $$\zeta=\frac{1+\mu^2}{2\mu^2}\,\frac{1-\mu^2\mathfrak{z}}{1-\mathfrak{z}},\quad \mathfrak{z}=\frac{1}{\mu^2}\,\frac{1+\mu^2-2\mu^2\zeta}{1+\mu^2-2\zeta}$$

und daraus:

$$1-\zeta=\frac{\mu^2-1}{2\mu^2}\,\frac{1+\mu^2\mathfrak{z}}{1-\mathfrak{z}},$$

$$1-\lambda\zeta=1-\frac{2}{1+\mu^2}\,\frac{1-\mu^2\mathfrak{z}}{1-\mathfrak{z}}=\frac{-1+\mu^2}{1+\mu^2}\,\frac{1+\mathfrak{z}}{1-\mathfrak{z}},$$

also:

$$\zeta(1-\zeta)(1-\lambda\zeta)=\left(\frac{1-\mu^2}{2\mu^2}\right)^2\cdot\frac{(1+\mathfrak{z})(1-\mu^2\mathfrak{z})(1+\mu^2\mathfrak{z})}{(1-\mathfrak{z})^3};$$

andererseits:

$$d\zeta=\frac{1+\mu^2}{2\mu^2}\cdot\frac{(1-\mu^2)\,d\mathfrak{z}}{(1-\mathfrak{z})^2};$$

also schließlich:

4) $$\int\frac{d\zeta}{\sqrt{\zeta(1-\zeta)(1-\lambda\zeta)}}=(1+\mu^2)\int\frac{d\mathfrak{z}}{\sqrt{(1-\mathfrak{z}^2)(1-\mu^4\mathfrak{z}^2)}}.$$

Wie aus den zu Beginn des Paragraphen angestellten Überlegungen hervorgeht, ist die Transformation in diese Normalform auf 24 verschiedene Arten möglich; aber die einzige unter dem Integralzeichen vorkommende Konstante $\mu^4$ hat für je vier solche Transformationen denselben Wert.

## § 66. Die linearen Transformationen eines elliptischen Integrals I. Gattung in sich selbst.

In allen drei in den letzten Paragraphen untersuchten Fällen hat sich herausgestellt, daß man bei je vier verschiedenen Transformationen auf eine Normalform dieselben Werte der in der Normalform auftretenden Konstanten erhält. Es muß also auf drei verschiedene Arten möglich sein, ein in der Normalform vorgelegtes elliptisches Integral I. Gattung durch Einführung einer neuen Integrationsvariabeln, die eine lineare gebrochene Funktion der gegebenen ist, in ein Integral derselben Normalform mit denselben Konstanten überzuführen. Man könnte die Substitutionen, die das leisten, aus den allgemeinen Formeln der vorigen Paragraphen zusammensetzen; man bekommt sie aber bequemer durch folgende Überlegungen:

Der *dritten* Normalform sieht man unmittelbar an, daß sie durch jede der drei Substitutionen:

$$1)\qquad \mathfrak{z}' = -\mathfrak{z}; \quad \mathfrak{z}' = \frac{1}{\mu^2 \mathfrak{z}}; \quad \mathfrak{z}' = -\frac{1}{\mu^2 \mathfrak{z}}$$

in ein Integral derselben Form, mit demselben Werte von $\mu^4$ übergeführt wird.

Für die *erste* Normalform erhalten wir die betreffenden Substitutionen am einfachsten, wenn wir davon ausgehen, daß das Doppelverhältnis von vier Punkten ungeändert bleibt, wenn man zwei von den vier Punkten und gleichzeitig die beiden andern Punkte vertauscht (I, § 15).

| Die Substitution, die | $0$ | $1$ | $\lambda^{-1}$ | $\infty$ |
|---|---|---|---|---|
| in | $1$ | $0$ | $\infty$ | $\lambda^{-1}$ |

überführt, lautet:

$$2)\qquad \zeta' = \frac{1-\zeta}{1-\lambda\zeta};$$

| die Substitution, die | $0$ | $1$ | $\lambda^{-1}$ | $\infty$ |
|---|---|---|---|---|
| in | $\lambda^{-1}$ | $\infty$ | $0$ | $1$ |

überführt, lautet:

$$3)\qquad \zeta' = \frac{1}{\lambda}\cdot\frac{1-\lambda\zeta}{1-\zeta}.$$

| Endlich die Substitution, die | $0$ | $1$ | $\lambda^{-1}$ | $\infty$ |
|---|---|---|---|---|
| in | $\infty$ | $\lambda^{-1}$ | $1$ | $0$ |

überführt, lautet einfach:

4) $$\zeta' = \frac{1}{\lambda \zeta}.$$

Für jede dieser 3 Substitutionen besteht die Gleichung:

5) $$\int \frac{d\zeta}{\sqrt{\zeta(1-\zeta)(1-\lambda\zeta)}} = \int \frac{d\zeta'}{\sqrt{\zeta'(1-\zeta')(1-\lambda\zeta')}}$$

(bei geeigneter Bestimmung des Vorzeichens der Quadratwurzeln).

Ebenso erhalten wir für die zweite Normalform:

die Substitution, die $\infty \quad e_1 \quad e_2 \quad e_3$
in $e_1 \quad \infty \quad e_3 \quad e_2$

überführt, lautet:

6) $$\zeta' = e_1 + \frac{(e_2 - e_1)(e_3 - e_1)}{\zeta - e_1}.$$

Dabei wird:

$$\zeta' - e_1 = \frac{(e_2 - e_1)(e_3 - e_1)}{\zeta - e_1},$$

$$\zeta' - e_2 = (e_1 - e_2)\left[1 - \frac{e_3 - e_1}{\zeta - e_1}\right] = (e_1 - e_2)\frac{\zeta - e_3}{\zeta - e_1},$$

$$\zeta' - e_3 = (e_1 - e_3)\frac{\zeta - e_2}{\zeta - e_1},$$

$$d\zeta' = -\frac{(e_2 - e_1)(e_3 - e_1)}{(\zeta - e_1)^2}\, d\zeta,$$

also auch hier:

7) $$\int \frac{d\zeta'}{\sqrt{4(\zeta' - e_1)(\zeta' - e_2)(\zeta' - e_3)}} = \int \frac{d\zeta}{\sqrt{4(\zeta - e_1)(\zeta - e_2)(\zeta - e_3)}}.$$

Die beiden andern Substitutionen, die die zweite Normalform in sich überführen, gehen aus dieser durch Vertauschung der Indices 1, 2, 3 hervor.

Überhaupt kann man jedes elliptische Integral I. Gattung auf drei verschiedene Arten durch eine lineare gebrochene Substitution in ein Integral derselben Form mit denselben Verzweigungspunkten transformieren. Sind $\alpha_0$, $\alpha_1$, $\alpha_2$, $\alpha_3$ die Verzweigungspunkte, so lautet eine dieser Substitutionen:

$$\frac{z - \alpha_0}{z - \alpha_1} : \frac{\alpha_2 - \alpha_0}{\alpha_2 - \alpha_1} = \frac{z' - \alpha_1}{z' - \alpha_0} : \frac{\alpha_3 - \alpha_1}{\alpha_3 - \alpha_0}$$

oder:

8) $$\frac{z-\alpha_0}{z-\alpha_1} = \frac{(\alpha_2-\alpha_0)(\alpha_3-\alpha_0)}{(\alpha_2-\alpha_1)(\alpha_3-\alpha_1)} \frac{z'-\alpha_1}{z'-\alpha_0},$$

man erhält für sie durch Rechnung oder aus I, § 15:

$$\frac{z-\alpha_2}{z-\alpha_1} : \frac{\alpha_0-\alpha_2}{\alpha_0-\alpha_1} = \frac{z'-\alpha_3}{z'-\alpha_0} : \frac{\alpha_1-\alpha_3}{\alpha_1-\alpha_0}$$

oder:

9) $$\frac{z-\alpha_2}{z-\alpha_1} = -\frac{\alpha_2-\alpha_0}{\alpha_3-\alpha_1} \frac{z'-\alpha_3}{z'-\alpha_0}$$

und:

$$\frac{z-\alpha_3}{z-\alpha_1} : \frac{\alpha_0-\alpha_3}{\alpha_0-\alpha_1} = \frac{z'-\alpha_2}{z'-\alpha_0} : \frac{\alpha_1-\alpha_2}{\alpha_1-\alpha_0}$$

oder:

10) $$\frac{z-\alpha_3}{z-\alpha_1} = -\frac{\alpha_3-\alpha_0}{\alpha_2-\alpha_1} \frac{z'-\alpha_2}{z'-\alpha_0};$$

also:

$$\frac{(z-\alpha_0)(z-\alpha_2)(z-\alpha_3)}{(z-\alpha_1)^3} = \left(\frac{(\alpha_2-\alpha_0)(\alpha_3-\alpha_0)}{(\alpha_2-\alpha_1)(\alpha_3-\alpha_1)}\right)^2 \frac{(z'-\alpha_1)(z'-\alpha_2)(z'-\alpha_3)}{(z'-\alpha_0)^3};$$

andererseits:

$$\frac{dz}{(z-\alpha_1)^2} = -\frac{(\alpha_2-\alpha_0)(\alpha_3-\alpha_0)}{(\alpha_2-\alpha_1)(\alpha_3-\alpha_1)} \frac{dz'}{(z'-\alpha_0)^2},$$

also schließlich, bei geeigneter Bestimmung des Vorzeichens der Wurzel:

11) $$\left\{\begin{aligned} &\int \frac{dz}{\sqrt{a_0(z-\alpha_0)(z-\alpha_1)(z-\alpha_2)(z-\alpha_3)}} \\ &= \int \frac{dz'}{\sqrt{a_0(z'-\alpha_0)(z'-\alpha_1)(z'-\alpha_2)(z'-\alpha_3)}}. \end{aligned}\right.$$

Die beiden andern Substitutionen ergeben sich aus dieser durch Indicesvertauschung.

Durch diejenige von diesen Substitutionen, die $\alpha_0$ mit $\alpha_2$ und $\alpha_1$ mit $\alpha_3$ vertauscht, können die Gleichungen (8) von § 8 direkt bewiesen werden.

# ACHTER ABSCHNITT.

## Lineare Transformation.

### § 67. Übergang von einem primitiven Periodenpaare zu einem andern durch lineare Transformation.

Wir haben bisher die Gesamtheit der Perioden eines Körpers elliptischer Funktionen stets in der Weise dargestellt, daß wir zwei Perioden $2\omega_1$, $2\omega_3$ als gegeben annahmen und dann die sämtlichen Perioden durch:

1) $$2k_1\omega_1 + 2k_3\omega_3 \qquad (k_1, k_3 = 0, \pm 1, \pm 2 \ldots)$$

ausdrückten. Wir hatten das geometrisch so formuliert, daß wir die Periodenpunkte als Knotenpunkte eines von zwei Scharen paralleler Geraden gebildeten Gitters ansahen, die bezw. zu den Strecken $0 \ldots \omega_1$ und $0 \ldots \omega_3$ parallel waren (§ 12). Wesentlich für unsere Untersuchungen war aber immer nur die *Gesamtheit der Perioden,* geometrisch: die Gesamtheit der Knotenpunkte des Gitters; daß wir diese Gesamtheit ursprünglich aus zweien unter ihnen in der Form (1) zusammengesetzt hatten, war wenigstens im II. und III. Abschnitt ganz zurückgetreten. Es würde daher nahe liegen, von dieser Gesamtheit auszugehen und zu fragen, wie man in ihr zwei Perioden von der Beschaffenheit wählen kann, daß sich alle andern in der Form (1) durch sie ausdrücken. Doch wollen wir diese Frage in der Weise beantworten, daß wir von einer bestimmten Darstellung (1) ausgehen und zusehen, wie wir aus ihr die übrigen ableiten können.

Aus zwei bestimmten Halbperioden:

2) $$\begin{cases} \omega_1' = \alpha\omega_1 + \beta\omega_3, \\ \omega_3' = \gamma\omega_1 + \delta\omega_3 \end{cases}$$

lassen sich alle übrigen linear mit ganzzahligen Koeffizienten zusammensetzen, sobald das mit $\omega_1$ und $\omega_3$ selbst der Fall ist, sobald also in der Umkehrung der Gleichungen (2):

$$3)\qquad \begin{cases} \omega_1 = \frac{\delta}{D}\,\omega_1' - \frac{\beta}{D}\,\omega_3', \\ \omega_3 = -\frac{\gamma}{D}\,\omega_1' + \frac{\alpha}{D}\,\omega_3' \end{cases}$$

die Determinante:

$$4)\qquad D = \alpha\delta - \beta\gamma$$

in $\alpha$, $\beta$, $\gamma$ und $\delta$ aufgeht Dann muß aber $D^2$ in $\alpha\delta$ und $\beta\gamma$, also auch in $D$ aufgehen; und das ist nur möglich, wenn $D = \pm 1$ ist. Also folgt:

I. *Die notwendige und hinreichende Bedingung dafür, daß die Gesamtheit der aus $2\omega_1'$, $2\omega_3'$ sich ergebenden Perioden mit der Gesamtheit der aus $2\omega_1$, $2\omega_3$ sich ergebenden identisch sei, ist:*

$$7)\qquad D = \pm 1.$$

Dabei ist jedoch noch ein Umstand zu berücksichtigen. Wir haben seit § 14 immer an der Festsetzung festgehalten, die Bezeichnung sei so gewählt, daß der Quotient $\tau = \omega_3/\omega_1$ einen positiven imaginären Bestandteil hat. Nun ist, wenn $\tau = x + iy$ gesetzt wird:

$$8)\qquad \frac{\omega_3'}{\omega_1'} = \frac{\gamma + \delta(x + iy)}{\alpha + \beta(x + iy)} = \frac{(\alpha + \beta x)(\gamma + \delta x) + \beta\delta y^2 + iDy}{(\alpha + \beta x)^2 + \beta y^2}.$$

Der imaginäre Bestandteil von $\omega_3'/\omega_1'$ ist also nur dann auch positiv, wenn $D$ positiv ist. Aus diesem Grunde setzen wir fest:

II. *Im folgenden sollen nur solche Substitutionen (2) untersucht werden, für welche*

$$9)\qquad D = +1$$

*ist. Man nennt solche Substitutionen „unimodular".*

Man nennt ein Paar von Perioden einer Funktion, durch die sich alle andern in der Form (1) ausdrücken lassen, *„ein primitives Periodenpaar"*.[1] Der Übergang von einem primitiven Periodenpaar zu einem andern durch eine Substitution (2) unter der Bedingung (9) heißt *lineare Transformation der Perioden.*

Die Bedingung $D = 1$ schließt aus, daß die vier Koeffizienten $\alpha$, $\beta$, $\gamma$, $\delta$ einen ihnen allen gemeinschaftlichen Teiler haben. In-

[1] Nicht jedes Paar von Perioden, von denen jede einzelne primitiv ist im Sinne der I, § 41, VI gegebenen Definition, ist ein primitives Periodenpaar im Sinne des Textes.

folgedessen bleibt das Periodenverhältnis $\tau$ nur bei zwei linearen Periodentransformationen ungeändert: nämlich bei der „identischen Transformation“, bei der die Perioden überhaupt nicht geändert werden, und bei gleichzeitigem Vorzeichenwechsel beider Perioden:

10) $$\omega_1' = -\omega_1, \quad \omega_3' = -\omega_3, \quad \tau' = \tau.$$

Es genügt deshalb für viele Zwecke, nur die gebrochenen linearen Substitutionen (I, § 14 ff.) des Periodenverhältnisses:

11) $$\tau' = \frac{\gamma + \delta\tau}{\alpha + \beta\tau}, \quad \tau = \frac{-\gamma + \alpha\tau'}{\delta - \beta\tau'}$$

zu untersuchen; zu jeder solchen Substitution, in der $\alpha$, $\beta$, $\gamma$, $\delta$ ganze Zahlen der Determinante 1 sind, gehören zwei und nur zwei lineare Periodentransformationen. Wir bedürfen für das folgende einer kurzen Bezeichnung dieser Substitutionen:

III. *Unter einer Modulsubstitution versteht man eine gebrochene lineare Substitution mit ganzzahligen Koeffizienten der Determinante 1.*

## § 68. Aufbau der Gruppe der Modulsubstitutionen aus erzeugenden Operationen.

I. *Die Gesamtheit der Modulsubstitutionen bildet eine Gruppe* (I, § 14, VII).

Denn die Zusammensetzung zweier Modulsubstitutionen liefert nicht nur, wie bereits I, § 14, VI ausgesprochen, wieder eine lineare Substitution, sondern die dortigen Formeln (11) zeigen auch, daß die Koeffizienten der resultierenden Substitution ganze Zahlen werden, wenn die der komponierenden es sind; und aus dem Multiplikationssatz der Determinanten oder durch elementare Rechnung folgt, daß die Determinante der resultierenden gleich dem Produkt der Determinanten der komponierenden ist, also letztere ebenfalls $= 1$, wenn jede der beiden ersteren $= 1$ ist.

*Diese Gruppe enthält unendlich viele Operationen;* man kann z. B. für $\alpha$ und $\beta$ ein ganz beliebiges Paar zu einander teilerfremder ganzer Zahlen wählen und dann $\gamma$ und $\delta$ noch auf unendlich viele Arten so bestimmen, daß die Determinante $= 1$ wird (wie aus der Theorie der sog. diophantischen Gleichungen, bezw. der Kettenbrüche bekannt ist). Aber *ihre Operationen bilden keine kontinuierliche Mannigfaltigkeit;* die Parameter, von denen sie abhängen — eben die $\alpha$, $\beta$, $\gamma$, $\delta$ — sind nicht kontinuierlich veränderlich, sondern auf ganzzahlige Werte beschränkt. Eine solche Gruppe nennt man *diskret;* wir können daher den Satz aussprechen:

II. *Die Gruppe der Modulsubstitutionen ist eine unendliche diskrete Gruppe.*

Drei besondere Substitutionen dieser Gruppe werden wir besonders häufig zu benutzen haben und bezeichnen sie deshalb sogleich mit eigenen Buchstaben:

1) $$S: \quad \tau' = 1 + \tau,$$

2) $$T: \quad \tau' = -\frac{1}{\tau},$$

3) $$U: \quad \tau' = -1 - \frac{1}{\tau} = -\frac{1+\tau}{\tau}.$$

Aus diesen Substitutionen lassen sich weitere zusammensetzen. Um solche Zusammensetzungen von Substitutionen bequem schreiben zu können, setzen wir fest:

III. *Eine Gleichung zwischen Substitutionen, die die Form hat:*

4) $$V = S\,T$$

*oder ausführlicher:*

5) $$V(\tau) = S[T(\tau)]$$

*soll bedeuten:* $V(\tau)$ *ist diejenige lineare Funktion* $\tau''$ *von* $\tau$, *die man erhält, wenn man erst* $\tau' = T(\tau)$ *und dann* $\tau'' = S(\tau')$ *bildet.*[1]

Beispielsweise ist

$$S\,T(\tau) = 1 - \tau^{-1}, \qquad T\,S(\tau) = -(1+\tau)^{-1};$$

diese beiden Substitutionen sind also voneinander verschieden, *die Zusammensetzung von* $S$ *und* $T$ *zu* $S\,T$ *ist keine kommutative Operation* (I, § 2, 2). Dagegen geht aus ihrer Definition unmittelbar hervor, daß sie *associativ* ist (I, § 2, 3), daß wir also beim Aneinanderreihen mehrerer solcher Symbole keine Klammern zu setzen brauchen. Statt $S\,S$, $S\,S\,S\ldots.$ können wir daher auch $S^2$, $S^3\ldots.$ schreiben (vgl. I, § 22); diese „symbolischen Potenzen“ von $S$ genügen dann dem Gesetze:

6) $$S^{m+n} = S^m S^n.$$

Es ist zweckmäßig, diese Bezeichnung so auszudehnen, daß dem Exponenten auch der Wert 0 und negative Werte beigelegt werden

[1] Manche Schriftsteller bezeichnen dasselbe gerade umgekehrt mit $V = T\,S$ („lesen die Zusammensetzung von links nach rechts“).

können. Unter $S^0$ versteht man dann die „*identische Substitution*“, d. h. diejenige, die $\tau$ in sich selbst überführt ($\tau' = \tau$), unter $S^{-1}$ die „*zu S inverse Substitution*“ (I, § 22, II), für die $SS^{-1} = S^{-1}S = S^0$ oder, wie man auch schreibt, $= 1$ ist. Auch für solche Exponenten bleibt die Gleichung (6) bestehen.

Giebt es Exponenten, für die die Gleichung:

7) $$S^n = 1$$

besteht, so nennt man den kleinsten positiven unter ihnen die *Ordnung* von $S$ und diese selbst eine *cyklische* oder *periodische* Substitution (vgl. I, § 18, VII).

Z. B. sind die Substitutionen $T$ und $U$ cyklisch, erstere von der zweiten, letztere von der dritten Ordnung; es ist nämlich:

8) $$T^2: \ldots \tau' = -(-\tau^{-1})^{-1} = \tau,$$

9) $$U^2: \ldots \tau' = -1-(-1-\tau^{-1})^{-1} = \frac{-1}{1+\tau},$$

10) $$U^3: \ldots \tau' = \frac{-1}{1-\frac{1+\tau}{\tau}} = \tau.$$

Dagegen ist:

11) $$S^n: \ldots \tau' = \tau + n;$$

$S$ ist also nicht cyklisch.

Man kann nun den Satz beweisen:

IV. *Die Gruppe der Modulsubstitutionen läßt sich aus $S$ und $T$ „erzeugen“; mit andern Worten, jede Modulsubstitution läßt sich durch eine Aufeinanderfolge geeigneter Potenzen von $S$ und $T$ darstellen.*

Ist nämlich in einer Modulsubstitution $|\beta| > |\delta|$, so setzen wir zunächst:

12) $$\tau' = -\frac{1}{\tau_0};$$

$\tau_0$ ist dann eine lineare Funktion von $\tau$:

13) $$\tau_0 = -\frac{\alpha+\beta\tau}{\gamma+\delta\tau},$$

in der der Koeffizient von $\tau$ im Nenner dem absoluten Betrage nach kleiner ist als der im Zähler. Ist von Anfang an $|\beta| \leqq |\delta|$, aber $\beta \neq 0$, oder im andern Fall, ist das durch die Substitution (12) erreicht, so bestimmen wir (was stets, und zwar im allgemeinen auf zwei Arten geschehen kann) eine ganze Zahl $m_1$ so, daß:

14) $$|m_1\beta - \delta| < |\beta|$$

wird. Dann können wir schreiben:

$$\tau' \text{ (bezw. } \tau_0) = m_1 + \frac{(\gamma - m_1 \alpha) + (\delta - m_1 \beta)}{\alpha + \beta \tau}.$$

Setzen wir also:

$$\tau' \text{ (bezw. } \tau_0) = S^{m_1} T \tau_1',$$

so ergiebt sich:

$$\tau_1' = \frac{\gamma_1 + \delta_1 \tau}{\alpha_1 + \beta_1 \tau},$$

mit folgenden Werten der Koeffizienten:

$$\alpha_1 = m_1 \alpha - \gamma, \quad \beta_1 = m_1 \beta - \delta, \quad \gamma_1 = \alpha, \quad \delta_1 = \beta, \quad \alpha_1 \delta_1 - \beta_1 \gamma_1 = 1.$$

Die Bedingung $|\beta_1| < |\delta_1|$ ist also zufolge (14) wieder erfüllt; ist $\beta_1$ nicht gleich 0, so bestimmen wir eine ganze Zahl $m_2$ so, daß

$$| m_2 \beta_1 - \delta_1 | < | \beta_1 |$$

wird und setzen:

$$\tau_1' = S^{m_2} T \tau_2'.$$

Daraus ergiebt sich:

$$\tau_2' = \frac{\gamma_2 + \delta_2 \tau}{\alpha_2 + \beta_2 \tau}$$

mit:

$$\alpha_2 = m_2 \alpha_1 - \gamma_1, \quad \beta_2 = m_2 \beta_1 - \delta_1, \quad \gamma_2 = \alpha_1, \quad \delta_2 = \beta_1,$$
$$\alpha_2 \delta_2 - \beta_2 \gamma_2 = 1,$$

also $|\beta_2| < |\delta_2|$. Ist auch $\beta_2$ noch nicht gleich 0, so können wir das Verfahren fortsetzen; wir müssen aber jedenfalls nach einer endlichen Anzahl von Schritten zum Ziele gelangen. Denn das Verfahren liefert eine Folge von ganzen Zahlen $\beta, \beta_1, \beta_2, \beta_3 \ldots,$ von denen jede dem absoluten Betrage nach kleiner als die vorhergehende ist; es muß also notwendig spätestens bei dem $\beta^{\text{ten}}$ Schritt in dieser Folge die Null auftreten. Sei $\beta_n = 0$, dann folgt aus

$$\alpha_n \delta_n - \beta_n \gamma_n = 1,$$

daß $\alpha_n = \delta_n = \pm 1$ sein muß, also:

$$\tau_n' = \tau \pm \gamma_n = S^{\pm \gamma_n} \tau.$$

Damit ist in der That die vorgelegte Modulsubstitution in der Form:

15) $$S^{m_1} T S^{m_2} T \ldots S^{m_{n-1}} T S^{\pm \gamma_n},$$

bezw.:

15a) $$T S^{m_1} T S^{m_2} T \ldots S^{m_{n-1}} T S^{\pm \gamma_n}$$

dargestellt, Satz IV also bewiesen. Man sieht, daß das Verfahren im wesentlichen auf die Entwicklung von $\beta/\delta$ in einen Kettenbruch hinauskommt.

Wenden wir es z. B. auf $U$ an, so haben wir:

$$\alpha = 0, \quad \beta = -1, \quad \gamma = 1, \quad \delta = 1,$$

wir haben also $m_1 = -1$ zu setzen. Damit wird

$$\alpha_1 = -1, \quad \beta_1 = 0, \quad \gamma_1 = 0, \quad \delta_1 = -1.$$

Es wird also schon $\tau_2' = \tau$, und es ist somit:

16) $$U = S^{-1} T.$$

Folglich ist:

17) $$U^{-1} = T^{-1} S = TS$$

und deshalb nach (10):

18) $$TSTSTS = 1$$

oder:

19) $$S^{-1} = TSTST.$$

Vermittelst dieser Gleichung kann man, wenn man will, die Potenzen von $S$ mit negativen Exponenten aus dem Ausdruck einer beliebigen Modulsubstitution durch $S$ und $T$ (14 oder 15) entfernen. Man erhält z. B.:

20) $$U = TSTS.$$

## § 69. Einfluss der linearen Periodentransformationen auf die elliptischen Funktionen zweiter Stufe.

Während $pu$, $\zeta u$, $\sigma u$ ihrer Definition durch *unbedingt* konvergente Reihen, bezw. Produkte gemäß nur von der *Gesamtheit* der Perioden, nicht von der Auswahl eines einzelnen primitiven Periodenpaares abhängen, also beim Übergang von einem solchen Periodenpaar zu einem andern ungeändert (invariant) bleiben, ist das mit den im IV. Abschnitt untersuchten elliptischen Funktionen zweiter Stufe nicht mehr der Fall; denn in ihrer Definition spielen bestimmte einzelne Perioden eine besondere Rolle.

Um diese Änderungen zu bestimmen, gehen wir zurück auf die Entwicklungen von § 28, die zu Sigmafunktionen mit Indices geführt haben. Vermehrt man diese Indices um ganze Zahlen, so bleiben die Multiplikatoren ungeändert (§ 28, (9)). Aus dem Zusatz zu

§ 28, V geht dann hervor, daß diese Sigmafunktionen mit Indices sich nur um einen konstanten Faktor ändern können, wenn wir ihre Indices um ganze Zahlen ändern. Wir können auch diesen Faktor noch beseitigen, wenn wir mit dem Wert der Funktion für irgend einen speziellen Argumentwert, z. B. für $u = 0$ dividieren.[1] Wir erhalten so den Satz:

I. *Es ist:*

$$1)\qquad \frac{\sigma_{\nu_1 + p_1,\, \nu_3 + p_3}(u)}{\sigma_{\nu_1 + p_1,\, \nu_3 + p_3}(0)} = \frac{\sigma_{\nu_1,\, \nu_3}(u)}{\sigma_{\nu_1,\, \nu_3}(0)},$$

*wenn* $p_1$, $p_3$ *beliebige ganze Zahlen bedeuten.*

Andererseits folgt unmittelbar aus der Definition der Sigmafunktionen mit Index der Satz:

II. *Führt man an Stelle der Perioden* $2\omega_1$, $2\omega_3$ *durch die Substitution (2) von § 67 andere ein, so erhält man:*

$$2)\qquad \sigma_{\nu_1 \nu_3}(u \mid \omega_1', \omega_3') = \sigma_{\alpha \nu_1 + \gamma \nu_3,\, \beta \nu_1 + \delta \nu_3}(u \mid \omega_1, \omega_3).$$

Sind $\nu_1$, $\nu_3$ rationale Brüche mit dem Nenner $n$, so werden auch $\alpha \nu_1 + \beta \nu_3$, $\gamma \nu_1 + \delta \nu_3$ Brüche mit diesem Nenner. Reduziert man diese Brüche mit Hilfe der Gleichung (1) auf ihre echt gebrochenen Bestandteile, so lehrt die Gleichung (2):

III. *Es giebt eine endliche Anzahl von Sigmafunktionen mit Indices, die Brüche mit dem Nenner* $n$ *sind; diese werden bei jeder linearen Periodentransformation nur unter sich vertauscht.*

Insbesondere gilt das auch im Falle $n = 2$, d. h. für die drei Weierstrassschen Nebensigma.

Zufolge des Satzes IV von § 68 sind wir imstande, diese Vertauschungen für jede beliebige vorgelegte lineare Periodentransformation anzugeben, sobald wir sie für die beiden erzeugenden Transformationen $S$ und $T$ kennen. Dabei ist zu beachten: Zwar entsprechen (§ 67 am Ende) jeder gebrochenen Substitution des Periodenverhältnisses zwei verschiedene Transformationen der Perioden selbst. Aber diese brauchen wir hier nicht zu unterscheiden; denn die drei Nebensigma bleiben, wie aus ihren Definitionen (§ 30) hervorgeht, ungeändert, wenn man $\omega_1$ und $\omega_3$ durch $-\omega_1$ und $-\omega_3$ ersetzt.

Aus (2) folgt speziell:

$$3)\qquad \sigma_{\nu_1,\, \nu_3}(u \mid \omega_1, \omega_1 + \omega_3) = \sigma_{\nu_1 + \nu_3,\, \nu_3}(u \mid \omega_1, \omega_3),$$

$$4)\qquad \sigma_{\nu_1,\, \nu_3}(u \mid -\omega_3, \omega_1) = \sigma_{\nu_3,\, -\nu_1}(u \mid \omega_1, \omega_3).$$

[1] $\sigma_{\nu_1 \nu_3}(0)$ ist nur 0, wenn $\nu_1$ und $\nu_3$ selbst ganze Zahlen sind; dieser Fall führt auf die ursprüngliche Sigmafunktion zurück.

Bezeichnen wir also die „transformierten“ Funktionen durch Überstreichen, so erhalten wir:

für $S$:

5) $$\bar\sigma_1 u = \sigma_1 u, \quad \bar\sigma_2 u = \sigma_3 u, \quad \bar\sigma_3 u = \sigma_2 u;$$

für $T$:

6) $$\bar\sigma_1 u = \sigma_3 u, \quad \bar\sigma_2 u = \sigma_2 u, \quad \bar\sigma_3 u = \sigma_1 u.$$

Aus diesen Formeln erhält man die entsprechenden Formeln für jede beliebige andere lineare Periodentransformation durch Zusammensetzung; so z. B. für $U = S^{-1}T$ (§ 68, 16):

7) $$\bar\sigma_1 u = \sigma_3 u, \quad \bar\sigma_2 u = \sigma_1 u, \quad \bar\sigma_3 u = \sigma_2 u;$$

für $U^2$:

8) $$\bar\sigma_1 u = \sigma_2 u, \quad \bar\sigma_2 u = \sigma_3 u, \quad \bar\sigma_3 u = \sigma_1 u;$$

endlich für $US = S^{-1}TS$:

9) $$\bar\sigma_1 u = \sigma_2 u, \quad \bar\sigma_2 u = \sigma_1 u, \quad \bar\sigma_3 u = \sigma_3 u.$$

Damit haben wir, die Identität (§ 68, p. 171) mitgerechnet, bereits sechs lineare Periodentransformationen; bei jeder derselben sind die transformierten Funktionen $\bar\sigma_1 u$, $\bar\sigma_2 u$, $\bar\sigma_3 u$ zusammen den ursprünglichen $\sigma_1 u$, $\sigma_2 u$, $\sigma_3 u$ gleich, aber jedesmal in anderer Reihenfolge. Es giebt aber nicht mehr als sechs verschiedene Anordnungen von drei Elementen; also können wir sagen:

IV. *Durch lineare Transformation der Perioden können die drei Nebensigma auf jede überhaupt mögliche Art miteinander vertauscht werden.*

## § 70. Einfluss linearer Periodentransformationen auf die Wurzelgrössen $\sqrt{e_\alpha - e_\beta}$ und $\sqrt[4]{e_\alpha - e_\beta}$.

Was von den Nebensigma im vorigen Paragraphen bewiesen wurde, gilt auch von den Größen $e_1$, $e_2$, $e_3$ und von ihren Differenzen. Außerdem haben wir aber in § 32 auch bestimmte Werte der zweiten und der vierten Wurzeln aus diesen Differenzen als eindeutige Funktionen der Perioden definiert. Wenn nun bei einer bestimmten linearen Periodentransformation etwa $e_1$ und $e_2$ in $\bar e_1 = e_2$ und $\bar e_2 = e_1$ übergeführt werden, und wenn man dann mit $\sqrt{\bar e_1 - \bar e_2}$ denjenigen Wert dieser Wurzel bezeichnet, den die früher mit

$\sqrt{e_1 - e_2}$ bezeichnete Funktion der Perioden bei Substitution der neuen Periodenwerte annimmt, so entsteht die Frage, ob dieser Wert mit dem früher mit $\sqrt{e_2 - e_1}$ bezeichneten Wert identisch ist. Eine analoge Frage wird für die Werte der vierten Wurzeln zu beantworten sein. Wir wollen auch hier auf eine Ableitung allgemeiner Formeln verzichten und uns damit begnügen, die Resultate für die Substitutionen $S$ und $T$ anzugeben, die aus den früheren Formeln zu entnehmen sind.

Was zunächst die Substitution $S$ betrifft, so kann man deren Einfluß auf die unendlichen Produkte von § 32 an diesen Produkten selbst unmittelbar ablesen, wenn man dabei beachtet, wie die auftretenden Potenzen von $h$ mit gebrochenen Exponenten definiert waren (§ 31 am Ende). Es geht daraus hervor, daß für diese Substitution:

$$1)\qquad \bar{h} = -h, \quad \bar{h}^{1/4} = i h^{1/4},$$

also:

$$2)\qquad \bar{H}_0 = H_0, \quad \bar{H}_1 = H_1, \quad \bar{H}_2 = H_3, \quad \bar{H}_3 = H_2.$$

Die Gleichungen § 32, (13) zeigen dann, daß man zu setzen hat:

$$3)\qquad \begin{cases} \sqrt{\bar{e}_2 - \bar{e}_3} = \sqrt{e_3 - e_2}, & \sqrt{\bar{e}_3 - \bar{e}_2} = -\sqrt{e_2 - e_3}, \\ \sqrt{\bar{e}_3 - \bar{e}_1} = -\sqrt{e_2 - e_1}, & \sqrt{\bar{e}_1 - \bar{e}_3} = \sqrt{e_1 - e_2}, \\ \sqrt{\bar{e}_1 - \bar{e}_2} = \sqrt{e_1 - e_3}, & \sqrt{\bar{e}_2 - \bar{e}_1} = -\sqrt{e_3 - e_1}. \end{cases}$$

(Eine gewisse Kontrolle der Rechnung erhält man durch den Umstand, daß die neuen Werte dieser Wurzelgrößen ebenso wie die alten den Relationen § 32, (14) Genüge leisten müssen.)

Weniger einfach liegt die Sache für die Substitution $T$, da den unendlichen Produkten nicht unmittelbar anzusehen ist, wie sie sich dieser Substitution gegenüber verhalten. Man muß hier auf die Definition der zu untersuchenden eindeutig bestimmten Werte der Wurzelgrößen durch die Werte der Sigmafunktionen für die Halbperioden zurückgehen (§ 32, 13); man findet so z. B.:

$$\sqrt{\bar{e}_2 - \bar{e}_3} = \frac{\bar{\sigma}_3 \bar{\omega}_2}{\sigma \bar{\omega}_2} = \frac{\sigma_1 (\omega_1 - \omega_3)}{\sigma(\omega_1 - \omega_3)} = \frac{\sigma_1 (\omega_2 + 2\omega_1)}{\sigma(\omega_2 + 2\omega_1)}$$

$$= \frac{\sigma_1 \omega_2}{\sigma \omega_2} = \sqrt{e_2 - e_1}$$

und ebenso die übrigen Formeln der folgenden Tabelle:

$$4)\quad \begin{cases} \sqrt{\bar e_2 - \bar e_3} = \sqrt{e_2 - e_1}, & \sqrt{\bar e_3 - \bar e_2} = -\sqrt{e_1 - e_2}, \\ \sqrt{\bar e_3 - \bar e_1} = -\sqrt{e_1 - e_3}, & \sqrt{\bar e_1 - \bar e_3} = \sqrt{e_3 - e_1}, \\ \sqrt{\bar e_1 - \bar e_2} = \sqrt{e_3 - e_2}, & \sqrt{\bar e_2 - \bar e_1} = -\sqrt{e_2 - e_3}. \end{cases}$$

In ähnlicher Weise läßt sich auch feststellen, wie sich die Produkte und Quotienten aus *vierten* Wurzeln, die in § 32 als eindeutige Funktionen der Perioden definiert sind, gegenüber linearer Transformation der Perioden verhalten. Nicht so einfach liegt die Sache für diese vierten Wurzeln selbst, da deren Definition auf einer willkürlichen Festsetzung über den Wert beruht, den man der Quadratwurzel aus $2\omega_1/\pi$ beizulegen hat.

## § 71. Einfluss der linearen Periodentransformationen auf die Funktionen JACOBI's.

Will man aus den Resultaten der beiden vorhergehenden Paragraphen die entsprechenden Formeln für die von JACOBI eingeführten Funktionen herleiten, so hat man vor allem zu beachten, daß die unabhängige Variable JACOBIS selbst nicht von linearer Periodentransformation unbeeinflußt bleibt. So erhält man z. B. für die Transformation $S$:

$$1)\quad \bar w = \sqrt{\bar e_1 - \bar e_3}\, u = \sqrt{e_1 - e_2}\, u = k' w,$$

ferner:

$$2)\quad k^2 = \frac{\bar e_3 - \bar e_2}{\bar e_3 - \bar e_1} = \frac{e_2 - e_3}{e_2 - e_1} = -\frac{k^2}{k'^2}$$

und folglich die Gleichungen:

$$3)\quad sn\left(k'w,\ -\frac{k^2}{k'^2}\right) = k'\,\frac{sn(w,\ k^2)}{dn(w,\ k^2)},$$

$$4)\quad cn\left(k'w,\ -\frac{k^2}{k'^2}\right) = \frac{cn(w,\ k^2)}{dn(w,\ k^2)},$$

$$5)\quad dn\left(k'w,\ -\frac{k^2}{k'^2}\right) = \frac{1}{dn(w,\ k^2)}.$$

Ebenso erhält man für $T$:

$$6)\quad \bar w = \sqrt{\bar e_1 - \bar e_3}\, u = \sqrt{e_3 - e_1}\, u = -i\sqrt{e_1 - e_3}\, u = -iw,$$

ferner:

$$\bar{k}^2 = \frac{\bar{e}_3 - \bar{e}_2}{\bar{e}_3 - \bar{e}_1} = \frac{e_1 - e_2}{e_1 - e_3} = k'^2 \tag{7}$$

und folglich:

$$sn(-iw, k'^2) = -i\frac{sn(w, k^2)}{cn(w, k^2)}, \tag{8}$$

$$cn(-iw, k'^2) = \frac{1}{cn(w, k^2)}, \tag{9}$$

$$dn(-iw, k'^2) = \frac{1}{cn(w, k^2)}. \tag{10}$$

Gewöhnlich schreibt man diese Formeln etwas anders, indem man das auf der linken Seite auftretende Argument als unabhängig veränderlich ansieht und mit einem besonderen Buchstaben bezeichnet; also z. B.:

$$sn\left(w, -\frac{k^2}{k'^2}\right) = k'\frac{sn\left(\frac{w}{k'}, k^2\right)}{dn\left(\frac{w}{k'}, k^2\right)} \tag{11}$$

und:

$$sn(w, k'^2) = -i\frac{sn(iw, k^2)}{cn(iw, k^2)}. \tag{12}$$

Berücksichtigt man, daß $sn$ eine ungerade, $cn$ eine gerade Funktion des Arguments ist, so sieht man, daß die letzte Gleichung gleichbedeutend ist mit der gebräuchlicheren Form:

$$sn(w, k'^2) = i\frac{sn\left(\frac{w}{i}, k^2\right)}{cn\left(\frac{w}{i}, k^2\right)}.$$

## § 72. Lineare Transformationen, die modulo 2 zur Identität kongruent sind.

I. *Als „modulo 2 zur Identität kongruent“ bezeichnen wir diejenigen linearen Transformationen, deren Koeffizienten modulo 2 zu den entsprechenden Koeffizienten der identischen Transformation kongruent sind, mit andern Worten, diejenigen, bei denen $\alpha$ und $\delta$ ungerade, $\beta$ und $\gamma$ gerade sind.*

Schreiben wir:

1) $$\begin{cases} \bar{\omega}_1 = (2a+1)\,\omega_1 + 2b\,\omega_3, \\ \bar{\omega}_3 = 2c\,\omega_1 + (2d+1)\,\omega_3, \end{cases}$$

so können wir für diesen Fall die Formeln für die Transformation der Funktionen zweiter Stufe explicite durch $a$, $b$, $c$, $d$ ausdrücken. Man sieht nämlich zwar sofort, daß bei jeder solchen Transformation die $e$ einzeln ungeändert bleiben (es ist $p\,\bar{\omega}_1 = p\,\omega_1$ u. s. f.), sodaß also:

2) $$\bar{e}_1 = e_1, \quad \bar{e}_2 = e_2, \quad \bar{e}_3 = e_3$$

und ebenso:

3) $$\bar{\sigma}_1 u = \sigma_1 u, \quad \bar{\sigma}_2 u = \sigma_2 u, \quad \bar{\sigma}_3 u = \sigma_3 u$$

wird; aber daraus folgt nicht, daß auch:

$$\sqrt{\bar{e}_\alpha - \bar{e}_\beta} = \sqrt{e_\alpha - e_\beta}$$

gesetzt werden dürfte. Vielmehr folgt aus den Definitionsformeln (§ 32, 13) z. B.:

$$\sqrt{\bar{e}_2 - \bar{e}_3} = \frac{\sigma_3 \bar{\omega}_2}{\sigma \bar{\omega}_2} = \frac{\sigma_3(\omega_2 - 2(a+c)\,\omega_1 - 2(b+d)\,\omega_3)}{\sigma(\omega_2 - 2(a+c)\,\omega_1 - 2(b+d)\,\omega_3)}$$
$$= (-1)^{a+c}\frac{\sigma_3 \omega_2}{\sigma \omega_2} = (-1)^{a+c}\sqrt{e_2 - e_3},$$

und ebenso die übrigen Formeln der folgenden Tabelle:

4) $$\begin{cases} \sqrt{\bar{e}_2 - \bar{e}_3} = (-1)^{a+c}\sqrt{e_2 - e_3}, & \sqrt{\bar{e}_3 - \bar{e}_2} = (-1)^{c+d}\sqrt{e_3 - e_2}, \\ \sqrt{\bar{e}_3 - \bar{e}_1} = (-1)^{d}\quad\sqrt{e_3 - e_1}, & \sqrt{\bar{e}_1 - \bar{e}_3} = (-1)^{a}\quad\sqrt{e_1 - e_3}, \\ \sqrt{\bar{e}_1 - \bar{e}_2} = (-1)^{a+b}\sqrt{e_1 - e_2}, & \sqrt{\bar{e}_2 - \bar{e}_1} = (-1)^{b+d}\sqrt{e_2 - e_1}. \end{cases}$$

(Um einzusehen, daß auch diese transformierten Werte den Gleichungen (14) von § 32 genügen, beachte man: aus:

$$(2a+1)(2d+1) - 4bc = 1$$

(§ 67, 7) folgt:

$$2(ad - bc) + a + d = 0;$$

also müssen $a$ und $d$ entweder beide gerade oder beide ungerade sein.)

Aus diesen Formeln erhält man weiter:

$$\bar{k} = (-1)^c k, \quad \bar{k}' = (-1)^b k', \quad \bar{w} = (-1)^a w$$

und daraus folgt weiter direkt:

$$\overline{cn}\,\overline{w} = cn\,\overline{w}, \qquad \overline{dn}\,\overline{w} = \overline{dn\,w};$$

aber auch, da $sn\,w$ eine ungerade Funktion ist:

$$\overline{sn}\,\overline{w} = (-1)^a\, sn\left((-1)^a w\right) = sn\,w.$$

Obwohl also die Definition der Funktionen Jacobis durch die von Weierstrass von den Quadratwurzeln aus den $e$ abhängt, die nicht bei jeder modulo 2 zur Identität kongruenten linearen Periodentransformation ungeändert bleiben, so bleiben doch jene Funktionen selbst bei jeder solchen Transformation ungeändert.

## § 73. Ableitung der linearen Transformation der Thetafunktionen aus der der Sigma.

Die Formeln für die lineare Transformation der Thetafunktionen können wir auf zwei ganz verschiedenen Wegen ableiten, entweder aus den Ausdrücken der Theta durch die Sigma (§ 47, 18—21) oder aus den allgemeinen Sätzen der Theorie der Jacobischen Funktionen. Wir wollen zunächst den ersten Weg für die beiden erzeugenden Transformationen $S$ und $T$ einschlagen; dabei genügt es, wenn wir uns auf die Untersuchung der fundamentalen Thetafunktion beschränken, da wir aus den für sie geltenden Formeln die Formeln für die übrigen Funktionen durch Addition halber Perioden ableiten können.

Für die Transformation $S$ hat die Sache gar keine Schwierigkeit. Denn für sie können wir das Verhalten der Wurzelgrößen, die in jenen Ausdrücken der Theta durch die Sigma auftreten, aus der Darstellung jener Wurzelgrößen durch unendliche Produkte ablesen. Wir finden:

$$\sqrt{\frac{2\,\overline{\omega}_1}{\pi}}\,\sqrt[4]{\overline{e}_1 - \overline{e}_3} = \sqrt{\frac{2\,\omega_1}{\pi}}\,\sqrt[4]{e_1 - e_2},$$

ferner:

$$\overline{v} = v,$$

also:

$$\vartheta_3(v;\ \tau + 1) = \vartheta_0(v;\ \tau). \tag{1}$$

Weniger einfach ist die Sache für die Substitution $T$, da man den unendlichen Produkten $\Pi$ nicht ansieht, wie sie sich gegenüber der Vertauschung von $\tau$ mit $-1/\tau$ verhalten. Infolgedessen bleibt es zunächst unbestimmt, welcher Wert der auftretenden vierten Wurzel beizulegen ist. Man erhält:

$$\frac{2\,\bar{\omega}_1}{\pi}\sqrt{\bar{e}_1 - \bar{e}_3} = \frac{2\,\omega_3}{\pi}\sqrt{e_3 - e_1} = i\,\tau\,.\,\frac{2\,\omega_1}{\pi}\sqrt{e_1 - e_3}, \quad \bar{v} = \frac{v}{\tau},$$

$$e^{2\,\bar{\eta}_1\,\bar{\omega}_1\,\bar{v}^2} = e^{2\,\eta_3\,\omega_3\,\frac{v^2}{\tau^2}} = e^{2\,\eta_3\,\omega_1^2\,\frac{v^2}{\omega_3}}$$

oder wegen der Legendreschen Relation (§ 19, 14)

$$= e^{2\,\eta_1\,\omega_1\,v^2 - \frac{\pi i}{\tau}\,v^2}$$

und folglich:

$$\vartheta_3\left(\frac{v}{\tau},\ -\frac{1}{\tau}\right) = \sqrt{-\,i\tau}\;e^{\frac{\pi i}{\tau}\,v^2}\,\vartheta_3(v,\ \tau); \tag{2}$$

aber es bleibt zunächst unbestimmt, welcher der beiden Werte der Quadratwurzel hier zu nehmen ist.

Diese Unbestimmtheit können wir durch folgende nachträgliche Überlegung heben. Die Veränderlichkeit der Größe $\tau$ ist auf solche Werte beschränkt (§ 14, II), deren imaginärer Bestandteil positiv ist; also ist $-\,i\tau$ eine Größe mit positiv reellem Bestandteil. Der Hauptwert der Quadratwurzel (I, § 58, V) ist also eine für alle in Betracht kommenden Werte von $\tau$ stetige Funktion; da auch die andern Bestandteile der Gleichung (2) sich stetig mit $\tau$ ändern, so folgt: wenn die Formel für irgend ein spezielles Wertepaar $(v,\ \tau)$ nur dadurch richtig wird, daß man den Hauptwert der Quadratwurzel nimmt, so ist für jedes Wertepaar $(v,\ \tau)$ der Hauptwert zu nehmen. Nun wird für $v = 0$, $\tau = i$ auch $\bar{v} = 0$, $\bar{\tau} = i$; also ist ein spezieller Fall von (2):

$$\vartheta_3(0\,|\,i) = \sqrt{1}\,.\,\vartheta_3(0\,|\,i).$$

Da nun diese Formel nur dadurch richtig wird, daß man den Hauptwert der Quadratwurzel nimmt (denn $\vartheta_3(0\,|\,i)$ ist nach § 48, I von Null verschieden), so folgt allgemein:

*In der Gleichung (2) ist der Hauptwert der Quadratwurzel zu nehmen.*

Die Transformationsformeln für die übrigen Thetafunktionen ergeben sich aus den angeschriebenen durch Vermehrung der Argumente um halbe Perioden; die Formeln für andere Transformationen gemäß § 68 durch Zusammensetzung.

## § 74. Direkte Untersuchung der linearen Transformation der Thetafunktionen.

Führt man in die Gleichung (7) von § 37 vermöge der Gleichung (9) desselben Paragraphen die Ordnungszahl $n$ ein, so kann man sie schreiben:

$$1)\quad \left\{\begin{aligned} &\Phi(u + 2k_1\omega_1 + 2k_3\omega_3) \\ &\quad = e^{-2\pi i(k_1 a_1 + k_3 a_3)(u + k_1\omega_1 + k_3\omega_3) - \pi i(k_1 b_1 + k_3 b_3 + n k_1 k_3)}\,\Phi(u). \end{aligned}\right.$$

Setzt man in dieser Gleichung für $k_1\, k_3$ einmal $\alpha, \beta$, das andere Mal $\gamma, \delta$, so sagt sie aus:

I. *Jede elliptische Funktion III. Art $n^{\text{ter}}$ Ordnung mit den Perioden I. Art $2\omega_1$, $2\omega_3$, den Perioden II. Art $-2\pi i a_1$, $-2\pi i a_3$ und den Parametern $b_1$, $b_3$ ist zugleich eine elliptische Funktion III. Art $n^{\text{ter}}$ Ordnung mit den Perioden I. Art:*

$$2)\quad \left\{\begin{aligned} 2\omega_1' &= \alpha . 2\omega_1 + \beta . 2\omega_3, \\ 2\omega_3' &= \gamma . 2\omega_1 + \delta . 2\omega_3, \end{aligned}\right.$$

*den Perioden II. Art:*

$$3)\quad \left\{\begin{aligned} -2\pi i a_1' &= -\alpha . 2\pi i a_1 - \beta . 2\pi i a_3, \\ -2\pi i a_3' &= -\gamma . 2\pi i a_1 - \delta . 2\pi i a_3, \end{aligned}\right.$$

*und den Parametern:*

$$4)\quad \left\{\begin{aligned} b_1' &= \alpha b_1 + \beta b_3 + n\alpha\beta, \\ b_3' &= \gamma b_1 + \delta b_3 + n\gamma\delta, \end{aligned}\right.$$

*wenn $\alpha, \beta, \gamma, \delta$ irgend vier ganze Zahlen der Determinante 1 bezeichnen.*

Während also die Perioden II. Art sich einfach zu den Perioden I. Art „*kogredient*“ substituieren, treten in den Transformationsformeln der Parameter ganze Zahlen als Zusatzglieder auf.

Die Auflösung der Gleichungen (4) nach $b_1$ und $b_3$ lautet zunächst:

$$5)\quad \left\{\begin{aligned} b_1 &= \delta b_1' - \beta b_3' - n\beta\delta(\alpha - \gamma), \\ b_3 &= -\gamma b_1' + \alpha b_3' - n\alpha\gamma(\delta - \beta). \end{aligned}\right.$$

Da aber zufolge der Relation $\alpha\delta - \beta\gamma = 1$, wenn $\beta$ und $\delta$ beide ungerade sind, die Differenz $\alpha - \gamma$ nicht gerade sein kann und ebensowenig die Differenz $\delta - \beta$, wenn $\alpha$ und $\gamma$ beide ungerade sind; da ferner die Parameter nur bis auf gerade Zahlen bestimmt sind, so folgt, daß wir auch schreiben können:

$$6)\qquad \begin{cases} b_1 = \delta b_1' - \beta b_3' - n\beta\delta, \\ b_3 = -\gamma b_1' + \alpha b_3' - n\alpha\gamma, \end{cases}$$

sodaß die Auflösungen der Gleichungen (4) dieselbe Form haben, wie diese selbst.

Ist die vorgelegte elliptische Funktion insbesondere eine Thetafunktion, also $a_1 = 0$, $a_3 = \frac{n}{2\omega_1}$ und die Parameter $b_1$ und $b_3$ reell, so wird:

$$a_1' = \frac{n\beta}{2\omega_1}, \quad a_3' = \frac{n\delta}{2\omega_1}$$

und die Parameter $b_1'$, $b_3'$ werden ebenfalls reell. Soll dann die durch Transformation entstandene Funktion ebenfalls durch eine Thetafunktion ausgedrückt werden, so ist nach § 41, (6) und (7):

$$7)\qquad \lambda' = \frac{n\beta}{2\omega_1\omega_1'}, \quad \mu' = 0$$

zu setzen; außerdem ist zu beachten, daß die neue Variable $v' = \frac{u}{2\omega_1'}$ mit der alten $v = \frac{u}{2\omega_1}$ durch die Relation

$$v' = \frac{v}{\alpha + \beta\tau}$$

zusammenhängt. Man erhält so die Gleichung:

$$8)\qquad \Theta_{g_1' g_3'}\left(\frac{v}{\alpha + \beta\tau}, \frac{\gamma + \delta\tau}{\alpha + \beta\tau}\right) = C e^{n\beta\pi i v v'}\, \Theta_{g_1 g_3}(v, \tau)$$

und speziell für die Thetafunktionen erster Ordnung:

$$9)\qquad \vartheta_{g_1' g_3'}\left(\frac{v}{\alpha + \beta\tau}, \frac{\gamma + \delta\tau}{\alpha + \beta\tau}\right) = C_{g_1 g_3} e^{\beta\pi i v v'}\, \vartheta_{g_1 g_3}(v, \tau).$$

Dabei ist der Zusammenhang zwischen den alten und neuen Charakteristiken durch die Gleichungen (4) oder (6) gegeben, wenn man in ihnen $g$ für $b$ schreibt; zur Bestimmung der Konstanten $C$ bedarf es einer besonderen Untersuchung.

## § 75. Bestimmung des in der Formel für die lineare Transformation der Thetafunktionen auftretenden konstanten Faktors.

Zunächst kann man die zu den verschiedenen Charakteristiken gehörenden Faktoren $C_{g_1 g_3}$ auf einen von ihnen zurückführen. Wir gehen dazu etwa aus von der Gleichung:

1) $$\vartheta_{\alpha\beta,\,\gamma\delta}(v' \mid \tau') = C_{00}\, e^{\beta\pi i v v'}\, \vartheta_{00}(v \mid \tau).$$

Vermehren wir $u$ um $g_3\,\omega_1 - g_1\,\omega_3$, so entspricht dem eine Vermehrung von $v$ um $-\frac{1}{2}(g_1\,\tau - g_3)$ und von $v'$ um

1a) $$-\tfrac{1}{2}\,\frac{g_1\,\tau - g_3}{\alpha + \beta\tau} = -\tfrac{1}{2}\{(g_1' - \alpha\beta)\,\tau' - (g_3' - \gamma\,\delta)\};$$

die Gleichung (1) geht also dadurch über in:

$$\vartheta_{\alpha\beta,\,\gamma\delta}(v' - \tfrac{1}{2}[(g_1' - \alpha\beta)\,\tau' - (g_3' - \gamma\,\delta)] \mid \tau')$$
$$= C_{00}\, e^{\beta\pi i (v - \frac{1}{2}(g_1\tau - g_3))(v' - \frac{1}{2}[(g_1' - \alpha\beta)\tau' - (g_3' - \gamma\delta)])}\, \vartheta_{00}(v - \tfrac{1}{2}[g_1\tau - g_3] \mid \tau).$$

Nach § 44, (6) ist aber einerseits die linke Seite dieser Gleichung:

$$= e^{\pi i [(g_1' - \alpha\beta)v' - \frac{1}{4}(g_1' - \alpha\beta)^2\tau' - \frac{1}{2}\alpha\beta(g_3' - \gamma\delta)]}\, \vartheta_{g_1' g_3'}(v' \mid \tau');$$

andererseits:

$$\vartheta_{00}(v - \tfrac{1}{2}[g_1\,\tau - g_3] \mid \tau) = e^{\pi i [g_1 v - \frac{1}{4} g_1^2 \tau]}\, \vartheta_{g_1 g_3}(v \mid \tau);$$

also folgt:

$$\vartheta_{g_1' g_3'}(v' \mid \tau') = C_{00}\, e^{\beta\pi i v v' + \pi i \psi}\, \vartheta_{g_1 g_3}(v \mid \tau),$$

wo zur Abkürzung gesetzt ist:

$$\begin{aligned}\psi = {} & -\tfrac{1}{2}(g_1\,\tau - g_3)\beta\,v' - \tfrac{1}{2}[(g_1' - \alpha\beta)\tau' - (g_3' - \gamma\,\delta)]\,\beta\,v \\ & -(g_1' - \alpha\beta)\,v' + g_1\,v \\ & + \tfrac{1}{4}\beta(g_1\,\tau - g_3)[(g_1' - \alpha\beta)\tau' - (g_3' - \gamma\,\delta)] + \tfrac{1}{4}(g_1 - \alpha\beta)^2\,\tau \\ & + \tfrac{1}{2}\alpha\beta(g_3' - \gamma\,\delta) - \tfrac{1}{4}g_1^2\,\tau\end{aligned}$$

oder wegen (1a):

$$\begin{aligned} = {} & -\tfrac{1}{2}(g_1\,\tau - g_3)\,\beta\,v' - \tfrac{1}{2}\frac{g_1\,\tau - g_3}{\alpha + \beta\tau}\,\beta\,v - (g_1' - \alpha\beta)\,v' + g_1\,v \\ & + \tfrac{1}{4}\,\frac{\beta(g_1\tau - g_3)^2}{\alpha + \beta\tau} + \tfrac{1}{4}(g_1' - \alpha\beta)^2\,\tau' + \tfrac{1}{2}\alpha\beta(g_3 - \gamma\,\delta) - \tfrac{1}{4}g_1^2\,\tau.\end{aligned}$$

Die Vergleichung mit § 74 (9) zeigt, und die Durchführung

der Rechnung bestätigt, daß aus diesem Ausdruck die mit $v$ und $v'$ multiplizierten Glieder sich wegheben; die übrigen geben:

$$\frac{1}{4(\alpha+\beta\tau)}\{\beta(g_1^2\tau^2 - 2g_1g_3\tau + g_3^2) + (\alpha g_1 + \beta g_3)^2(\gamma+\delta\tau)$$
$$- 2\alpha\beta(\gamma g_1 + \delta g_3)(\alpha+\beta\tau) - g_1^2(\alpha+\beta\tau)\tau\}$$
$$= \frac{1}{4(\alpha+\beta\tau)}\{\alpha^2\gamma g_1^2 + 2\alpha\beta\gamma g_1 g_3 + \alpha\beta\delta g_3^2 - 2\alpha^2\beta\gamma g_1 - 2\alpha^2\beta\delta g_3$$
$$+ \tau[\alpha\beta g_1^2 + 2\beta^2\gamma g_1 g_3 + \beta^2\delta g_3^2 - 2\alpha\beta^2\gamma g_1 - 2\alpha\beta^2\delta g_3]\}$$
$$= \tfrac{1}{4}(\alpha\gamma g_1^2 + 2\beta\gamma g_1 g_3 + \beta\delta g_3^2 - 2\alpha\beta\gamma g_1 - 2\alpha\beta\delta g_3)$$
$$= \tfrac{1}{4}[(g_1' - \alpha\beta)(g_3' - \gamma\delta) - g_1 g_3 - 2\alpha\beta(g_3' - \gamma\delta)]$$
$$= \tfrac{1}{4}[(g_1' + \alpha\beta)(g_3' - \gamma\delta) - g_1 g_3].$$

Vergleicht man dieses Resultat mit Gleichung (9) des § 74, so erhält man als den gesuchten Ausdruck von $C_{g_1 g_3}$ durch $C_{00}$:

$$C_{g_1 g_3} = e^{\frac{\pi i}{4}[(g_1' + \alpha\beta)(g_3' - \gamma\delta) - g_1 g_3]} C_{00}, \tag{2}$$

speziell:

$$\left\{\begin{aligned} C_{01} &= e^{\frac{\pi i}{4}\beta\delta(1-2\alpha)} C_{00}, \\ C_{10} &= e^{\frac{\pi i}{4}\alpha\gamma(1-2\beta)} C_{00}, \\ C_{11} &= e^{\frac{\pi i}{4}[(\alpha+\beta)(\gamma+\delta) - 1 - 2\alpha\beta(\gamma+\delta)]} C_{00}. \end{aligned}\right. \tag{3}$$

Zur weiteren Bestimmung von $C_{00}$ kann nun die Relation (4) von § 50 dienen. Da $\alpha$ und $\beta$ wegen der Relation von § 67 nicht beide gerade sein können, ist $\alpha\beta + \alpha + \beta$ stets ungerade, ebenso $\gamma\delta + \gamma + \delta$; die „ungerade" Charakteristik (1, 1) wird also bei jeder linearen Transformation in sich (bezw. in eine zu ihr modulo 2 kongruente) übergeführt. Andererseits wird auch jede gerade Charakteristik wieder in eine solche übergeführt; aber dabei ist zu beachten, daß in der Definition der Thetafunktionen die Charaktere selbst, nicht nur ihre modulo 2 genommenen Reste auftreten. Sei etwa von den Charakteristiken der drei transformierten Funktionen mit $(\varphi_1\varphi_3)$ die zu (0 0), mit $(\chi_1\chi_3)$ die zu (0 1), mit $(\psi_1\psi_3)$ die zu (1 0) modulo 2 kongruente bezeichnet, so ist nach § 44, (10) und (11):

$$\vartheta_{\varphi_1\varphi_3}(v') = \vartheta_{00}(v'),$$
$$\vartheta_{\chi_1\chi_3}(v') = (-1)^{1/2(\chi_1 - 1)}\vartheta_{01}(v'),$$
$$\vartheta_{\psi_1\psi_3}(v') = \vartheta_{10}(v')$$

und:

$$\vartheta_{\alpha\beta+\alpha+\beta,\,\gamma\delta+\gamma+\delta}(v') = (-1)^{1/2\,(\alpha\beta+\alpha+\beta-1)}\vartheta_{11}(v').$$

Bilden wir das Produkt der drei ersten Funktionen, so können wir auch schreiben:

$$\vartheta_{\varphi_1\varphi_2}(v')\,\vartheta_{\chi_1\chi_2}(v')\,\vartheta_{\psi_1\psi_2}(v') = (-1)^{1/2\,(\varphi_1+\chi_1+\psi_1-1)}\vartheta_{00}(v')\,\vartheta_{01}(v')\,\vartheta_{10}(v').$$

Es sind aber die drei Charaktere $\varphi_1, \chi_1, \psi_1$, abgesehen von der Reihenfolge, bezw. gleich $\alpha\beta$; $\alpha\beta+\alpha$; $\alpha\beta+\beta$, ihre Summe also nach dem Modul 4 kongruent zu $-\alpha\beta+\alpha+\beta$. Somit folgt aus § 50, (4) die Gleichung:

$$4)\qquad \vartheta'_{\alpha\beta+\alpha+\beta,\,\gamma\delta+\gamma+\delta}(0) = (-1)^{\alpha\beta}\pi\,\vartheta_{\varphi_1\varphi_2}(0)\,\vartheta_{\chi_1\chi_2}(0)\,\vartheta_{\psi_1\psi_2}(0),$$

wo der Accent links sich auf eine Differentiation nach $v'$ bezieht. Ersetzen wir hier die transformierten Theta durch ihre Werte aus § 74, (9) und die Differentiation nach $v'$ durch eine solche nach $v$, so erhalten wir:

$$(\alpha+\beta\tau)\,C_{11} = (-1)^{\alpha\beta}\,C_{00}\,C_{10}\,C_{01},$$

also wenn wir die Gleichungen (3) benutzen:

$$5)\qquad C_{00}^{\,2} = e^{\frac{\pi i}{2}\beta(\gamma-2\alpha)}(\alpha+\beta\tau).$$

Dadurch sind die Quadrate der Koeffizienten $C_{gh}$ vollständig, diese Koeffizienten selbst also bis auf ein allen gemeinschaftliches Vorzeichen bestimmt. Dieses Vorzeichen selbst hängt von höheren zahlentheoretischen Funktionen der Transformationskoeffizienten ab; wir dürfen auf seine nähere Bestimmung verzichten.

Bis auf einen von $\tau$ unabhängigen Faktor läßt sich der Wert von $C_{00}$ auch von der Bemerkung aus bestimmen, daß $\vartheta(v'\;\tau)$ ebenso der Gleichung:

$$\frac{\partial^2\vartheta}{\partial v'^2} = 4\pi i\,\frac{\partial\vartheta}{\partial\tau'}$$

genügen muß, wie $\vartheta(v\,|\,\tau)$ der Gleichung (12) von § 42.

## § 76. Einführung der Sigmafunktionen von den Theta aus.

Die Resultate der letzten Paragraphen geben nun auch ein Mittel an die Hand, um die Sigmafunktion aus der Gesamtheit der mit ihr verwandten JACOBIschen Funktionen durch eine charakteristische Eigenschaft herauszuheben und damit die Formeln von § 46 auch von der Theorie der Thetafunktionen her zu gewinnen.

Aus der Gleichung (9) von § 19 folgt, daß die transformierten Perioden II. Art der Sigmafunktion dieselben Funktionen der transformierten Perioden I. Art sind, wie die ursprünglichen Perioden II. Art von den ursprünglichen Perioden I. Art. Man könnte daher damit beginnen, daß man die Aufgabe formulierte: Funktionen von $\omega_1$, $\omega_3$ zu finden, die für jede lineare ganzzahlige Transformation der Determinante 1 den Gleichungen genügen:

$$1)\quad \begin{cases} a_1(\alpha\omega_1+\beta\omega_3,\ \gamma\omega_1+\delta\omega_3)=\alpha a_1(\omega_1,\ \omega_3)+\beta a_3(\omega_1,\ \omega_3),\\ a_3(\alpha\omega_1+\beta\omega_3,\ \gamma\omega_1+\delta\omega_3)=\gamma a_1(\omega_1,\ \omega_3)+\delta a_3(\omega_1,\ \omega_3), \end{cases}$$

und die außerdem durch die Relation (§ 37, 9):

$$2)\qquad -2a_1\omega_3+2a_3\omega_1=1$$

verbunden sind. Die systematische Behandlung dieser Frage würde Hilfsmittel erfordern, die uns hier nicht zu Gebote stehen; aber wir können durch die folgenden Überlegungen zunächst *eine* Lösung erhalten (eben diejenige, die zur Sigmafunktion führt) und von dieser aus dann auch alle übrigen bestimmen.

Sei mit:

$$t=t(u\mid\omega_1\,\omega_3\mid a_1\,a_3)$$

irgend eine Jacobische Funktion erster Ordnung der Charakteristik (1, 1) bezeichnet; $a_1$, $a_3$ sollen dabei gegebene, der Relation (2) genügende, im übrigen aber willkürliche Funktionen der Perioden I. Art $\omega_1\,\omega_3$ bedeuten. Mit $a_1'$, $a_3'$ bezeichnen wir *dieselben* Funktionen der transformierten Perioden I. Art $\omega_1'$, $\omega_3'$ (also Größen, die jetzt im allgemeinen *nicht* durch die Relationen (1) mit den $a_1$, $a_3$ verbunden sind). Es ist dann:

$$t_1=t(u\mid\omega_1'\,\omega_3'\mid a_1'\,a_3')$$

eine mit $t$ verwandte Funktion (da die Charakteristik (1, 1) bei jeder linearen Transformation in sich übergeführt wird) und es besteht folglich nach § 39, IV und § 40, V eine Gleichung der Form:

$$3)\qquad t_1(u)=Ce^{\frac{1}{2}\lambda u^2+\mu u}\,t(u).$$

Die Konstanten $C$, $\lambda$, $\mu$ lassen sich durch die Werte ausdrücken, die die Funktionen $t$ und $t_1$ und ihre Ableitungen für $u=0$ annehmen. Dabei ist zu beachten, daß diese Funktionen selbst für $u=0$ notwendig Null werden müssen, wie aus § 45 und § 41 (8) hervorgeht. Entwickeln wir also beide Seiten der Gleichung (3) nach Potenzen von $u$:

$$t_1' u + \tfrac{1}{2} t_1'' u^2 + \tfrac{1}{6} t_1''' u^3 + \dots$$
$$= C\left[1 + \mu u + \tfrac{1}{2}(\lambda + \mu^2) u^2 + \dots\right]\left[t' u + \tfrac{1}{2} t'' u^2 + \tfrac{1}{6} t''' u^3 + \dots\right]$$

und vergleichen die Koeffizienten gleichhoher Potenzen, so erhalten wir die Gleichungen:

$$\begin{aligned} t_1' &= C t', \\ t_1'' &= C(t'' + 2\mu t'), \\ t_1''' &= C(t''' + 3\mu t'' + 3(\lambda + \mu^2) t'). \end{aligned}$$

Da $t_1'$ und $t'$ nicht Null sein können (denn $t$ und $t_1$ sollten JACOBIsche Funktionen erster Ordnung sein), so folgt aus diesen Gleichungen:

$$C = \frac{t_1'}{t'}, \qquad \mu = \frac{1}{2}\left(\frac{t_1''}{t_1'} - \frac{t''}{t'}\right),$$
$$\lambda = \frac{1}{3}\left(\frac{t_1'''}{t_1'} - \frac{t'''}{t'}\right) - \frac{1}{4}\left(\frac{t_1''^2}{t_1'^2} - \frac{t''^2}{t'^2}\right).$$

Durch Einführung dieser Werte läßt sich die Gleichung (3) so umgestalten, daß sie aussagt:

I. *Die Funktion*

$$4)\qquad f(u \mid \omega_1, \omega_3) = e^{\left(\frac{1}{8}\frac{t''^2}{t'^2} - \frac{1}{6}\frac{t'''}{t'}\right) u^2 - \frac{1}{2}\frac{t''}{t'} u}\, \frac{t(u)}{t'}$$

*bleibt bei linearer Periodentransformation ungeändert, m. a. W., es ist*

$$5)\qquad f(u \mid \omega_1', \omega_3') = f(u \mid \omega_1, \omega_3).$$

Ferner geht aus der Rechnung hervor: Jede andere JACOBIsche Funktion erster Ordnung und der Charakteristik (1, 1), die dieselbe Eigenschaft hat, kann sich von der durch (4) definierten Funktion $f(u)$ nur durch einen Exponentialfaktor der Form $e^{c_1 u^2 + c_2 u + c_3}$ unterscheiden, in dem $c_1, c_2, c_3$ Funktionen der Perioden bedeuten, die bei allen linearen Periodentransformationen ungeändert bleiben. Die allgemeine Untersuchung solcher Funktionen der Perioden wird im XI. Abschnitt vorgenommen werden; die Frage, wie wir diese Funktionen zu bestimmen haben, damit $f(u) = \sigma u$ wird, läßt sich einfach erledigen. Denn in der Reihenentwicklung von $\sigma u$ nach Potenzen von $u$ (§ 20, 5) ist der Koeffizient von $u$ gleich 1 und die Koeffizienten von $u^2$ und $u^3$ sind Null; und die Rechnung zeigt, daß das

Produkt $e^{c_1 u^2 + c_2 u + c_3} f(u)$ dann und nur dann diese Eigenschaften hat, wenn man $c_1 = c_2 = c_3 = 0$ nimmt. Also folgt:

II. *Die durch die Gleichung (4) definierte Funktion $f(u)$ ist mit der* WEIERSTRASS*schen Sigmafunktion identisch.*

Nimmt man für $t(u)$ speziell die Funktion $\vartheta_1\left(\frac{u}{2\omega_1}\right)$, so hat man:

$$t' = \frac{1}{2\omega_1}\vartheta_1', \quad t'' = 0, \quad t''' = \frac{1}{(2\omega_1)^3}\vartheta_1'''$$

zu setzen; die Gleichung (4) geht dann über in:

$$6) \qquad \sigma u = 2\omega_1 e^{-\frac{\omega_1^2}{24}\frac{\vartheta_1'''}{\vartheta_1'}u^2} \cdot \frac{\vartheta_1\left(\frac{u}{2\omega_1}\right)}{\vartheta_1'}.$$

Vergleicht man diese Gleichung mit § 46 (2), so findet man:

$$7) \qquad 2\eta_1\omega_1 = -\frac{1}{6}\frac{\vartheta_1'''}{\vartheta_1'} = \frac{\pi^2}{6}\,\frac{1 - 3^3 h^2 + 5^3 h^6 - 7^3 h^{12} + - \dots}{1 - 3h^2 + 5h^6 - 7h^{12} + - \dots}.$$

Damit ist eine auch für die numerische Berechnung brauchbare und sogar sehr bequeme Formel für $\eta_1$ gewonnen.

## § 77. Abänderung des Schnittsystems der RIEMANN'schen Fläche.

Im VI. Abschnitt haben wir zu Perioden elliptischer Funktionen die Periodicitätsmoduln eines Integrals I. Gattung an den beiden Rückkehrschnitten gewählt, durch die die zweiblättrige RIEMANNsche Fläche mit vier Verzweigungspunkten in eine einfach zusammenhängende Fläche verwandelt ist. Diese beiden Rückkehrschnitte können wir in sehr mannigfaltiger Weise wählen; wir fragen, in welcher Beziehung die zu zwei verschiedenen Schnittsystemen gehörenden Perioden zu einander stehen.

Seien $A$, $B$ die beiden zuerst gewählten Rückkehrschnitte, $A'$, $B'$ zwei andere. Da die beiden Schnitte $A$, $B$ die Fläche $F$ in eine einfach zusammenhängende $F'$ verwandeln, so ist es nicht möglich, daß $A'$ oder $B'$ ganz innerhalb $F'$ verläuft; vielmehr wird jeder dieser beiden Schnitte mindestens einen der Schnitte $A$, $B$ überschreiten müssen. Die Integrale, genommen längs $A'$, $B'$, werden also aus gewissen Vielfachen der Periodicitätsmoduln an $A$ und an $B$ sich zusammensetzen (§ 6, III). Die Periodicitätsmoduln an $A'$, $B'$ sind aber bezw. gleich den Integralen längs $(-B')$, $(A')$; also folgt: die neuen Periodicitätsmoduln setzen sich aus den alten linear und homogen mit ganzzahligen Koeffizienten zusammen. Ebenso müssen sich aber auch die neuen aus den alten zusammensetzen; wir können beide Aussagen in den einen Satz zusammenfassen:

I. *Der Übergang von einem Rückkehrschnittsystem zu einem andern geschieht durch lineare Transformation.*

Es bleibt die Frage zu erörtern, ob wir *jede* lineare Periodentransformation durch Übergang zu einem neuen Schnittsystem erzielen können. Wir führen diese Untersuchung am bequemsten an der in einen Torus umgeformten Fläche (§ 2 und 3). Dabei dürfen wir unbeschadet der Allgemeinheit von einem speziell gewählten Querschnittsystem ausgehen; denn wenn wir die Transformationen kennen, die von diesem zu einem beliebigen andern führen, so können wir auch von jedem dieser andern zu jedem dritten gelangen.

Wir wollen also annehmen, von den beiden ersten Schnitten sei $A$ längs eines Meridians, $B$ längs eines Parallelkreises gezogen. Irgend eine andere geschlossene Kurve, die sich nicht auf einen Punkt zusammenzieht, wird die Fläche $\alpha$-mal im Sinne der Meridiane und $\beta$-mal im Sinne der Parallelkreise umwinden. Wir können eine solche Kurve stets ohne Zerreißung so deformieren, daß die Änderungen der „Breite" zu den Änderungen der „Länge" proportional werden. Man kann sich dann vorstellen, ein Punkt durchlaufe die Kurve so, daß in gleichen Zeiten sowohl die Breite, als auch die Länge sich um gleichviel ändern. Haben $\alpha$ und $\beta$ einen Teiler $\nu$ gemein, so wird ein solcher Punkt schon nach Ablauf des $\nu^{\text{ten}}$ Teils der gesamten Umlaufszeit wieder in seine Ausgangslage zurückgekehrt sein und von da an die Kurve noch $(\nu - 1)$mal durchlaufen. Durch kleine Deformationen kann man aus einer solchen Kurve eine andere erhalten, die sich $\nu - 1$ mal selbst überkreuzt. Also müssen für eine Kurve, die sich nicht selbst überdecken und auch nicht sich selbst schneiden soll, $\alpha$ und $\beta$ teilerfremd sein.

Nehmen wir ferner eine zweite Kurve dieser Art hinzu, die etwa $\gamma$-mal im Sinne der Breite und $\delta$-mal im Sinne der Länge herumlaufen möge, und hat diese Kurve mit der ersten einen Schnittpunkt gemein, so können wir sowohl die Breite $\varphi$, als die Länge $\psi$ von diesem Punkt aus zählen. Dann kann, unter Einführung eines geeigneten Parameters $t$, die erste Kurve dargestellt werden durch die Gleichungen:

$$\varphi = 2\alpha\pi t_1, \qquad \psi = 2\beta\pi t_1,$$

die zweite ebenso durch:

$$\varphi = 2\gamma\pi t_2, \qquad \psi = 2\delta\pi t_2.$$

Die beiden Kurven haben dann und nur dann einen von (0, 0) verschiedenen Schnittpunkt gemein, wenn es möglich ist, für ganze Zahlen $k_1$, $k_2$ die Gleichungen

$$\alpha t_1 - \gamma t_2 = k_1$$

$$\beta t_1 - \delta t_2 = k_2$$

durch Werte von $t_1$ und $t_2$ zu erfüllen, die selbst keine ganzen Zahlen sind. Aber die aus diesen Gleichungen sich ergebenden Werte von $t_1$ und $t_2$ haben die Determinante:

$$D = \alpha\delta - \beta\gamma$$

im Nenner; sie sind also dann und nur dann alle ganzzahlig, wenn $D$ in jeder der vier Zahlen $\alpha\beta\gamma\delta$ aufgeht. Soll aber $D$ in $\alpha$, $\beta$, $\gamma$, $\delta$ aufgehen, so muß es gleich $\pm 1$ sein (vgl. § 67); und umgekehrt. Also folgt:

II. *Wenn $\alpha$, $\beta$, $\gamma$, $\delta$ der Bedingung $D = \pm 1$ genügende, im übrigen aber ganz beliebig vorgeschriebene Zahlen sind, so kann man stets ein System von zwei sich nur in einem Punkte treffenden Rückkehrschnitten angeben, von denen der eine mit einer $\alpha$-maligen Durchlaufung von $A$ plus einer $\beta$-maligen Durchlaufung von $B$, der andere mit einer $\gamma$-maligen Durchlaufung von $A$ plus einer $\delta$-maligen Durchlaufung von $B$ äquivalent ist.*

Es kann also *jede* lineare Periodentransformation durch Übergang zu einem neuen Schnittsystem erreicht werden.

Wenn $D = +1$ ist, überschreitet der Schnitt $A'$ den Schnitt $B'$ in demselben Sinne, wie $A$ den $B$; wenn $D = -1$ ist, im entgegengesetzten.

Will man zu einer *vorgelegten* linearen Periodentransformation die zugehörige Änderung des Querschnittsystems angeben, so hat man Satz VIII von § 6 zu beachten. Setzt man z. B.:

$$B' = -A, \qquad A' = B$$

(vgl. Fig. 29 mit Fig. 26, p. 136), d. h. vertauscht man die beiden Querschnitte miteinander, unter Änderung der Richtung des einen, so bedeutet das:

$$\omega_1' = \omega_3, \qquad \omega_3' = -\omega_1,$$

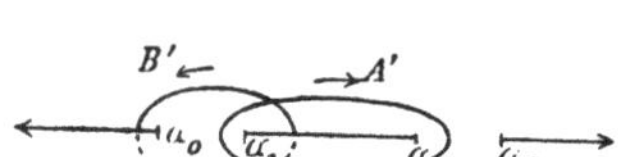


Fig. 29.

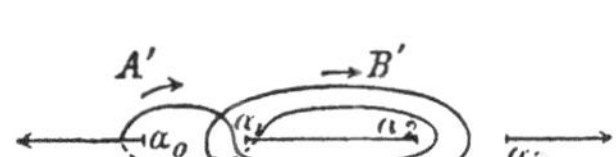


Fig. 30.

also die Substitution $S$. Setzt man aber an Stelle von $A$ eine Linie, die sich aus $A$ und $-B$ zusammensetzt, indem man am Schnittpunkt von $A$ und $B$ jedesmal auf die andere Linie übergeht, und behält man $B$ bei (Fig. 30 auf vor. Seite), so bedeutet das:

$$\omega_1' = \omega_1, \qquad \omega_3' = \omega_1 + \omega_3,$$

also die Substitution $T$.

## § 78. Monodromie der Verzweigungspunkte.

Zur vollständigen Durchbildung der Theorie der elliptischen Funktionen ist erforderlich, daß wir die Verzweigungspunkte der RIEMANNschen Fläche, die wir bisher immer als fest gegeben vorausgesetzt hatten, als veränderlich und die Perioden als Funktionen von ihnen ansehen. Bei Änderung der Verzweigungspunkte änder sich auch die RIEMANNsche Fläche; und damit ist man unter Umständen genötigt, auch das System von Rückkehrschnitten zu modifizieren, durch das man die Fläche in eine einfach zusammenhängende verwandelt hat. Denn: die Perioden sind durch Integrale längs der Schnitte definiert; ein Integral ist aber im allgemeinen nur solange eine stetige Funktion eines unter dem Integralzeichen vorkommenden Parameters, als dieser Parameter nicht Werte annimmt, für die ein Element des Integrals unendlich groß wird. Sollen also die Perioden bei Änderung der Verzweigungspunkte stetige Funktionen derselben bleiben, so darf man keinen Verzweigungspunkt einen Rückkehrschnitt überschreiten lassen; man muß sich vielmehr die Deformation der Fläche in der Weise vorstellen, daß die wandernden Verzweigungspunkte die Schnitte (Periodenwege) *vor sich herschieben.* Das wird jedenfalls solange möglich sein, als nicht zwei Verzweigungspunkte zusammenfallen (wo dann ein etwa zwischen ihnen hindurchgehender Schnitt nicht mehr ausweichen könnte). — Rückt z. B. in Fig. 31 der Verzweigungspunkt $\alpha_2$ auf dem punktierten Wege nach $\alpha_2'$, so ist das Stück $efg$ des Rückkehrschnitts $B$ etwa bis $ef''g$ auszudehnen.

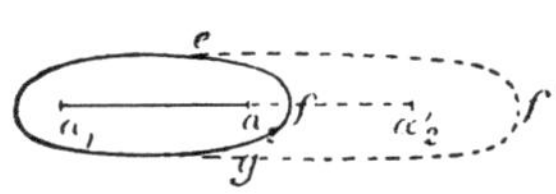

Fig. 31.

Hier entsteht nun zunächst die Frage, ob die so durch Integrale längs der veränderlichen Querschnitte definierten Perioden eindeutige Funktionen der Perioden sind, oder von welcher Art ihre Vieldeutigkeit ist. Um uns darüber Aufklärung zu verschaffen, setzen wir eine solche Deformation der Fläche soweit fort, bis jeder

Verzweigungspunkt wieder an eine Stelle gelangt ist, die auch in der ursprünglichen Gestalt der Fläche von einem Verzweigungspunkt (demselben oder einem andern) eingenommen war. Dann hat man wieder die ursprüngliche Gestalt der Fläche vor sich, abgesehen vielleicht von irrelevanten Abänderungen (vgl. I, § 59). Aber das Schnittsystem wird wenigstens im allgemeinen ein anderes geworden sein und sich nicht durch bloße Verzerrungen unter Festhaltung der Verzweigungspunkte in seine ursprüngliche Gestalt zurückbringen lassen. Man hat sich gewöhnt, den geschilderten Prozeß mit einem etwas schiefen Ausdruck dadurch zu bezeichnen, daß man sagt: *das neue Querschnittsystem geht durch Monodromie der Verzweigungspunkte aus dem alten hervor.*

Man kann zeigen, daß man von jedem beliebigen Rückkehrschnittsystem durch Monodromie der Verzweigungspunkte zu jedem

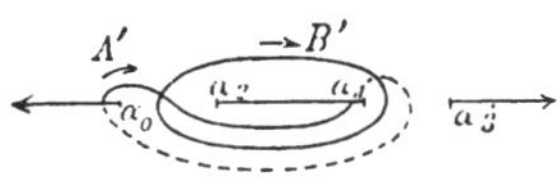

Fig. 32.

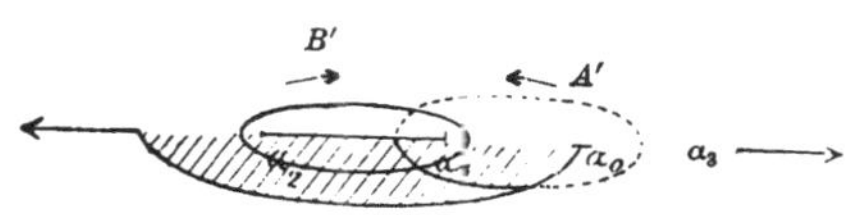

Fig. 33.

andern gelangen kann. Dabei darf man, wie im vorigen Paragraphen, an ein beliebiges Ausgangssystem anknüpfen; wir wählen dazu dasselbe System wie dort.

Lassen wir zunächst $\alpha_1$ und $\alpha_2$ ihre Plätze wechseln, indem wir sie im Sinne der wachsenden Winkel zwei Wege beschreiben lassen, die keinen andern Verzweigungspunkt zwischen sich einschließen, so geht Fig. 26 in Fig. 32 über; es wird also dann: $A' = A - B$, $B' = B$ oder:

$$\omega_1' = \omega_1, \quad \omega_3' = \omega_1 + \omega_3.$$

*Diese Änderung des Schnittsystems entspricht also der Substitution S.*

Lassen wir ferner $\alpha_0$ und $\alpha_2$ ihre Plätze wechseln, indem wir sie im Sinne der wachsenden Winkel zwei Wege beschreiben lassen, die den Punkt $\alpha_1$ zwischen sich einschließen, den Punkt $\alpha_3$ ausschließen, so entsteht Fig. 33;[1] es wird also dann $A' = -B$, $B' = A$ oder:

$$\omega_1' = -\omega_3, \quad \omega_3' = -\omega_1.$$

*Diese Änderung des Schnittsystems entspricht also der Substitution T.*

[1] In Fig 33 ist derjenige Teil der Ebene schraffiert, über dem sich die beiden Blätter der Fläche vertauscht haben.

Wir haben aber in § 68 gesehen, daß wir jede beliebige lineare Periodentransformation aus $S$ und $T$ zusammensetzen können; also folgt:

*Jede beliebige lineare Periodentransformation kann durch Monodromie der Verzweigungspunkte erzielt werden.*

Eine besondere Klasse von linearen Periodentransformationen erhält man, wenn man die Verzweigungspunkte nur solche Wege durchlaufen läßt, daß jeder einzelne wieder an *seine eigene* ursprüngliche Stelle zurückkehrt. Man kann zeigen, daß diese Klasse gerade aus allen denjenigen Transformationen besteht, die modulo 2 zur Identität kongruent sind; doch wollen wir auf den Beweis dieses Satzes hier nicht eingehen.

## § 79. Auswahl eines einfachsten primitiven Periodenpaares.

Zum Schlusse dieses Abschnitts wollen wir noch die Frage behandeln, ob man nicht aus allen primitiven Periodenpaaren, die eine doppeltperiodische Funktion haben mag, eines als das einfachste auszeichnen kann. Freilich kann die „Einfachheit", von der hier die Rede ist, nicht mathematisch definiert werden; doch führen die folgenden Überlegungen dazu, wenigstens im allgemeinen ein ganz bestimmtes Periodenpaar als das einfachste anzusehen.

Man gehe von einem beliebigen Periodenpaar $(2\omega_1, 2\omega_3)$ aus. Zunächst halte man $2\omega_1$ fest und ersetze $2\omega_3$ durch eine der Perioden $2\omega_3 + 2k_1\omega_1$ $(k_1 = 0, \pm 1, \pm 2 \ldots)$, nämlich durch diejenige, die den kleinsten absoluten Betrag hat; diese heiße $2\omega_3'$. Man kann sie geometrisch folgendermaßen konstruieren: in den Punkten $-\omega_1$ und $+\omega_1$ errichte man Senkrechte zu ihrer Verbindungslinie und wähle unter den Punkten $2\omega_3 + 2k_1\omega_1$ denjenigen, der *zwischen* diese Senkrechten fällt. Ausnahmsweise kann *auf* jede dieser Senkrechten ein solcher Punkt fallen, sodaß zwei solche Punkte gleichen Abstand vom Nullpunkt haben und zugleich einen kleineren als alle übrigen; um auch in diesem Falle eine bestimmte Auswahl zu treffen, setzen wir willkürlich fest, daß dann der auf der Senkrechten durch $-\omega_1$ gelegene Punkt für $2\omega_3'$ genommen werden soll.

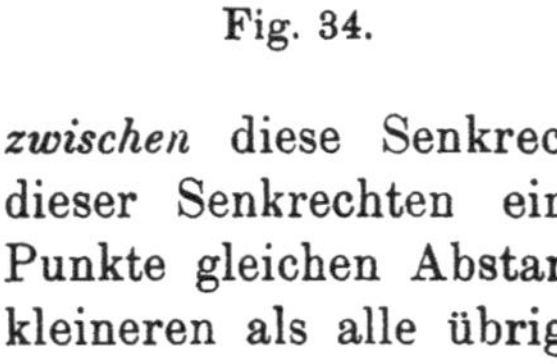

Fig. 34.

Nunmehr halten wir $2\omega_3'$ fest und ersetzen $2\omega_1$ durch denjenigen $2\omega_1'$ unter allen den Punkten $2\omega_1 + 2k_3\omega_3'$, der den kleinsten absoluten Betrag hat; mit der analogen Festsetzung betr. den Ausnahmefall, wie oben.

Hierauf halte man wieder $2\omega_1'$ fest und ersetze $2\omega_3'$ durch denjenigen $2\omega_3''$ unter den Punkten $2\omega_3' + 2k_1\omega_1'$, der den kleinsten absoluten Betrag hat. So fahre man abwechselnd fort.

Dieser Prozeß muß nun notwendig ein Ende nehmen. Denn bei jedem Schritte desselben wird eine Periode durch eine andere ersetzt, deren absoluter Betrag kleiner ist; es giebt aber nur eine endliche Anzahl Perioden, deren absoluter Betrag kleiner als eine vorgeschriebene Größe ist. Auch kann der Ausnahmefall, wenn er bei einem Schritte eingetreten ist, beim nächsten nur dann wieder eintreten, wenn $\omega_3/\omega_1 = e^{\frac{2\pi i}{3}}$ geworden ist; dann ist aber zugleich die Reduktion beendet.

Schließlich können wir noch durch eine eventuelle Vertauschung der beiden Perioden (mit Wechsel des Vorzeichens der einen) erzielen, daß $2\omega_1$ dem absoluten Betrage nach nicht kleiner als $2\omega_3$ ist.[1] Setzen wir dann wieder $\omega_3/\omega_1 = \tau = \alpha + i\beta$, so ist einerseits:

1) $$-\tfrac{1}{2} \leqq \alpha < \tfrac{1}{2},$$

andererseits:

2) $$\alpha^2 + \beta^2 \leqq 1.$$

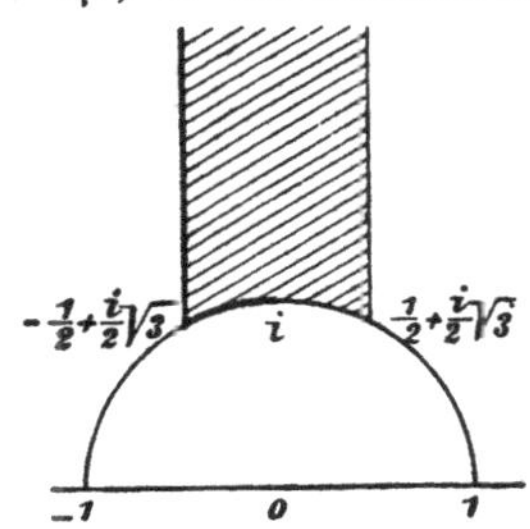


Fig. 35.

Infolge dieser beiden Ungleichungen wird die ebenfalls aus der vorhergehenden Entwicklung folgende Ungleichung:

3) $$-\tfrac{1}{2} \leqq \frac{\alpha}{\alpha^2 + \beta^2} \leqq \tfrac{1}{2}$$

von selbst erfüllt, wie man aus Fig. 35 sieht; außerdem ergiebt sich noch aus ihnen:

$$\beta \geqq \tfrac{1}{2}\sqrt{3}.$$

*Es ist also stets möglich, ein solches primitives Periodenpaar auszuwählen, daß der Punkt $\tau$ in das vom Einheitskreis und den beiden Geraden $R(\tau) = \pm\frac{1}{2}$ begrenzte Dreieck fällt; und zwar nur auf eine Weise, wenn wir von der Begrenzung dieses Dreiecks nur das in Fig. 35 stark ausgezogene Stück mitrechnen.*

[1] Wenn $2\omega_1$ und $2\omega_3$ dem absoluten Betrage nach gleich sind', nehmen wir von den beiden Quotienten $\tau$ und $\tau^{-1}$ denjenigen, der den größeren Arkus hat.

# NEUNTER ABSCHNITT.

## Ausartungen der elliptischen Funktionen.

### § 80. Untersuchung der Ausartungen vom Periodenparallelogramm aus.

Will man irgend eine Funktion eingehend untersuchen, die außer von den zunächst als variabel betrachteten Argumenten auch noch von weiteren Parametern abhängt, so ist es durchaus erforderlich, auch solche Werte der Parameter mit zu berücksichtigen, für die die ursprüngliche Definition der Funktion zunächst versagt. Das gilt auch für die elliptischen Funktionen, die außer von ihrem Argument auch noch vom Periodenparallelogramm, bezw. von den Verzweigungspunkten der zu Grunde gelegten RIEMANNschen Fläche abhängen. Wir müssen daher jetzt die Grenzfälle in den Kreis der Untersuchung ziehen, die wir bisher ausgeschlossen hatten: daß die Verzweigungspunkte nicht mehr alle voneinander verschieden sind, und daß ein eigentliches Periodenparallelogramm nicht mehr vorhanden ist.

Bei der Untersuchung dieser Grenzfälle können wir zwei verschiedene Wege einschlagen: wir können entweder die Verzweigungspunkte oder die Perioden als unabhängige Veränderliche behandeln. Wir wollen zunächst die zweite Aufgabe, als die leichtere, in Angriff nehmen.

Das Periodenparallelogramm kann *erstens* dadurch ausarten, daß eine seiner Seiten — wir wollen annehmen $\omega_3$ — ins Unendliche wächst, während die andere endlich bleibt. In diesem Falle können wir den Grenzübergang an den einzelnen Gliedern der unendlichen Reihen und Produkte des II., IV. und V. Abschnitts vollziehen. Denn diese analytischen Darstellungen konvergieren, als Funktionen von $\omega_3$ betrachtet, gleichmäßig auch noch für $\lim \omega_3 = \infty$, wenn man nur an der Festsetzung § 14, IV festhält, was wir ja auch stets gethan haben.

Wir erhalten dann zunächst:

$$1)\quad \begin{cases} \lim p\,u = \dfrac{1}{u^2} + \sum{}' \left\{ \dfrac{1}{(u - 2h_1\omega_1)^2} - \dfrac{1}{(2h_1\omega_1)^2} \right\} \\ \quad = \dfrac{\pi^2}{4\omega_1^2} \sin^{-2} \dfrac{u\pi}{2\omega_1} - \dfrac{\pi^2}{12\omega_1^2} \end{cases}$$

(vgl. I, § 52, Gleichung 17) und die elementare Relation

$$2)\quad \sum_{h=1}^{\infty} h^{-2} = \frac{\pi^2}{6},$$

und weiter (durch Integration bezw. Differentiation von (1) oder durch Ausführung des Grenzübergangs an den früheren Formeln):

$$3)\quad \lim \zeta u = \frac{\pi}{2\omega_1} \cot \frac{u\pi}{2\omega_1} + \frac{\pi^2}{12\omega_1^2} u,$$

$$4)\quad \lim \sigma u = e^{\frac{u^2\pi^2}{24\omega_1^2}} \cdot \frac{2\omega_1}{\pi} \sin \frac{u\pi}{2\omega_1},$$

$$5)\quad \lim p' u = -\frac{\pi^3}{4\omega_1^3} \, \frac{\cos \dfrac{u\pi}{2\omega_1}}{\sin^3 \dfrac{u\pi}{2\omega_1}}.$$

$\lim p' u$ wird also innerhalb des Periodenstreifens, in den das Periodenparallelogramm übergegangen ist, nur für $u = \omega_1$ Null; dazu gehört der Wert:

$$6)\quad \lim e_1 = \lim p\,\omega_1 = \frac{\pi^2}{6\omega_1^2}.$$

Außerdem wird $\lim p' u$ noch gleich Null, wenn $u$, ohne den Periodenstreifen zu verlassen, nach der einen oder der andern Seite hin ins Unendliche geht; in der That rückt beim Grenzübergang nicht nur $\omega_3$, sondern auch $\omega_2$ ins Unendliche. Dabei wächst $\sin \frac{u\pi}{2\omega_1}$ über alle Grenzen, also wird:

$$7)\quad \lim e_2 = \lim e_3 = -\frac{\pi^2}{12\omega_1^2}.$$

Die Gleichung zwischen $p\,u$ und $p' u$ nimmt, da:

$$\lim (p' u)^2 = \frac{\pi^6}{16\omega_1^6} \left\{ \frac{1}{\sin^6 \dfrac{u\pi}{2\omega_1}} - \frac{1}{\sin^4 \dfrac{u\pi}{2\omega_1}} \right\},$$

$$4 \lim p^3 u = \frac{\pi^6}{16\omega_1^6} \left\{ \frac{1}{\sin^6 \dfrac{u\pi}{2\omega_1}} - \frac{1}{\sin^4 \dfrac{u\pi}{2\omega_1}} + \frac{1}{3\sin^2 \dfrac{u\pi}{2\omega_1}} - \frac{1}{27} \right\}$$

ist, in der Grenze die Gestalt an:

8) $$\lim (p' u)^2 = 4 \lim p^3 u - \frac{\pi^4}{12\,\omega_1^4} \lim p u - \frac{\pi^6}{216\,\omega_1^6};$$

es ist also:

9) $$\lim g_2 = \frac{\pi^4}{12\,\omega_1^4}; \quad \lim g_3 = \frac{\pi^6}{216\,\omega_1^6}.$$

Es bleiben also auch die Relationen zwischen den $g_2$, $g_3$ und den $e$ (§ 18, 12—14) in der Grenze bestehen. Die Diskriminante (§ 32, 19) wird in der Grenze Null:

10) $$\lim G = 0.$$

Was die *Perioden II. Art* betrifft, so folgt aus (3):

11) $$\lim \eta_1 = \frac{\pi^2}{12\,\omega_1}, \quad \lim \eta_3 = \infty, \quad \lim \eta_3/\omega_3 = \frac{\pi^2}{12\,\omega_1^2}.$$

Diese Relationen widersprechen der LEGENDREschen Relation insofern nicht, als mit ihnen verträglich ist, daß $\eta_1\,\omega_3 - \eta_3\,\omega_1$ in der Grenze endlich bleibt.

Weiter erhält man aus den Formeln (1) und (6):

$$\lim (p u - e_1) = \frac{\pi^2}{4\,\omega_1^2} \sin^{-2} \frac{u\pi}{2\,\omega_1} - \frac{\pi^2}{4\,\omega_1^2} = \frac{\pi^2}{2\,\omega_1^2} \cot^2 \frac{u\pi}{2\,\omega_1},$$

also bei geeigneter Vorzeichenbestimmung:

12) $$\lim \frac{\sigma_1 u}{\sigma u} = \frac{\pi}{2\,\omega_1} \cot \frac{u\pi}{2\,\omega_1}$$

und ebenso:

13) $$\lim \frac{\sigma_2 u}{\sigma u} = \lim \frac{\sigma_3 u}{\sigma u} = \frac{\pi}{2\,\omega_1} \sin^{-1} \frac{u\pi}{2\,\omega_1}.$$

Für die *geraden Sigmafunktionen* selbst ergiebt sich hieraus:

14) $$\lim \sigma_1 u = e^{\frac{u^2\pi^2}{24\,\omega_1^2}} \cos \frac{u\pi}{2\,\omega_1}, \quad \lim \sigma_2 u = \lim \sigma_3 u = e^{\frac{u^2\pi^2}{24\,\omega_1^2}};$$

für die von JACOBI eingeführten Funktionen:

15) $$\lim k = 0, \quad \lim k' = 1,$$

16) $$\lim w = \frac{u\pi}{2\,\omega_1},$$

17) $$\lim sn\,w = \sin (\lim w), \quad \lim cn\,w = \cos (\lim w), \quad \lim dn\,w = 1.$$

Das Argument $v = \frac{2u}{\omega_1}$ der *Thetafunktionen* wird durch den Grenzübergang nicht berührt; das Periodenverhältnis $\tau$ konvergiert in der Weise ins Unendliche, daß seine zweite Koordinate positiv bleibt. Infolgedessen wird:

18) $$\lim h = 0,$$

19) $$\lim \vartheta(v) = \lim \vartheta_0(v) = 1, \quad \lim \vartheta_1(v) = \lim \vartheta_2(v) = 0,$$

20) $$\lim h^{-1/4}\vartheta_2(v) = \cos v\pi, \quad \lim h^{-1/4}\vartheta_1(v) = \sin v\pi.$$

Etwas anders liegen die Verhältnisse, wenn man beim Übergang zu den Thetafunktionen nicht die endlich bleibende, sondern die ins Unendliche wachsende Periode $2\omega_3$ bevorzugt. Wird nämlich:

$$\tau_3 = -\frac{\omega_1}{\omega_3}, \quad h_3 = e^{\tau_3 \pi i}$$

gesetzt, so wird:

21) $$\lim \tau_3 = 0, \quad \lim h_3 = 1;$$

und man müßte erst untersuchen, ob die Thetareihen für $h = 1$ noch gleichmäßig konvergieren, wenn man den Grenzübergang an den einzelnen Gliedern der Reihe ausführen wollte. Man könnte andererseits an die Gleichungen anknüpfen, die die Sigma und die Theta verbinden; aber diese erscheinen zunächst in unbestimmter Form. Wir werden später von der andern Seite her auf die Frage zurückkommen.

Einen *zweiten* Grenzfall erhält man, wenn man auch noch die zweite Periode ins Unendliche wachsen läßt; doch so, daß das Verhältnis der Perioden nicht einem reellen Grenzwert sich nähert, sodaß das Periodenparallelogramm in der Grenze die ganze Ebene überdeckt. Man erhält in diesem Falle:

22) $$\lim p u = \frac{1}{u^2}, \quad \lim \zeta u = \frac{1}{u}, \quad \lim \sigma u = u,$$

23) $$\lim e_1 = \lim e_2 = \lim e_3 = 0,$$

24) $$\lim g_2 = 0, \quad \lim g_3 = 0,$$

25) $$\lim \frac{\eta_3}{\omega_3} = \lim \frac{\eta_1}{\omega_1} = 0.$$

Das Periodenverhältnis wird in diesem Falle an und für sich unbestimmt, sodaß von Grenzwerten der Thetafunktionen erst die Rede sein kann, wenn man darüber noch eine nähere Fortsetzung getroffen hat.

Ausdrücklich sei zum Schlusse noch eine Voraussetzung hervorgehoben, die allen Rechnungen dieses Paragraphen zu Grunde liegt: daß nämlich dem $u$ ein endlicher Wert zukommt, und daß dieser Wert von dem Grenzübergang nicht in Mitleidenschaft gezogen wird.

## § 81. Untersuchung der Ausartungen von der Riemann'schen Fläche aus; Grenzwerte des Integrals I. Gattung beim Zusammenfallen von zwei Verzweigungspunkten.

Nunmehr schlagen wir den umgekehrten Weg ein und gehen von der Riemannschen Fläche aus. Lassen wir auf ihr zwei Verzweigungspunkte einander immer näher und schließlich zusammenfallen, so haben wir vor allem zu beachten, daß sich dabei das Geschlecht (§ 3, II) der Fläche ändert. Denn in dem Moment, in dem die beiden Verzweigungspunkte zusammenfallen, hört der durch sie vermittelte Zusammenhang zwischen den beiden Blättern an dieser Stelle auf, die beiden Blätter hängen nur mehr durch die beiden andern Verzweigungspunkte zusammen. Eine zweiblättrige Riemannsche Fläche mit nur zwei Verzweigungspunkten hat aber nach I, § 60 das Geschlecht 0, d. h. dieselben Zusammenhangsverhältnisse wie eine Kugel. Die elliptischen Funktionen müssen also bei diesem Grenzübergang notwendig ausarten.

*Welche* Verzweigungspunkte wir zusammenrücken lassen wollen, ist nach den Ergebnissen von § 78 gleichgültig. Wir wollen den Fall untersuchen, daß $\alpha_3$ mit $\alpha_0$ zusammenrückt; jeder andere Fall kann auf diesen durch eine vorgängige lineare Periodentransformation zurückgeführt werden. Um aber mit ganz bestimmten Begriffen zu operieren, müssen wir genau angeben, auf welche Größen sich der Grenzübergang beziehen und welche von ihm unberührt bleiben sollen. Wir setzen in dieser Hinsicht folgendes fest:

*Wie in § 1 sei:*

$$f(z) = a_0(z-\alpha_0)(z-\alpha_1)(z-\alpha_2)(z-\alpha_3)$$

*gesetzt; $a_0$, $\alpha_0$, $\alpha_1$, $\alpha_2$ sollen als konstant, $\alpha_3$ als veränderlich angesehen und der Grenzübergang:*

$$1)\qquad \lim \alpha_3 = \alpha_0$$

*vollzogen werden.*

Untersuchen wir nun unter dieser Voraussetzung zunächst das Integral erster Gattung. Für alle diejenigen Werte von $z$, die nicht zu $\alpha_0$ unendlich benachbart sind, darf der Grenzübergang ohne weiteres unter dem Integralzeichen vollzogen werden; man erhält also:

$$2)\qquad \lim u = \int \frac{dz}{(z-\alpha_0)\sqrt{a_0(z-\alpha_1)(z-\alpha_2)}}.$$

Das rechts stehende Integral läßt sich auch auf das Integral einer rationalen Funktion zurückführen, wenn man nach Anleitung von I, § 62 die zweiblättrige RIEMANNsche Fläche mit zwei Verzweigungspunkten durch die Substitution:

$$3)\qquad \frac{z - \alpha_2}{z - \alpha_1} = \frac{\alpha_2 - \alpha_0}{\alpha_1 - \alpha_0} \zeta^2$$

auf die Kugel abbildet. Man erhält:

$$4)\qquad \begin{cases} \lim u = \dfrac{2}{\sqrt{a_0 (\alpha_2 - \alpha_0)(\alpha_1 - \alpha_0)}} \displaystyle\int \frac{d\zeta}{\zeta^2 - 1} \\ \quad = \dfrac{1}{\sqrt{a_0 (\alpha_2 - \alpha_0)(\alpha_1 - \alpha_0)}} \log \dfrac{\zeta - 1}{\zeta + 1} + C. \end{cases}$$

Das Vorzeichen der Quadratwurzel kann hier noch beliebig gewählt werden; eine Änderung desselben hat nämlich dieselbe Wirkung wie eine Änderung des Vorzeichens von $\zeta$, und über dieses ist durch die Gleichung (3) noch nicht verfügt. Die Integrationskonstante ist $= 0$ zu setzen, wenn man $z = \alpha_1$ (also $\zeta = \infty$) zur unteren Grenze des Integrals nimmt. Dann lautet die Umkehrung der Gleichung (4), wenn noch zur Abkürzung:

$$4\text{ a})\qquad \sqrt{a_0 (\alpha_2 - \alpha_0)(\alpha_1 - \alpha_0)} = -2c$$

gesetzt wird:

$$5)\qquad \zeta = \frac{e^{cu} + e^{-cu}}{e^{cu} - e^{-cu}} = -i \cot(icu).$$

Wählen wir das Querschnittsystem so, wie es in Fig. 26, p. 136 geschehen ist, so sehen wir: ein Periodenweg von der Art wie $B$ reduziert sich einfach auf eine Umkreisung des Punktes $z = \alpha_0$ im oberen Blatte; der Periodicitätsmodul $\omega_1$ ist nach § 6, VIII entgegengesetzt gleich dem Werte des Integrals, genommen um $B$, dieses aber ist nach I, § 45, II gleich $2\pi i \times$ dem Residuum der Funktion im Punkte $\alpha_0$. Es ist also:

$$6)\qquad \lim \omega_1 = \frac{-2\pi i}{\sqrt{a_0 (\alpha_2 - \alpha_0)(\alpha_1 - \alpha_0)}},$$

wenn derjenige Wert der Quadratwurzel gewählt wird, auf den sich:

$$\lim_{z = \alpha_0} \sqrt{a_0 (z - \alpha_1)(z - \alpha_2)}$$

im oberen Blatte reduziert (also ein beliebiger Wert, wenn über die Unterscheidung der beiden Blätter noch keine Festsetzung getroffen ist).

Anders verhält es sich mit einem Periodenweg von der Art wie $A$; ein solcher geht in der Grenze über in einen *ungeschlossenen* Weg, der von dem Punkte $z = \alpha_0 = \alpha_3$ des einen Blattes um den Punkt $\alpha_1$ herum nach dem Punkt $z = \alpha_0 = \alpha_3$ des andern Blattes führt. Der Wert des Integrals, genommen über einen solchen Weg ist unendlich groß, da die zu integrierende Funktion in der Grenze in beiden Endpunkten des Integrationsweges von der ersten Ordnung unendlich wird. Damit hört dieses Integral auf, als Periode eine Bedeutung zu haben, und wir könnten es ganz bei Seite schieben, wenn nicht für die folgenden Untersuchungen eine genauere Kenntnis der Art, wie es unendlich groß wird, erforderlich wäre.

## § 82. Nähere Untersuchung der ins Unendliche wachsenden Periode.

Um diese Untersuchung zu führen, transformieren wir unser Integral zunächst in der in § 63 gelehrten Art auf die erste Normalform. Wir erhalten so zunächst:

1) $$2\,\omega_3 = \frac{i}{\sqrt{a_0(\alpha_2 - \alpha_0)(\alpha_3 - \alpha_1)}}\,K'(\lambda),$$

wenn wir unter $K'(\lambda)$ den Wert des Integrals:

2) $$\int \frac{d\zeta}{\sqrt{\zeta(\zeta - 1)(1 - \lambda\zeta)}}$$

verstehen, genommen auf einem Wege, der die beiden Punkte 1 und $\lambda^{-1}$ von den beiden Punkten 0 und $\infty$ trennt. Bei dem Grenzübergang $\lim \alpha_3 = \alpha_0$ geht die in (1) als Faktor stehende Quadratwurzel über in $\sqrt{a_0(\alpha_2 - \alpha_0)(\alpha_0 - \alpha_1)}$; es bleibt also noch zu untersuchen, was aus der Funktion $K'(\lambda)$ bei Ausführung des Grenzübergangs:

3) $$\lim(\lambda^{-1}) = \infty \qquad \text{oder} \qquad \lim \lambda = 0$$

wird. Das bedarf aber noch einer näheren Festsetzung. Wir dürfen den Fall ausschließen, daß $\lambda$ von Seite der negativ reellen Werte her dem Werte 0 sich nähert, da wir das durch geeignete Numerierung der Verzweigungspunkte stets erreichen können. Dann können wir den Integrationsweg so wählen, daß er bei der Transformation:

4) $$\zeta' = \frac{1}{\lambda\zeta},$$

die nach § 66, (4) das Integral (2) in sich überführt, ebenfalls in sich transformiert wird. Diese Transformation führt nämlich den Kreis um den Nullp. vom Radius $|\lambda^{-1/2}|$ in sich über, insbesondere die beiden Punkte $\pm\lambda^{-1/2}$; wir können als einen Teil des Integrationsweges eine beliebige Kurve nehmen, die von $\lambda^{-1/2}$ ausgehend den Punkt 1, aber nicht den Punkt 0 umkreisend nach $\lambda^{-1/2}$ zurückführt und dabei ganz innerhalb des genannten Kreises bleibt, als andern Teil das Bild dieser Kurve vermöge der Transformation (4) (in geeignetem Sinne durchlaufen, sodaß der gesamte Integrationsweg sich nicht selbst überkreuzt). Die beiden Teile geben dann gleiche Beiträge zu $K'(\lambda)$. Für alle Punkte des ersten Bestandteils ist $\lambda\zeta \leqq |\lambda^{1/2}|$, also sicher $< 1$; wir können für sie den Faktor $(1-\lambda\zeta)^{-1/2}$ unter dem Integralzeichen nach dem binomischen Lehrsatz entwickeln und gliedweise integrieren. Wir erhalten so:

$$5)\qquad \tfrac{1}{2}K'(\lambda) = \int \frac{d\zeta}{\sqrt{\zeta(\zeta-1)}} + \sum_{n=1}^{\infty} \frac{1.3.5\ldots(2n-1)}{2.4.6\ldots(2n)}\lambda^n \int \frac{\zeta^n d\zeta}{\sqrt{\zeta(\zeta-1)}}.$$

Die in der Summe auftretenden Integrale können nach einer Formel der elementaren Integralrechnung (die man eventuell durch Differentiation verifizieren möge) durch das erste und durch algebraische Funktionen ausgedrückt werden; nämlich:

$$6)\qquad \begin{cases} \displaystyle\int \frac{\zeta^n d\zeta}{\sqrt{\zeta(\zeta-1)}} = \frac{1.3.5\ldots(2n-1)}{2.4.6\ldots(2n)} \int \frac{d\zeta}{\sqrt{\zeta(\zeta-1)}} \\ \displaystyle\quad + \frac{\sqrt{\zeta(\zeta-1)}}{n}\Big\{\zeta^{n-1} + \frac{2n-1}{2n-2}\zeta^{n-2} + \frac{(2n-1)(2n-3)}{(2n-2)(2n-4)}\zeta^{n-3} \\ \displaystyle\qquad + \ldots + \frac{(2n-1)(2n-3)\ldots5.3}{(2n-2)(2n-4)\ldots4.2}\Big\}. \end{cases}$$

Es handelt sich also wesentlich noch um die Bestimmung des Wertes des Integrals:

$$7)\qquad J = \int \frac{d\zeta}{\sqrt{\zeta(\zeta-1)}}$$

für den oben angegebenen Integrationsweg. Durch die Substitution:

$$\frac{\zeta-1}{\zeta} = t^2,\quad \zeta = \frac{1}{1-t^2},\quad \zeta - 1 = \frac{t^2}{1-t^2},\quad d\zeta = \frac{2t\,dt}{(1-t^2)^2}$$

geht das Integral bei geeigneter Verfügung über das Vorzeichen von $t$ über in:

$$8)\qquad J = 2\int \frac{dt}{1-t^2} = i \log \frac{1+t}{1-t}.$$

Dem angegebenen Integrationswege entspricht in der $t^2$-Ebene ein Weg, der von $t^2 = 1 - \sqrt{\lambda}$ ausgehend den Nullpunkt, aber nicht den unendlich fernen Punkt in seinem Innern enthält und nach $1 - \sqrt{\lambda}$ zurückführt. Wir dürfen ihn auf die hin und zurück durchlaufene geradlinige Strecke von $1 - \sqrt{\lambda}$ nach 0 zusammenziehen; dann entspricht ihm in der $t$-Ebene ein *ungeschlossener* Weg, der von einem der beiden Werte der Wurzelgröße $\sqrt{1 - \sqrt{\lambda}}$ geradlinig nach dem andern führt. Durchläuft $t$ diesen Weg, so nimmt der Arkus von $1 + t$ um denselben Winkel zu, wie der von $1 - t$ ab; und zwar, da unter $\sqrt{\lambda}$ der *Hauptwert* verstanden war, um einen Winkel, der $\leqq \pi$ ist. *Wir erhalten also in*

$$9) \qquad J = 2\,i \log \frac{1 + \sqrt{1 - \sqrt{\lambda}}}{1 - \sqrt{1 - \sqrt{\lambda}}} = 2\,i \log \frac{\left(1 + \sqrt{1 - \sqrt{\lambda}}\right)^2}{\sqrt{\lambda}}$$

*den Hauptwert des Logarithmus.*

Was die algebraischen Glieder betrifft, so ist zu beachten: zwar hat $\zeta$ an der untern und obern Grenze der Integration denselben Wert, nämlich den Hauptwert von $\lambda^{-1/2}$, aber für die Wurzelgröße $\sqrt{\zeta(\zeta - 1)}$ sind an den beiden Grenzen entgegengesetzte Werte zu nehmen, da der Integrationsweg einen ihrer Verzweigungspunkte umkreist. Wir erhalten also:

$$10) \quad \left\{ \begin{aligned} K'(\lambda) &= 4 \log \frac{1 + \sqrt{1 - \sqrt{\lambda}}}{1 - \sqrt{1 - \sqrt{\lambda}}} \left\{ 1 + \sum_{n=1}^{\infty} \left( \frac{1.3.5\ldots(2n-1)}{2.4.6\ldots(2n)} \right)^2 \lambda^n \right\} \\ &+ 4 \sum_{n=1}^{\infty} \frac{1.3.5\ldots(2n-1)}{2.4.6\ldots(2n)} \frac{\sqrt{1 - \sqrt{\lambda}}}{n} \left\{ \sqrt{\lambda}^{\,n} + \frac{2n-1}{2n-2} \sqrt{\lambda}^{\,n-1} \right. \\ &+ \left. \frac{(2n-1)(2n-3)}{(2n-2)(2n-4)} \sqrt{\lambda}^{\,n-2} + \ldots + \frac{(2n-1)(2n-3)\ldots5.3}{(2n-2)(2n-4)\ldots4.2} \sqrt{\lambda} \right\}. \end{aligned} \right.$$

In dieser Gleichung ist für $\sqrt{\lambda}$ der Hauptwert zu nehmen; für $\sqrt{1 - \sqrt{\lambda}}$ kann ein beliebiger der beiden dann noch möglichen Werte genommen werden, da eine Vertauschung der beiden Werte die Funktion $K'(\lambda)$ nur im Vorzeichen ändert und dieses bis jetzt noch nicht fixiert ist. Sie gilt ihrer Ableitung zufolge, solange $\lambda$ dem absoluten Betrage nach kleiner als 1 und nicht negativ reell ist.

Man erhält übrigens auch für die bei $\lim \lambda = 0$ endlich bleibende Periode eine ähnliche, wiewohl einfachere Entwicklung. Definiert man nämlich $K(\lambda)$ als den Wert des Integrals

$$11) \qquad K(\lambda) = \int \frac{d\zeta}{\sqrt{\zeta(1 - \zeta)(1 - \lambda\zeta)}},$$

genommen auf einem Wege, der die Punkte 0 und 1 umgiebt, so konvergiert, wenn $|\lambda| < 1$ ist, die binomische Entwicklung des Faktors $(1 - \lambda\zeta)^{-1/2}$ für alle Punkte dieses Integrationsweges. Man erhält so eine ähnliche Entwicklung wie (6); aber die algebraischen Glieder fallen weg, da jetzt der Integrationsweg die beiden Verzweigungspunkte der Wurzelgröße umschließt, und zur Berechnung des Integrals

$$\int \frac{d\zeta}{\sqrt{\zeta(1-\zeta)}}$$

kann der Integrationsweg auf eine den unendlich fernen Punkt umschließende Kurve zusammengezogen werden. Man findet so (oder durch die Substitution $\zeta = \sin^2\psi$) als Wert dieses Integrals $2\pi$, und folglich:

$$12)\qquad K(\lambda) = 2\pi\left\{1 + \sum_{n=1}^{\infty}\left(\frac{1.3.5\ldots(2n-1)}{2.4.6\ldots(2n)}\right)^2\lambda^n\right\}.$$

Mit Hilfe dieser Reihenentwicklungen sind wir nun im stande, die gewünschten näheren Angaben über das Unendlichwerden von $2\omega_3$ und von $\tau$ für $\lim\lambda = 0$ zu machen. Der in (10) auftretende Logarithmus wird für $\lambda = 0$ unendlich; man kann ihn ersetzen durch:

$$2\log(1 + \sqrt{1 - \sqrt{\lambda}}) - \log\sqrt{\lambda}$$

und erhält so, nach geeigneter (d. h. mit § 14, IV übereinstimmender) Festsetzung der Vorzeichen:

$$13)\qquad \lim_{\lambda=0}\left\{2\omega_3 + \frac{2\omega_1 i}{\pi}\log\lambda\right\} = \frac{8i\log 2}{\sqrt{a_0(\alpha_2-\alpha_0)(\alpha_1-\alpha_0)}}$$

und ferner:

$$14)\qquad \lim_{\lambda=0}(\tau\pi i - \log\lambda) = -4\log 2.$$

Daraus folgt:

$$15)\qquad \lim_{\lambda=0}\frac{e^{\tau\pi i}}{\lambda} = \frac{1}{16},$$

also als wesentlichstes Resultat dieser ganzen Untersuchung:

*Wenn der Abstand zweier Verzweigungspunkte von der ersten Ordnung unendlich klein wird, wird ein Wert der Größe $h = e^{\tau\pi i}$ ebenfalls von der ersten Ordnung unendlich klein.*

Dieses Resultat würde für viele Zwecke bereits genügen; für andere ist es erforderlich, darüber hinaus noch Näheres über das Verhalten von $h$ als Funktion von $\lambda$ in der Umgebung von $\lambda = 0$ zu wissen. Auch darüber geben die Formeln (10) und (12) Aufschluß. Sie zeigen, daß sich $K'(\lambda) + 4 \log \sqrt{\lambda}$ und $1 : K(\lambda)$ nach Potenzen von $\sqrt{\lambda}$ mit positiven ganzzahligen Exponenten entwickeln lassen; und zwar konvergieren diese Entwicklungen sicher, solange $|\lambda| < 1$ ist, wie für die erste aus elementaren Sätzen über die Binomial- und die logarithmische Reihe, für die zweite daraus hervorgeht, daß nach § 53, (3) $K(\lambda)$ für $|\lambda| < 1$ von Null verschieden ist. *Also konvergiert auch die Entwicklung von $h$ nach Potenzen von $\lambda$ sicher für $|\lambda| < 1$.*

Es hat keine Schwierigkeit, die ersten Glieder dieser Reihenentwicklungen aufzustellen; doch gelangt man einfacher auf folgendem Wege zum Ziele. Die Gleichungen § 63 (7) und § 56 (12) geben:

$$\begin{aligned} \lambda &= \frac{\vartheta_2^4(0)}{\vartheta_3^4(0)} = \frac{16\,h(1 + h^2 + \ldots)^4}{(1 + 2\,h + \ldots)^4} \\ &= 16h(1 + 4h^2 + \ldots)(1 - 8h + 40h^2 - 160h^3 + \ldots) \\ &= 16h\{1 - 8h + 44h^2 - 192h^3 + \ldots\}; \end{aligned}$$

durch Umkehrung erhält man hieraus:

$$h = \frac{\lambda}{16} + 8\left(\frac{\lambda}{16}\right)^2 + 84\left(\frac{\lambda}{16}\right)^3 + 992\left(\frac{\lambda}{16}\right)^4 + \ldots \tag{16}$$

Nur erhält man auf diesem Wege nicht die Sicherheit, daß der Konvergenzkreis dieser Reihe wirklich so groß ist, wie oben angegeben.

## § 83. Fortsetzung der Untersuchung. Die Thetanullwerte.

Durch die Resultate des vorigen Paragraphen ist der Anschluß der in den beiden letzten geführten Untersuchungen an die von § 80 gewonnen. Wir sehen, daß die dort angegebenen Verhältnisse *jedesmal* dann eintreten, wenn wir zwei von den vier Verzweigungspunkten der zu Grunde gelegten Riemannschen Fläche zusammenfallen lassen. Wir können nämlich von den zu Beginn von § 81 getroffenen Annahmen über die Auswahl der zusammenrückenden Verzweigungspunkte und über die Zerschneidung der Riemannschen Fläche durch die Formeln der linearen Periodentransformation (Abschnitt VIII) zu beliebigen andern Annahmen übergehen. Es folgt daraus: Wenn man zuerst eine zweiblättrige Fläche mit vier getrennt liegenden Verzweigungspunkten durch zwei (im übrigen beliebig gewählte) Rückkehrschnitte in eine einfach zusammenhängende verwandelt und die Periodicitätsmoduln des Integrals I. Gattung an diesen Schnitten mit $2\,\omega_1$, $2\,\omega_3$ bezeichnet. hierauf zwei Verzweigungspunkte zusammenrücken läßt, so konvergiert das Periodenverhältnis $\tau = \omega_3/\omega_1$ *im allgemeinen* gegen einen bestimmten reellen rationalen Grenzwert; und man kann einen beliebigen solchen Grenzwert erreichen, wenn man das Schnittsystem zu Anfang passend wählt. Die Größe $h = e^{\tau \pi i}$ konvergiert dabei gegen eine Einheitswurzel. Bei *besonderer* Wahl des Querschnittsystems wächst das Periodenverhältnis beim Zusammenrücken zweier Verzweigungspunkte in der Weise ins Unendliche, daß $\lim h = 0$ wird.

Auf Grund dieser Sätze können wir die Abhängigkeit der Thetanullwerte von den Verzweigungspunkten unabhängig von den Entwicklungen der Paragraphen 47 und 59 folgendermaßen feststellen: Wie aus §§ 72 und 75 hervorgeht, bleibt $\vartheta_3^4 \omega_1^{-2}$ ungeändert bei jeder linearen Transformation, die mod. 2 zur Identität kongruent ist. Daraus folgt nach § 78, daß dieser Quotient eine eindeutige Funktion der Verzweigungspunkte ist. Ferner folgt aus § 53, (3) und § 48, I, daß dieser Quotient für jeden von $\alpha_0$, $\alpha_1$, $\alpha_2$ verschiedenen endlichen Wert von $\alpha_3$ regulär und von Null verschieden ist.

Wenn $\alpha_3$ mit $\alpha_0$ zusammenfällt, wird $h = 0$, also $\vartheta_3 = 1$ und $\vartheta_3$ verhält sich in der Umgebung dieser Stelle regulär.

Wenn $\alpha_3$ mit $\alpha_1$ zusammenfallen soll, so nehmen wir erst die Transformation $T^{-1} S T$ vor, die $\alpha_0$ und $\alpha_1$ vertauscht (§ 78) und die Perioden folgendermaßen transformiert:

$$1)\qquad \bar{\omega}_1 = \omega_1 + \omega_3, \quad \bar{\omega}_3 = \omega_3, \quad \bar{\tau} = \frac{\tau}{1+\tau}.$$

Man erhält für sie:

$$2)\qquad \left(\frac{\vartheta_3}{\sqrt{\omega_1}}\right)^4 = \left(\frac{\bar{\vartheta}_2}{\sqrt{\bar{\omega}_1}}\right)^4;$$

lassen wir also jetzt $\alpha_3$ mit $\alpha_1$, d. h. mit $\bar{\alpha}_0$ zusammenfallen, so wird $\bar{h} = 0$, $\bar{\omega}_1$ bleibt endlich und von Null verschieden; es wird also die rechte Seite der Gleichung (2) und folglich auch die linke Null, und zwar von der ersten Ordnung.

Wenn $\alpha_3$ mit $\alpha_2$ zusammenfallen soll, so findet man in ganz analoger Weise durch Anwendung der Transformation $T$, daß dabei $\vartheta_3^4 \omega_1^{-2}$ regulär und von Null verschieden bleibt.

Nun müssen wir noch untersuchen, wie $\vartheta_3/\sqrt{\omega_1}$ sich verhält, wenn wir $\alpha_3$ über alle Grenzen wachsen lassen. Unbeschadet der Allgemeinheit können wir annehmen, daß dabei $\alpha_0$ so gegen Null konvergiert, daß:

$$\lim (a_0 \alpha_3) = a_0'$$

endlich und von Null verschieden bleibt, da wir die Abhängigkeit des $\vartheta$ von $a_0$ nachher noch besonders feststellen werden. Dann reduziert sich die Funktion 4. Grades unter dem Wurzelzeichen auf eine Funktion 3. Grades, der Thetanullwert und die Periode im Nenner bleiben endlich und von Null verschieden. Wenn aber andererseits $a_0$ gegen 0 konvergiert, wird $\omega_1$ von der $\frac{1}{2}$. Ordnung unendlich, $\vartheta_3$ bleibt endlich, die zu untersuchende Funktion muß also $= a_0$ mal einer von $a_0$ unabhängigen Größe sein. Es ist also $\vartheta_3^4/\omega_1^2$ eine auf der ganzen Kugel bis auf einen im Unendlichen liegenden einfachen Pol reguläre und folglich nach I, § 44, V eine rationale ganze Funktion ersten Grades von $\alpha_3$; wir können schreiben:

$$\vartheta_3^4 = c\,\omega_1^2\, a_0\,(\alpha_1 - \alpha_3),$$

wo $c$ nur noch von $\alpha_0$, $\alpha_2$, $\alpha_3$ abhängt. Mit Hilfe der Gleichungen § 82, (12) und (15) findet man:

$$\vartheta_3^4 = \pi^{-2}\,\omega_1^2\, a_0\,(\alpha_0 - \alpha_2)\,(\alpha_1 - \alpha_3).$$

Ebenso, oder durch Anwendung geeigneter linearer Substitutionen, wird erhalten:

$$\vartheta_0^4 = \pi^{-2}\,\omega_1^2\, a_0\,(\alpha_2 - \alpha_3)\,(\alpha_1 - \alpha_0),$$

$$\vartheta_2^4 = \pi^{-2}\,\omega_1^2\, a_0\,(\alpha_0 - \alpha_3)\,(\alpha_1 - \alpha_2).$$

## § 84. Zusammenrücken von mehreren Verzweigungspunkten.

Lassen wir noch einen dritten Verzweigungspunkt mit den beiden schon zusammengerückten zusammenfallen, so werden wir von der Riemannschen Fläche her auf denjenigen Ausartungsfall geführt, den wir vom Periodenparallelogramm her am Ende von § 80 erhalten hatten. Es wird nämlich dann:

$$1)\qquad \lim u = \int \frac{dz}{\sqrt{a_0\,(z-\alpha_0)^3\,(z-\alpha_1)}},$$

also gleich einem Integral, das als Integral *zweiter* Gattung auf der zweiblättrigen Fläche mit zwei Verzweigungspunkten anzusehen ist. Ein solches Integral ist aber notwendig gleich einer *algebraischen* Funktion der oberen Grenze. Denn auf der zweiblättrigen Fläche mit nur zwei Verzweigungspunkten giebt es eine algebraische Funktion, die nur in einem Punkte und in diesem nur von der ersten Ordnung unendlich groß wird. Wählen wir einen konstanten Faktor so, daß die Residuen beiderseits gleich werden, so müßte die Differenz zwischen dem Integral und dieser Funktion ein Integral I. Gattung sein; ein solches giebt es aber auf der zweiblättrigen Fläche mit nur zwei Verzweigungspunkten nicht, diese Differenz muß also konstant sein. In der That findet man durch Ausführung der Integration nach elementaren Methoden:

$$2)\qquad \lim u = \frac{2}{(\alpha_1 - \alpha_0)\sqrt{a_0}} \sqrt{\frac{z - \alpha_1}{z - \alpha_0}}.$$

Andererseits ergiebt jede der Gleichungen (4) von § 56 für diesen Fall:

$$3)\qquad \lim p\, u = \frac{a_0 (\alpha_1 - \alpha_0)^2}{4} \frac{z - \alpha_0}{z - \alpha_1}.$$

Vergleichung von (2) und (3) führt auf die Gleichung (22) von § 80 und damit auf die dort noch folgenden Gleichungen zurück.

Aber das ist nicht die einzige Art, wie drei Verzweigungspunkte in einen zusammenrücken können, sondern ein sehr spezieller Fall. Von der großen Zahl der hier denkbaren Möglichkeiten ist besonders noch eine von Interesse: *wir können die drei Verzweigungspunkte auch so zusammenrücken lassen, daß ihr Doppelverhältnis mit dem vierten einem bestimmten von 0, 1, ∞ verschiedenen Grenzwert sich nähert.* Nun haben wir in § 63 gesehen, daß jedes elliptische Integral I. Gattung sich umformen läßt in das Produkt aus einem Integral derselben Art, das nicht mehr von den einzelnen Verzweigungspunkten, sondern nur noch von ihrem Doppelverhältnis abhängt, und einem von $x$ unabhängigen Faktor. Dieser Faktor hebt sich weg, wenn wir die Quotienten $v = u/2\,\omega_1$, $\tau = \omega_3/\omega_1$ bilden; *die Thetafunktionen werden also von einem solchen Grenzübergang gar nicht berührt.*

Wir fragen ferner, was aus unsern Formeln wird, wenn wir zweimal je zwei Verzweigungspunkte zusammenrücken lassen. An der ersten oder zweiten Normalform ist die Ausführung dieses Grenzübergangs nicht möglich, sodaß man bei ausschließlichem Gebrauch einer dieser Normalformen an diesem Grenzfall ganz vorbeigeführt wird; dagegen kann man hier die dritte Normalform benutzen. Setzt man nämlich in ihr $\mu = 1$, so fällt nicht nur der Verzweigungspunkt $\mu^{-2}$ mit 1, sondern gleichzeitig auch $-\mu^{-2}$ mit $-1$ zusammen. Wir brauchen aber gar nicht erst auf eine bestimmte Normalform zu transformieren, sondern können mit den allgemeinen Formeln operieren. Es kommt dann:

$$4)\qquad \begin{cases} \lim u = \dfrac{1}{\sqrt{a_0}} \displaystyle\int \frac{dz}{(z - \alpha_0)(z - \alpha_1)} = \frac{1}{(\alpha_0 - \alpha_1)\sqrt{a_0}} \log \frac{z - \alpha_0}{z - \alpha_1} \\ \lim \omega_1 = \dfrac{2\pi i}{(\alpha_1 - \alpha_0)\sqrt{a_0}}, \end{cases}$$

während $\omega_3$ über alle Grenzen wächst. Die Verhältnisse liegen also hier ganz ebenso, wie in dem in den §§ 81—83 behandelten Falle. (Will man von der Gleichung (4) von § 81 zu der eben abgeleiteten Gleichung (4) den Grenzübergang ausführen, so muß man erst vom unbestimmten Integral zum bestimmten übergehen, bezw. die untere Grenze anders wählen, als es dort geschehen ist.)

Was endlich den Fall betrifft, daß alle vier Verzweigungspunkte zusammenrücken, so steht dieser zu dem Falle, daß drei zusammenrücken, ebenso wie das paarweise Zusammenrücken von je zweien zu dem Zusammenrücken von nur zweien: es ändert sich nichts Wesentliches mehr.

Zu beachten ist übrigens, daß in den beiden letzten Fällen die Riemannsche Fläche zerfällt, indem ihre beiden Blätter sich ganz voneinander trennen.

# ZEHNTER ABSCHNITT.

## Realitätsverhältnisse.

### § 85. Vorbemerkungen.

Für die Anwendungen der elliptischen Funktionen auf mechanische und andere physikalische Probleme, sowie auch für bestimmte Fragen der Theorie ist es erforderlich, daß man weiß, ob sie für bestimmte Werte des Arguments reell sind oder nicht, und im ersteren Falle, daß man Grenzen angeben kann, zwischen denen ihre Werte liegen. Auch diese Untersuchung, wie die des vorigen Abschnitts, kann sowohl vom Periodenparallelogramm, wie von der Riemannschen Fläche aus geführt werden; auch hier wollen wir zuerst den erstgenannten Weg einschlagen.

Wir müssen dann zunächst fragen, unter welchen Umständen reellen Werten der Veränderlichen $u$ auch reelle Werte elliptischer Funktionen entsprechen. Dazu ist nach I, § 71 erforderlich, daß konjugiert complexen Werten von $u$ auch konjugiert complexe Werte der Funktion gehören. Dann muß aber, wenn irgend eine complexe Zahl $2\omega$ Periode der Funktion ist, auch die zu ihr konjugiert complexe Zahl Periode sein. Da nun Summe und Differenz zweier Perioden wieder Perioden sind, und da die Summe zweier konjugiert complexen Größen reell, ihre Differenz rein imaginär ist, so folgt:

*Unter den Perioden einer doppeltperiodischen Funktion, die für reelle Werte des Arguments selbst reell ist, sind stets sowohl reelle, als auch rein imaginäre.*

Hier sind nun zwei Fälle zu unterscheiden: entweder bilden die kleinste positiv reelle und die kleinste positiv imaginäre Periode zusammen ein primitives Periodenpaar (§ 67), oder das ist nicht der Fall. Diese beiden Fälle sind getrennt zu behandeln.

## § 86. Das Periodenparallelogramm ein Rechteck; $p u$ und $p' u$.

Wenn die kleinste positiv reelle und die kleinste positiv imaginäre Periode zusammen ein primitives Periodenpaar bilden, sodaß ein elementares Periodenparallelogramm ein Rechteck ist, bezeichnen wir die erstere mit $2\omega_1$, die letztere mit $2\omega_3$. Das Periodenverhältnis $\tau = \omega_3/\omega_1$ wird dann positiv imaginär, sodaß diese Festsetzung der bereits § 14, IV getroffenen und seitdem festgehaltenen nicht widerspricht. Die Glieder der Reihen § 17, (3) und (4) sind dann (für reelle $u$) teils reell, teils paarweise konjugiert imaginär; wir erhalten somit zunächst den Satz:

I. *In unserm Fall sind die Invarianten $g_2$, $g_3$ reell und die Funktionen $p u$, $p' u$ nehmen für reelle Werte des Arguments selbst reelle Werte an.*

Wir fragen weiter nach den Vorzeichen dieser Funktionen. Für hinlänglich kleine Werte von $u$ geben uns darüber die Reihen § 18, (2) und (3) Auskunft, da für solche Werte nach I, § 38, VIII (vgl. auch I, § 43, IV) das erste Glied dieser Reihen die Summe aller folgenden überwiegt. Sie zeigen nämlich:

II. *Für dem absoluten Betrag nach kleine reelle Werte von $u$ ist in unserm Falle $p u$ positiv, $p' u$ hat das entgegengesetzte Vorzeichen wie $u$.*

Lassen wir nun $u$ von 0 an wachsen. Zunächst ist $p u$ positiv, $p' u$ negativ; $p u$ nimmt also ab. $p' u$ bleibt negativ, bis es Null wird; das geschieht (vgl. § 18, p. 47) zum ersten Male bei $u = \omega_1$. Dort wird $p u = e_1$, also folgt:

III. *Wenn $u$ stetig von $u$ bis $\omega_1$ wächst, nimmt $p u$ stetig von* $+\infty$ bis $e_1$ ab.

Hätte die Gleichung

$$4 z^3 - g_2 z - g_3 = 0 \tag{1}$$

eine Wurzel $z = e_1$, die algebraisch größer als $e_1$ wäre, so würde $p u$ diesen Wert $e$ in irgend einem Punkte zwischen 0 und $\omega_1$ annehmen müssen. Dann wäre aber in einem solchen Punkte $p' u = 0$, was nicht sein kann. Also folgt:

IV. $e_1 = p \omega_1$ *ist in unserm Falle die algebraisch größte Wurzel der Gleichung (1) und daher notwendig positiv.*

Lassen wir $u$ von $\omega_1$ bis $2 \omega_1$ weiter wachsen, so durchläuft $p u$ dieselben Werte in umgekehrter Reihenfolge; denn aus § 17 (7) und daraus, daß $p u$ eine gerade Funktion von $u$ ist, folgt:

$$p(\omega_1 + u) = p(\omega_1 - u).$$

U. s. w.

Um auch für rein imaginäre Werte von $u$ über das Verhalten von $p u$ Näheres zu erfahren, gehen wir aus von den Homogeneitätsrelationen § 17, (10) und (11). Setzen wir in ihnen $\mu = i$, so erhalten wir:

$$g_2(\omega_1 i, \omega_3 i) = \quad g_2(\omega_1, \omega_3),$$

$$g_3(\omega_1 i, \omega_3 i) = -g_3(\omega_1, \omega_3),$$

$$p(u \mid \omega_1 i, \omega_3 i = -p(u i \mid \omega_1, \omega_3),$$

bezw.:

$$p(u; g_2, -g_3) = -p(u i; g_2, g_3).$$

Sind $e_1, e_2, e_3$ die Wurzeln der Gleichung $4 z^3 - g_2 z - g_3 = 0$, so sind $-e_1, -e_2, -e_3$ die der Gleichung $4 z_3 - g_2 z + g_3 = 0$. Wenden wir also die Sätze II—IV auf die Funktion $p(u; g_2, -g_3)$ an und übertragen die Ergebnisse auf die Funktion $p(u i; g_2, g_3)$, so erhalten wir:

V. *Wenn $u$ rein imaginäre Werte von 0 bis $\omega_3$ stetig durchläuft, so durchläuft $p u$ stetig wachsend reelle Werte von $-\infty$ bis zu der algebraisch kleinsten (also notwendig negativen) Wurzel der Gleichung (1).*

Die Werte von $p u$ für andere rein imaginäre $u$ ergeben sich hieraus wie oben. Übrigens folgt noch aus IV und V mit Rücksicht auf § 18, (12):

VI. *In unserm Falle sind alle drei Wurzeln der Gleichung (1) reell.*

Für complexe Argumente $(u + v i)$ erhält man dann die zugehörigen Funktionswerte durch die Additionstheoreme (§ 23). Z. B. ergiebt sich für $vi = \omega_3$ aus der Gleichung § 23, 6 (in der man $u$ und $v$ vertausche):

$$2)\qquad p(u+\omega_3)-e_3=\frac{6p^2\omega_3-\frac{1}{2}g_2}{2(pu-e_3)}=\frac{(e_1-e_3)(e_2-e_3)}{pu-e_3},$$

und daraus der Satz:

VII. *Wenn $u$ Werte, deren rein imaginärer Bestandteil $=\omega_3$ ist, von $\omega_3$ bis $-\omega_2$ stetig durchläuft (also auf einer durch $\omega_3$ gezogenen Parallelen zur Axe der reellen Zahlen sich bewegt), durchläuft $pu$ stetig wachsend reelle Werte von $e_3$ bis $e_2$.*

Aus diesem Satze ergiebt sich ebenso wie V aus III:

VIII. *Wenn $u$ Werte, deren reeller Bestandteil $=\omega_1$ ist, von $\omega_1$ bis $-\omega_2$ stetig durchläuft (also auf einer durch $\omega_1$ gezogenen Parallelen zur Axe der rein imaginären Zahlen sich bewegt), durchläuft $pu$ stetig abnehmend reelle Werte von $e_1$ bis $e_2$.*

Wir können die Sätze III, V, VII, VIII zu dem einen zusammenfassen:

IX. *Wenn $u$ den Umfang des Rechtecks, dessen Ecken in den Punkten $0$, $\omega_1$, $-\omega_2$, $\omega_3$ liegen, im positiven Sinne von $0$ an durchläuft, durchläuft $pu$ beständig abnehmend alle reellen Werte von $+\infty$ bis $-\infty$.*

Im Innern dieses Rechtecks ist die Funktion $pu$ überall regulär; daraus und aus dem eben bewiesenen Satze folgt:

X. *Durch die Funktion $pu$ mit einer reellen und einer rein imaginären Periode wird das erwähnte Rechteck auf die negative Halbebene konform abgebildet.*

Damit sind wir zur Umkehrung der Entwicklungen von § 8 gelangt, in denen gezeigt wurde, daß eine Halbebene durch ein elliptisches Integral I. Gattung auf ein Rechteck abgebildet wird. Dort waren die vier Verzweigungspunkte der Halbebene willkürlich gegeben, hier sind es die Seitenlängen des Rechtecks.

Die analytische Fortsetzung der gefundenen Abbildung vermöge des Spiegelungsprinzips kann jetzt ganz ebenso wie in § 9 vorgenommen werden. Wir erhalten dadurch zu jedem reellen Wert von $z$, ausgenommen $e_1$, $e_2$, $e_3$, zwei inkongruente Werte von $u$, für die $z = pu$ ist, und schließen daraus auf Grund von § 15, II:

XI. *Außer in den bereits angegebenen und in den aus ihnen durch die Spiegelungen hervorgehenden Linien ist die Funktion $pu$ in unserm Falle nirgends reell.*

## § 87. Das Periodenparallelogramm ein Rechteck; die Sigma, die Funktionen Jacobi's und die Theta.

Für die Fortführung unserer Untersuchungen ist es zunächst erforderlich zu wissen, wie es in dem von uns betrachteten Falle mit der Realität der in § 32 eindeutig definierten Werte gewisser Wurzelgrößen steht. Darüber geben die Darstellungen dieser Wurzelgrößen durch unendliche Produkte Auskunft. Sie zeigen:

I. *Versteht man unter* $2\omega_1$ *die reelle, unter* $2\omega_3$ *die rein imaginäre Periode, so werden:*

$\sqrt{e_1 - e_2}$ *und* $\sqrt{e_1 - e_3}$ *positiv reell;*

$\sqrt{e_2 - e_3}$ *negativ reell;*

$\sqrt{e_2 - e_1}$ *positiv imaginär;*

$\sqrt{e_3 - e_1}$ *und* $\sqrt{e_3 - e_2}$ *negativ imaginär.*

Die Werte der vierten Wurzeln aus den Differenzen der $e$ sind erst bestimmt, wenn über den der Quadratwurzel aus $\omega_1$ beizulegenden Wert eine bestimmte (an und für sich willkürliche) Festsetzung getroffen wird. Hier, wo $\omega_1$ reell und positiv ist, werden wir diese Festsetzung zweckmäßigerweise so treffen, daß wir $\sqrt{2\omega_1/\pi}$ ebenfalls reell positiv nehmen; dann werden die Arcus von:

$$\sqrt[4]{e_1 - e_2} \quad \sqrt[4]{e_2 - e_1} \quad \sqrt[4]{e_2 - e_3} \quad \sqrt[4]{e_3 - e_2} \quad \sqrt[4]{e_3 - e_1} \quad \sqrt[4]{e_1 - e_3}$$

bezw. gleich:

$$2) \qquad 0 \qquad \frac{5\pi}{4} \qquad \frac{3\pi}{2} \qquad \frac{3\pi}{4} \qquad \frac{3\pi}{4} \qquad 0.$$

Die Größen $\sqrt{k}$ und $\sqrt{k'}$ werden dann beide positiv reell und also beide dem absoluten Betrage nach kleiner als 1.

Die Realitätsverhältnisse der Sigmaquotienten könnten wir aus ihren Darstellungen durch unendliche Produkte (§ 31) entnehmen. Einfacher ist es, direkt an ihre Ausdrücke durch $p\,u$ anzuknüpfen und die den auftretenden Wurzelgrößen beizulegenden Werte dadurch zu bestimmen, daß wir ihre Werte für einzelne Argumentwerte durch die soeben untersuchten Wurzeln aus den Differenzen der $e_\alpha$ ausdrücken (§ 32, 12, 13). So findet man z. B., daß die Funktionen:

$$\frac{\sigma u}{\sigma_3 u} = \frac{1}{\sqrt{p\,u - e_3}}, \quad \frac{\sigma_1 u}{\sigma_3 u} = \frac{\sqrt{p\,u - e_1}}{\sqrt{p\,u - e_3}}, \quad \frac{\sigma_2 u}{\sigma_3 u} = \frac{\sqrt{p\,u - e_2}}{\sqrt{p\,u - e_3}}$$

in den Ecken des in Satz IX von § 86 erwähnten Rechtecks die in der folgenden Tabelle angegebenen Werte haben:

3)

| | $0$ | $\omega_1$ | $-\omega_2$ | $\omega_3$ |
|---|---|---|---|---|
| $\frac{\sigma u}{\sigma_3 u}$ | $0$ | $\frac{1}{\sqrt{e_1 - e_3}}$ | $-\frac{1}{\sqrt{e_2 - e_3}}$ | $\infty$ |
| $\frac{\sigma_1 u}{\sigma_3 u}$ | $1$ | $0$ | $\frac{\sqrt{e_3 - e_1}}{\sqrt{e_2 - e_3}}$ | $\infty$ |
| $\frac{\sigma_2 u}{\sigma_3 u}$ | $1$ | $\frac{\sqrt{e_1 - e_2}}{\sqrt{e_1 - e_3}}$ | $0$ | $\infty$ |

Aus dieser Tabelle ergiebt sich für die von JACOBI eingeführten Funktionen die folgende:

4)

| | $0$ | $K$ | $K + iK'$ | $iK'$ |
|---|---|---|---|---|
| $sn\,w$ | $0$ | $1$ | $\frac{1}{k}$ | $\infty$ |
| $cn\,w$ | $1$ | $0$ | $i\frac{k'}{k}$ | $\infty$ |
| $dn\,w$ | $1$ | $k'$ | $0$ | $\infty$. |

(In der Überschrift dieser Tabelle ist mit JACOBI:

5) $$K = \frac{\omega_1}{\sqrt{e_1 - e_3}}, \quad K' = \frac{\omega_3}{i\sqrt{e_1 - e_3}}$$

gesetzt.)

Aus diesen Werten der Funktionen in den Ecken des Rechtecks schließt man auf ihre Werte längs seiner Seiten. Ihre Werte längs der Seiten der anstoßenden Rechtecke ergeben sich dann aus dem Spiegelungsprinzip. Die Resultate sind in den nachfolgenden Figuren dargestellt, in denen die Linien, längs deren die betr. Funktion:

positiv reelle Werte hat, ausgezogen ———————,
negativ reelle Werte hat, gestrichelt — — — — — —,
positiv imaginäre Werte hat, strichpunktiert —·—·—·—,
negativ imaginäre Werte hat, punktiert ....................

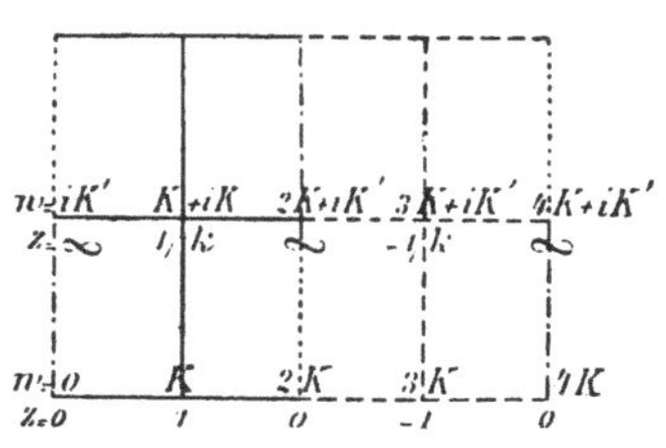

Fig. 36.

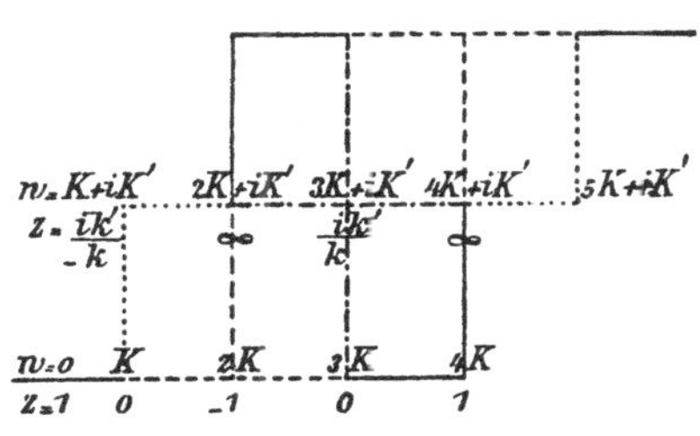

Fig. 37.

sind. Zum Verständnis dieser Figuren sei noch bemerkt: gehen von einem Punkte verschiedene Linien aus, längs deren $z$ positiv, und andere, längs deren $z$ negativ reell ist, so müssen in den Winkelräumen zwischen ihnen abwechselnd Linien liegen, längs deren $z$ positiv, bezw. negativ imaginär ist. Bei positiver Umkreisung eines Punktes, in dem $z = 0$ ist, folgen diese Linien in der Reihenfolge: $+1$, $+i$, $-1$, $-i$ aufeinander, bei positiver Umkreisung eines Punktes, in dem $z = \infty$ ist, in der entgegengesetzten.

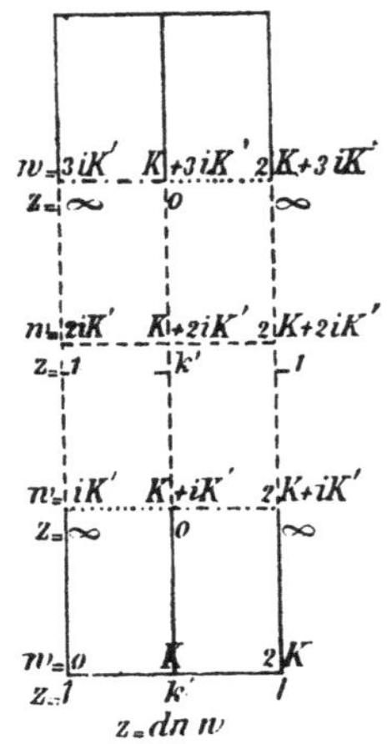

Fig. 38.

Wird das Argument der *Thetafunktionen* durch die Gleichung:

$$6)\qquad v = \frac{u}{2\,\omega_1}$$

eingeführt, so wird es für reelle Werte von $u$ ebenfalls reell. Die Reihenentwicklungen § 42 (9) und § 44, (1) bis (3) enthalten dann für reelle $u$ trigonometrische Funktionen reeller Winkel, für rein imaginäre $u = u_1 i$ können an ihrer Stelle Exponentialfunktionen von $u_1$ gesetzt werden, sodaß man erhält:

$$7)\quad \begin{cases} \vartheta_0(vi\,|\,\tau) = 1 - h\;(e^{2vi} + e^{-2vi}) + h^4\;(e^{4vi} + e^{-4vi}) - + \dots \\ \vartheta_1(vi\,|\,\tau) = i\;\{\,h^{1/4}(e^{vi} - e^{-vi}) - h^{9/4}(e^{3vi} - e^{-3vi}) + - \dots\} \\ \vartheta_2(vi\,|\,\tau) = \quad h^{1/4}(e^{vi} + e^{-vi}) + h^{9/4}(e^{3vi} + e^{-3vi}) + \dots \\ \vartheta_3(vi\,|\,\tau) = 1 + h\;(e^{2vi} + e^{-2vi}) + h^4\;(e^{4vi} + e^{-4vi}) + \dots \end{cases}$$

Wenn aber die reelle Periode dem absoluten Betrage nach größer ist, als die rein imaginäre, so ist es vorteilhafter, Reihen zu benutzen, die nach Potenzen von:

$$8)\qquad h_1 = e^{-\frac{\omega_1 \pi i}{\omega_3}}$$

fortschreiten. Dann muß man auch anstatt $v$ die Größe:

$$9)\qquad v_1 = \frac{u}{2\,\omega_3}$$

einführen, die für reelle Werte von $u$ rein imaginär, für rein imaginäre Werte von $u$ reell ist. In diesem Falle enthalten also die Entwicklungen für reelle $u$ Exponentialfunktionen, für rein imaginäre $u$ trigonometrische Funktionen reellen Arguments.

## § 88. Das Periodenparallelogramm ein Rhombus.

Wir haben noch den zweiten Fall zu betrachten, daß zwar sowohl reelle, als auch rein imaginäre Perioden vorhanden sind, daß aber die kleinste reelle und die kleinste rein imaginäre Periode zusammen kein primitives Periodenpaar bilden. Wir bezeichnen die erstere mit $-2\,\omega_2$, die letztere mit $-2\,\omega_2'$. Im Innern des durch sie bestimmten Parallelogramms muß mindestens noch ein Periodenpunkt liegen; sei $\alpha + \beta i$ ein solcher Punkt. Dann ist auch $\alpha - \beta i$ eine Periode, also sind auch $2\,\alpha$ und $2\,\beta$ Perioden und folglich ist $\alpha = -\omega_2$, $\beta = -\omega_2'$. Es giebt also nur *einen* solchen Punkt; und das Periodenpaar:

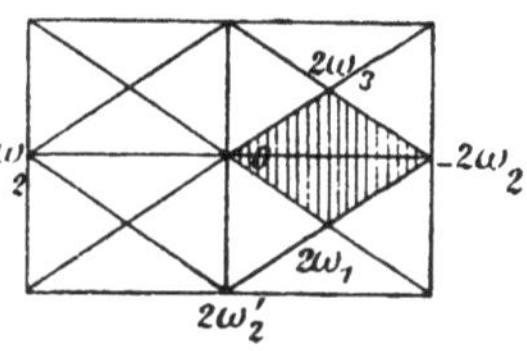


Fig. 39.

1) $$-\omega_2 + \omega_2' = 2\,\omega_1, \quad -\omega_2 - \omega_2' = 2\,\omega_3$$

ist ein *primitives.* Umgekehrt ist dann:

2) $$\omega_2 = -\omega_1 - \omega_3, \quad \omega_2' = \omega_1 - \omega_3.$$

I. *In diesem Falle ist also ein primitives Periodenparallelogramm ein Rhombus.*

Hat $u$ reelle Werte, so sind auch in diesem Falle die Glieder der Reihe § 17 (4) teils reell, teils paarweise konjugiert complex, $pu$ erhält also reelle Werte, ebenso $p'u$. Für sehr kleine reelle $u$ ist $pu$ positiv, $p'u$ hat das entgegengesetzte Vorzeichen wie $u$. Wächst $u$ stetig von 0 bis $-\omega_2$, so bleibt $p'u$ negativ, $pu$ nimmt also stetig ab von $+\infty$ bis $e_2$, *$e_2$ ist also in diesem Falle reell.* Wächst dann $u$ wieder bis $-2\,\omega_2$, so nimmt $pu$ wieder zu von $e_2$ bis $\infty$.

Auch wenn $u$ rein imaginäre Werte hat, sind die Glieder der erwähnten Reihe paarweise konjugiert complex. $pu$ erhält also auch dann reelle Werte, und zwar nimmt es, wenn $u$ stetig von 0 über $-\omega_2'$ bis $2\,\omega_2'$ wächst, zuerst stetig zu von $-\infty$ bis $p(-\omega_2') = e_2$ und von da wieder ab bis $-\infty$. Es ist nämlich $-\omega_2' = -\omega_2 - 2\,\omega_1$ zu $-\omega_2$ äquivalent, also $p(-\omega_2') = p(-\omega_2)$. Dieselben Werte durchläuft $u$ auch, wenn $u$ auf geradem Wege von $2\,\omega_1$ nach $2\,\omega_3 = 2\,\omega_1 - 2\,\omega_2'$ geht.

Damit sind nun aber schon zu jedem reellen Werte $z$ zwei Punkte $u$ des fundamentalen Periodenparallelogramms gefunden, in denen $pu = z$ wird. Also muß in allen anderen Punkten desselben $pu$ imaginär, bezw. complex sein, speziell auch in $\omega_1$ und $\omega_3$. Die beiden Werte $p\omega_1 = e_1$, $p\omega_3 = e_3$ sind also in diesem Falle konjugiert complex, und wir haben nur noch zu untersuchen, welchem von ihnen ein positiver und welchem ein negativer imaginärer Bestandteil zukommt. Zu diesem Zwecke beachten wir: Wenn $u$ den Umfang des Rechtecks $(0, \; -\omega_2, \; 2\omega_3, \; -\omega_2')$ im positiven Sinne durchläuft, durchläuft $z$ zweimal nacheinander die Axe der reellen Zahlen von $+\infty$ über $e_2$ nach $-\infty$. Dabei bleibt die negative Halbebene zur Linken. $pu$ nimmt also in den der Begrenzung benachbarten Teilen des genannten Rechtecks Werte mit negativer zweiter Koordinate an; und da diese zweite Koordinate im Innern desselben nirgends Null wird, so kann sie auch ihr Vorzeichen nicht wechseln und muß folglich im ganzen Innern negativ sein. Also folgt:

II. *In dem hier betrachteten Falle ist von den beiden konjugiert complexen Wurzeln der Gleichung:*

$$4z_3 - g_2 z - g_3 = 0$$

$e_1 = p\omega_1$ *diejenige, deren imaginärer Bestandteil positiv,* $e_3 = p\omega_3$ *diejenige, deren imaginärer Bestandteil negativ ist.*

Das Bild des genannten Rechtecks überdeckt die negative Halbebene der $z$-Ebene doppelt; der Punkt $z = e_3$ ist ein Verzweigungspunkt dieses Bildes.

Das Verhältnis dieses Falles genauer ins einzelne zu verfolgen, haben wir nicht nötig, da wir ihn später durch eine quadratische Transformation auf den in den vorhergehenden Paragraphen ausführlich diskutierten zurückführen werden.

## § 89. Der harmonische Fall (lemniskatische Funktionen).

Ein gewisses spezielles Interesse bietet der Unterfall des in den Paragraphen (86) und (87) behandelten Falles dar, daß die kleinste reelle und die kleinste rein imaginäre Periode denselben absoluten Betrag haben, daß also das Periodenparallelogramm ein Quadrat,

1) $$\omega_3 = \omega_1 i, \quad \tau = i, \quad h = e^{-\pi} = 0{,}04321\ldots$$

ist. Es werden dann in der Reihe § 18 (5) je zwei Glieder einander entgegengesetzt gleich und folglich:

2) $$g_3 = 0.$$

Der Homogenität der Formeln wegen dürfen wir unbeschadet der Allgemeinheit

3) $$g_2 = 4$$

annehmen; dann wird:

4) $$e_1 = 1, \quad e_2 = 0, \quad e_3 = -1$$

und:

5) $$k^2 = k'^2 = \tfrac{1}{2}.$$

Die vier Verzweigungspunkte ($\infty$, 1, 0, $-1$) liegen in diesem Falle *harmonisch* (I, § 15, IX).

Die Werte der Perioden lassen sich in diesem Falle durch Eulersche Integrale ausdrücken; man findet nämlich:

$$\omega_1 = \frac{\omega_3}{i} = \frac{1}{2}\int_0^1 x^{-1/2}(1 - x^2)^{-1/2}\, dx$$

oder, indem man $y = x^2$ substituiert:

$$= \frac{1}{4}\int_0^1 y^{-3/4}(1 - y)^{-1/2}\, dy = \frac{1}{4} B(\tfrac{1}{4}, \tfrac{1}{2}) = \frac{1}{4}\,\frac{\Gamma(\frac{1}{2})\,\Gamma(\frac{1}{4})}{\Gamma(\frac{3}{4})}.$$

Es ist aber:

$$\Gamma(\tfrac{3}{4})\,\Gamma(\tfrac{1}{4}) = \frac{\pi}{\sin\frac{\pi}{4}} = \pi\sqrt{2}, \quad \Gamma(\tfrac{1}{2}) = \sqrt{\pi},$$

also:

6) $$\omega_1 = \frac{1}{4}\sqrt{\frac{1}{2\pi}}\,\Gamma(\tfrac{1}{4})^2.$$

Die Werte der Funktionen für rein imaginäre Argumente drücken sich in diesem Falle folgendermaßen durch ihre Werte für reelle Argumente aus:

7) $$\begin{cases} p\,(iu) = -pu, \quad p'\,(iu) = ip'\,(u), \quad \sigma\,(iu) = i\,\sigma\,(iu), \\ \sigma_1(iu) = \sigma_1\left(u \mid \frac{\omega_1}{i}, \frac{\omega_3}{i}\right) = \sigma_1\,(u \mid -\omega_3, \omega_1) = \sigma_3 u, \\ \sigma_2(iu) = \sigma_2\,(u), \quad \sigma_3\,(iu) = \sigma_1 u. \end{cases}$$

Man nennt die diesem Falle zugehörenden elliptischen Funktionen auch wohl *lemniskatische* Funktionen, da das Problem der Rektifikation der Lemniskate auf solche Funktionen führt.

## § 90. Der äquianharmonische Fall.

Neben diesem Falle stellt sich als ein zweiter ausgezeichneter Fall der, daß das Periodenverhältnis gleich einer dritten (oder sechsten) Einheitswurzel, das Periodenparallelogramm also ein Rhombus mit Winkeln von 60 und 120 Grad ist. Sei:

1) $$\omega_3 = \varepsilon\omega_1, \quad \varepsilon = -\tfrac{1}{2} + \frac{i}{2}\sqrt{3},$$

also da $1 + \varepsilon + \varepsilon^2 = 0$ ist, $\omega_2 = \varepsilon^2 \omega_1$.

Es geben dann in der Reihe für $g_2$ je drei Glieder zusammen Null und folglich ist hier:

2) $$g_2 = 0.$$

Setzen wir $g_3 = 4$, so erhalten wir (vgl. § 88, II):

3) $$e_1 = \varepsilon, \quad e_2 = 1, \quad e_3 = \varepsilon^2, \text{ also } \lambda = -\varepsilon.$$

Die Homogenitätsrelationen geben hier:

4) $$\begin{cases} p\,(\varepsilon u) = \varepsilon\, p\, u, \\ p'(\varepsilon u) = p' u, \\ \sigma(\varepsilon u) = \varepsilon\,\sigma u. \end{cases}$$

Aus der zweiten dieser Formeln und aus § 22 ergiebt sich, daß in diesem Falle:

5) $$p' u - p' v = -2\,\frac{\sigma(u-v)\,\sigma(u-\varepsilon v)\,\sigma(u-\varepsilon^2 v)}{\sigma^3 u\,\sigma^3 v}$$

ist.

Auch in diesem Falle kann man die Werte des Arguments angeben, für die $p\,u = 0$ wird. Ist nämlich $p\,u_1 = 0$, so ist nach (4) auch $p\,(\varepsilon u_1) = 0$ und $p\,(\varepsilon^2 u_1) = 0$. Da die Funktion $p\,u$ jeden Wert nur in zwei Punkten des Periodenparallelogramms annimmt (§ 15), so können die drei Punkte $u_1$, $\varepsilon u_1$, $\varepsilon^2 u_1$ nicht alle inkongruent sein. Sind irgend zwei von ihnen kongruent, so ist auch der dritte zu beiden kongruent, da das Produkt jeder Periode mit $\varepsilon$ wieder eine Periode liefert. Aus

$$\varepsilon u_1 = u_1 + 2\,k_1\,\omega_1 + 2\,k_3\,\varepsilon\,\omega_1$$

ergiebt sich entweder $u_1 \equiv 0$ oder

6) $$u_1 \equiv \pm \tfrac{1}{3}(1-\varepsilon) \,.\, 2\,\omega_1.$$

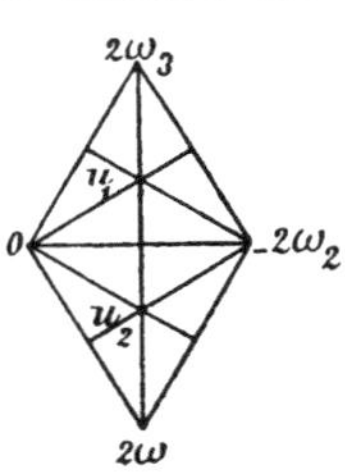

Fig. 40.

Da $u_1 \equiv 0$ keine Nullpunkte, sondern Pole für $p\,u$ liefert, so folgt:

*Die Nullpunkte der Funktion $p\,u$ liegen in diesem Falle in den Schwerpunkten $u_1$ und $u_2$ der beiden gleichseitigen Dreiecke, in die das Periodenparallelogramm zerlegt werden kann.*

Bemerkenswerte, für diesen Fall gültige Formeln sind noch:

$$7)\qquad p(iu\sqrt{3}) = p(\varepsilon u - \varepsilon^2 u) = -\tfrac{1}{3}\,\frac{p^3 u - g_3}{p^2 u}$$

und:

$$8)\qquad pu = -\frac{i}{\sqrt{3}}\,\frac{\sigma(iu\sqrt{3})}{\sigma^3 u}.$$

Die Richtigkeit der letzteren kann man folgendermaßen beweisen: Da $i\sqrt{3} = \varepsilon - \varepsilon^2$ ist, ist das Produkt von $i\sqrt{3}$ in irgend eine Periode $2h_1\omega_1 + 2h_3\omega_3$ wieder eine Periode, nämlich gleich $(2h_1 - 4h_3)\omega_1 + (4h_1 - 2h_3)\omega_3$. Die rechte Seite von (8) ist also eine elliptische Funktion III. Art; sie hat $u = 0$ zum zweifachen Pol und die Punkte $u_1$ und $u_2$ zu einfachen Nullpunkten (da $iu_1\sqrt{3} = -2\omega_1$, $iu_2\sqrt{3} = 2\omega_3$ ist). Also kann sie sich von $pu$ nach § 39, II nur durch einen Exponentialfaktor unterscheiden. Vergleichung der Reihenentwicklungen zeigt, daß dieser Exponentialfaktor sich auf die in (8) angegebene numerische Konstante reduziert.

## § 91. Behandlung der Realitätsverhältnisse von der Riemann'schen Fläche aus.

Es bleibt noch die Frage zu erörtern, wie weit die Untersuchungen der letzten Paragraphen sich umkehren lassen, ob man bei reellen Werten der Invarianten immer auf einen der in diesem Abschnitt untersuchten Fälle geführt wird; eine Frage, deren Beantwortung die Erörterungen des VI. Abschnitts in einem wesentlichen Punkte ergänzt.

Wie aus der Theorie der Gleichungen vierten Grades bekannt sein wird, hängt die Realität der Wurzeln einer solchen Gleichung (also in unserm Falle der Verzweigungspunkte der Riemannschen Fläche, wesentlich ab von dem *Vorzeichen der Diskriminante* $G$ (§ 32, 10): *ist sie positiv, so sind die Verzweigungspunkte alle vier reell, oder sie sind paarweise konjugiert complex; ist sie negativ, so sind zwei Verzweigungspunkte reell, die beiden andern konjugiert complex.*

I. Der Fall *reeller* Verzweigungspunkte ist bereits durch die Untersuchungen von § 8 und 9 erledigt: wir haben dort gesehen, daß und wie man bei geeigneter Wahl des Querschnittsystems ein primitives Periodenpaar bestimmen kann, dessen eine Periode reell ist, die andere rein imaginär. Zwar ist dort $a_0$ als positiv vorausgesetzt, aber das ist keine wirkliche Einschränkung: für negative

Werte von $a_0$ hat man nur die beiden Perioden mit Vorzeichenwechsel der einen zu vertauschen.

II. Der Fall, daß *alle vier Verzweigungspunkte paarweise konjugiert complex* sind, läßt sich auf den vorigen durch eine lineare Transformation der Integrationsvariabeln (§ 62) zurückführen. Denn durch vier Punkte der $z$-Ebene, die paarweise konjugiert complex sind, läßt sich stets ein Kreis legen; man hat nur nötig, eine solche lineare Transformation anzuwenden, daß dieser Kreis in die Axe der reellen Zahlen einer $\zeta$-Ebene übergeführt wird. U. a. ist das der Fall bei den in §§ 63 und 64 besprochenen Transformationen auf die erste und zweite Normalform; sowie auch bei der auf die dritte Normalform, sobald man die Bezeichnung so wählt, daß zwei konjugierte Verzweigungspunkte nach $\pm 1$ verlegt werden. Die Axe der reellen Zahlen der $z$-Ebene geht dabei über in einen Kreis der $\zeta$-Ebene, für den die Verzweigungspunkte paarweise Spiegelbilder voneinander sind (I, § 11, II; vgl. I, § 73, IV).

Umgekehrt schließt man daraus: sind vier Verzweigungspunkte gegeben, die auf einem Kreise liegen, und wird verlangt, eine solche lineare Transformation der Integrationsvariabeln vorzunehmen, daß zu reellen Werten der neuen Variabeln $\zeta$ auch reelle Werte der Funktion $\bar{f}_4(\zeta)$, bezw. $\bar{f}_3(\zeta)$ gehören, so kann das einmal dadurch geschehen, daß man den genannten Kreis selbst in die Axe der reellen $\zeta$ transformiert; dann aber auch dadurch, daß man diese Axe einem der beiden Kreise entsprechen läßt, für die die Verzweigungspunkte paarweise Spiegelbilder voneinander sind. Bei der in § 8 besprochenen konformen Abbildung der Halbebene auf ein Rechteck entsprechen diesen beiden Kreisen die zu den Seiten parallelen Halbierungslinien des Rechtecks.

Hat das Integral eine der drei Normalformen, so sind diese beiden Kreise:

für die I. Normalform der Kreis vom Mittelpunkt 0 und Radius $\lambda^{-1/2}$ und der vom Mp. $\lambda^{-1}$ und R. $\lambda^{-1/2}(\lambda^{-1}-1)^{1/2}$;

für die II. Normalform der Kreis vom Mp. $e_1$ und R. $\sqrt{(e_1-e_2)(e_1-e_3)}$ und der vom Mp. $e_3$ und R. $\sqrt{(e_1-e_3)(e_2-e_3)}$;

für die III. Normalform die Axe der rein imaginären Zahlen und der Kreis vom Mp. 0 und R. $\mu^{-1}$.

III. Sind *zwei Verzweigungspunkte reell, die beiden andern konjugiert complex,* so bezeichne man einen der reellen Punkte mit $\alpha_1$, die beiden konjugiert complexen mit $\alpha_0$ und $\alpha_2$, und lege dann die Rückkehrschnitte so, wie zu Fig. 27, p. 150 angegeben. Zieht man sie dann bis zu den geraden Verbindungslinien der betreffenden Verzweigungspunkte zusammen und achtet auf die richtige Bestimmung der Vorzeichen, mit denen die Quadratwurzeln zu nehmen sind, so sieht man, daß die beiden Perioden konjugiert complex ausfallen; w. z. b. w.

Vier beliebig vorgegebene Punkte können durch eine lineare Transformation in zwei reelle und zwei konjugiert complexe übergeführt werden, wenn es einen Kreis durch zwei von ihnen giebt, für den die beiden andern Spiegelbilder voneinander sind. Es giebt dann stets auch einen Kreis durch die beiden letzteren, für den die beiden ersteren Spiegelbilder voneinander sind; wenn also eine solche Transformation überhaupt möglich ist, ist sie stets auf zwei verschiedene Arten möglich. Für die zweite Normalform (die erste ist hier weniger zweckmäßig) sind diese beiden Kreise die Axe der reellen Zahlen und der Kreis vom Mp. $e_2$, der durch $e_1$ und $e_3$ geht; für die dritte die Axe der reellen und die der rein imaginären Zahlen.

# ELFTER ABSCHNITT.

## Modulfunktionen.

### § 92. Das Periodenverhältnis als Funktion des Doppelverhältnisses der Verzweigungspunkte.

In den Untersuchungen der vorhergehenden Abschnitte haben wir bald die Perioden, bald die Verzweigungspunkte der Riemannschen Fläche als gegeben angenommen. Die Frage, wie diese zweierlei Arten von Größen miteinander zusammenhängen, haben wir bisher nur ganz gelegentlich gestreift; wir müssen sie jetzt systematisch in Angriff nehmen.

Zu diesem Zwecke beginnen wir mit folgender Überlegung: Sind die Verzweigungspunkte gegeben, so sind dadurch nach den Ergebnissen von § 78 auch die Perioden bis auf ganzzahlige lineare Substitutionen festgelegt. Sind aber umgekehrt die Perioden gegeben, so können dadurch die Verzweigungspunkte keinesfalls völlig bestimmt sein. Denn wir haben in § 62 gesehen, daß wir jedes elliptische Integral I. Gattung durch lineare Transformation der Integrationsvariabeln in ein anderes Integral derselben Form überführen können. Dieser Transformation können wir auch die Rückkehrschnitte unterwerfen, durch die die Perioden definiert sind (vgl. § 6, VIII); bezeichnen wir dann die Perioden des Integrals $\int \frac{d(\zeta)}{\sqrt{\varphi(\zeta)}}$, bezw. mit $2\omega_1'$, $2\omega_3'$, so können wir aus Gleichung (5) von § 62 schließen:

1) $$\omega_1 = (\alpha\delta - \beta\gamma)\omega_1', \quad \omega_3 = (\alpha\delta - \beta\gamma)\omega_3',$$

also:

2) $$\tau_1 = \tau_1'.$$

Man pflegt nun die Definitionen II und III von § 62 durch den Zusatz zu ergänzen:

I. *Eine Kovariante, die die Variable nicht enthält, sondern nur die Koeffizienten, heißt eine Invariante.*

Dann kann man die Gleichungen (1) und (2) so aussprechen:

II. *Die Perioden sind (transscendente) Invarianten der Grundform $f$ vom Gewichte — 1; das Periodenverhältnis ist eine absolute Invariante.*

Schon daraus kann geschlossen werden, daß durch die Perioden, bezw. das Periodenverhältnis nur solche Funktionen der Koeffizienten von $f$ bestimmt sein können, die selbst Invarianten, bezw. absolute Invarianten von $f$ sind.

Wir erhalten eine noch bestimmtere Formulierung dieses Satzes, wenn wir wie am Schlusse von § 62 statt der Koeffizienten die Verzweigungspunkte einführen. Dabei müssen wir nur beachten, daß bei der linearen Transformation auch $a_0$ einen neuen Wert bekommt (vgl. § 62, 7), und also im allgemeinen von Funktionen der Verzweigungspunkte und des $a_0$ reden. Beschränken wir uns aber auf absolute Invarianten, so brauchen wir auf $a_0$ nicht zu achten. Denn eine solche bleibt auch invariant bei der Substitution:

$$z = \frac{\alpha\zeta}{\alpha},$$

für die:

$$\varphi(\zeta) = \alpha^4 f(\zeta)$$

wird; sie hängt also jedenfalls nur von den Verhältnissen der Koeffizienten von $f$ ab, bezw. nur von den Verzweigungspunkten, nicht auch noch von $a_0$. Wir kennen aber bereits aus I, § 15 alle Invarianten von vier Punkten gegenüber linearer Transformation: sie sind alle Funktionen ihres Doppelverhältnisses. Damit haben wir den Satz gewonnen:

III. *Das Verhältnis der Perioden eines elliptischen Integrals I. Gattung hängt nur ab von dem Doppelverhältnis seiner Verzweigungspunkte* —

und also auch umgekehrt:

IV. *Das Doppelverhältnis der Verzweigungspunkte eines elliptischen Integrals I. Gattung ist eine Funktion des Verhältnisses seiner Perioden.*

## § 93. Die durch einen Zweig dieser Funktion vermittelte konforme Abbildung.

Um die in den beiden letzten Sätzen definierten Funktionen näher zu untersuchen, bringen wir zunächst das Integral durch eine lineare Substitution der Integrationsvariabeln auf die erste Normalform (§ 64):

$$u = \int \frac{dz}{\sqrt{z(1-z)(1-\lambda z)}}.$$

Die Perioden können dann (vgl. § 6, VIII) dargestellt werden durch die Integrale:

$$2\omega_1 = \int\limits_{(-B)} \frac{dz}{\sqrt{z(1-z)(1-\lambda z)}},$$

$$2\omega_3 = \int\limits_{(A)} \frac{dz}{\sqrt{z(1-z)(1-\lambda z)}}.$$

Für jeden von 0, 1, $\infty$ verschiedenen Wert von $\lambda$ haben diese Integrale endliche bestimmte Werte, die natürlich von $\lambda$ abhängen; und man kann folgendermaßen zeigen, daß sie analytische Funktionen von $\lambda$ sind, die in der Umgebung jedes von 0, 1, $\infty$ verschiedenen Wertes $\lambda_0$ sich regulär verhalten. Da die Rückkehrschnitte nicht durch den Punkt $1:\lambda_0$ gehen dürfen, können wir annehmen, alle ihre Punkte seien von $1:\lambda_0$ um mehr als eine angebbare Größe $\varepsilon$ entfernt. Dann ist für alle diese Punkte die Entwicklung von:

$$\sqrt{1-\lambda z} = \sqrt{(1-\lambda_0 z)}\left\{1 - \frac{(\lambda-\lambda_0)z}{\lambda_0\left(\frac{1}{\lambda_0}-z\right)}\right\}^{\frac{1}{2}}$$

nach Potenzen von $\lambda - \lambda_0$ unbedingt und gleichmäßig konvergent, solange $|\lambda - \lambda_0| < \lambda_0 \varepsilon M^{-1}$ ist, wenn mit $M$ das Maximum von $z$ längs des Schnittes bezeichnet wird (der in keinem Falle durch $z = \infty$ hindurchzugehen braucht). Also darf man gliedweise integrieren und erhält so *$2\omega_1$ und $2\omega_3$ als in der Umgebung von $\lambda_0$ reguläre Funktionen von $\lambda$ dargestellt.*

Weiter geht aus der Ungleichung (3) von § 53 hervor, daß $2\omega_1$ nicht Null werden kann, solange $\lambda$ von 0, 1, $\infty$ verschieden ist. Also kann aus dem vorigen Satze geschlossen werden:

I. *Jeder Zweig des Periodenverhältnisses ist in der Umgebung jedes von 0, 1, $\infty$ verschiedenen Wertes eine reguläre Funktion des Doppelverhältnisses der Verzweigungspunkte.*

Daraus folgt, daß jeder einfach zusammenhängende Teil der Ebene $\lambda$, der keinen der drei Punkte 0, 1, $\infty$ in seinem Innern enthält — z. B. die positive Halbebene — durch jeden Zweig der Funktion $\tau(\lambda)$ auf einen Bereich der $\tau$-Ebene abgebildet wird, der in seinem Innern keinen Verzweigungspunkt enthält. Daraus allein folgt freilich noch nicht (ebensowenig wie in § 8), daß ein solcher Bereich sich nicht teilweise selbst überdecken kann. Wollen wir zeigen, daß das nicht der Fall ist, so müssen wir die Kontur eines solchen Bereiches bestimmen, d. h. wir müssen untersuchen, welche Werte von $\tau$ *reellen* Werten von $\lambda$ entsprechen. Wir können das durch folgende Überlegungen ausführen:

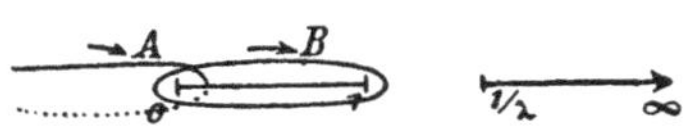

Fig. 41.

Fassen wir zunächst reelle Werte von $\lambda$ ins Auge, die zwischen 0 und 1 liegen. Dann liegen die vier Verzweigungspunkte so, wie in Fig. 41 angegeben; wir können die Rückkehrschnitte wie in Fig. 28 legen und sie dann bis dicht an die Übergangslinien heran zusammenziehen. Wir erhalten so zwei Perioden ausgedrückt durch bestimmte Integrale zwischen den Verzweigungspunkten:[1]

$$1)\qquad 2\omega_1 = 2\int_0^1 \frac{dz}{\sqrt{z(1-z)(1-\lambda z)}},$$

$$2)\qquad 2\omega_3 = 2\int_{-\infty}^0 \frac{dz}{\sqrt{z(1-z)(1-\lambda z)}}.$$

Dabei können wir in dem ersten dieser Integrale, da der Ausdruck unter der Quadratwurzel reell und positiv ist, der Quadratwurzel

[1] Indem wir jeden Schnitt gerade bis zu diesen zwei Verzweigungspunkten zusammenziehen und nicht, was an und für sich ebenso gut möglich wäre (vgl. § 56) zu den beiden andern, erreichen wir den Vorteil, daß die Grenzen von $\lambda$ unabhängig werden.

willkürlich ihren positiven Wert beilegen; dann ist aber in dem zweiten Integral der Wert der Quadratwurzel nicht mehr willkürlich, sondern wir müssen, wenn wir mit früheren Festsetzungen (§ 6, VI und § 53, II) in Übereinstimmung bleiben wollen, die Quadratwurzel hier negativ imaginär nehmen, sodaß $2\omega_3$ positiv imaginär wird. Wir können schreiben:

$$3)\qquad \frac{2\omega_3}{i} = 2\int\limits_{-\infty}^{0} \frac{dx}{|\sqrt{-x(1-x)(1-\lambda x)}|} = 2\int\limits_{0}^{\infty} \frac{dx}{|\sqrt{x(1+x)(1+\lambda x)}|}.$$

Diese Darstellungen lassen nun erkennen, wie sich die Perioden als Funktionen von $\lambda$ im Intervall $(0\ldots 1)$ verhalten. Lassen wir nämlich $\lambda$ von 0 bis 1 stetig wachsen, so wächst auch jedes einzelne Element des Integrals (1). Da alle Elemente des Integrals dasselbe Zeichen haben, so folgt: der durch das Integral (1) dargestellte Zweig der Funktion $2\omega_1$ von $\lambda$ wächst, wenn $\lambda$ stetig von 0 bis 1 wächst, von:

$$4)\qquad 2\int\limits_{0}^{1} \frac{dx}{\sqrt{x(1-x)}} = 2\pi$$

bis ins Unendliche.

Dagegen nimmt jedes Element des zweiten Integrals mit wachsendem $\lambda$ ab. Also folgt: wenn $\lambda$ stetig von 0 bis 1 wächst, nimmt $2\omega_3/i$ stetig ab von $\infty$ bis:

$$5)\qquad 2\int\limits_{0}^{\infty} \frac{dx}{\sqrt{x(1+x)}} = 2\pi.$$

Aus den beiden abgeleiteten Sätzen folgt:

I. *Wenn $\lambda$ stetig wachsend die reellen Werte von 0 bis 1 durchläuft, durchläuft ein bestimmter Zweig der Funktion $\tau(\lambda)$ ebenfalls stetig und ohne umzukehren die positiv imaginären Werte von $i\infty$ bis 0.*

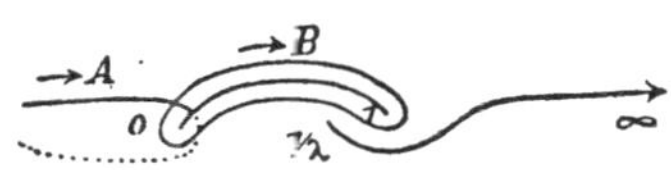

Fig. 42.

Wenn nun $\lambda$ an den Punkt 1 herankommt, lassen wir es in einem Halbkreis so um diesen Punkt herum ausbiegen, daß er zur Rechten bleibt. Dabei biegt $1/\lambda$ in die negative Halbebene aus; lassen wir es wie in § 78 das Schnittsystem vor sich herschieben, so erhalten wir Fig. 42.

Es wird also:

$$6)\qquad \omega_1 = \alpha - \beta,\quad \omega_3 = \beta,$$

wenn mit $\alpha$, $\beta$ die beiden Integrale bezeichnet werden:

7)
$$\begin{cases} \alpha = \int\limits_0^{1/\lambda} \frac{dz}{\sqrt{z(1-z)(1-\lambda z)}} = \int\limits_1^{\infty} \frac{dz}{\sqrt{z(1-z)(1-\lambda z)}}, \\ \beta = \int\limits_{1/\lambda}^{1} \frac{dz}{\sqrt{z(1-z)(1-\lambda z)}} = \int\limits_{-\infty}^{0} \frac{dz}{\sqrt{z(1-z)(1-\lambda z)}}. \end{cases}$$

Die Quadratwurzel ist in $\alpha$ reell, in $\beta$ imaginär; nehmen wir sie in $\alpha$ positiv reell, so müssen wir sie in $\beta$ negativ imaginär nehmen, sodaß $\alpha$ positiv reell, $\beta$ positiv imaginär wird. Durch Anwendung der Transformation:

8)
$$z = \frac{1}{\zeta}, \quad \lambda_1 = \frac{1}{\lambda},$$

finden wir:

9)
$$\alpha = \sqrt{\lambda_1} \int\limits_0^1 \frac{d\zeta}{\sqrt{\zeta(1-\zeta)(1-\lambda_1\zeta)}}, \quad \beta = \sqrt{\lambda_1} \int\limits_{-\infty}^0 \frac{d\zeta}{\sqrt{\zeta(1-\zeta)(1-\lambda_1\zeta)}},$$

sodaß $\alpha/\sqrt{\lambda_1}$ und $\beta/\sqrt{\lambda_1}$ durch die oben schon benutzten Integrale ausgedrückt sind. Wenn $\lambda$ von 1 nach $\infty$ geht, geht $\lambda_1$ von 1 nach 0; zufolge Satz (1) durchläuft dann $\beta/\alpha$ stetig und ohne umzukehren rein imaginäre Werte von 0 über $i$ nach $\infty$, also folgt:

II. *Wenn $\lambda$ stetig wachsend reelle Werte von 1 bis $\infty$ durchläuft, durchläuft $\tau = \frac{\beta}{\alpha - \beta}$ ohne umzukehren einen Halbkreis von 0 über $\frac{i}{1-i} = \frac{1-i}{2}$ nach $-1$.*

Andererseits können wir auch $\lambda$, wenn es auf seinem Wege (Satz I) von 1 in 0 angekommen ist, nach rechts ausbiegend einen kleinen Halbkreis um 0 herum beschreiben und dann die Halbaxe der negativ reellen Zahlen beschreiben lassen. Dabei biegt $1/\lambda$ um $\infty$ herum in die negative Halbebene aus; ein Bild der Kugel mit ihren Rückkehrschnitten, von $+i$ aus stereographisch projiziert, sieht dann folgendermaßen aus (wenn wir in der Ausgangsfigur Übergangslinien von 0 nach 1 und von $1/\lambda$ nach $\infty$ legen).

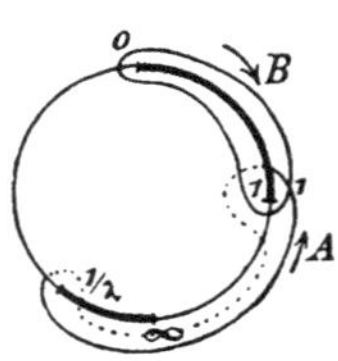

Fig. 43.

Es wird also in diesem Falle:

10)
$$\omega_1 = \gamma, \quad \omega_3 = -\gamma + \delta,$$

wenn mit $\gamma$ und $\delta$ die beiden Integrale bezeichnet werden:

$$11)\quad \begin{cases} \gamma = \int\limits_0^1 \frac{dz}{\sqrt{z(1-z)(1-\lambda z)}} = \int\limits_{-\infty}^{1/\lambda} \frac{dz}{\sqrt{z(1-z)(1-\lambda z)}}, \\ \delta = \int\limits_1^{\infty} \frac{dz}{\sqrt{z(1-z)(1-\lambda z)}} = \int\limits_{1/\lambda}^{0} \frac{dz}{\sqrt{z(1-z)(1-\lambda z)}} \end{cases}$$

und die Vorzeichen der Quadratwurzeln so bestimmt werden, daß $\gamma$ positiv reell, $\delta$ positiv imaginär wird. Die Substitution:

$$12)\qquad z = 1 - \zeta, \quad \lambda = \frac{\lambda_1}{\lambda_1 - 1}, \quad \lambda_1 = \frac{\lambda}{\lambda - 1}$$

führt diese Integrale über in:

$$13)\quad \begin{cases} \gamma = \frac{1}{\sqrt{1-\lambda_1}} \int\limits_0^1 \frac{d\zeta}{\sqrt{\zeta(1-\zeta)(1-\lambda_1\zeta)}}, \\ \delta = \frac{1}{\sqrt{1-\lambda_1}} \int\limits_{-\infty}^1 \frac{d\zeta}{\sqrt{\zeta(1-\zeta)(1-\lambda_1\zeta)}}. \end{cases}$$

Wenn $\lambda$ von 0 bis $-\infty$ abnimmt, nimmt $\lambda_1$ von 0 bis 1 zu; also geht nach (I) $\delta/\gamma$ stetig ohne umzukehren auf gerader Linie von $\infty$ über $i$ nach 0; und daraus folgt vermöge (10):

III. *Wenn $\lambda$ von 0 bis $-\infty$ geht, durchläuft $\tau$ Werte, deren reeller Teil $= -1$ ist, von $\infty$ über $-1+i$ bis $-1$ stetig ohne umzukehren.*

Wir können die drei Sätze I bis III in die eine Aussage zusammenfassen:

IV. *Wenn $\lambda$ die Begrenzung der positiven Halbebene durchläuft, durchläuft ein bestimmter Wert der Funktion $\tau(\lambda)$ einmal ohne umzukehren die Begrenzung eines Kreisbogendreiecks mit den Ecken $0, -1, \infty$.*

Wie in I, § 11 ist beim Ausspruch dieses Satzes eine gerade Linie als spezieller Fall eines Kreisbogens behandelt.

Aus diesem Satze und daraus, daß $\tau$ als Funktion von $\lambda$ im Innern dieser Halbebene nirgends verzweigt ist, folgt nun:

V. *Durch diesen Zweig der Funktion $\tau$ von $\lambda$ wird die positive Halbebene auf das genannte Kreisbogendreieck umkehrbar eindeutig und konform abgebildet.*

Also wird umgekehrt durch die Funktion $\lambda$ von $\tau$ das genannte Dreieck konform auf die Halbebene abgebildet und es folgt:

VI. *$\lambda(\tau)$ nimmt jeden complexen Wert, dessen imaginärer Bestandteil positiv ist, in einem und nur in einem Punkte im Innern dieses Dreiecks an.*

## § 94. Analytische Fortsetzung dieser Abbildung.

Das so definierte Funktionenelement müssen wir nun mit Hilfe des Spiegelungsprinzips (I, § 73) analytisch fortsetzen. Bezeichnen wir die zu einer complexen Größe konjugierte durch Überstreichen, so drücken sich die drei Spiegelungen an den drei Seiten des Dreiecks analytisch aus durch die Gleichungen:

1) $$A: \tau' = -\bar{\tau},$$

2) $$B: -1-\tau' = -(-1-\bar{\tau}) \text{ oder } \tau' = -\bar{\tau} - 2,$$

3) $$\Gamma: (\tau' + \tfrac{1}{2})(\bar{\tau} + \tfrac{1}{2}) = \tfrac{1}{4} \text{ oder } \tau' = \frac{\bar{\tau}}{-1-2\bar{\tau}}.$$

Durch jede dieser drei Spiegelungen entsteht aus dem ursprünglichen, in der Fig. 44 mit (1) bezeichneten Dreiecke ein neues, das

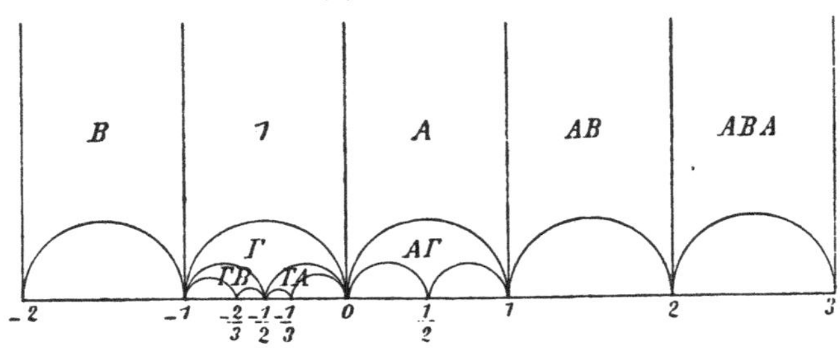


Fig. 44.

als ein durch die Funktion $\tau(\lambda)$ vermitteltes Bild der negativen Halbebene anzusehen ist. (In der Figur ist jedes dieser Bilder mit demselben Buchstaben bezeichnet, wie die zugehörige Spiegelung.) Diese drei Dreiecke schließen sich an das erste lückenlos an, greifen nirgends übereinander und bilden mit ihm zusammen einen einfach zusammenhängenden Bereich, der ganz auf einer Seite jedes Kreises und jeder Geraden liegt, von dem bezw. von der ein Stück zu seiner Begrenzung gehört. Jede dieser Begrenzungslinien steht rechtwinklig auf der Axe der reellen Zahlen; diese geht bei jeder der genannten Spiegelungen in sich über.

Irgend eines dieser Bilder zusammen mit dem ursprünglichen Dreieck bildet einen *Fundamentalbereich* der Funktion $\lambda$ von $\tau$ (I, § 17, VI).

Spiegeln wir nun die ganze bereits erhaltene Figur an einer ihrer Begrenzungslinien, so erhalten wir eine neue Figur, die mit der ersten keinen Punkt (auch keinen Randpunkt) außer der spiegelnden Linie gemein hat und die folglich mit der ersten zusammen wieder einen einfach zusammenhängenden Bereich überall einfach überdeckt, der ganz auf einer Seite von jeder seiner Begrenzungslinien liegt. Diesen Bereich spiegeln wir abermals an einer seiner Seiten; dadurch erhalten wir wieder einen Bereich mit denselben Eigenschaften u. s. w.

Da die Axe der reellen Zahlen bei jeder dieser Spiegelungen in sich übergeht, so bleiben alle diese successive erhaltenen Bereiche in der positiven Halbebene. Es fällt aber auch *jeder* Punkt der positiven Halbebene schließlich in eines der durch wiederholte Spiegelung entstehenden Dreicke. Denn einerseits kann man durch wiederholte Spiegelung an den zur Axe der rein imaginären Zahlen parallelen Seiten der Figur beliebig große positive und negative reelle Teile von $\tau$ erreichen, andererseits sieht man folgendermaßen ein, daß man auch alle Werte von $\tau$ mit noch so kleinem rein imaginären Bestandteil schließlich erreicht: Das Ausgangsdreieck und die durch wiederholte Spiegelung an seinen geradlinigen Seiten hervorgehenden Dreiecke enthalten alle Werte von $\tau$, deren rein imaginärer Bestandteil $> \frac{1}{2}$ ist. Durch Spiegelung an den Kreisbogen erhält man ein Gebiet, dem alle Werte von $\tau$ angehören, deren rein imaginärer Bestandteil $> \frac{1}{6}$ ist u. s. f. Nach $n$-maliger Wiederholung sind bereits alle Werte von $\tau$ in das Gebiet einbezogen, deren imaginärer Bestandteil $> \frac{1}{2n+2}$ ist; und $n$ kann über alle Grenzen wachsen. Also folgt:

I. *Durch wiederholte Spiegelung kann die Funktion $\lambda(\tau)$ über die ganze positive Halbebene hin analytisch fortgesetzt werden.*

Darüber hinaus aber ist die analytische Fortsetzung nicht mehr möglich. Denn je mehr wir uns der Axe der reellen Zahlen nähern, desto kleiner werden die Dreiecke; und zwar sinkt jede ihrer Ausdehnungen unter jede Grenze. Da aber die Funktion in jedem Paare benachbarter Dreiecke jeden Wert annimmt, so folgt, daß sie in jeder Nähe jedes Punktes der Axe der reellen Zahlen jeden Wert noch unendlich oft annimmt. Jeder solche Punkt ist also ein wesentlich singulärer (I, § 68) und es gilt der Satz:

II. *Die Axe der reellen Zahlen ist für die Funktion $\lambda(\tau)$ eine natürliche Grenze.*

In der That ist man auf die Existenz von Funktionen mit natürlicher Grenze durch dieses Beispiel zuerst aufmerksam geworden.

Einen analytischen Ausdruck von $\lambda(\tau)$ erhält man, wenn man die Gleichungen (15) bis (17) von § 56 mit der Definition von $\lambda$ (§ 63, 7) verbindet. Man findet so:

$$4)\qquad \lambda(\tau) = \frac{\vartheta_2^4(0\mid\tau)}{\vartheta_3^4(0\mid\tau)}, \quad 1-\lambda(\tau) = \frac{\vartheta_0^4(0\mid\tau)}{\vartheta_3^4(0\mid\tau)}.$$

Wie die am Schlusse von Band I untersuchten Funktionen ist die Funktion $\lambda(\tau)$ eine *automorphe Funktion.* Setzt man eine gerade Anzahl der Spiegelungen (1) bis (3) in beliebiger Reihenfolge und Wiederholung zusammen, so erhält man eine lineare Substitution, die die Funktion $\lambda(\tau)$ in sich transformiert. Insbesondere erhält man so (vgl. § 68, III):

$$5)\qquad \Sigma = AB : \tau' = \tau + 2,$$

$$6)\qquad Y = B\Gamma : \tau' = \frac{-\tau}{-1-2\tau} - 2 = -\frac{2+3\tau}{1+2\tau},$$

$$7)\qquad T = \Gamma A : \tau' = \frac{-\tau}{-1+2\tau} = \frac{\tau}{1-2\tau}.$$

III. *Aus diesen drei linearen Substitutionen (zwischen denen noch die Relation*

$$8)\qquad \Sigma Y T = 1$$

*besteht) lassen sich alle linearen Substitutionen zusammensetzen, die die Funktion* $\lambda(\tau)$ *in sich überführen;* denn da $A^2 = B^2 = \Gamma^2 = 1$ ist, läßt sich jedes Produkt aus einer geraden Anzahl von Spiegelungen (1) bis (3) in ein Produkt aus $\Sigma$, $Y$, $T$ überführen.

Andererseits erkennt man, wenn man $\lambda(\tau)$ durch die $e_\alpha$ ausdrückt und die Gleichungen von § 72 berücksichtigt:

IV. $\lambda(\tau)$ *bleibt bei allen denjenigen linearen Periodentransformationen ungeändert, die modulo 2 zur Identität kongruent sind.*

Aus diesem Satz und aus II folgt als Analogon zu Satz IV von § 68:

V. *Jede modulo 2 zur Identität kongruente lineare Periodentransformation läßt sich aus* $\Sigma$, $Y$, $T$ *zusammensetzen.*

Andererseits zeigen die Zusammensetzungsformeln (I, § 14, 11), daß zwei modulo 2 zur Identität kongruente Substitutionen sich stets zu einer Substitution derselben Art zusammensetzen; mit andern Worten:

VI. *Die modulo 2 zur Identität kongruenten linearen Transfor-*

*mationen bilden für sich eine Gruppe, die in der Gruppe aller linearen ganzzahligen Transformationen als Untergruppe enthalten ist.*

Nun sind die drei Transformationen $\Sigma$, $Y$, $T$ modulo 2 zur Identität kongruent; also lassen sich aus ihnen nur solche Transformationen zusammensetzen, die modulo 2 zur Identität kongruent sind. Damit ergiebt sich aus III die folgende Umkehrung von IV:

VII. *$\lambda(\tau)$ bleibt nur bei denjenigen linearen Periodentransformationen ungeändert, die modulo 2 zur Identität kongruent sind.*

## § 95. Rationale Funktionen von $\lambda$ als Funktionen von $\tau$.

Nachdem wir im vorigen Paragraphen $\lambda$ als eindeutige automorphe Funktion von $\tau$ erkannt haben, können wir auf Grund von I, § 33, VII (vgl. auch I, § 70) schließen, daß jede rationale Funktion von $\lambda$ ebenfalls eine eindeutige automorphe Funktion von $\tau$ mit folgenden Eigenschaften ist:

1. Sie bleibt ungeändert bei jeder modulo 2 zur Identität kongruenten Modulsubstitution.

2. Sie ist im Innern und auf dem Rande des Fundamentalbereichs überall bis auf Pole regulär, abgesehen von den Ecken.

3. Wenn $\tau$ sich, ohne den Fundamentalbereich zu verlassen, einer seiner Ecken unbegrenzt nähert, konvergiert sie entweder gegen einen Grenzwert oder sie wird bestimmt unendlich in dem I, § 48 definierten Sinne.

4. Sie nimmt jeden Wert im Fundamentalbereich von $\lambda(\tau)$ ebenso oft an wie jeden andern (sofern man die Aussage: eine Funktion nimmt einen bestimmten Wert in einer Ecke des Bereichs $\mu$-mal an, in geeigneter Weise versteht).

Von diesem Satze gilt nun folgende Umkehrung:

*Jede eindeutige analytische Funktion von $\tau$, die die Eigenschaften (1) bis (3) hat, ist eine rationale Funktion von $\tau$ und hat folglich auch die Eigenschaft (4).*

Man kann solche Funktionen, in Analogie mit der in § 4 a. E. definierten Bezeichnung, kurz: *Funktionen des Fundamentalbereichs von* $\lambda(\tau)$ nennen.

Zum Beweis betrachte man die Abbildung des Fundamentalbereichs auf die $\lambda$-Ebene; diese erscheint dabei längs zweier der drei Strecken $(\infty \ldots 0)$, $(0 \ldots 1)$, $(1 \ldots \infty)$ aufgeschnitten, während längs der dritten die positive und die negative Halbebene zusammenhängen. Eine Funktion von $\tau$, die die Eigenschaft (2) hat, geht dabei über in eine Funktion von $\lambda$, die wegen § 93, I in der ganzen aufgeschnittenen Ebene, mit Ausnahme der Punkte 0, 1, $\infty$ bis auf Pole regulär ist. Hat sie als Funktion von $\tau$ auch die Eigenschaft (1), so hat sie als Funktion von $\lambda$ in einander gegenüberliegenden Punkten auf beiden Seiten der Schnitte je denselben Wert; die Schnitte können also getilgt werden und sie zeigt sich als eindeutige Funktion von $\lambda$ (vgl. I, § 67, I). Hat sie endlich als Funktion von $\tau$ auch die Eigenschaft (3), so folgt aus I, § 48, daß sie als Funktion von $\lambda$ auch in jedem der Punkte 0, 1, $\infty$ entweder regulär ist oder einen Pol hat. Dann ist sie aber nach I, § 44, VI eine rationale Funktion von $\lambda$; w. z. b. w.

## § 96. Die Invariante $J$ als Funktion von $\lambda$.

Unter den im vorigen Paragraphen untersuchten rationalen Funktionen von $\lambda$ sind auch solche, die, als Funktionen von $\tau$ betrachtet, nicht nur bei jeder modulo 2 zur Identität kongruenten, sondern überhaupt bei jeder Modulsubstitution ungeändert bleiben. Über die Natur solcher Funktionen giebt schon § 78 einigermaßen Auskunft: da wir durch Monodromie der Verzweigungspunkte jede Modulsubstitution erzielen können, so muß umgekehrt jede Funktion der eben genannten Art, als Funktion der Verzweigungspunkte betrachtet, bei jeder Vertauschung derselben ungeändert bleiben, also eine *symmetrische* Funktion von ihnen sein. Näheres lehrt die folgende Untersuchung:

Die Substitutionen $S$ und $T$ führen:

$$\lambda = \frac{e_2 - e_3}{e_1 - e_3}$$

nach §§ 69 und 70 bezw. über in:

$$\frac{e_3 - e_2}{e_1 - e_2} = \frac{\lambda}{\lambda - 1} \quad \text{und} \quad \frac{e_2 - e_1}{e_3 - e_1} = 1 - \lambda;$$

eine Funktion von $\tau$, die bei $S$ und $T$ ungeändert bleibt, muß also als Funktion von $\lambda$ ungeändert bleiben, wenn man $\lambda$ durch einen dieser Werte ersetzt. Sie ist also als Funktion von $\lambda$ eine *automorphe* Funktion, die die beiden linearen Transformationen in sich:

$$1) \qquad \lambda' = \frac{\lambda}{\lambda - 1} \quad \text{und} \quad \lambda' = 1 - \lambda$$

und folglich nach I, § 18, V auch jede aus ihnen durch Zusammensetzung entstehende lineare Transformation zuläßt; also die Transformationen (vgl. § 69):

2) $$U : \lambda' = \frac{\lambda - 1}{\lambda}\,; \quad U^2 : \lambda' = \frac{1}{1-\lambda}\,; \quad US : \lambda' = \frac{1}{\lambda}.$$

Wir haben aber schon in I, §§ 15 und 22 gesehen, daß diese sechs linearen Transformationen (die Identität mitgerechnet) eine Gruppe bilden; jede Funktion der genannten Art muß also als Funktion von $\lambda$ eine Invariante dieser Gruppe sein. Aber auch umgekehrt: jede eindeutige Funktion von $\lambda$, die sich dieser Gruppe gegenüber invariant verhält, bleibt als Funktion von $\tau$ bei $S$ und $T$ und folglich nach § 68 überhaupt bei jeder Modulsubstitution invariant.

Eine solche Funktion haben wir bereits in I, § 22 konstruiert, nämlich:

3) $$w = \left(\frac{2\lambda^3 - 3\lambda^2 - 3\lambda + 2}{\lambda(\lambda - 1)}\right)^2.$$

In der Theorie der elliptischen Funktionen benutzt man an ihrer Stelle gewöhnlich lieber die Funktion:

4) $$J = 1 + \frac{1}{27} w = \frac{4}{27} \frac{(1 - \lambda + \lambda^2)^3}{\lambda^2(\lambda - 1)^2},$$

die nach der dort angegebenen Methode aus

$$\lambda + \tfrac{1}{2} - \frac{i}{2}\sqrt{3}$$

entsteht. Beide Funktionen lassen sich, als symmetrische Funktionen der $e$, rational durch $g_2$ und $g_3$ ausdrücken; man erhält:

5) $$w = \frac{729\, g_3^2}{16\, G}, \quad J = \frac{g_2^3}{16\, G},$$

wo:

6) $$G = \frac{1}{16}(g_2^3 - 27\, g_3^2)$$

die durch § 32, Gleichung (19) definierte Diskriminante der Grundform $f$ ist.

## § 97. Fundamentalbereich von $J$ als Funktion von $\tau$.

Als rationale Funktion sechsten Grades von $\lambda$ nimmt $J$ im Fundamentalbereich von $\lambda$ jeden Wert sechsmal an. Daran knüpft sich die Frage, ob es nicht möglich ist, einen Fundamentalbereich von $\lambda$ in sechs Teilbereiche so zu zerlegen, daß jeder derselben ein Fundamentalbereich von $J$ ist.

Man kann diese Frage direkt angreifen, indem man versucht, einen Bereich zu konstruieren von der Beschaffenheit, daß zu jedem Punkt der positiven Halbebene ein und nur ein „*äquivalenter*“ Punkt in ihm vorkommt; wenn man nämlich als äquivalent zwei Punkte bezeichnet, deren jeder durch eine Modulsubstitution aus dem andern hervorgeht. Dann ist die Frage bereits durch die Entwicklungen von § 79 erledigt, die nur in anderer Ausdrucksweise das folgende Resultat geben:

I. *Zu jedem Punkt der positiven Halbebene existiert ein äquivalenter in dem Dreieck, das vom Einheitskreis und den beiden im Abstand* $\pm\frac{1}{2}$ *zur Axe der rein imaginären Zahlen gezogenen Parallelen begrenzt ist.*

Es bliebe dann nur zu zeigen, daß dieses Dreieck nicht zwei zu einander äquivalente Punkte enthalten kann (mit andern Worten, daß die in § 79 gelehrte Reduktion nur auf eine Art möglich ist), was ebenfalls mit einfachen Hilfsmitteln geschehen kann.

Ist das gezeigt, so kann man folgendermaßen weiter schließen: Zu jedem endlichen Wert von $J$ gehören drei bis auf die Reihenfolge und einen gemeinsamen Faktor bestimmte Werte von $e_1$, $e_2$, $e_3$, also ein bestimmtes System untereinander äquivalenter Werte des Periodenverhältnisses, unter denen einer dem genannten Dreieck angehört. Also nimmt $J$ jeden endlichen Wert in einem und nur in einem im endlichen gelegenen Punkte des genannten Dreiecks an.

Wir können aber auch an die Entwicklungen von I, § 22 anknüpfen. Wir haben dort bereits die $\lambda$-Ebene in sechs Bereiche von der Art eingeteilt, daß $w$, also auch $J$ in jedem dieser Bereiche jeden Wert einmal und nur einmal annimmt, und jeden dieser Bereiche wieder in zwei Teilbereiche, deren einer der positiven, der andere der negativen $w$-Halbebene entspricht; es handelt sich also nur noch darum, diese Einteilung in das in § 93 entworfene Bild der $\lambda$-Ebene zu übertragen. Dazu müssen wir nur die Linien der $\tau$-Ebene bestimmen, die den Grenzlinien jener Bereiche entsprechen. Dazu verhelfen uns die Untersuchungen von § 88; sie zeigen: wenn $2\omega_1$ und $2\omega_3$ konjugiert complex sind, $\tau$ also eine Größe vom absoluten Betrage 1 ist, werden $e_1$ und $e_3$ konjugiert complex, $e_2$ reell, also:

1) $$\lambda = \frac{e_2 - e_3}{e_1 - e_3} = \frac{1}{2} + \frac{2e_2 - (e_1 + e_3)}{2(e_1 - e_3)}$$

eine Größe, deren reeller Bestandteil $= \frac{1}{2}$ ist. Auch wissen wir bereits aus § 89, daß für $\tau = i$ $\lambda = \frac{1}{2}$ und aus § 90, daß für

$\tau = -\frac{1}{2} + \frac{i}{2}\sqrt{3}$ $\lambda = \frac{1}{2} - \frac{i}{2}\sqrt{3}$ wird. Lassen wir also $\lambda$ die Strecke von $\frac{1}{2}$ bis $\frac{1}{2} - \frac{i}{2}\sqrt{3}$ stetig durchlaufen, so durchläuft $\tau$ stetig einen Bogen des Einheitskreises, der von den genannten beiden Punkten begrenzt ist. Dabei kann es nicht umkehren, da nach § 93, I für alle von 0, 1, $\infty$ verschiedenen Werte von $\lambda$ $\lambda$ eine reguläre Funktion von $\tau$ ist; und es kann auch nicht den Einheitskreis vollständig durchlaufen, da es doch noch in der positiven Halbebene bleibt. Also durchläuft $\tau$ dabei den in der positiven Halbebene gelegenen, von den beiden genannten Punkten begrenzten Bogen des Einheitskreises einfach ohne umzukehren.

Damit ist für eine der Linien, durch die die Einteilung der $\lambda$-Ebene bewirkt wird, das Bild in der $\tau$-Ebene gefunden; die Bilder der übrigen sind teils aus § 93 bekannt, teils ergeben sie sich aus der eben bestimmten, durch wiederholte Anwendung des Spiegelungsprinzips und der zusammengehörigen Substitutionen (vgl. 68, 3 und § 96, 2):

2) $$U\ : \lambda' = \frac{\lambda - 1}{\lambda}, \quad \tau' = -\frac{1+\tau}{\tau};$$

3) $$U^2 : \lambda' = \frac{1}{1-\lambda}, \quad \tau' = \frac{-1}{1+\tau}.$$

So erhält man folgende Figur und u. a. die Sätze:

I. *Wenn $\tau$ den Umfang des in der Figur schraffierten Dreiecks durchläuft, durchläuft $J$ gerade einmal, ohne umzukehren, die Axe der reellen Zahlen.*

II. *Dieses Dreieck zusammen mit dem durch Spiegelungen an einer seiner Seiten aus ihm entstehenden bilden einen Fundamentalbereich der Funktion $J(\tau)$.*

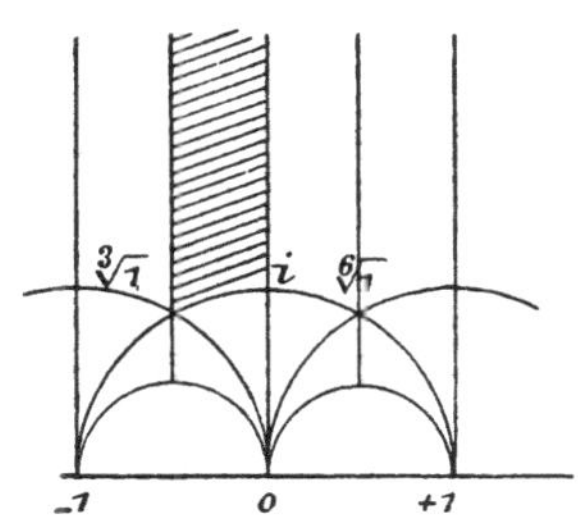

Fig. 45.

Diese Spiegelungen führen $\tau$ bezw. über in:

4) $$-\bar{\tau}, \quad -\bar{\tau} + 1, \quad -\bar{\tau}^{-1}.$$

Durch jede dieser Spiegelungen entsteht aus dem Dreieck ein neues, das als ein durch die Funktion $\tau$ von $J$ vermitteltes Bild der negativen Halbebene anzusehen ist u. s. w. Ganz wie in § 94 kann bewiesen werden, daß die durch fortgesetzte Spiegelung entstehenden Bilder schließlich die ganze positive Halbebene überdecken, daß also $J(\tau)$ eine in dieser Halbebene definierte eindeutige Funktion von $\tau$ ist; es geht das übrigens auch daraus hervor, daß

$J$ eine eindeutige Funktion von $\lambda$ und $\lambda$ eine solche von $\tau$ ist. In jedem Dreieck der Figur nimmt $J$ entweder jeden Wert mit positiver oder jeden mit negativer zweiter Koordinate gerade einmal an. Wenn also die Gleichung besteht:

$$5) \qquad J(\tau_1) = J(\tau_2),$$

müssen die Punkte $\tau_1$ und $\tau_2$ in Dreiecken derselben Art an entsprechenden Stellen liegen. Dreiecke derselben Art gehen aber durch eine gerade Anzahl von Spiegelungen auseinander hervor. Je zwei der Spiegelungen (4) geben, nacheinander angewendet, eine der linearen Substitutionen, die $\tau$ bezw. in:

$$1 + \tau, \quad -\tau^{-1}, \quad 1 - \tau^{-1}$$

überführen. Das sind aber gerade die in § 68 bezw. mit $S$, $T$, $U$ bezeichneten Substitutionen. Aus ihnen entstehen durch Zusammensetzung, wie wir dort gesehen haben, die sämtlichen Modulsubstitutionen und nur sie. Also folgt:

*Eine Gleichung der Form (5) besteht stets dann, und nur dann, wenn $\tau_1$ mit $\tau_2$ durch eine Modulsubstitution zusammenhängt.*

Damit ist der Satz von § 78 auf ganz anderem Wege wiedergewonnen.

An diese Sätze lassen sich nun für die Funktion $J(\tau)$ ganz analoge Folgerungen knüpfen, wie in dem § 95 an die entsprechenden Sätze von §§ 93 und 94 über die Funktion $\lambda(\tau)$. Wir brauchen sie nicht alle noch einmal explicite auszusprechen; nur auf einen Punkt sei aufmerksam gemacht: Die Funktion $J(\tau)$ und ihre rationalen Funktionen sind auch in den innerhalb der positiven Halbebene gelegenen Ecken der Fundamentalbereiche bis auf Pole regulär; nur die auf der Axe der reellen Zahlen liegenden Ecken (einschl. $\infty$) sind wesentlich singuläre Punkte für diese Funktionen.

## § 98. Beziehungen zwischen den zu $J(\tau)$ und $\lambda(\tau)$ gehörigen Gruppen.

Wir müssen nun die Beziehung zwischen den Funktionen $J(\tau)$ und $\lambda(\tau)$ noch näher untersuchen. Jede ganzzahlige lineare Substitution (Modulsubstitution) führt $J(\tau)$ in sich über, aber nach § 94 nicht immer auch $\lambda(\tau)$. In der That wissen wir bereits aus I, § 22, daß zu jedem Werte von $J$ sechs Werte von $\lambda$ gehören; wir wissen ferner aus § 69, daß wir durch lineare Periodentransformation jede mögliche Vertauschung der drei Größen $e$, also auch jeden Wert von $\lambda$ erhalten können. Man hat, um die hier herrschenden Beziehungen übersichtlich ausdrücken zu können, die Ausdrucksweise eingeführt:

I. *Zwei lineare Periodentransformationen mit den Koeffizienten* $(\alpha, \beta, \gamma, \delta)$ *bezw.* $(\alpha', \beta', \gamma', \delta')$ *heißen nach dem Zahlenmodul* $n$ *kongruent, wenn:*

1) $$\alpha' \equiv \alpha, \quad \beta' \equiv \beta, \quad \gamma' \equiv \gamma, \quad \delta' \equiv \delta \pmod{n}$$

*ist.*

Man erkennt dann zunächst:

Sind $S$ und $S_1$ modulo $n$ zu einander kongruent, so kann gesetzt werden:

2) $$S_1 = \Sigma S,$$

wo $\Sigma (= S_1 S^{-1})$ eine modulo $n$ zur Identität kongruente Substitution bedeutet. Da für $n = 2$ keiner der Werte von $\lambda$ durch $\Sigma$ geändert wird, so folgt:

II. *Zwei nach dem Modul 2 kongruente lineare Periodentransformationen haben auf $\lambda$ denselben Einfluß.*

Wir fassen nun alle nach dem Modul 2 kongruenten linearen Periodentransformationen zu einer *Klasse* solcher Transformationen zusammen und fragen zunächst, wieviele verschiedene solche Klassen es giebt. Dabei haben wir zu beachten, daß die Transformationskoeffizienten an die Bedingung $\alpha\delta - \beta\gamma = 1$ gebunden sind. Aus ihr folgt: wenn $\alpha$ gerade ist, müssen $\beta$ und $\gamma$ notwendig ungerade sein, $\delta$ aber kann gerade oder ungerade sein — das giebt zwei Klassen. Ist $\alpha$ ungerade und $\delta$ gerade, so müssen $\beta$ und $\gamma$ ungerade sein — eine Klasse. Sind $\alpha$ und $\delta$ beide ungerade, so dürfen $\beta$ und $\gamma$ nur nicht beide ungerade sein — drei Klassen. Da man sich leicht durch Bildung von Beispielen (s. unten) davon überzeugen kann, daß zu jeder dieser Klassen wirklich lineare Periodentransformationen gehören, so kann man sagen:

III. *Die Modulgruppe kann zerlegt werden in sechs Klassen*[1] *von je untereinander modulo 2 kongruenten Transformationen.*

Es ist vielfach zweckmäßig, von jeder solchen Klasse einen bestimmten *Repräsentanten* anzugeben; wie schon in §§ 69 und 96 mögen wir als Repräsentanten etwa wählen:

$$V_0 = 1, \quad V_1 = S, \quad V_2 = T, \quad V_3 = U, \quad V_4 = U^2, \quad V_5 = US.$$

[1] Man beachte, daß von diesen Klassen nur eine eine *Gruppe* ist; nämlich diejenige, die aus den zur Identität kongruenten Transformationen besteht.

Man kann dann jede Modulsubstitution $V$ auf eine und nur auf eine Weise auf die Form bringen:

3) $$V = v_k V_i,$$

in der $V_i$ eine der sechs genannten Substitutionen, $v_k = V V_i^{-1}$ eine nach dem Modul 2 zur Identität kongruente Substitution bedeutet. Man kann dasselbe auch durch die Kongruenz:

4) $$V \equiv V_i \pmod{2}$$

ausdrücken und sich mit Hilfe der Zusammensetzungsformeln (I, § 14, 11) davon überzeugen, daß aus $V \equiv W$ und $V' \equiv W'$ folgt, daß auch $V V' \equiv W W'$ ist. Infolgedessen kann man von der „*Zusammensetzung der Klassen*" reden: sind $C_i$, $C_k$, $C_l$ Bezeichnungen für drei Klassen, $V_i$, $V_k$ allgemein Zeichen für Transformationen der ersten, bezw. der zweiten dieser Klassen, so drückt die Gleichung:

5) $$C_i C_k = C_l$$

aus, daß die Klasse $C_l$ aus den sämtlichen Produkten $V_i V_k$ besteht. Diese Zusammensetzungen der Klassen bilden eine Gruppe, die abstrakt genommen mit der Gruppe der sechs linearen Transformationen identisch ist, die die sechs Werte von $\lambda$ ineinander überführen (I, § 22).

## § 99. Untergruppen der Modulgruppe von endlichem Index.

Es sei $\Gamma'$ eine Untergruppe der Modulgruppe $\Gamma$ von unendlich hoher Ordnung, d. h. eine Gruppe, die aus unendlich vielen, aber nicht allen Modulsubstitutionen besteht. Ihre Substitutionen seien in irgend einer Reihenfolge mit:

1) $$1, \quad v_1, \quad v_2, \ldots \ldots v_i, \ldots .$$

bezeichnet. Ist dann $V_1$ eine Substitution von $\Gamma$, die nicht zu $\Gamma'$ gehört, so sind die Substitutionen:

2) $$V_1, \quad V_1 v_1, \quad V_1 v_2, \ldots . V_1 v_i$$

alle voneinander und von den Substitutionen (1) verschieden. Denn wäre $V_1 v_i = V_1 v_k$, so würde folgen $v_i = v_k$; und wäre $V_1 v_i = v_k$, so würde folgen $V_1 = v_k v_i^{-1}$. Da aber n. V. die Substitutionen (1) eine Gruppe bilden, ist $v_k v_i^{-1}$ unter ihnen enthalten; also wäre $V_1$ unter ihnen enthalten, gegen die Voraussetzung.

Sind außer den Substitutionen (1) und (2) noch andere in $\Gamma'$ enthalten, so sei $V_2$ eine von diesen. Dann folgt ganz ebenso, daß die Substitutionen:

3) $$V_2, \quad V_2 v_1, \quad V_2 v_2, \ldots V_2 v_i \ldots$$

alle voneinander und von den Substitutionen (1) verschieden sind. Sie sind aber auch alle von den Substitutionen (2) verschieden. Denn wäre etwa $V_2 v_i = V_1 v_k$, so würde folgen: $V_2 = V_1 v_k v_i^{-1}$; und da $v_k v_i^{-1}$ zu (1) gehört, würde $V_2$ zu (2) gehören, gegen die Voraussetzung.

Sind die Substitutionen von $\Gamma$ damit noch nicht erschöpft, so kann man eine vierte Zeile ansetzen:

$$4)\qquad V_3,\quad V_3 v_1,\quad V_3 v_2, \ldots . \; V_3 v_i, \ldots$$

und von dieser ebenso zeigen, daß alle ihre Substitutionen voneinander und von den Substitutionen der vorhergehenden Zeilen verschieden sind.

Hätten wir bei Aufstellung der Zeilen z. B. an Stelle von $V_1$ irgend eine andere Substitution $V_i v_k$ benutzt, so würde an Stelle der Zeile (2) die folgende getreten sein:

$$2\text{a})\qquad V_i v_k,\quad V_i v_k v_1,\quad V_i v_k v_2, \ldots . \; V_i v_k v_i \ldots$$

Aber da die Substitutionen (1) n. V. eine Gruppe bilden, so sind die Substitutionen:

$$v_k,\quad v_k v_1,\quad v_k v_2 \ldots v_k v_i \ldots$$

nur durch die Reihenfolge von ihnen verschieden. Also gilt dasselbe von (2a) und der $i^{\text{ten}}$ Zeile des zuerst erhaltenen Schemas, und es besteht der Satz:

I. *Die durch eine Untergruppe $\Gamma'$ gelieferte Einteilung der Substitutionen von $\Gamma$ in Zeilen ist bis auf die Reihenfolge der Zeilen und die Reihenfolge der Substitutionen innerhalb der einzelnen Zeile durch $\Gamma'$ allein vollständig bestimmt und nicht abhängig von der Auswahl der Substitutionen $V_1$, $V_2 \ldots$, die wir zur Bildung der Zeilen benutzt haben.*

Ein solches System von Substitutionen 1, $V_1$, $V_2 \ldots$, deren jede aus je einer Zeile dieser Einteilung im übrigen ganz willkürlich herausgegriffen ist, nennen wir ein zu $\Gamma'$ innerhalb $\Gamma$ gehörendes System von *Repräsentanten.*

Es kann vorkommen, daß immer noch Substitutionen übrig bleiben, wieweit man auch in der Bildung der Zeilen gehen mag; es kann aber auch vorkommen, daß nach Bildung der $\mu^{\text{ten}}$ Zeile sämtliche Substitutionen der Gruppe erschöpft sind. Wir wollen uns hier nur mit dem letzteren Falle weiter beschäftigen. Man pflegt zu definieren:

II. *Besteht das aufgestellte Schema aus $\mu$ Zeilen, so heißt die Untergruppe $\Gamma'$ innerhalb $\Gamma$ vom Index $\mu$.*

## § 100. Fundamentalbereich einer Untergruppe der Modulgruppe.

Den abstrakten Überlegungen des vorigen Paragraphen stellen wir nun auch entsprechende geometrische Darstellungen zur Seite. Um sie bequem formulieren zu können, definiert man zunächst:

I. *Geht ein Punkt $\tau$ durch eine Substitution von $\Gamma'$ in einen andern $\tau'$ über, so heißen $\tau'$ und $\tau$ „äquivalent in Bezug auf $\Gamma'$“* oder, wo kein Mißverständnis möglich ist, einfach: *„relativ äquivalent“*.

In demselben Sinne spricht man auch von zwei in Bezug auf $\Gamma'$ äquivalenten Dreiecken, bezw. Doppeldreiecken der Modulteilung.

Wir wählen nun irgend ein Doppeldreieck der Modulteilung als Ausgangsbereich 1 und bezeichnen jedes andere mit dem Zeichen derjenigen Substitution, durch die es aus dem ersten hervorgeht. An das Doppeldreieck 1 stoßen drei weitere Doppeldreiecke an; diese sind jedenfalls nicht alle drei zu 1 in Bezug auf $\Gamma'$ äquivalent. Denn sonst würde $\Gamma'$ die Substitutionen $S$ und $T$ enthalten und folglich nach § 68 mit $\Gamma$ identisch sein. Sei $V_1$ eines von ihnen, das zu 1 nicht relativ äquivalent ist; wir fügen es zu 1 hinzu. Das von 1 und $V_1$ gebildete Polygon ist von einem Kranze weiterer Doppeldreiecke umgeben; sind unter diesen noch eines oder mehrere vorhanden, die weder mit 1, noch mit $V_1$ relativ äquivalent sind, so bezeichnen wir eines von ihnen mit $V_2$ und fügen es dem von 1 und $V_2$ gebildeten Polygon hinzu. So fahren wir fort, indem wir, solange es möglich ist, dem gerade erreichten Polygon aus dem es umgebenden Kranze von Doppeldreiecken jedesmal ein solches weiteres anhängen, das mit keinem der bereits in das Polygon aufgenommenen Doppeldreiecke relativ äquivalent ist.

Wir setzen nun insbesondere voraus, die Untergruppe $\Gamma'$ sei von endlichem Index $\mu$. Dann muß der eben geschilderte Prozeß nach einer endlichen Anzahl $\mu_0 \leqq \mu$ von Schritten zum Abschluß kommen; denn es giebt dann nicht mehr als $\mu$ inäquivalente Klassen untereinander relativ äquivalenter Doppeldreiecke. Man habe also ein aus $\mu_0$ Doppeldreiecken bestehendes Polygon von der Beschaffenheit erhalten, daß jedes an dieses Polygon anstoßende Doppeldreieck $D_a$ mit einem Doppeldreieck $D_i$ des Polygons relativ äquivalent ist. Dann muß $D_i$ am Rande des Polygons anliegen. Denn eines der zu $D_a$ benachbarten Doppeldreiecke $D_i'$ gehört dem Polygon an und ist mit einem zu $D_i$ benachbarten Doppeldreiecke $D_a'$ relativ äquivalent. Dieses letztere kann dem Polygon nicht angehören, weil ihm $D_i'$ angehört; also liegt $D_i$ zu einem dem Polygon nicht angehörenden Doppeldreieck, nämlich $D_a'$, benachbart, mit andern Worten, es liegt am Rande des Polygons Dabei ist die gemeinsame Seite von $D_a$ und $D_i'$ relativ äquivalent zu der gemeinsamen Seite von $D_i$ und $D_a'$, d. h. *die Randkurven unseres Polygons sind einander paarweise relativ äquivalent.* Wie in früheren Fällen rechnen wir von zwei solchen Randkurven immer nur die eine mit zu dem Polygon.

II. *Treffen wir diese Festsetzung, so sind in dem Polygon keine zwei zu einander relativ äquivalente Punkte enthalten.*

Denn zwei solche Punkte würden einander auch in Bezug auf $\Gamma$ äquivalent sein, also an homologen Stellen zweier Doppeldreiecke liegen. Dann würde die Modulsubstitution, die einen dieser Punkte in den andern überführt, gleichzeitig das eine dieser Doppeldreiecke ganz in das andere überführen und folglich der Untergruppe $\Gamma'$ angehören, gegen die Voraussetzung.

Es gilt aber auch umgekehrt der Satz:

III. *Das Polygon enthält zu jedem Punkte $\tau$ der positiven Halbebene einen relativ äquivalenten.*

Zum Beweis verbinden wir, was stets möglich ist, den Punkt $\tau$ mit irgend einem Punkt $\tau_0$ des Polygons durch einen Weg, der nur eine endliche Anzahl von Doppeldreiecken der Modulteilung durchsetzt. Durchlaufen wir diesen Weg von $\tau_0$ aus, so gelangen wir bei Überschreitung des Polygonrandes in ein Doppeldreieck $D_a$, das n. Konstr. mit einem Doppeldreieck $D_i$ des Polygons relativ äquivalent ist. Wir können also zu dem nun folgenden Teil unseres Weges einen relativ äquivalenten Weg ausfindig machen, dessen Anfang innerhalb $D_i$ verläuft. Indem wir ihn verfolgen, gelangen wir entweder zu einem innerhalb des Polygons gelegenen, mit $\tau$ relativ äquivalenten Punkt, oder wieder an den Rand des Polygons und über ihn hinüber in ein Doppeldreieck $D_a'$. Auch dieses ist mit einem Doppeldreieck $D_i'$ des Polygons relativ äquivalent; wir können wieder zu dem nun folgenden Teil des Weges einen relativ äquivalenten Weg angeben, der zunächst innerhalb $D_i'$ verläuft u. s. w. Schließlich müssen wir nach einer endlichen Anzahl von Schritten zu einem innerhalb des Polygons gelegenen, mit $\tau$ relativ äquivalenten Punkt kommen. Denn da der ursprüngliche Weg von $\tau_0$ nach $\tau$ nur eine endliche Anzahl Doppeldreiecke durchsetzte, muß dasselbe mit jedem zu ihm relativ äquivalenten Weg der Fall sein.

Damit ist Satz III bewiesen; insbesondere folgt, daß die oben mit $\mu_0$ bezeichnete Zahl der Doppeldreiecke des Polygons nicht $< \mu$, sondern $= \mu$ ist.

Seiner Entstehung aus der Modulteilung zufolge überdeckt das Polygon keinen Teil der Ebene mehrfach. Man kann es auch stets als *einfach zusammenhängend* ansehen; denn wenn auch ja etwa ein neu hinzukommendes Doppeldreieck mit zweien seiner Ränder an das vorher schon gebildete Polygon anstoßen sollte, so brauchte man es doch nur längs einer dieser Seiten mit jenem zu vereinigen, während man längs der andern keinen Zusammenhang anzunehmen hätte.

Man nennt ein nach den Vorschriften dieses Paragraphen konstruiertes Polygon einen *Fundamentalbereich* der Untergruppe $\Gamma'$. Unter *erlaubter Abänderung* desselben versteht man die Ersetzung eines oder mehrerer seiner Doppeldreiecke durch relativ äquivalente.

## § 101. Modulfunktionen.

Zur Erläuterung der allgemeinen Theorien der beiden vorhergehenden Paragraphen stehen uns bereits zwei durchgeführte Beispiele zu Gebote: nämlich einmal die Modulgruppe $\Gamma$ selbst, dann diejenige Untergruppe vom Index 6, die aus allen modulo 2 zur Identität kongruenten Modulsubstitutionen besteht. In jedem dieser beiden Fälle hatten wir *zu der Untergruppe gehörende Modulfunktionen* kennen gelernt, nämlich Funktionen, die bei allen Substitutionen der Gruppe unverändert bleiben, die ferner im Innern und am Rande des Fundamentalbereichs der Gruppe, ausgenommen seine Ecken vom Winkel 0, bis auf Pole regulär sind, die endlich einem bestimmten Grenzwert sich nähern oder in dem I, § 48 definierten Sinne bestimmt unendlich werden, wenn $\tau$ sich im Fundamentalbereich einer solchen Ecke unbegrenzt nähert. Wir hatten in beiden Fällen gesehen, daß sich alle solchen Funktionen durch eine unter ihnen (im einen Fall $J$, im andern Fall $\lambda$) rational ausdrücken lassen und daß also zwischen irgend zweien unter ihnen eine algebraische Gleichung mit von $\tau$ unabhängigen Koeffizienten besteht. Eine solche Funktion eines Bereiches, durch die sich jede andere Funktion des Bereiches rational ausdrücken läßt, nennt man *eine Hauptfunktion* des Bereiches; man erkennt, daß jede lineare Funktion einer Hauptfunktion wieder eine Hauptfunktion desselben Bereiches ist (daß man also nicht etwa von *der* Hauptfunktion eines Bereiches sprechen kann). Für eine solche Hauptfunktion ist der „Fundamentalbereich der Untergruppe“ zugleich „Fundamentalbereich der Funktion“ in dem I, § 17, VI definierten Sinne. Man beachte aber, daß nicht zu jeder Untergruppe Hauptfunktionen gehören (ebensowenig wie zum Periodenparallelogramm, vgl. § 14, VI).

*Jede Funktion des Bereiches irgend einer Untergruppe der Modulgruppe bezeichnen wir als Modulfunktion*[1] *im allgemeinsten Sinne; eine Hauptfunktion eines solchen Bereiches speziell als einen Hauptmodul.*

Betrachten wir nunmehr gleichzeitig zwei Untergruppen $\Gamma'$ und $\Gamma''$ von $\Gamma$, von denen die letztere in der ersteren enthalten sei. Wir beschränken uns auf den Fall, daß zu $\Gamma''$ Hauptfunktionen gehören; sei $z$ eine derselben. Jede Funktion $w$ von $\Gamma'$ ist dann zugleich eine Funktion von $\Gamma''$, also eine rationale Funktion von $z$. *Somit ist umgekehrt $z$ eine algebraische Funktion von $w$, d. h. Wurzel einer algebraischen Gleichung, deren Koeffizienten rationale Funktionen von $w$ sind; das Gleiche gilt von jeder rationalen Funktion von $z$.*

Wir werden diesen Satz besonders auf den Fall anzuwenden haben, daß die hier mit $\Gamma'$ bezeichnete Gruppe die Modulgruppe $\Gamma$ selbst ist. Er sagt dann aus, daß *jeder Hauptmodul und folglich jede Modulfunktion, die zu einer Untergruppe mit Hauptmodul gehört, eine algebraische Funktion von $J$ ist.*

(Wollten wir weitergehende Sätze der Theorie der algebraischen Funktionen als bekannt voraussetzen, so könnten wir zeigen, daß die Voraussetzung der Existenz eines zur Untergruppe gehörenden Hauptmoduls nicht erforderlich ist, daß vielmehr jede Modulfunktion algebraisch von $J$ abhängt.)

## § 102. Ausgezeichnete Untergruppen und zugehörige Faktorgruppen.

In dem speziellen Falle von § 98 hatten wir eine „Zusammensetzung der Klassen“ kennen gelernt: wenn dort das Produkt $V_i V_k = V_l$ war, so gehörte das Produkt jeder Substitution der $i^{\text{ten}}$ Zeile mit jeder Substitution der $k^{\text{ten}}$ Zeile der $l^{\text{ten}}$ Zeile an. Etwas Analoges findet keineswegs bei jeder der in § 99 besprochenen Untergruppen statt. Denn soll es zu jeder Kombination der Indices $i$, $k$, $r$, $s$ einen Index $t$ von der Beschaffenheit geben, daß:

1) $$V_i v_r \,.\, V_k v_s = V_i V_k v_t$$

ist, so folgt:

$$v_r V_k v_s = V_k v_t$$

und daraus:

2) $$V_k^{-1} v_r V_k = v_t v_s^{-1} = \text{einer Substitution } v_u$$

[1] In älteren Darstellungen wird speziell die hier mit $\lambda(\tau)$ bezeichnete Funktion Modulfunktion genannt.

(da doch die Substitutionen $v$ für sich eine Untergruppe bilden sollen). Umgekehrt, wenn es zu jedem Indexpaare $k$, $s$ einen Index $u$ von der Beschaffenheit giebt, daß die Gleichung (2) oder:

$$2\text{ a)}\qquad v_r V_k = V_k v_u$$

besteht, so folgt daraus rückwärts:

$$V_k^{-1} v_r V_k v_s = v_u v_s = v_t$$

und daraus wieder Gleichung (1). Man definiert nun:

I. *Die Substitution* $V_k^{-1} v_s V_k$ *heißt die Transformierte von* $v_s$ *vermöge* $V_k$; *sie heißt auch: innerhalb* $\Gamma$ *mit* $v_s$ *gleichberechtigt.*

Dann gilt der Satz:

II. *Die Transformierten aller Substitutionen einer Untergruppe* $\Gamma'$ *von* $\Gamma$ *vermöge einer Substitution von* $\Gamma$ *bilden eine Gruppe, die mit* $\Gamma'$ *innerhalb* $\Gamma$ *gleichberechtigt heißt.*

Denn aus $v_r v_u = v_t$ folgt:

$$V_k^{-1} v_r V_k . V_k^{-1} v_u V_k = V_k^{-1} v_r v_u V_k = V_k^{-1} v_t V_k .$$

Definiert man weiter:

III. *Eine Untergruppe von* $\Gamma$, *mit der jede zu ihr innerhalb* $\Gamma$ *gleichberechtigte identisch ist, heißt innerhalb* $\Gamma$ *ausgezeichnet* —

so lautet der zu Anfang bewiesene Satz:

IV. *Eine Zusammensetzung der Klassen findet dann und nur dann statt, wenn* $\Gamma'$ *eine ausgezeichnete Untergruppe von* $\Gamma$ *ist.*

Es sei nun $z$ eine zur Untergruppe $\Gamma'$ gehörende Modulfunktion. Ersetzt man $\tau$ durch irgend einen der Werte $V_i(\tau)$, $V_i v_1(\tau) \ldots$, so erhält man aus $z$ eine „*mit $z$ gleichberechtigte*“ Modulfunktion $z_i$. Diese genügt derselben Gleichung:

$$3)\qquad f(z, J) = 0$$

wie $z$; denn die linke Seite ist als Funktion von $\tau$ betrachtet identisch Null, bleibt also Null bei der Substitution von $V_i v_k(\tau)$ für $\tau$, durch die $z$ in $z_i$ übergeht, während $J$ ungeändert bleibt (vgl. I, § 66, IV). Wir können sagen:

V. *Gleichberechtigte Modulfunktionen sind Wurzeln einer und derselben algebraischen Gleichung mit in $J$ rationalen Koeffizienten.*

Umgekehrt kann man auch immer eine solche Gleichung bilden, deren *sämtliche* Wurzeln untereinander gleichberechtigte Modulfunktionen sind. Denn die symmetrischen Funktionen der sämtlichen untereinander gleichberechtigten Modulfunktionen sind nach § 97 a. E. rationale Funktionen von $J$.

Es findet aber nun ein wesentlicher Unterschied statt, je nachdem wir es mit einer ausgezeichneten oder mit einer nicht ausgezeichneten Untergruppe zu thun haben. Die Funktion $z_i$ nämlich, die aus $z$ durch die Substitution von $V_i(\tau)$ für $\tau$ hervorgeht:

$$z[V_i(\tau)] = z_i(\tau)$$

bleibt ungeändert, wenn man auf $\tau$ eine der transformierten Substitutionen $V_i^{-1} v_s V_i$ anwendet; denn es ist:

$$z_i[V_i^{-1} v_s V_i(\tau)] = z[V_i V_i^{-1} v_s V_i(\tau)] = z[v_s V_i(\tau)] = z[V_i(\tau)] = z_i(\tau).$$

Gleichberechtigte Modulfunktionen gehören also zu gleichberechtigten Untergruppen. *Ist insbesondere die Gruppe $\Gamma'$ eine ausgezeichnete, so gehören alle mit $z$ gleichberechtigten Modulfunktionen zu einer und derselben Gruppe, nämlich eben zu $\Gamma'$.*

Eine Folge davon ist, daß sie alle bei allen Substitutionen $v_1$, $v_2$ ... ungeändert bleiben und bei allen Substitutionen $V_i v_1$, $V_i v_2$ ... in derselben Weise untereinander vertauscht werden. Man kann also durch Ausübung von Modulsubstitutionen auf $\tau$ nicht beliebige Vertauschungen der Wurzeln der $z$-Gleichung erzielen, sondern nur $\mu$ bestimmte solche Vertauschungen. Diese bilden eine Gruppe, deren Gesetze sich aus den Gesetzen der Zusammensetzung der Klassen ergeben; sie heißt *die zu $\Gamma'$ in Bezug auf $\Gamma$ gehörende Faktorgruppe $G$.* Für diese Faktorgruppe ergiebt sich aus § 97 am Ende der Satz:

*Jede rationale Funktion der Wurzeln $z$, die ungeändert bleibt, wenn man eine beliebige Vertauschung der Gruppe $G$ unter ihnen vornimmt, ist eine rationale Funktion von $J$.*

(Auch wenn $\Gamma'$ nicht ausgezeichnet ist, kann man eine Gruppe von Vertauschungen der Wurzeln konstruieren, die die letztgenannte Eigenschaft hat; aber die Anzahl dieser Vertauschungen ist dann größer als der Index $\mu$ von $\Gamma'$.)

## § 103. Hauptkongruenzuntergruppen der Modulgruppe.

Eine der Untersuchung besonders leicht zugängliche Untergruppe wird von denjenigen linearen Periodentransformationen:

$$1) \qquad \begin{cases} \omega_1' = \alpha\,\omega_1 + \beta\,\omega_3, \\ \omega_3' = \gamma\,\omega_1 + \delta\,\omega_3 \end{cases}$$

gebildet, die in Bezug auf irgend einen Zahlenmodul zur Identität, d. h. zu der Transformation:

$$\omega_1' = \omega_1, \quad \omega_3' = \omega_3$$

kongruent sind (§ 98, I); man überzeugt sich nämlich mit Hilfe der Zusammensetzungsformeln (I, § 14, 11), daß diese Transformationen in der That eine Gruppe bilden. Man nennt sie die *Hauptcongruenzgruppe $n^{ter}$ Stufe;* überhaupt nennt man eine Gruppe linearer Transformationen eine Kongruenzgruppe $n^{ter}$ Stufe, wenn sie alle Transformationen enthält, die zu irgend einer ihrer Transformationen modulo $n$ kongruent sind.

Wir müssen zuerst den Index der Hauptkongruenzgruppe $n^{ter}$ Stufe innerhalb der Gruppe aller linearen Periodentransformationen bestimmen, wollen uns aber dabei auf den Fall beschränken, daß *n Primzahl* ist. Wir beachten zunächst: Verstehen wir unter $\Gamma$ in § 99 die Hauptkongruenzgruppe $n^{ter}$ Stufe, so enthält jede Zeile des dort aufgestellten Schemas gerade diejenigen Substitutionen, die mit der ersten Substitution der Zeile nach dem Modul $n$ kongruent sind. Es handelt sich also um die Bestimmung „der Anzahl der modulo $n$ verschiedenen Substitutionen"; mit andern Worten, der modulo $n$ verschiedenen Zahlsysteme $(\alpha, \beta, \gamma, \delta)$, die der Gleichung (§ 67, 9):

2) $$\alpha\delta - \beta\gamma = 1$$

genügen.

Diese Gleichung kann jedenfalls nicht bestehen, wenn $\alpha$ und $\beta$ beide durch $n$ teilbar sind. Sind aber $\alpha$ und $\beta$ nicht beide durch $n$ teilbar, so kann man die Gleichung (2) als eine diophantische Gleichung für $\gamma$ und $\delta$ ansehen und sie als solche nach elementaren Methoden auflösen; ist $\gamma_0$, $\delta_0$ irgend eine Lösung, so ist die allgemeinste:

3) $$\gamma = \gamma_0 + \alpha t, \qquad \delta = \delta_0 + \beta t$$

unter $t$ irgend eine ganze Zahl verstanden. Sind $t_1$ und $t_2$ zwei Werte derselben, $\gamma_1$, $\delta_1$ und $\gamma_2$, $\delta_2$ die zugehörigen Werte von $\gamma$ und $\delta$, so ist dann und nur dann gleichzeitig $\gamma_1 \equiv \gamma_2$ und $\delta_1 \equiv \delta_2$ (mod. $n$), wenn $t_1 \equiv t_2$ (mod. $n$) ist; denn $\alpha$ und $\beta$ sollten nicht beide durch $n$ teilbar sein, und $n$ war als Primzahl vorausgesetzt. Man hat also $n^2 - 1$ Möglichkeiten, $\alpha$ und $\beta$ zu wählen, und dann noch für jede derselben $n$ Möglichkeiten in der Wahl von $t$. Im ganzen besitzt also die Gleichung (2) $n(n^2 - 1)$ modulo $n$ verschiedene Lösungssysteme; mit andern Worten, es gilt der Satz:

I. *Wenn n Primzahl ist, beträgt der Index der Hauptkongruenzgruppe $n^{ter}$ Stufe innerhalb der Gruppe der linearen Periodentransformationen:*

4) $$n(n^2 - 1).$$

Betrachten wir aber nicht die Gruppe der homogenen linearen Transformationen der Perioden, sondern die der gebrochenen linearen Substitutionen des Periodenverhältnisses, so ist der Index im allgemeinen ein anderer. Denn die beiden linearen Periodentransformationen $(\alpha, \beta, \gamma, \delta)$ und $(-\alpha, -\beta, -\gamma, -\delta)$ sind als solche, wenn $n$ ungerade ist, modulo $n$ verschieden, geben aber dieselbe Modulsubstitution; sonst geben verschiedene Periodentransformationen auch verschiedene Modulsubstitutionen. Die Anzahl der modulo $n$ verschiedenen Modulsubstitutionen ist also dann nur halb so groß als die der verschiedenen Periodentransformationen, mit andern Worten, es gilt der Satz:

II. *Wenn $n$ eine ungerade Primzahl ist, beträgt der Index der Hauptkongruenzgruppe $n^{ter}$ Stufe innerhalb der Gruppe der Modulsubstitutionen:*

$$\frac{n(n^2-1)}{2}. \tag{5}$$

Ist aber $n = 2$, so sind die beiden Periodentransformationen $(\alpha, \beta, \gamma, \delta)$ und $(-\alpha, -\beta, -\gamma, -\delta)$ modulo $n$ kongruent; dann ist also in der Zahl $n(n^2-1)$ von je zwei solchen schon nur die eine mitgerechnet und es tritt beim Übergang zu den Modulsubstitutionen keine weitere Reduktion ein; die Anzahl der modulo 2 verschiedenen Modulsubstitutionen ist 6, wie wir bereits in § 98, III gesehen haben.

Für beliebige (nicht nur für primzahlige) Werte von $n$ gilt übrigens der Satz:

III. *Die Hauptkongruenzgruppe $n^{ter}$ Stufe $\Gamma_n$ ist in der Gesamtgruppe der linearen Periodentransformationen, bezw. der Modulsubstitutionen eine ausgezeichnete Untergruppe.*

Ist nämlich $A$ eine ihrer Operationen, $V$ irgend eine andere lineare Periodentransformation, bezw. Modulsubstitution, so ist, wie aus den Zusammensetzungsformeln (I, § 14, 11) folgt, $AV \equiv V$ (mod. $n$) und ebenso $VA \equiv V$; also ist auch

$$V^{-1}AV \equiv A \equiv 1 \tag{6}$$

und diese Substitution gehört also ebenfalls zu $\Gamma_n$, w. z. b. w.

Infolgedessen gelten für sie die Sätze von § 102; und man kann darauf eine einfache Darstellung der zugehörigen Faktorgruppe gründen. Diese Darstellung erscheint jedoch in konkreterer Bedeutung, wenn man sie an die Untersuchung der gegenüber der Hauptkongruenzuntergruppe invarianten Funktionen anknüpft, was im folgenden Paragraphen geschehen soll.

Übrigens kann man den Begriff der Hauptkongruenzuntergruppe auch auf die Gruppe derjenigen linearen Transformationen in den drei Variabeln $u$, $\omega_1$, $\omega_3$ übertragen, bei denen $pu$ und $p'u$ ungeändert bleiben, nämlich:

$$7)\quad \begin{cases} u' = u + 2k_1\omega_1 + 2k_3\omega_3, \\ \omega_1' = \alpha\omega_1 + \beta\omega_3, \\ \omega_3' = \gamma\omega_1 + \delta\omega_3. \end{cases}$$

Eine solche Transformation heißt „modulo $n$ zur Identität kongruent", wenn $k_1$, $k_3$, $\alpha - 1$, $\beta$, $\gamma$, $\delta - 1$ alle durch $n$ teilbar sind. Auch hier bilden die modulo $n$ zur Identität kongruenten Transformationen eine Untergruppe, die man auch als Hauptkongruenzgruppe $n^{\text{ter}}$ Stufe bezeichnet; und eine Funktion von $u$, $\omega_1$, $\omega_3$, die bei allen diesen Transformationen ungeändert bleibt, heißt eine *elliptische Funktion $n^{\text{ter}}$ Stufe.*

Aus den Sätzen von § 34 und § 72 geht hervor, daß die Sigmaquotienten und die Funktionen JACOBIS in der That Funktionen zweiter Stufe im Sinne dieser Definition sind, wie wir sie im IV. Abschnitt schon vorgreifend genannt haben.

## § 104. Das spezielle Teilungsproblem.

Die Aufgabe: *aus den Werten der elliptischen Funktionen eines bestimmten Periodenparallelogramms für den Argumentwert $u$ die Werte derselben Funktionen für den Argumentwert $u/n$ zu berechnen* (also die Umkehrung der in § 27 behandelten Aufgabe) bezeichnet man als *das allgemeine Teilungsproblem der elliptischen Funktionen.* Den speziellen Fall dieses Problems, daß $u$ eine Periode ist, bezeichnet man als *das spezielle Teilungsproblem.* Die Lösungen dieses letzteren sind also Funktionen allein der Perioden; wollen wir aber untersuchen, was für Funktionen sie sind, so müssen wir erst eine Festsetzung darüber treffen, was für elliptische Funktionen wir „teilen" wollen. Wir wollen zunächst die spezielle Teilung der elliptischen Funktionen *erster Stufe* untersuchen.

Sei $f(u \mid \omega_1, \omega_3)$ eine solche, d. h. also eine rationale Funktion von $p(u \mid \omega_1, \omega_3)$ und $p'(u \mid \omega_1, \omega_3)$, deren Koeffizienten, falls sie noch von $\omega_1$ und $\omega_3$ abhängen, rationale Funktionen von $g_2$ und $g_3$ sind; dann handelt es sich um die Bestimmung der Werte:

$$1)\quad f_{\lambda,\mu} = f\left(\frac{2\lambda\omega_1 + 2\mu\omega_3}{m} \mid \omega_1, \omega_3\right).$$

Man erkennt zunächst, daß von diesen Werten nur $m^2$ untereinander verschieden sind; denn zufolge der Voraussetzung, daß $f$ eine Funktion erster Stufe sei, ist allgemein:

2) $$f_{\lambda + k_1 m,\, \mu + k_2 m} = f_{\lambda,\, \mu},$$

wenn $k_1$, $k_2$ irgend zwei ganze Zahlen bezeichnen. Man drückt das wohl so aus, daß man sagt:

I. *Die Indices $\lambda$, $\mu$ kommen nur modulo $m$ in Betracht.*

Nehmen wir nun eine lineare Periodentransformation (§ 67, 2) vor. Da $f$ eine Funktion erster Stufe sein sollte, so erhalten wir zunächst die Gleichung:

3) $$f\left(\frac{2\lambda'\omega_1' + 2\mu'\omega_3'}{m} \,\middle|\, \omega_1', \omega_3'\right) = f\left(\frac{2\lambda\omega_1 + 2\mu\omega_3}{m} \,\middle|\, \omega_1, \omega_3\right),$$

wenn nämlich $\lambda'$, $\mu'$ aus der Gleichung:

4) $$\lambda'\omega_1' + \mu'\omega_3' = \lambda\omega_1 + \mu\omega_3$$

bestimmt, also:

5) $$\begin{cases} \lambda' = \delta\lambda - \gamma\mu \\ \mu' = -\beta\lambda + \alpha\mu \end{cases}$$

gesetzt wird; mit andern Worten:

II. *Werden die Perioden linearer Transformation unterworfen, so wird:*

6) $$f_{\lambda',\, \mu'}(\omega_1', \omega_3') = f_{\lambda,\, \mu}(\omega_1, \omega_3),$$

*wenn die Indices durch die Gleichungen (5) bestimmt sind;* die transformierten Teilwerte sind also dieselben, wie die ursprünglichen, nur in anderer Reihenfolge.

Man schreibt auch wohl:

7) $$f_{\lambda,\, \mu}(\omega_1', \omega_3') = f_{\lambda'\, \mu'}(\omega_1, \omega_3);$$

dann sind die Indices aus den Gleichungen:

8) $$\begin{cases} \lambda' \equiv \alpha\lambda + \gamma\mu, \\ \mu' \equiv \beta\lambda + \delta\mu \end{cases}$$

zu bestimmen.

(Man nennt die Substitution (5) die zur Transformation der Perioden kontragrediente, (8) die transponierte Substitution.)

Ist insbesondere die Periodentransformation modulo $m$ zur Identität kongruent, so wird aus (5) oder (8):

9) $$\lambda' \equiv \lambda, \quad \mu' \equiv \mu,$$

also mit Rücksicht auf (2):

10) $$f_{\lambda,\,\mu}(\omega_1', \omega_3') = f_{\lambda,\,\mu}(\omega_1, \omega_3)$$

d. h.:

III. *Jeder einzelne der* $m^{ten}$ *Teilwerte* $f_{\lambda,\,\mu}$ *bleibt für sich ungeändert, wenn man auf die Perioden eine Transformation der Hauptkongruenzgruppe* $n^{ter}$ *Stufe anwendet.*

Betrachten wir insbesondere solche Teilwerte, die nur vom Verhältnis der Perioden abhängen. Solche sind im Innern der positiven $\tau$-Halbebene überall bis auf Pole regulär, wie aus den Darstellungen von $pu$, $p'u$, $g_2$, $g_3$ durch gleichmäßig konvergente Reihen sich ergiebt; und wenn $\tau$ innerhalb des Fundamentaldreiecks bleibend ins Unendliche geht, so nähern sie sich entweder einem bestimmten Grenzwert, oder sie werden bestimmt unendlich. Daraus folgt nach § 96 a. E.:

IV. *Teilwerte* $f_{\lambda,\,\mu}$ *der bezeichneten Eigenschaft sind Wurzeln einer Gleichung vom Grade* $n^2$, *deren Koeffizienten rationale Funktionen von* $J(\tau)$ sind.

Man kann jedoch von dieser Gleichung einen Linearfaktor ohne weiteres abspalten: denn $f_{00}$ ist sofort vermöge der Definition der Funktion $f$ rational durch $J$ ausdrückbar. Die so auf den Grad $n^2 - 1$ reducirte Gleichung heißt *die spezielle Teilungsgleichung.* Eine weitere Reduktion dieser Art ist nämlich, *wenn n Primzahl ist,* nicht mehr möglich, solange nicht über $f$ noch speziellere Voraussetzungen getroffen werden. Denn dann können wir $\alpha, \beta, \gamma, \delta$ so bestimmen, daß $\lambda'$, $\mu'$ beliebig vorgeschriebene Werte, außer (0, 0) annehmen, wenn $(\lambda, \mu)$ gegeben sind. Führen wir dann $\tau$ auf einem ganz in der positiven Halbebene verbleibenden Wege von $\tau$ nach $\tau' = \frac{\gamma + \delta\tau}{\alpha + \beta\tau}$ über, so folgt durch analytische Fortsetzung längs dieses Weges nach I, § 66, IV aus der Gleichung:

11) $$G\left(f_{\lambda,\,\mu}(\tau), J(\tau)\right) = 0$$

die andere:

$$G\left(f_{\lambda,\,\mu}(\tau'), J(\tau')\right) = 0,$$

oder wegen (7) und § 97, (5):

12) $$G\left(f_{\lambda',\,\mu'}(\tau), J(\tau)\right) = 0,$$

d. h.:

V. *Genügt (für n Primzahl) irgend ein von* $f_{00}$ *verschiedener Teilwert einer Gleichung, deren Koeffizienten rationale Funktionen von J sind, so genügt ihr jeder von* $f_{00}$ *verschiedene Teilwert.*

Die symmetrischen Funktionen der $n^2 - 1$ Teilwerte $f_{\lambda,\mu}$, außer $f_{00}$, sind also rationale Funktionen von $J$. Aber außer ihnen giebt es auch noch andere rationale Funktionen der $f_{\lambda,\mu}$, die dieselbe Eigenschaft haben. Denn wenn man dadurch, daß man $J$ in seiner Ebene beliebige geschlossene Wege durchlaufen läßt, $\tau$ in alle möglichen äquivalenten Punkte überführt, erhält man nach § 103 II nur $\frac{1}{2}n(n^2-1)$ [bezw. 6 für $n = 2$] relativ zu $\Gamma$ inäquivalente Punkte; durch solche „Monodromie von $J$“ (vgl. § 78) erhält man also aus einer beliebigen ersten Anordnung der $f_{\lambda,\mu}$ nicht $(n^2-1)!$, sondern nur $\frac{1}{2}n(n^2-1)$ [bezw. 6] verschiedene andere Anordnungen. Man drückt das so aus:

VI. *Die Monodromiegruppe der speziellen Teilungsgleichung in Bezug auf $J$ enthält,*

*wenn $n$ eine ungerade Primzahl ist,* $\frac{1}{2}n(n^2-1)$,
*wenn $n = 2$ ist, sechs*

*Vertauschungen der Wurzeln.*

Für diese Monodromiegruppe geben die bereits aufgestellten Formeln eine übersichtliche Darstellung: ersetzen wir $\tau$ durch $\frac{\gamma+\delta\tau}{\alpha+\beta\tau}$, so tritt an Stelle der Wurzel $f_{\lambda,\mu}$ allgemein diejenige Wurzel $f_{\lambda',\mu'}$, deren Indices durch die Gleichungen (8) bestimmt sind. Wir bekommen aber noch eine etwas einfachere Darstellung, wenn wir die Zahlen $\alpha$, $\beta$, $\gamma$, $\delta$ auf ihre kleinsten Reste modulo $n$ reduzieren. Für diese kleinsten Reste (für die wir keine neuen Bezeichnungen einführen wollen), tritt an Stelle der Gleichung (9) von § 67 die Kongruenz:

13) $$\alpha\delta - \beta\gamma \equiv 1 \pmod{n}.$$

(In der That kann man zu jedem Zahlenquadrupel, das diese Kongruenz befriedigt, ein anderes

14) $$\alpha' = \alpha + na, \quad \beta' = \beta + nb, \quad \gamma' = \gamma + nc, \quad \delta' = \delta + nd$$

so bestimmen, daß es die Gleichung $\alpha'\delta' - \beta'\gamma' = 1$ erfüllt; man hat dazu nur, wenn $\alpha\delta - \beta\gamma = 1 + kn$ ist, die Gleichung:

$$n(ad - bc) + (a\delta + d\alpha - b\gamma - c\beta) + k = 0$$

zu befriedigen.

VII. *Dann treten zur Darstellung der Monodromiegruppe an Stelle der Gleichungen (8) die Kongruenzen:*

15) $$\begin{cases} \lambda' \equiv \alpha\lambda + \gamma\mu \\ \mu' \equiv \beta\lambda + \delta\mu \end{cases} \mod (n);$$

und in den Zusammensetzungsformeln (I, § 14, 11) ist ebenfalls an Stelle des Gleichheitszeichens das Kongruenzzeichen modulo $n$ zu setzen.

Man sieht, daß diese Monodromiegruppe eben die im vorigen Paragraphen erwähnte Faktorgruppe ist.

Man beachte übrigens, daß bei ungeradem $n$ je zwei der Transformationen (14), die sich nur durch einen gemeinsamen Vorzeichenwechsel der Koeffizienten modulo $n$ unterscheiden, die Wurzeln der Teilungsgleichung, sofern sie nur vom Periodenverhältnis abhängen, in derselben Weise versetzen.

## § 105. Resolventen des speziellen Teilungsproblems und Untergruppen seiner Gruppe.

Es sei $\psi$ irgend eine rationale Funktion der Wurzeln des speziellen Teilungsproblems. Wenden wir auf diese Wurzeln die sämtlichen Vertauschungen der Monodromiegruppe an, so erhalten wir aus $\psi$ eine Reihe von $\frac{1}{2} n(n^2-1)$ Funktionen. Wie im vorigen Paragraphen sieht man ein, daß die symmetrischen Funktionen dieser Funktionen rationale Funktionen von $J$ sind, daß also $\psi$ einer Gleichung vom Grade $\mu(n) = \frac{1}{2} n(n^2-1)$ genügt, deren Koeffizienten rationale Funktionen von $J$ sind. Eine solche Gleichung nennt man eine *Galoissche Resolvente des speziellen Teilungsproblems, wenn die $\mu(n)$ Werte von $\psi$ alle voneinander verschieden sind.*

Es kann aber auch vorkommen, daß von den $\mu(n)$ Werten, die durch die Vertauschungen der Monodromiegruppe des Teilungsproblems aus $\psi$ hervorgehen, mehrere, sagen wir etwa $\nu$, einander gleich werden, und zwar für beliebige Werte von $\tau$. Aus I, § 66, IV folgt dann, daß die $\mu(n)$ Werte von $\psi$ zu *je* $\nu$ einander gleich werden, daß also $\nu$ ein Teiler von $\mu(n)$ ist und daß $\psi$ bei den Operationen der Monodromiegruppe in nur $\mu/\nu$ verschiedene Werte übergeführt wird. Wieder sind die symmetrischen Funktionen dieser $\mu/\nu$ Werte rationale Funktionen von $J$; $\psi$ genügt also in diesem Falle einer Gleichung des Grades $\mu/\nu$, deren Koeffizienten rationale Funktionen von $J$ sind. Auch diese Gleichung bezeichnet man als eine *Resolvente des Teilungsproblems.*

Die $\nu$ Operationen der Monodromiegruppe, bei denen der einzelne Wert $\psi$ sich nicht ändert, bilden notwendig eine Gruppe (I, § 18, 6), eine Untergruppe der Monodromiegruppe von der Ordnung $\nu$ und dem Index $\mu/\nu$. Die Gruppen, die in dieser Weise zu den verschiedenen Werten von $\psi$ gehören, sind im allgemeinen voneinander verschieden, aber innerhalb der Monodromiegruppe des Teilungsproblems untereinander gleichberechtigt.

Umgekehrt werden wir Resolventen des speziellen Teilungsproblems erhalten, wenn wir Untergruppen seiner Monodromiegruppe bestimmen und zu jeder solchen Untergruppe Funktionen suchen, die gerade bei ihr unverändert bleiben. Von solchen Untergruppen seien die folgenden aufgeführt:

1. Eine Untergruppe wird gebildet von denjenigen Substitutionen, für welche

1) $$\alpha \equiv 1, \quad \beta \equiv 0, \quad \delta \equiv 1 \quad (\text{mod. } n)$$

ist. Die Anzahl der Operationen dieser Untergruppe beträgt $n$, entsprechend den $n$ noch möglichen Werten von $\gamma$. Eine Funktion $\psi$, die bei diesen, und nur bei diesen Operationen ungeändert bleibt, ist der Teilwert $f_{10}$ selbst; *die zu dieser Untergruppe gehörige Resolventengleichung ist also die spezielle Teilungsgleichung selbst.* Als Grad dieser Gleichung finden wir hier $\frac{1}{2}(n^2-1)$, während wir in § 104 $n^2-1$ gefunden haben; das erklärt sich folgendermaßen: Aus $\wp u$, $\wp' u$, $g_2$, $g_3$ können wir keine ungerade Funktion rational zusammensetzen, die nur vom Perioden*verhältnis* abhängig wäre; denn $\wp' u$ ist die einzige ungerade Funktion unter ihnen. Es ist also bei denjenigen Funktionen, von denen hier die Rede ist, notwendig $f_{\lambda, \mu} = f_{-\lambda, -\mu}$; die Anzahl der verschiedenen unter ihnen reduziert sich daher auf $\frac{1}{2}(n^2-1)$.

2. Eine zweite Untergruppe wird gebildet von denjenigen Substitutionen, die die $n-1$ Teilwerte:

2) $$f_{10}, f_{20}, \ldots f_{n-1,0}$$

nur unter sich permutieren. Sie sind charakterisiert durch die Kongruenz:

3) $$\beta \equiv 0 \quad (\text{mod. } n).$$

Ihre Anzahl bestimmt sich folgendermaßen: Aus (3) und § 104, (13) folgt:

4) $$\alpha\delta \equiv 1 \quad (\text{mod. } n).$$

Diese Kongruenz kann ($n$ immer als Primzahl vorausgesetzt) befriedigt werden, indem man dem $\alpha$ einen beliebigen zu $n$ inkongruenten Wert beilegt und dann $\delta$ dazu bestimmt; $\beta$ bleibt ganz beliebig. Man erhält so $n(n-1)$ Lösungen der vorgelegten Kongruenz; von diesen geben aber bei ungeradem $n$ je zwei dieselbe Modulsubstitution. Die Ordnung dieser Untergruppe beträgt also $\frac{1}{2}n(n-1)$, ihr Index folglich $n+1$. Daraus folgt:

*Die symmetrischen Funktionen der $n-1$ Teilwerte (2) genügen Gleichungen der Ordnung $n+1$, deren Koeffizienten rationale Funktionen von $J$ sind.*

Wir werden dieser Untergruppe im nächsten Paragraphen von einer andern Seite her wieder begegnen.

## § 106. Das spezielle Transformationsproblem.

Im VIII. Abschnitt haben wir die lineare Periodentransformation, d. h. den Übergang von $\omega_1$ und $\omega_3$ zu:

1) $$\begin{cases} \bar{\omega}_1 = \alpha\,\omega_1 + \beta\,\omega_3 \\ \bar{\omega}_3 = \gamma\,\omega_1 + \delta\,\omega_3 \end{cases}$$

mit der Bedingung:

2) $$\alpha\delta - \beta\gamma = 1$$

untersucht. Jetzt wollen wir die Frage behandeln: *welche Beziehung haben die Modulfunktionen von $\bar{\tau}$, insbesondere $J(\bar{\tau})$, zu denjenigen von $\tau$, wenn an die Stelle der Bedingung (2) die andere tritt:*

3) $$\alpha\delta - \beta\gamma = n,$$

*unter $n$ eine positive ganze Zahl verstanden?*

Zu diesem Zweck müssen wir vor allem zusehen, welchen Einfluß auf diese Funktionen eine lineare Transformation der ursprünglichen Perioden hat; wir wollen zu diesem Zweck zunächst den speziellen Fall: $\alpha = 1$, $\beta = \gamma = 0$, $\delta = n$, also:

4) $$\bar{\omega}_1 = \omega_1, \quad \bar{\omega}_3 = n\,\omega_3, \quad \bar{\tau} = n\,\tau$$

ins Auge fassen. Üben wir auf die ursprünglichen Perioden die lineare Transformation:

5) $$\begin{cases} \omega_1' = \alpha\,\omega_1 + \beta\,\omega_3, \\ \omega_3' = \gamma\,\omega_1 + \delta\,\omega_3, \\ (\alpha\delta - \beta\gamma = 1) \end{cases}$$

aus, so treten an Stelle der $\bar{\omega}$ neue transformierte Perioden:

6) $$\begin{cases} \bar{\omega}_1' = \omega_1' = \alpha\,\omega_1 + \beta\,\omega_3 = \alpha\,\bar{\omega}_1 + \frac{\beta}{n}\,\bar{\omega}_3, \\ \bar{\omega}_3' = n\,\omega_3' = n\gamma\,\omega_1 + n\delta\,\omega_3 = n\gamma\,\bar{\omega}_1 + \delta\,\bar{\omega}_3. \end{cases}$$

Dieses Periodensystem ist dann, und nur dann zu $(\omega_1, \omega_3)$ äquivalent, wenn $\beta$ durch $n$ teilbar ist. Daraus folgt:

I. *Der transformierte Wert der Invariante $J$, $J(n\tau)$ bleibt ungeändert bei allen denjenigen Modulsubstitutionen, für die*

$$\beta \equiv 1 \pmod{n} \tag{7}$$

*ist.*

Diese Modulsubstitutionen bilden, wie wir im vorigen Paragraphen gesehen haben, in der Modulgruppe eine Untergruppe vom Index $n + 1$. Andererseits folgt aus den entsprechenden Eigenschaften von $J(\tau)$, daß $J(n\tau)$ im Innern der positiven Halbebene überall regulär ist und einem bestimmten Grenzwert sich nähert oder bestimmt unendlich wird, wenn $\tau$ innerhalb eines Dreiecks der Fig. 44 (p. 230) verbleibend sich der Axe der reellen Zahlen unbegrenzt nähert. Also ergiebt sich aus § 97 am Ende:

II. *$J(n\tau)$ genügt einer algebraischen Gleichung des Grades $n + 1$, deren Koeffizienten rationale Funktionen von $J(\tau)$ sind.*

Man bezeichnet diese Gleichung wohl als „*Modulargleichung* erster Stufe.“ Ihre übrigen Wurzeln sind die Werte, die aus $J(n\tau)$ durch Anwendung von Modulsubstitutionen auf $\tau$ hervorgehen, die der Bedingung (7) nicht genügen; also allgemein die Werte:

$$J\left(n\,\frac{\gamma + \delta\tau}{\alpha + \beta\tau}\right).$$

Aus Satz II geht hervor, daß unter diesen Werten gerade $n + 1$ verschieden sind. In der That: ist $\beta$ durch $n$ teilbar, etwa gleich $\beta_1 n$, so ist

$$n\,\frac{\gamma + \delta\tau}{\alpha + \beta\tau} = \frac{n\gamma + \delta\,.\,n\tau}{\alpha + \beta_1\,.\,n\tau}$$

mit $n\tau$ äquivalent. Ist aber $\beta$ nicht durch $n$ teilbar, so bestimme man die Zahl $\alpha_1$ so, daß

$$\alpha = \alpha_1\beta + k_1 n$$

wird. Dann ist:

$$n\,\frac{\gamma + \delta\tau}{\alpha + \beta\tau} = \frac{\gamma - \delta\alpha_1 + n\delta\,\dfrac{\tau + \alpha_1}{n}}{k_1 + \beta\,\dfrac{\tau + \alpha_1}{n}}$$

mit $\frac{\tau + \alpha_1}{n}$ äquivalent, indem die Determinante

$$k_1\,.\,n\delta - (\gamma - \delta\alpha_1)\,.\,\beta = \alpha\delta - \beta\gamma = 1$$

ist. Andererseits sind von den $n + 1$ Werten:

$$n\tau,\quad \frac{\tau}{n},\quad \frac{\tau + 1}{n},\quad \frac{\tau + 2}{n},\;\ldots\;\frac{\tau + n - 1}{n} \tag{8}$$

für allgemeine Werte von $\tau$ keine zwei äquivalent; wir können daher sagen:

III. *Die $n+1$ Wurzeln der Modulargleichung erster Stufe sind:*

9) $$J(n\tau),\quad J\left(\frac{\tau}{n}\right),\quad J\left(\frac{\tau+1}{n}\right),\ \ldots\ J\left(\frac{\tau+n-1}{n}\right).$$

Daraus, daß die beiden erstgenannten Größen Wurzeln einer und derselben Gleichung mit in $J(\tau)$ rationalen Koeffizienten sind, ergiebt sich noch eine merkwürdige Eigenschaft dieser Gleichung. Ersetzt man nämlich $\tau$ durch $\tau/n$, so geht $J(n\tau)$ in $J(\tau)$ und $J(\tau)$ in $J\left(\frac{\tau}{n}\right)$ über; daraus folgt:

IV. *Die Modulargleichung bleibt ungeändert, wenn man $J(\tau)$ und $J(n\tau)$ vertauscht.*

Die Modulargleichung erster Stufe ist übrigens schon bei den kleinsten Werten von $n$ ziemlich wenig übersichtlich; es liegt das daran, daß schon bei diesen Werten $J(n\tau)$ nicht *Haupt*modul für die durch die Kongruenz (7) definierte Untergruppe der Modulgruppe ist.

Im Falle $n = 2$ können wir übrigens die transformierten Werte von $\tau$ sehr einfach durch bereits früher eingeführte Größen ausdrücken. Für jedes $n$ ist nämlich die durch (7) definierte Untergruppe in der Hauptkongruenzgruppe $n^{\text{ter}}$ Stufe enthalten. Gehört also zu dieser Gruppe ein Hauptmodul, so läßt sich $J(n\tau)$ rational durch ihn ausdrücken; das Gleiche gilt von den übrigen Werten (9), da die Hauptkongruenzgruppe $n^{\text{ter}}$ Stufe eine ausgezeichnete Untergruppe der Modulgruppe ist. Für $n = 2$ haben wir gesehen, daß $\lambda(\tau)$ Hauptmodul ist; also sind $J(2\tau)$, $J\left(\frac{\tau}{2}\right)$, $J\left(\frac{1+\tau}{2}\right)$ rationale Funktionen von $\lambda(\tau)$. Um diese rationalen Funktionen wirklich aufzustellen, beachten wir zunächst, daß jede dieser Funktionen auch noch bei gewissen Modulsubstitutionen ungeändert bleibt, bei denen $\lambda(\tau)$ seinen Wert ändert. $J(2\tau)$ z. B. bleibt ungeändert, wenn man $\tau$ durch $\tau + 1$ ersetzt; dabei geht $\lambda$ nach § 96 über in $\frac{\lambda}{\lambda-1}$. Daraus folgt, daß $J(2\tau)$ eine symmetrische Funktion von $\lambda$ und $\frac{\lambda}{\lambda-1}$, d. h. eine rationale Funktion von

$$\lambda + \frac{\lambda}{\lambda-1} = \frac{\lambda^2}{\lambda-1} \quad\text{und}\quad \lambda\cdot\frac{\lambda}{\lambda-1} = \frac{\lambda^2}{\lambda-1} = a$$

ist.

Um sie weiter zu bestimmen, gehen wir davon aus, daß $J(2\tau)$ im Innern des Fundamentalbereichs von $\lambda$ nirgends unendlich wird, wohl aber in seinen Ecken. In der Umgebung von $\tau = i\infty$ wird nach § 82, (15):

$$\lambda(\tau) = 16h(1 - 8h + 44h^2 + \ldots),$$

also

$$a = -256h^2 \frac{(1 - 8h + 44h^2 + \ldots)^2}{1 - 16h + 128h^2 + \ldots}$$

$$= -256h^2(1 - 16h + 152h^2 + \ldots)(1 + 16h + 128h^2 + \ldots)$$

$$= -256h^2\{1 + 0 \cdot h + 24h^2 + \ldots\},$$

ferner nach § 96, (4):

$$J(\tau) = \frac{4}{27} \frac{1 - 3\lambda + 6\lambda^2}{\lambda^2 - 2\lambda^3 + \lambda^4} = \frac{4}{27}(\lambda^{-2} - \lambda^{-1} + 3 + \ldots)$$

$$= \frac{4}{27}\left\{\frac{1}{256}h^{-2}(1 + 16h + 104h^2) - \frac{1}{16}h^{-1}(1 + 8h) + 3 + \ldots\right\}$$

$$= \frac{1}{64 \cdot 27}h^{-2} + \frac{31}{72} + (h),$$

also:

$$J(2\tau) = \frac{1}{64 \cdot 27}h^{-4} + (h^0);$$

andererseits wird dort

$$a^{-2} = \frac{1}{2^{16}}h^{-4}\{1 - 48h^2 + \ldots\}$$

$$a^{-1} = -\frac{1}{2^4}h^{-2} + \ldots$$

In der Umgebung von $a = 0$ findet also eine Entwicklung statt, deren Anfangsglieder sind:

10) $$J(2\tau) = \frac{2^{10}}{3^3}\left(a^{-2} - \frac{3}{2^4}a^{-1} + \ldots\right).$$

Um das Verhalten in der Umgebung von $\tau = 0$ zu untersuchen, setzen wir $h_1 = e^{-\frac{\pi i}{\tau}}$; wir haben dann nach § 82, (16) und § 96, (4):

$$1 - \lambda(\tau) = 16h_1(1 - 8h_1 + 44h_1^2 + \ldots)$$

$$\lambda(\tau) = 1 - 16h_1 + 128h_1^2 + \ldots,$$

$$a = \frac{(1 - 16h_1 + 128h_1^2 + \ldots)^2}{-16h_1(1 - 8h_1 + 44h_1^2 + \ldots)}$$

$$= -\frac{1}{16}h_1^{-1}(1 - 32h_1 + 512h_1^2 \ldots)(1 + 8h_1 + 20h_1^2 + \ldots)$$

$$= -\frac{1}{16}h_1^{-1}\{1 - 24h_1 + 276h_1^2 + \ldots\},$$

$$J(\tau) = \frac{1}{64 \cdot 27} h_1^{-2} + \frac{31}{72} + (h_1)$$

$$J(2\tau) = \frac{1}{64 \cdot 27} h_1^{-1} + \frac{31}{72} + \ldots$$

In der Umgebung von $a = \infty$ lautet also die Entwicklung nach Potenzen von $a$ mit fallenden Exponenten

11) $$J(2\tau) = -\frac{1}{108} a + \frac{4}{9} + \ldots$$

Endlich setzen wir: $h_2 = e^{\pi i(\tau+1)} = -h$; dann kommt:

$$\lambda_2 = \frac{h}{\lambda - 1} = -16h(1 + 8h + 44h^2 + \ldots),$$

$$\lambda = \frac{-\lambda_2}{-\lambda_2 + 1} = 16h(1 + 8h + 44h^2 + \ldots)(1 + 16h + 128h^2 + \ldots)^{-1}$$
$$= 16h(1 + 8h + 44h^2 + \ldots)(1 - 16h + 128h^2 + \ldots)$$
$$= 16h(1 - 8h + 44h^2 + \ldots),$$
$$a = -256h^2\{1 + 24h^2 + \ldots\},$$

übereinstimmend mit dem oben gefundenen Werte.

Es ist also $J(2\tau)$ eine rationale Funktion von $a$, die für $a = 0$ von der zweiten, für $a = \infty$ von der ersten Ordnung unendlich groß wird, sonst überall endlich bleibt. Die angegebenen Anfangsglieder der Reihenentwicklung geben den Ausdruck:

$$J(2\tau) = \frac{-a^3 + 3 \cdot 2^4 a^2 - 3 \cdot 2^8 a + 2^{12}}{108a^2} = \frac{(-a+16)^3}{108a^2}.$$

Aus diesem Ausdruck erhält man die Formeln für $J\left(\frac{\tau}{2}\right)$ und $J\left(\frac{1+\tau}{2}\right)$, wenn man bezw. die Substitutionen $T$ und $US$ anwendet; dabei geht $a$ nach § 96 bezw. über in:

$$b = \frac{(1-\lambda)^2}{1 - \lambda - 1} = -\frac{(1-\lambda)^2}{\lambda}$$

und:

$$c = \frac{\lambda^{-2}}{\lambda^{-1} - 1} = \frac{1}{\lambda(\lambda - 1)}.$$

## § 107. Transformation von Funktionen höherer Stufe.

Sei $z(\tau)$ eine Modulfunktion $m^{\text{ter}}$ Stufe; mit andern Worten, die Untergruppe $\Gamma_\mu$ der Modulgruppe, bei deren Operationen $z(\tau)$ ungeändert bleibt, sei durch Kongruenzen modulo $m$ definiert. Wie wir in § 101 gesehen haben, besteht dann zwischen $z$ und $J(\tau)$ eine algebraische Gleichung, deren Grad in Bezug auf $z$ gleich $\mu$ ist; ihren Grad in Bezug auf $J$ nennen wir $\nu$ und schreiben sie:

$$1)\qquad G\left(\overset{\mu}{z},\ \overset{\nu}{J}\right) = 0.$$

Durch die Transformation $n^{\text{ter}}$ Ordnung:

$$2)\qquad \bar{\tau} = \frac{c + d\tau}{a + b\tau},\quad (ad - bc = n)$$

entsteht aus $z(\tau)$ eine transformierte Funktion:

$$3)\qquad z(\bar{\tau}) = \bar{z}(\tau),$$

die ebenfalls eine Modulfunktion ist; zwischen ihr und $\bar{J}$ besteht ganz ebenso die Gleichung:

$$4)\qquad G\left(\overset{\mu}{\bar{z}},\ \overset{\nu}{\bar{J}}\right) = 0.$$

Andererseits besteht nach § 106, II und IV zwischen $J$ und $\bar{J}$ eine Gleichung:

$$5)\qquad H\left(\overset{n+1,}{J,}\ \overset{n+1}{\bar{J}}\right) = 0;$$

durch Elimination von $\bar{J}$ aus (4) und (5) erhält man eine Gleichung:

$$6)\qquad F(\bar{z},\ J) = 0,$$

die in $\bar{z}$ vom Grade $\mu(n+1)$, in $J$ vom Grade $\nu(n+1)$ ist. Eliminiert man noch aus dieser Gleichung und der Gleichung (1) das $J$, so erhält man eine Gleichung höheren Grades, die jeden der $\mu$ Werte von $z$ mit jedem der $\mu(n+1)$ Werte von $\bar{z}$ verknüpft. In besonderen Fällen zerfallen aber diese letzteren in $\mu$ Systeme von je $n+1$ von der Beschaffenheit, daß die Werte eines jeden solchen Systems Wurzeln einer Gleichung sind, deren Koeffizienten rationale Funktionen eines bestimmten $z$ sind. Eine solche Gleichung nennt man eine *Modulargleichung.*

Um hierüber noch einige nähere Angaben machen zu können, bestimmen wir die Gruppe eines der transformierten $z$-Werte, z. B. die von $z(n\tau)$. Soll die Substitution:

$$\tau' = \frac{\gamma + \delta\tau}{\alpha + \beta\tau}$$

diesen Wert in sich überführen, so muß

$$7)\qquad n\tau' = \frac{\gamma n + \delta . n\tau}{\alpha + \frac{\beta}{n} n\tau}$$

mit $n\tau$ relativ zu der Gruppe $\Gamma_\mu$ von $z$ äquivalent sein. Es muß also $\beta/n$ eine ganze Zahl, d. h.

8) $$\beta \equiv 0 \pmod{n}$$

sein; und außerdem müssen die vier ganzen Zahlen:

9) $$\alpha, \quad \frac{\beta}{n}, \quad n\gamma, \quad \delta$$

den Bedingungen genügen, durch die die Substitutionen der Untergruppe $\Gamma_\mu$ charakterisiert sind. Mit andern Worten:

I. *Die Gruppe $\Gamma_\chi$ von $z(n\tau)$ ist die größte gemeinsame Untergruppe der durch die Kongruenz (8) definierten Untergruppe $\Gamma_{n+1}$ (§ 106, I) und derjenigen Gruppe $\Gamma'_\mu$, die aus der Gruppe $\Gamma_\mu$ von $z(\tau)$ entsteht, indem man $\beta$ und $\gamma$ durch $\beta/n$ und $n\gamma$ ersetzt.*

Diese Gruppe $\Gamma'_\mu$ selbst ist an und für sich nicht in der Modulgruppe enthalten; aber die ihr mit $\Gamma_{n+1}$ gemeinsame Untergruppe gehört der Modulgruppe an.

Ist speziell $\Gamma_\mu$ durch Kongruenzen nach einem Modul $m$ definiert, der zu $n$ relativ prim ist, so sind die beiden Bedingungssysteme (8) und (9) ganz unabhängig voneinander und können durch ein einziges Bedingungssystem modulo $mn$ ersetzt werden. Mit andern Worten, es gilt der Satz:

II. *Ist $m$ relativ prim zu $n$, so führt Transformation $n^{\text{ter}}$ Ordnung einer Modulfunktion $m^{\text{ter}}$ Stufe auf eine Modulfunktion $mn^{\text{ter}}$ Stufe.*

Man kann dann auch leicht aus einem Repräsentantensystem $K$ von $\Gamma_\mu$ (§ 99, I) ein solches für $\Gamma_\chi$ ableiten. Man kann nämlich zu jeder Modulsubstitution $V(\tau)$ von $K$ eine Modulsubstitution $V'(\tau)$ angeben, deren Koeffizienten sich aus denjenigen von $V(\tau)$ durch die Kongruenzen bestimmen:

10) $$\alpha' \equiv \alpha, \quad n\beta' \equiv \beta, \quad \gamma' \equiv n\gamma, \quad \delta' \equiv \delta \pmod{m}.$$

Dann kann man eine Modulsubstitution $v(\tau)$ bilden, die modulo $m$ zu $V'(\tau)$, modulo $n$ aber zu irgend einer andern Modulsubstitution $w(\tau)$ kongruent ist. Nimmt man dabei für $w(\tau)$ der Reihe nach die sämtlichen Substitutionen eines Repräsentantensystems der $\Gamma_{n+1}$, so erhält man die $\mu(n+1)$ Substitutionen eines Repräsentantensystems der $\Gamma_\chi$. Die $\mu(n+1)$ Werte, die durch diese Substitutionen aus $z(n\tau)$ hervorgehen, müssen dann sämtlich derselben Gleichung (6) genügen, wie aus I, § 66, IV folgt; denn $J$ bleibt bei allen diesen Substitutionen ungeändert.

Wenn wir aber nicht nur $J(\tau)$, sondern auch $z(\tau)$ als gegeben ansehen, so dürfen wir nur solche Substitutionen in Betracht ziehen, die der Untergruppe $\Gamma_\mu$ angehören; wir müssen also statt der Gruppe $\Gamma'_\mu$ die größte gemeinsame Untergruppe von $\Gamma_\mu$ und $\Gamma'_\mu$ in die vorhergehenden Überlegungen einführen. Dabei können sehr verschiedene Möglichkeiten eintreten; am einfachsten gestaltet sich die Sache, wenn

$$11)\qquad n \equiv 1 \pmod{m}$$

und außerdem $\Gamma_\mu$ die Hauptkongruenzuntergruppe $m^{\text{ter}}$ Stufe (§ 103) ist. Denn dann wird (vgl. 10) $\Gamma'_\mu$ mit $\Gamma_\mu$ modulo $m$ identisch, also die gemeinsame Untergruppe von $\Gamma_{n+1}$ und $\Gamma'_\mu$ mit der von $\Gamma_{n+1}$ und $\Gamma_\mu$. $\Gamma_\chi$ ist also in diesem Falle selbst Untergruppe von $\Gamma_\mu$, und zwar Untergruppe vom Index $n+1$. Man erhält dann ein Repräsentantensystem von $\Gamma_\chi$ innerhalb $\Gamma_\mu$, wenn man jede Substitution eines Repräsentantensystems der $\Gamma_{n+1}$ durch eine modulo $n$ zu ihr, modulo $m$ zur Identität kongruente ersetzt. Die symmetrischen Funktionen der $n+1$ Werte, die aus $z(n\tau)$ durch die Substitutionen dieses Repräsentantensystems hervorgehen, sind dann zu $\Gamma_\mu$ gehörige Modulfunktionen; also rationale Funktionen von $z$, wenn $z$ Hauptmodul (§ 101) ist. Demnach gilt der Satz:

III. *Eine Modulargleichung existiert insbesondere dann, wenn $z$ Hauptmodul $m^{\text{ter}}$ Stufe und der Transformationsgrad $n \equiv 1 \pmod{m}$ ist.*

Z. B. existieren Modulargleichungen zwischen $\lambda(n\tau)$ und $\lambda(\tau)$ für jeden ungeraden Transformationsgrad.

## § 108. Transformation zweiten Grades der Modulfunktionen zweiter Stufe.

Ist der Transformationsgrad $n$ nicht relativ prim zu der Stufenzahl $m$ der zu transformierenden Funktionen, so ist eine große Mannigfaltigkeit verschiedener Fälle zu unterscheiden. Wir wollen uns daher mit der Untersuchung eines besonders wichtigen Falles begnügen.

Das Doppelverhältnis $\lambda$ bleibt, wie wir § 94, IV, VII gesehen haben, bei denjenigen Modulsubstitutionen invariant, die modulo 2 zur Identität kongruent sind. Soll also die Substitution

$$1)\qquad \tau' = \frac{\gamma + \delta\tau}{\alpha + \beta\tau} \quad \text{oder} \quad 2\tau' = \frac{2\gamma + \delta . 2\tau}{\alpha + \frac{1}{2}\beta . 2\tau}$$

den transformierten Wert $\lambda(2\tau)$ in sich überführen, so muß $\beta$ gerade sein, und außerdem muß die Substitution $(\alpha, \frac{1}{2}\beta, 2\gamma, \delta)$ mod. 2 zur Identität kongruent sein; mit andern Worten:

I. *Die Gruppe der Funktion $\lambda(2\tau)$ besteht aus denjenigen Modulsubstitutionen, die den Kongruenzen:*

$$2)\qquad \alpha \equiv \delta \equiv 1 \pmod{2}, \qquad \beta \equiv 0 \pmod{4}$$

*genügen; $\lambda(2\tau)$ ist also eine Modulfunktion vierter Stufe.*

Wir müssen zunächst den Index dieser Untergruppe bestimmen. Zu diesem Zweck fragen wir vor allem, wieviele mod. 4 verschiedene Modulsubstitutionen es giebt, und dann, wieviele unter ihnen den Bedingungen (2) genügen.

Seien $\alpha$, $\beta$ irgend zwei Zahlen, die nur nicht beide gerade sein dürfen, so kann man zu ihnen stets zwei andere $\gamma$, $\delta$ so bestimmen, daß

$$3)\qquad \alpha\delta - \beta\gamma \equiv 1 \pmod{4}$$

wird; und das allgemeinste Lösungssystem dieser Kongruenz ergiebt sich aus irgend einem speziellen in der Form:

$$4)\qquad \gamma = \gamma_0 + \alpha t, \qquad \delta = \delta_0 + \beta t.$$

Die Anzahl der modulo 4 verschiedenen Paare von Zahlen $\alpha$, $\beta$, die nicht beide gerade sind, beträgt 12; nimmt man nämlich $\alpha = 1$ oder $\alpha = 3$, so kann man $\beta = 0, 1, 2, 3$ setzen (8 Möglichkeiten); nimmt man aber $\alpha = 0$ oder $\alpha = 2$, so sind nur $\beta = 1$ und $\beta = 3$ zulässig (4 Möglichkeiten). Zu jedem dieser 12 Paare $(\alpha, \beta)$ liefern die Gleichungen (4) 4 Paare $(\gamma, \delta)$, wenn man der Reihe nach $t = 0, 1, 2, 3$ setzt; und diese sind inkongruent, da $\alpha$ und $\beta$ nicht beide gerade sind. Also erhalten wir im ganzen $12 . 4 = 48$ verschiedene Lösungen der Kongruenz (3). Aus jeder dieser Lösungen läßt sich eine zu ihr kongruente Lösung der *Gleichung*:

$$5)\qquad \alpha'\delta' - \beta'\gamma' = 1$$

durch die Formeln ableiten (vgl. § 104, 13):

$$6)\qquad \alpha' = \alpha, \quad \beta' = \beta + 4b, \quad \gamma' = \gamma + 4c, \quad \delta' = \delta + 4d.$$

$\alpha$ und $\beta$ können nämlich nicht beide gerade sein; infolgedessen können wir $b$ so bestimmen, daß $\beta'$ zu $\alpha'$ relativ prim wird. Setzen wir dann

$$\alpha'\delta - \beta'\gamma = 1 + 4e$$

und bestimmen, was dann stets möglich ist, $c$ und $d$ so, daß:

$$\alpha' d - \beta' c = -e$$

wird, so erfüllen die Werte (6) die Gleichung (5).

Von den so gefundenen 48 modulo 4 verschiedenen Klassen von Lösungssystemen der Gleichung (1) geben zwei solche, und nur zwei solche, die sich nur durch die Vorzeichen sämtlicher vier Größen unterscheiden, dieselbe Modulsubstitution; wir erhalten also den Satz:

II. *Die Anzahl der modulo 4 verschiedenen Klassen von Modulsubstitutionen beträgt 24.*

Wollen wir aus diesen nur diejenigen herausgreifen, die den Bedingungen (2) genügen, so haben wir statt der oben abgezählten 12 Paare von Zahlen $(\alpha, \beta)$ nur die beiden (1,0) und (3,0) zu berücksichtigen. Soll dann die Kongruenz (3) bestehen, so muß im ersten Falle $\delta \equiv 1$, im zweiten $\delta \equiv 3 \pmod{4}$ sein; die Kongruenz $\delta \equiv 1 \pmod{2}$ ist also in jedem Falle erfüllt und es sind für $t$ alle vier Werte zulässig. Wir erhalten also 8 modulo 4 verschiedene Zahlenquadrupel, die den Kongruenzen (2) und (3) gleichzeitig genügen und folglich 4 modulo 4 verschiedene Klassen von Modulsubstitutionen, die $\lambda(2\tau)$ in sich überführen. Hieraus und aus Satz II folgt:

III. *Der Index der Gruppe von $\lambda(2\tau)$ innerhalb der Gruppe sämtlicher Modulsubstitutionen beträgt 6.*

Daraus folgt (§ 101), daß $\lambda(2\tau)$ einer Gleichung sechsten Grades genügt, deren Koeffizienten rationale Funktionen von $J(\tau)$ sind.[1]

Sehen wir aber neben $J(\tau)$ auch noch $\lambda(\tau)$ als bekannt an, so erhalten wir eine Gleichung niedrigeren Grades. Die Gruppe von $\lambda(2\tau)$ ist nämlich, wie aus ihrer Definition durch die Kongruenzen (2) hervorgeht, eine Untergruppe der Gruppe von $\lambda(\tau)$; es kommt also nur noch darauf an, ihren Index innerhalb dieser letzteren zu bestimmen. Dazu bestimmen wir wieder zunächst die Anzahl der modulo 4 verschiedenen Substitutionen, die modulo 2 zur Identität kongruent sind. Das geschieht auf demselben Wege, auf dem oben Satz II abgeleitet worden ist; der Unterschied ist nur, daß jetzt von den oben bestimmten Zahlenpaaren $(\alpha, \beta)$ nur 4, nämlich (1, 0), (1, 2), (3, 0), (3, 2) zulässig sind, und daß $t$ nur die beiden Werte 0 und 2 annehmen darf. Da auch hier je zwei Lösungssysteme dieselbe Modulsubstitution geben, so sehen wir:

---

[1] Die übrigen Wurzeln dieser Gleichung sind:

$$\lambda\left(\frac{2\tau}{1+2\tau}\right) = \frac{1}{\lambda(2\tau)}, \quad \lambda\left(-\frac{2}{\tau}\right) = 1 - \lambda\left(\frac{\tau}{2}\right), \quad \lambda\left(\frac{-1}{2+\tau}\right) = \frac{1}{1-\lambda\left(\frac{\tau}{2}\right)},$$

$$\lambda\left(\frac{2\tau}{1+\tau}\right) = 1 - \lambda\left(\frac{1+\tau}{2}\right), \quad \lambda\left(\frac{2\tau}{1-\tau}\right) = \frac{1}{1-\lambda\left(\frac{1+\tau}{2}\right)}.$$

IV. *Die Anzahl der modulo 4 verschiedenen Klassen von modulo 2 zur Identität kongruenten Modulsubstitutionen beträgt 4.*

Als Repräsentanten dieser 4 Klassen kann man z. B. die 4 Substitutionen betrachten, die $\tau$ bezw. durch:

$$\tau; \quad \frac{\tau}{1+2\tau}; \quad \tau+2; \quad \frac{2+5\tau}{1+2\tau}$$

ersetzen.

Von diesen vier Klassen genügen zwei, nämlich die durch $\tau$ und $\tau+2$ repräsentierten, den Bedingungen (2); daraus folgt:

V. *Der Index der Gruppe von $\lambda(2\tau)$ innerhalb der Gruppe von $\lambda(\tau)$ ist gleich 2.*

In der That überzeugt man sich direkt, etwa mit Hilfe des Satzes V von § 94, daß bei jeder modulo 2 zur Identität kongruenten Modulsubstitution die beiden Werte:

$$\lambda(2\tau) = \lambda(2\tau+4)$$

und:

$$\lambda\left(\frac{2\tau}{1+2\tau}\right) = \lambda\left(2.\frac{2+5\tau}{1+2\tau}\right) \left[= \lambda\left(\frac{2\tau}{1+2\tau}+4\right)\right]$$

entweder jeder für sich ungeändert bleiben oder unter sich vertauscht werden. Daraus folgt wegen § 95:

VI. *Die beiden Funktionen $\lambda(2\tau)$ und $\lambda\left(\frac{2\tau}{1+2\tau}\right)$ sind Wurzeln einer quadratischen Gleichung, deren Koeffizienten rationale Funktionen von $\lambda(\tau)$ sind.*

Es existiert also auch in diesem Falle eine *Modulargleichung* der in § 107 bezeichneten Art.

## § 109. Explicite Aufstellung der Modulargleichung für die quadratische Transformation von $\lambda(\tau)$.

Der letzte Satz des vorigen Paragraphen würde bereits zur expliciten Aufstellung der Modulargleichung ausreichen: wir würden nur noch nötig haben, die symmetrischen Funktionen (Summe und Produkt) von $\lambda(2\tau)$ und $\lambda\left(\frac{2\tau}{1+2\tau}\right)$ durch ihre Pole und Nullpunkte oder Residuen zu charakterisieren.

Wir gelangen aber mit weniger Aufwand von Rechnung zum Ziele, wenn wir noch weitere Eigenschaften der Modulargleichung mit herbeiziehen. Zunächst:

I. *Neben die Gleichung:*

$$1)\qquad f_1\left(\lambda(\tau), \quad \lambda(2\tau)\right) = 0$$

*treten zwei analog abzuleitende (vgl. auch § 106, III):*

$$2)\qquad f_2\left(\lambda(\tau), \ \lambda\left(\frac{\tau}{2}\right)\right) = 0,$$

*und:*

$$3)\qquad f_3\left(\lambda(\tau), \ \lambda\left(\frac{1+\tau}{2}\right)\right) = 0.$$

Ersetzt man in der zweiten dieser Gleichungen $\tau$ durch $2\tau$, so geht sie über in:

$$4)\qquad f_2\left(\lambda(2\tau), \quad \lambda(\tau)\right) = 0.$$

Da zwischen $\lambda(\tau)$ und $\lambda(2\tau)$ keine Gleichung von niedrigerem Grade bestehen kann, so muß diese Gleichung mit (1) identisch sein. Daraus folgt:

II. *Das Polynom $f_1(x, y)$ ist bis auf einen konstanten Faktor mit $f_2(y, x)$ identisch und folglich auch in Bezug auf $x$ vom zweiten Grade.*

Ferner folgt aus § 108, VI und § 96, (2):

III. *Ist $y = \lambda(2\tau)$ eine Wurzel der Gleichung $f_1(x, y) = 0$, so ist $\lambda\left(\frac{2\tau}{1+2\tau}\right) = \frac{1}{\lambda(2\tau)}$ die andere; das Polynom $f_1$ ist also rücksichtlich $y$ reciprok.*

Ersetzt man ferner $\tau$ durch $1+\tau$, so geht $x = \lambda(\tau)$ nach § 96, I über in $\frac{x}{x-1}$, $1-x$ also in $\frac{1}{1-x}$, $y$ bleibt ungeändert; daraus folgt:

IV. *Führt man, statt $x$, $1-x = \xi$ ein, so erhält man aus $f_1(x, y)$ ein Polynom $\varphi_1(\xi, y)$, das auch in Bezug auf $\xi$ reciprok ist, also die Gestalt hat:*

$$5)\qquad (A\xi^2 + B\xi + A)y^2 + (C\xi^2 + D\xi + C)y + (A\xi^2 + B\xi + A).$$

Weiteren Aufschluß erhält man durch Bestimmung des Verhaltens von $\xi$ und $y$ in den Ecken des Fundamentalbereichs von $\lambda$ (§ 93):

Für $\tau = i\infty$ wird $x = 0$, $\xi = 1$, $2\tau = i\infty$, $\frac{2\tau}{1+2\tau} = 1$, also ein Wert von $y = 0$, der andere $= \infty$; daraus folgt:

$$6)\qquad A + B + A = 0.$$

Für $\tau = 0$ wird $x = 1$, $\xi = 0$, $2\tau = 0$, $\frac{2\tau}{1+2\tau} = 0$, also beide Werte von $y = 1$; daraus folgt:

7) $$C = -2A.$$

Für $\tau = 1$ wird $x = \infty$, $\xi = \infty$, $\frac{2\tau}{1+2\tau}$ äquiv. $2\tau = 2$, also beide Werte von $y = 1$; das giebt nichts Neues.

Die Gleichung (1) hat also die Form:

8) $$A(\xi - 1)^2(y-1)^2 + (D - 4A)\xi y = 0.$$

Das einzige hier noch unbekannte Koeffizientenverhältnis $D:A$ bestimmen wir, indem wir an einer der genannten Stellen noch die Art des Unendlichwerdens herbeiziehen. Wir brauchten dazu nur je den ersten Koeffizienten der betr. Reihenentwicklungen, wollen aber doch die drei ersten Koeffizienten berechnen, um die vorhergehenden Überlegungen wenigstens teilweise zu verifizieren. Wir haben nach § 82, (16) (vgl. auch § 106):

$$\begin{aligned}
\xi &= 1 - 16h + 128h^2 + \ldots,\\
y &= \quad\;\; 16h^2 - 128h^4 + \ldots,\\
(\xi-1)^2 &= 256h^2\{1 - 16h + 152h^2 + \ldots\},\\
(y-1)^2 &= 1 - 32h^2 + \ldots,\\
(\xi-1)^2(y-1)^2 &= 256h^2(1 - 16h + 120h^2 + \ldots),\\
\xi y &= 16h^2(1 - 16h + 120h^2 + \ldots).
\end{aligned}$$

Gleichung (8) ist also erfüllt, wenn

$$256A + 16(D - 4A) = 0$$

ist; mit andern Worten:

V. *Die zwischen $\xi = 1 - \lambda(\tau)$ und $y = \lambda(2\tau)$ bestehende Modulargleichung lautet:*

9) $$(\xi-1)^2(y-1)^2 - 16\xi y = 0.$$

Aus ihr erhält man die Modulargleichung für $y_1 = \lambda\left(\frac{\tau}{2}\right)$, indem man $\tau$ durch $-\frac{1}{\tau}$ ersetzt; dabei geht nach § 96 (1) $x$ in $1-\lambda(\tau) = \xi$ und $y$ in $\lambda\left(-\frac{2}{\tau}\right) = 1 - \lambda\left(\frac{\tau}{2}\right) = 1 - y_1$ über; *die Modulargleichung für $y_1 = \lambda\left(\frac{\tau}{2}\right)$ lautet also:*

10) $$(x-1)^2 y_1{}^2 - 16x(1-y_1) = 0.$$

*Die Modulargleichung für* $\lambda\left(\frac{1+\tau}{2}\right)$ erhält man wohl am bequemsten, wenn man in der eben abgeleiteten Gleichung die Substitution $S$ vornimmt, wodurch $x$ in $\frac{x}{x-1}$, $y_1$ in $y_2 = \lambda\left(\frac{1+\tau}{2}\right)$ übergeht; man erhält so:

$$11)\qquad y_2^{\,2} + 16\,x(1-x)(1-y_2) = 0.$$

## § 110. Berechnung des Periodenverhältnisses durch iterierte Transformation.

Durch wiederholte Anwendung der quadratischen Transformation kann man zur Berechnung des Periodenverhältnisses zu einem gegebenen Werte von $\lambda$ gelangen. Man kann z. B. successive:

$$1)\qquad \lambda_1 = \lambda(2\tau),\quad \lambda_2 = \lambda(4\tau), \ldots \lambda_\nu = \lambda(2^\nu\tau)$$

berechnen, solange bis man in § 82, (16) die höheren Potenzen von $\lambda_\nu$ bei der verlangten (relativen) Genauigkeit gegenüber der ersten vernachlässigen kann; dann giebt diese Gleichung:

$$2)\qquad \tau\pi i = \frac{1}{2^\nu}\log\frac{\lambda_\nu}{16}\,.$$

Oder man berechnet successive:

$$3)\qquad \lambda_{-1} = \lambda\left(\frac{\tau}{2}\right),\quad \lambda_{-2} = \lambda\left(\frac{\tau}{4}\right), \ldots, \lambda_{-\nu} = \lambda\left(\frac{\tau}{2^\nu}\right),$$

solange bis man in der aus § 82, (16) durch Anwendung der linearen Substitution $T$ hervorgehenden Gleichung die höheren Potenzen von $1-\lambda_{-\nu}$ vernachlässigen kann; dann erhält man:

$$4)\qquad -\frac{2\pi i}{\tau} = \frac{1}{2^\nu}\log\frac{1-\lambda_{-\nu}}{16}\,.$$

Bei Anwendung dieser Formeln muß man beachten, welcher Wert der auftretenden mehrdeutigen Funktionen jedesmal zu nehmen ist. Ist der gegebene Wert von $\lambda$ reell und zwischen 0 und 1 gelegen und will man denjenigen von den zugehörigen Werten von $\tau$ berechnen, der rein imaginär ist (vgl. § 93, I), so ist die Entscheidung einfach: *für jede der Größen (1) und (2) ist derjenige Wert zu nehmen, der ein reeller positiver echter Bruch ist* (es giebt jedesmal nur einen solchen), *und die Logarithmen in (2) und (4) sind reell zu nehmen.*

Die erforderlichen Rechnungen nehmen eine elegante Gestalt

an, wenn man die Modulargleichungen noch etwas umformt. Aus § 109, (9) erhält man z. B.:

$$(\xi - 1)(y - 1) = 4\sqrt{\xi}\sqrt{y}$$

oder:

$$1 - 2\sqrt{\xi}\sqrt{y} + \xi y = \xi + 2\sqrt{\xi}\sqrt{y} + y$$

und daraus durch abermalige Wurzelausziehung:

$$1 - \sqrt{\xi}\sqrt{y} = \sqrt{\xi} + \sqrt{y}$$

oder:

5) $$\sqrt{y} = \pm\frac{1 - \sqrt{\xi}}{1 + \sqrt{\xi}}.$$

(In dieser Gleichung ist für $0 < \xi < 1$ der positive Wert der Wurzel zu nehmen, wenn man auch für $y$ einen echten Bruch erhalten will.)

Eine andere aus dieser leicht abzuleitende Gestalt der Modulargleichung ist die folgende:

6) $$\sqrt{1 - y} = \frac{2\sqrt[4]{1 - x}}{1 + \sqrt{1 - x}}$$

(in der in dem bezeichneten Falle den Wurzeln ihr Hauptwert (I, § 63, III) beizulegen ist, wenn man den Hauptwert der linken Seite und zugleich einen echt gebrochenen Wert für sie erhalten will). Setzt man allgemein:

7) $$1 - \lambda(2^\nu\tau) = \xi_\nu = \frac{b_\nu^2}{a_\nu^2},$$

so kann man Gleichung (6) in die beiden folgenden spalten:

8) $$a_{\nu+1} = \frac{a_\nu + b_\nu}{2}, \quad b_{\nu+1} = \sqrt{a_\nu b_\nu}.$$

Man hat also aus den beiden Größen $a_0$ und $b_0$ (von denen die eine ganz willkürlich angenommen werden kann, während die andere dann durch sie bestimmt ist) das arithmetische und das geometrische Mittel zu bilden, dann mit diesen beiden Mittelwerten ebenso zu verfahren u. s. w., bis schließlich der Unterschied der beiden Mittel unterhalb der verlangten Genauigkeitsgrenze fällt.

Man kann durch elementare Schlüsse bestätigen, daß die durch (8) definierten Größen $a_\nu$, $b_\nu$ mit wachsendem Index $\nu$ gegen eine gemeinsame Grenze:

9) $$M(a_0, b_0) = \lim_{\nu=\infty} a_\nu = \lim_{\nu=\infty} b_\nu$$

konvergieren; man nennt diese Grenze das *arithmetisch-geometrische Mittel von $a_0$ und $b_0$.* Mit ihrer Hilfe kann man auch die Perioden selbst (nicht bloß ihr Verhältnis) berechnen; doch wollen wir darauf nicht näher eingehen.

Andererseits gewinnt man auch noch eine einfache Formel, wenn man je zwei Schritte der ersten Reihe von Transformationen in einen zusammenzieht. Man erhält nämlich aus

$$\sqrt{1-\lambda(2\tau)} = \frac{2\sqrt[4]{1-\lambda(\tau)}}{1+\sqrt{1-\lambda(\tau)}}$$

und:

$$\sqrt{\lambda(4\tau)} = \frac{1-\sqrt{1-\lambda(2\tau)}}{1+\sqrt{1-\lambda(2\tau)}}$$

zunächst:

$$\sqrt{\lambda(4\tau)} = \frac{1-2\sqrt[4]{1-\lambda(\tau)}+\sqrt{1-\lambda(\tau)}}{1+2\sqrt[4]{1-\lambda(\tau)}+\sqrt{1-\lambda(\tau)}}$$

und daraus durch eine abermalige Wurzelausziehung:

10) $$\sqrt[4]{\lambda(4\tau)} = \frac{1-\sqrt[4]{1-\lambda(\tau)}}{1+\sqrt[4]{1-\lambda(\tau)}}.$$

Man kann diese Formel mit Hilfe der Ausdrücke von $\lambda$ und $1-\lambda$ durch die Thetanullwerte (§ 56 und 63) leicht verifizieren.

## § 111. Die Modulfunktionen als Umkehrfunktionen der Quotienten von Integralen linearer Differentialgleichungen.

Bevor wir die Theorie der Modulfunktionen verlassen, wollen wir noch eine Eigenschaft derselben kennen lernen, aus der allein ihre ganze Theorie entwickelt werden kann. Wir knüpfen zu diesem Zwecke etwa wieder an die Sätze von § 78 an, indem wir sie mit den ersten Entwicklungen von § 93 in Verbindung bringen.

Fassen wir auf Grund von § 93 den dort definierten Wert von $\omega_1$ als Element (I, § 66) einer analytischen Funktion von $\lambda$ auf, so zeigt § 78, daß die Gesamtheit der analytischen Fortsetzungen dieser Funktion nicht eine eindeutige Funktion von $\lambda$ bilden, sondern eine unendlich vielwertige, deren sämtliche Werte aus zweien von ihnen, $\omega_1$ und $\omega_3$ in der Form:

1) $$\omega_1' = \alpha\,\omega_1 + \beta\,\omega_3$$

erhalten werden können, in der $\alpha$ und $\beta$ beliebige ganze Zahlen bezeichnen. Setzt man simultan (I, § 70 am Ende) den Zweig $\omega_3$ dieser Funktion fort, so erhält man ebenso

$$2) \qquad \omega_3' = \gamma\,\omega_1 + \delta\,\omega_3,$$

mit $\alpha\delta - \beta\gamma = 1$. Daraus geht hervor, daß wir aus $\omega_1$, $\omega_3$ und ihren Ableitungen eindeutige Funktionen von $\lambda$ kombinieren können; denn aus (1) und (2) folgt:

$$3) \qquad \omega_1' \frac{d\,\omega_3'}{d\,\lambda} - \omega_3' \frac{d\,\omega_1'}{d\,\lambda} = \omega_1 \frac{d\,\omega_3}{d\,\lambda} - \omega_3 \frac{d\,\omega_1}{d\,\lambda},$$

mit andern Worten:

I. *Die Funktion:*

$$4) \qquad p_0 = \omega_1 \frac{d\,\omega_3}{d\,\lambda} - \omega_3 \frac{d\,\omega_1}{d\,\lambda}$$

*ist eine in der ganzen Ebene eindeutige analytische Funktion von* $\lambda$.

Ebenso wird dasselbe bewiesen von den beiden Funktionen:

$$5) \qquad p_1 = \frac{d^2\,\omega_1}{d\,\lambda^2}\,\omega_3 - \frac{d^2\,\omega_3}{d\,\lambda^2}\,\omega_1$$

und:

$$6) \qquad p_2 = \frac{d\,\omega_1}{d\,\lambda}\,\frac{d^2\,\omega_3}{d\,\lambda^2} - \frac{d\,\omega_3}{d\,\lambda}\,\frac{d^2\,\omega_1}{d\,\lambda^2}.$$

Von diesen eindeutigen Funktionen folgt aus § 93, daß sie für alle von 0, 1, $\infty$ verschiedenen Werte von $\lambda$ sich regulär verhalten. Ihr Verhalten in der Umgebung von $\lambda = 0$ kann aus den Formeln von § 82 entnommen, ihr Verhalten in der Umgebung von $\lambda = 1$ und $\lambda = \infty$ daraus mit Hilfe der Formeln der linearen Transformation (§ 96) erschlossen werden. Man findet, daß diese Funktionen *rationale* Funktionen von $\lambda$ sind. Da andererseits die Determinante:

$$7) \qquad \begin{vmatrix} \omega & \dfrac{d\,\omega}{d\,\lambda} & \dfrac{d^2\,\omega}{d\,\lambda^2} \\[2ex] \omega_1 & \dfrac{d\,\omega_1}{d\,\lambda} & \dfrac{d^2\,\omega_1}{d\,\lambda^2} \\[2ex] \omega_3 & \dfrac{d\,\omega_3}{d\,\lambda} & \dfrac{d^2\,\omega_3}{d\,\lambda^2} \end{vmatrix}$$

Null wird, wenn man $\omega$ durch irgend eine lineare Kombination von $\omega_1$ und $\omega_3$ ersetzt, so erhält man durch Entwicklung dieser Determinante nach den Elementen ihrer ersten Zeile den Satz:

II. *Die Perioden des elliptischen Integrals I. Gattung genügen einer linearen homogenen Differentialgleichung II. Ordnung:*

8) $$p_0 \frac{d^2 \omega}{d \lambda^2} + p_1 \frac{d \omega}{d \lambda} + p_2 \omega = 0,$$

*deren Koeffizienten rationale Funktionen von $\lambda$ sind.*

Man kann diese Differentialgleichung auf dem angegebenen Wege aufstellen, indem man diese rationalen Funktionen durch ihre Pole und Residuen bestimmt. Eine symmetrischere Gestalt derselben erhält man, wenn man statt des $\lambda$ direkt einen Verzweigungspunkt als unabhängige Variable nimmt, unter Konstanthaltung der andern. Setzt man:

9) $$f_4(z) = (z - a) \chi_3(z),$$

so erhält man, wie in § 59:

$$\frac{\partial u}{\partial a} = \frac{1}{2} \int \frac{dz}{(z-a)^{3/2} \chi^{1/2}}$$

und daraus weiter:

$$\frac{\partial^2 u}{\partial a^2} = \frac{3}{4} \int \frac{dz}{(z-a)^{5/2} \chi^{1/2}}.$$

Das ist ein Integral II. Gattung (vgl. § 57), das bei $z = a$ von der 3. Ordnung unendlich wird. Von derselben Ordnung mit demselben Koeffizienten unendlich wird die algebraische Funktion der Fläche:

$$\psi(z) = -\frac{1}{2(z-a)^{3/2}} \cdot \frac{\sqrt{\chi(z)}}{\chi(a)}$$

$$= \frac{1}{2\chi(a)} \int \left\{ + \frac{3}{2} \frac{\sqrt{\chi(z)}}{(z-a)^{5/2}} - \frac{1}{2} \frac{\chi'(z)}{(z-a)\sqrt{f(z)}} \right\} dz.$$

Die Differenz:

$$\frac{\partial^2 u}{\partial a^2} - \psi(z) = \frac{1}{4\chi(a)} \int \frac{[3\chi(a) - 3\chi(z) + (z-a)\chi'(z)]\, dz}{(z-a)^{5/2} \sqrt{\chi(z)}}$$

$$= \frac{-1}{4\chi(a)} \int \frac{[2(z-a)\chi'(a) + \frac{1}{2}(z-a)\chi''(a)]\, dz}{(z-a)^{5/2} \sqrt{\chi(z)}}$$

wird bei $z = a$ nur noch von der ersten Ordnung unendlich und zwar wie

$$-\frac{\chi'(a)}{\chi(a)} \frac{\partial u}{\partial a}.$$

Es ist also:

$$\frac{\partial^2 u}{\partial a^2} + \frac{\chi'(a)}{\chi(a)} \frac{\partial u}{\partial a} - \psi(z)$$

ein Integral I. Gattung und zwar, wie die Rechnung zeigt,

$$= -\frac{1}{8}\frac{\chi''(a)}{\chi(a)}u.$$

Daraus folgt zunächst:

III. *Das Integral:*

$$u = \int_{z_0}^{z} \frac{dz}{\sqrt{(z-a)\chi(z)}}$$

*mit von a unabhängigen Grenzen genügt als Funktion von a der linearen Differentialgleichung „mit zweitem Glied“:*

$$10)\qquad \frac{\partial^2 u}{\partial a^2} + \frac{\chi'(a)}{\chi(a)}\frac{\partial u}{\partial a} + \frac{1}{8}\frac{\chi''(a)}{\chi(a)}u = \psi(z) - \psi(z_0);$$

und wenn man als Integrationsweg einen Periodenweg nimmt:

IV. *Die Perioden dieses Integrals genügen der linearen Differentialgleichung „ohne zweites Glied“:*

$$11)\qquad \frac{d^2\omega}{da^2} + \frac{\chi'(a)}{\chi(a)}\frac{d\omega}{da} + \frac{1}{8}\frac{\chi''(a)}{\chi(a)}\omega = 0.$$

Setzt man insbesondere $\chi(z) = z(1-z)$, so wird $\chi'(a) = 1 - 2a$, $\chi''(a) = -2$, also die Gleichung:

$$12)\qquad \frac{d^2\omega}{da^2} - \left(\frac{1}{a} + \frac{1}{a-1}\right)\frac{d\omega}{da} + \frac{1}{4}\left(\frac{1}{a} - \frac{1}{a-1}\right)\omega = 0.$$

Umgekehrt ist durch eine solche Gleichung $a$, bezw. $\lambda$ als Funktion des Quotienten zweier linear unabhängigen Integrale dieser Gleichung definiert.

# ZWÖLFTER ABSCHNITT.

## Teilung und Transformation.

### § 112. Mehrwertige unverzweigte Funktionen auf der elliptischen RIEMANN'schen Fläche.

Wir kehren nun zu den elliptischen Funktionen zurück. In den früheren Abschnitten haben wir unser Augenmerk in erster Linie auf solche Funktionen gerichtet, welche auf der vorgelegten RIEMANNschen Fläche *einwertig* waren; darüber hinaus wollen wir nunmehr auch Funktionen in Betracht ziehen, die in jedem Punkte der Fläche *mehrere* Werte besitzen.

Natürlich wird eine auf unserer zweiblättrigen Fläche $m$-wertige Funktion auch einfach als eine in der $z$-Ebene $2m$-wertige Funktion aufgefaßt und auf einer über dieser Ebene $(2m)$ blättrig ausgebreiteten Fläche untersucht werden können. Das Umgekehrte wird aber nicht immer der Fall sein. Seien nämlich:

$$\sigma_1, \sigma_2 \ldots \sigma_m; \quad \bar{\sigma}_1, \bar{\sigma}_2 \ldots \bar{\sigma}_m$$

die Werte, die eine auf unserer Fläche $F$ $m$-wertige Funktion in zwei übereinanderliegenden Punkten $z$ und $\bar{z}$ der Fläche besitzt; sie werden im allgemeinen alle $2m$ voneinander verschieden sein. Läßt man $z$ einen geschlossenen Weg auf $F$ beschreiben, so werden die ersten $m$ Werte irgendwie unter sich permutiert, ebenso die letzten. Läßt man dagegen $z$ einen Weg beschreiben, der nur in der $z$-Ebene geschlossen ist, auf $F$ aber von $z$ nach $\bar{z}$ führt, so wird die Gesamtheit der $m$ ersten Werte mit der Gesamtheit der $m$ letzten vertauscht. Daraus folgt zunächst:

I. *Eine auf der $z$-Ebene $2m$-wertige Funktion $\sigma$ kann nur dann als auf der Fläche $F$ $m$-wertige Funktion angesehen werden, wenn es möglich ist, die $2m$ Werte von $\sigma$ so in zwei Systeme zu je $m$ zu verteilen, daß bei Umkreisung einer geraden Anzahl der Verzweigungspunkte von $F$ die Werte jedes Systems nur unter sich permutieren, bei Umkreisung einer ungeraden Anzahl die beiden Systeme miteinander vertauscht werden.*

II. *Diese Bedingung ist aber auch hinreichend.*

Denn wenn sie erfüllt ist, kann man die $m$ Werte des einen Systems dem einen, die $m$ Werte des andern Systems dem andern von zwei übereinanderliegenden Punkten der Riemannschen Fläche zuweisen; und an dieser Zuteilung wird dann auch nichts geändert, wenn man die unabhängige Variable beliebige auf der Fläche geschlossene Wege beschreiben läßt.

Will man für die Untersuchung einer solchen Funktion ein geometrisches Substrat haben, auf dem sie als eindeutige und stetige Funktion des Ortes ausgebreitet werden kann, so muß man sich die zweiblättrige Riemannsche Fläche noch $m$-fach überdeckt vorstellen; ebenso wie man sich (vgl. I, §§ 55, 67) die Ebene, bezw. die Kugel mehrfach überdeckt vorstellt, um auf diesen Flächen mehrwertige Funktionen zu untersuchen. Es ist nicht leicht, sich von einer solchen $m$-fachen Überdeckung einer Riemannschen Fläche eine einigermaßen klare Vorstellung zu verschaffen, wenn man an der mehrblättrig über der Ebene oder Kugel ausgebreiteten Gestalt einer solchen Fläche festhält. Dagegen hat es gar keine Schwierigkeit, sich eine solche Überdeckung der Torusfläche vorzustellen, in die wir in § 2 die zweiblättrige Fläche mit vier Verzweigungspunkten deformiert haben. Eine solche Torusfläche kann ebenso bequem wie die einfache Kugel mit einer Anzahl Blätter überdeckt werden, die in geeigneter Weise durch in Verzweigungspunkten endigende Übergangslinien miteinander in Verbindung stehen.

Dabei tritt aber eine Möglichkeit auf, die auf der Kugel ausgeschlossen ist. Wollen wir die Kugel mehrfach überdecken und die verschiedenen Blätter der Überdeckung in Übergangslinien miteinander zusammenhängen lassen, so müssen diese Übergangslinien notwendig in Verzweigungspunkten endigen. Geschlossene Übergangslinien sind auf der Kugel illusorisch. Denn jede geschlossene Linie auf der Kugel zerlegt sie in zwei ganz voneinander getrennte Teile; führen wir also durch beide Blätter einer doppelt überdeckten Kugel einen Schnitt $L$ aus, der das eine Blatt in $A$ und $B$, das andere in $A'$ und $B'$ zerlegt, und heften nun $A$ an $B'$ und $A'$ an $B$ (Fig. 46), so haben wir einfach zwei Kugeln $(A + B')$ und $(A' + B)$ vor uns, die längs $L$ durcheinander durchgesteckt (miteinander verschlungen) sind. Wenn also nicht etwa noch an andern Stellen Zusammenhang zwischen beiden Blättern stattfindet, ist er durch die Übergangslinie $L$ auch nicht hergestellt; die beiden Kugeln $(A + B)$ und $(A' + B')$ haben nur die Stücke $B$ und $B'$ miteinander ausgetauscht. Ein auf einer derartigen doppelten Überdeckung stetig ausgebreiteter Wertevorrat würde nicht eine zweiwertige, sondern zwei getrennte einwertige Funktionen vorstellen; es würde nicht möglich sein, durch analytische Fortsetzung von der einen zu der andern zu gelangen.

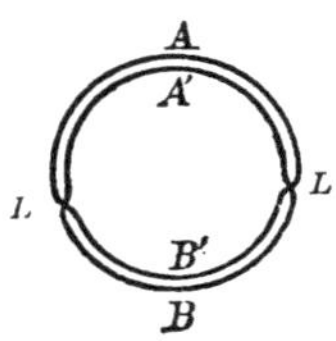

Fig. 46.

Auf der Torusfläche ist das anders. Denn eine solche wird nicht durch jede geschlossene Linie in zwei getrennte Teile zerlegt; z. B. nicht durch einen Meridiankreis. Infolgedessen erhalten wir eine einzige zusammenhängende Fläche, wenn wir zwei ineinandersteckende, längs eines Meridiankreises aufgeschnittene Torusflächen längs dieses Schnittes kreuzweise aneinanderheften. Bezeichnen wir nämlich die beiden an den Schnitt anstoßenden Gebiete des einen Blattes bezw. mit $A$, $B$, die des andern mit $A'$, $B'$, so ist es sowohl möglich, über die Übergangslinie hinüber von $A$ nach $B'$ und von $A'$ nach $B$ zu kommen, als auch, etwa längs eines Parallelkreises der Fläche, von $A$ nach $B'$ und von $A'$ nach $B$. Ein auf einer solchen doppelt überdeckten Ringfläche stetig ausgebreiteter Wertevorrat wird also eine auf der einfachen Ringfläche zweiwertige Funktion vorstellen, die relativ zu dieser nirgends verzweigt ist.

In der That haben wir solche auf der Fläche zwar vieldeutige, aber unverzweigte Funktionen bereits in den Integralen I. und II. Gattung kennen gelernt. Überhaupt ist jede eindeutige Funktion von $u$ eine auf der Fläche unverzweigte Funktion.

Diese letztere Behauptung gestattet folgende Umkehrung:

III. *Jede auf unserer zweiblättrigen Fläche unverzweigte und von wesentlichen Singularitäten freie Funktion ist eine eindeutige Funktion von $u$.*

Es ist nämlich nach § 7, V die zu irgend einem Punkt der Fläche gehörende regularisierende Hilfsvariable stets eine reguläre Funktion von $u$. Ist also eine Funktion auf der Fläche gegeben, die in der Umgebung jedes Punktes, in dem sie überhaupt definiert ist, eine eindeutige Funktion von $t$ ist, so wird sie als Funktion von $u$ betrachtet in der Umgebung jedes Punktes $u$, für den sie definiert ist, sich entweder regulär verhalten oder einen Pol haben. Daraus wird geschlossen werden können, daß sie eine in ihrem ganzen Definitionsbereiche eindeutige Funktion von $u$ ist, sofern dieser Bereich einfach zusammenhängend ist. Das wird namentlich dann der Fall sein, wenn dieser Bereich die *ganze* $u$-Ebene überdeckt; dazu ist aber erforderlich, daß der Definitionsbereich auf der Fläche die ganze Fläche überdeckt, da nach den Ergebnissen des VI. Abschnitts jedem Wert von $u$ ein Punkt der Fläche entspricht.

## § 113. Endlichvieldeutige unverzweigte Funktionen auf der elliptischen Riemann'schen Fläche; das allgemeine Transformationsproblem.

Ist eine eindeutige Funktion von $u$, $f(u)$, als Funktion von $z$ betrachtet, auf unserer Fläche *endlich*vieldeutig, sodaß zu ihrer Darstellung nur eine Überdeckung der Fläche mit einer endlichen Blätterzahl erforderlich ist, so können die unendlich vielen Werte (bezw. Funktionselemente):

$$f(u + 2\,k_1\,\omega_1), \quad k_1 = 0, \ \pm 1, \ \pm 2 \ldots \text{ in inf.}$$

nicht alle voneinander verschieden sein. Es muß also notwendig mindestens zwei ganze Zahlen $k_1$, $k_1'$ von der Beschaffenheit geben, daß identisch, d. h. für alle Werte von $u$, die Gleichung besteht:

$$1) \qquad f(u + 2 k_1 \omega_1) = f(u + 2 k_1' \omega_1).$$

Ersetzen wir in dieser Gleichung $u$ durch $u - 2 k_1 \omega_1$, und schreiben $m_1$ für $k_1' - k_1$, so sagt sie aus: es giebt eine ganze Zahl $m_1$ von der Beschaffenheit, daß identisch:

$$2) \qquad f(u + 2 m_1 \omega_1) = f(u)$$

ist. Da wir ebenso eine Zahl $m_3$ so bestimmen können, daß identisch:

$$3) \qquad f(u + 2 m_3 \omega_3) = f(u)$$

ist, so können wir den Satz aussprechen:

I. *Jede auf unserer zweiblättrigen Fläche endlich vieldeutige, unverzweigte und von wesentlichen Singularitäten freie Funktion ist eine elliptische Funktion des Integrals I. Gattung, für die aber nicht schon die Periodicitätsmoduln dieses Integrals, sondern erst gewisse Vielfache derselben Perioden sind.*

Die Bestimmung der Funktionen des Periodenparallelogramms $(2 m_1 \omega_1, 2 m_3 \omega_3)$ aus den Funktionen des Periodenparallelogramms $(2 \omega_1, 2 \omega_3)$ kann in zwei Schritte zerlegt werden, indem man von $\omega_1$, $\omega_3$ zuerst zu:

$$4) \qquad \bar{\omega}_1 = m_1 \omega_1, \quad \bar{\omega}_3 = \omega_3$$

und dann erst zu:

$$5) \qquad \bar{\bar{\omega}}_1 = \omega_1, \quad \bar{\bar{\omega}}_3 = m_3 \omega_3$$

übergeht. Da wir vermöge der linearen Periodentransformation $T$ die beiden Fundamentalperioden vertauschen können, sind die beiden durch (4) und (5) geforderten Schritte im wesentlichen von derselben Natur und es genügt, wenn wir uns mit einem von ihnen beschäftigen.

II. *Den Übergang von Funktionen des Periodenparallelogramms $(2 \omega_1, 2 \omega_3)$ zu solchen des Periodenparallelogramms $(2 m \omega_1, 2 \omega_3)$ bezeichnet man als Transformation $m^{\text{ten}}$ Grades der elliptischen Funktionen* (vgl. § 106).

(In älteren Büchern wird dieses Problem als das inverse, seine Umkehrung als das direkte Transformationsproblem bezeichnet.)

Ist $m$ eine zusammengesetzte Zahl, $= \mu \nu$, so sieht man, daß man das Problem der Transformation $m^{\text{ten}}$ Grades dadurch erledigen kann, daß man erst eine Transformation $\mu^{\text{ten}}$, dann eine $\nu^{\text{ten}}$ Grades vornimmt. Wir dürfen uns daher auf die Betrachtung primzahliger Transformationsgrade beschränken.

Sei also $m$ eine Primzahl, $f(u)$ irgend eine elliptische Funktion des Periodenparallelogramms $(2m\omega_1, 2\omega_3)$. Vermehren wir das Argument $u$ um irgend welche Perioden des ursprünglichen Systems, so erhalten wir aus jedem Werte $f(u)$ im ganzen $m$ verschiedene Werte:

6) $$f_k(u) = f(u + 2k\omega_1); \quad (k = 0, 1, 2 \ldots m-1);$$

bei Vermehrung von $u$ um irgend welche Perioden des ursprünglichen Systems werden diese $m$ Werte nur unter sich vertauscht. Ihre symmetrischen Funktionen bleiben also dabei ganz ungeändert; daraus folgt:

III. *Jede elliptische Funktion mit den Perioden* $(2m\omega_1, 2\omega_3)$ *genügt einer algebraischen Gleichung* $m^{ten}$ *Grades, deren Koeffizienten elliptische Funktionen mit den Perioden* $(2\omega_1, 2\omega_3)$ *sind.*

Wir können aber von dieser algebraischen Gleichung noch mehr aussagen. Denn durch Vermehrung von $u$ um Perioden können wir nicht jede beliebige Vertauschung der $m$ Funktionswerte (6) erreichen, sondern nur ganz bestimmte. Gehen wir z. B. von der Anordnung:

$$f_0, \; f_1, \; f_2 \ldots f_{m-3}, \; f_{m-2}, \; f_{m-1}$$

aus, so erhalten wir aus ihr durch wiederholte Vermehrung des Arguments um $2\omega_1$ nur die folgenden $m-1$ weiteren Anordnungen:

7) $$\left\{\begin{array}{llllll} f_1, & f_2, & f_3 \ldots f_{m-2}, & f_{m-1}, & f_0 \\ f_2, & f_3, & f_4 \ldots f_{m-1}, & f_0, & f_1 \\ \cdot & \cdot & \cdot\;\cdot\;\cdot\;\cdot & \cdot & \cdot \\ f_{m-2}, & f_{m-1}, & f_0 \ldots f_{m-5}, & f_{m-4}, & f_{m-3} \\ f_{m-1}, & f_0, & f_1 \ldots f_{m-4}, & f_{m-3}, & f_{m-2} \end{array}\right.$$

und hierauf wieder die ursprüngliche. Man kann diese Umsetzungen sehr einfach durch Kongruenzen zwischen den Indices charakterisieren; für die $h^{te}$ von ihnen ist:

8) $$k' \equiv k + h \pmod{m}.$$

Man pflegt das in der in der Algebra üblichen Terminologie (vgl. § 104, VI) so auszudrücken:

IV. *Die Monodromiegruppe des Transformationsproblems in Bezug auf die elliptischen Funktionen des ursprünglichen Periodenparallelo-*

*gramms ist die durch die Kongruenzen (8) charakterisierte cyklische Gruppe.*

Daraus geht hervor, daß die algebraische Gleichung, deren Existenz unter (III) behauptet wurde, von sehr spezieller Natur ist: nicht allein ihre Koeffizienten, also die symmetrischen Funktionen der Wurzeln sind bekannt, sondern auch noch gewisse unsymmetrische Funktionen derselben. Jede rationale Funktion der $f_k$ nämlich, die unverändert bleibt, wenn man auf die $f'_k$ eine der Vertauschungen (7) ausübt, bleibt ungeändert, wenn man $u$ um eine der ursprünglichen Perioden vermehrt, ist also eine elliptische Funktion des gegebenen Parallelogramms. Eine solche Funktion können wir uns auf folgende Weise verschaffen:

Wir bilden zunächst, indem wir:

9) $$e^{\frac{2\pi i}{m}} = \varepsilon$$

setzen, die „*Lagrangesche Resolventenfunktion*“:

10) $$F_1 = f_0 + \varepsilon f'_1 + \varepsilon^2 f'_3 + \dots + \varepsilon^{m-1} f'_{m-1}.$$

Für sie ergiebt sich:

11) $$\begin{cases} F_1(u + 2\omega_1) = f'_1 + \varepsilon f'_2 + \varepsilon^2 f'_2 + \dots + \varepsilon^{m-1} f'_0 \\ \qquad = \varepsilon^{-1} F_1(u) \end{cases}$$

(und natürlich $F_1(u + 2\omega_3) = F_1(u)$). Diese Funktion ist also eine elliptische Funktion II. Art, und ihre $n^{\text{te}}$ Potenz ist eine elliptische Funktion I. Art. Ebenso wird gezeigt, daß die $m^{\text{ten}}$ Potenzen der $m - 1$ Funktionen

12) $$F_k = f_0 + \varepsilon^k f'_1 + \varepsilon^{2k} f_2 + \dots + \varepsilon^{(m-1)k} f'_{m-1}, \quad k = 1, 2, \dots m - 1$$

elliptische Funktionen I. Art sind, sowie auch die Funktion

13) $$F_0 = f_0 + f'_1 + f'_2 + \dots + f_{m-1}.$$

Diese Funktionen $F_k^m$ und $F_0$ kann man durch die Funktionen $\wp u$ und $\wp' u$ des ursprünglichen Periodenparallelogramms rational ausdrücken, sowie man die Pole der Funktion $f(u)$ und die zugehörigen Entwicklungskoeffizienten kennt. Die Bestimmung der Funktionen $F_k$ selbst scheint dann auf den ersten Blick noch die Ausziehung von $(m - 1)$ $m^{\text{ten}}$ Wurzeln zu erfordern; man überzeugt sich jedoch folgendermaßen, daß die Ausziehung einer einzigen solchen Wurzel genügt: Ebenso wie die Funktion $F_1$ der Gleichung (10) genügt, genügt $F_k$ der Gleichung:

14) $$F_k(u + 2\omega_1) = \varepsilon^{-k} F_k(u).$$

Daraus folgt, daß

$$F_k(u)\, F_1^{-k}(u)$$

eine elliptische Funktion I. Art ist, die wir wieder aus ihren Polen und Entwicklungskoeffizienten bestimmen können. Also bedarf es, sobald $F_1$ bekannt ist, keiner weiteren Wurzelausziehung mehr, um sämtliche $F_k$ zu bestimmen. Sind sie gefunden, so bedarf es zur Bestimmung der $f_k$ nur noch der Auflösung der linearen Gleichungen (10), (12) und (13), die vermöge elementarer Eigenschaften der Einheitswurzeln durch die Formel geschieht:

$$15)\quad f_k = \frac{1}{m}\left(F_0 + \varepsilon^{-k} F_1 + \varepsilon^{-2k} F_2 + \ldots + \varepsilon^{-(m-1)k} F_{m-1}\right).$$

Wir können also sagen:

V. *Das Transformationsproblem läßt sich durch Ausziehung einer $m^{ten}$ Wurzel lösen.*

Man beachte aber wohl, in welchem Sinne dieser Satz allein bewiesen und überhaupt richtig ist. Wir haben im Laufe der Untersuchung ohne weiteres alle rationalen Funktionen des ursprünglichen Periodenparallelogramms als „rational bekannt" angesehen. Das sind sie auch, da man sie nach § 24, III rational durch die Funktionen $\wp u$ und $\wp' u$ dieses Parallelogramms ausdrücken kann — aber nur insofern man sich über die Natur der *Koeffizienten* dieser Ausdrücke keine Sorgen macht. Fragt man aber nach diesen, so sieht man: es sind Funktionen der Perioden, die nicht bei beliebigen linearen Transformationen derselben ungeändert bleiben, sondern nur bei solchen, bei welchen die Periode $\omega_1$ ungeändert bleibt; also Modulfunktionen, die zu der in § 106 definierten Untergruppe der Modulgruppe gehören. Wir müssen also Satz V durch den Zusatz ergänzen:

VI. *Satz V gilt in dem Sinne, daß dabei die transformierten Moduln als bekannt angesehen werden müssen, von denen wir in § 106 bereits erwähnt haben, daß sie sich nicht durch Wurzelziehen bestimmen lassen.*

## § 114. Das allgemeine Teilungsproblem.

Nahe zusammen mit dem allgemeinen Transformationsproblem hängt das in § 104 schon formulierte *allgemeine Teilungsproblem*, d. h. die Aufgabe:

I. *Gegeben sind die Werte der elliptischen Funktionen eines bestimmten Periodenparallelogramms für das Argument u; gesucht die Werte der Funktionen desselben Parallelogramms für das Argument u/n.*

Sei $f(u \mid \omega_1, \omega_3)$ die vorgelegte Funktion. Unbeschadet der Allgemeinheit dürfen wir voraussetzen, sie sei eine *homogene* Funktion der drei Variabeln $u$, $\omega_1$, $\omega_3$, d. h. es gebe einen Exponenten $k$ von der Beschaffenheit, daß für jedes Wertesystem dieser drei Variabeln und für jeden Faktor $n$:

$$f(nu \mid n\omega_1, n\omega_3) = n^k f(u \mid \omega_1, \omega_3)$$

ist. Denn jede beliebige elliptische Funktion kann aus Funktionen dieser Eigenschaft, nämlich aus $pu$ und $p'u$, zusammengesetzt werden (§ 17, IV; § 24, III). Dann ist aber die Aufgabe der Bestimmung von $f\left(\frac{u}{n} \middle| \omega_1, \omega_3\right)$ identisch mit der der Bestimmung von $f(u \mid n\omega_1, n\omega_3)$, also ein spezieller Fall der in § 113, I besprochenen allgemeinen Aufgabe (für $m_1 = m_3 = n$). Ihre Lösung kann daher ganz wie es dort geschehen ist, in zwei Schritte zerlegt werden, indem man von $f(u \mid \omega_1, \omega_3)$ zunächst zu $f(u \mid n\omega_1, \omega_3)$ und dann von diesem zu $f(u \mid n\omega_1, n\omega_3)$ übergeht. Wir sprechen diesen Satz noch einmal in ausdrücklicher Formulierung so aus:

II. *Die Lösung des allgemeinen $n$-Teilungsproblems geschieht dadurch, daß man nacheinander zwei Transformationen $n^{\text{ten}}$ Grades ausführt; sie erfordert also die Ausziehung zweier $n^{\text{ten}}$ Wurzeln.*

Auch bei diesem Satze, wie bei § 113, V, sind die Modulfunktionen $n^{\text{ter}}$ Stufe als schon bekannt anzusehen.

## § 115. Die quadratische Transformation von $pu$.

Die allgemeinen Ansätze der beiden vorhergehenden Paragraphen mögen für den einfachsten Fall $n = 2$ noch im einzelnen durchgeführt werden.

Was zunächst die Transformation zweiten Grades betrifft, so haben wir zufolge § 113, (10), (13), wenn wir abkürzend $\bar{p}u$ für $p(u \mid 2\omega_1, \omega_3)$ schreiben, die beiden Funktionen zu betrachten:

$$\bar{p}u + \bar{p}(u + 2\omega_1),$$
$$(\bar{p}u - \bar{p}(u + 2\omega_1))^2.$$

Die erste ist, als Funktion des ursprünglichen Periodenparallelogramms, eine Funktion zweiter Ordnung, die bei $u = 0$ unendlich wird, wie

$$\frac{1}{u^2} + \bar{p}(2\omega_1),$$

also gleich:

1) $$pu + \bar{p}(2\omega_1);$$

die zweite ist eine Funktion vierter Ordnung, die bei $u = 0$ unendlich wird, wie:

$$\left(\frac{1}{u^2} - \bar{p}(2\omega_1)\right)^2,$$

also gleich:

2) $$\tfrac{1}{6}p''u - 2\bar{p}(2\omega_1)pu + \bar{p}^2(2\omega_1)$$

(vgl. § 24, I). Man erhält also:

3) $$2\bar{p}u = pu + \bar{p}(2\omega_1) \pm \sqrt{\tfrac{1}{6}p''u - 2\bar{p}(2\omega_1)pu + \bar{p}^2(2\omega_1)}.$$

Man sieht, übereinstimmend mit Satz VI von § 113, daß in diesen Formeln die transformierte Modulfunktion $\bar{p}(2\omega_1) = \bar{e}_1$ auftritt.

Man kann die Beziehung zwischen $pu$ und $\bar{p}u$ auch auf anderem Wege erhalten, indem man umgekehrt $pu$ als Funktion des Periodenparallelogramms $(2\omega_1, 2\omega_3)$ betrachtet. Als solche wird sie unendlich groß in den beiden für dieses Parallelogramm inkongruenten Punkten 0 und $2\omega_1$, ist also

4) $$= \bar{p}u + \bar{p}(u + 2\omega_1).$$

Ersetzt man den zweiten Summanden durch seinen Wert aus § 23, (6), so erhält man nach einiger Umrechnung:

5) $$pu = \bar{p}u + \frac{(\bar{e}_1 - \bar{e}_2)(\bar{e}_1 - \bar{e}_3)}{\bar{p}u - \bar{e}_2}.$$

Man kann übrigens auch Gleichung (4) (einfacher noch die aus ihr durch Differentiation nach $u$ sich ergebende Gleichung für $p'u$) direkt aus der definierenden Partialbruchentwicklung (§ 17, (3) oder (4)) gewinnen, indem man in ihr die Glieder mit geradem und die mit ungeradem $k_1$ je für sich zusammenfaßt.

Zu den Funktionen des Periodenparallelogramms $(4\omega_1, 2\omega_3)$ gehört nach § 33, II auch der Sigmaquotient

$$\frac{\sigma_3(u \mid \omega_1, \omega_3)}{\sigma(u \mid \omega_1, \omega_3)};$$

er muß sich daher rational durch $\bar{p}u$ und $\bar{p}'u$ ausdrücken lassen, und zwar, da er eine ungerade Funktion ist, als Produkt aus $\bar{p}'u$ in eine rationale Funktion von $pu$. Man erhält diesen Ausdruck durch Vergleichung der Formeln dieses Paragraphen mit § 30, (5), oder durch Vergleichung der Pole und Residuen. Man findet:

$$6)\quad \begin{cases} \dfrac{\sigma_3(u)}{\sigma u} = \zeta(u) - \zeta(u + 2\omega_1) + \zeta(2\omega_1) \\ \qquad = -\dfrac{1}{2}\dfrac{\wp' u}{\wp u - e_1} \end{cases}$$

(nach § 23, (4)).

## § 116. Algebraische Formulierung des allgemeinen Transformationsproblems.

Die Entwicklungen der vorhergehenden Paragraphen zeigen: wenn $x = \wp(u \mid \omega_1, \omega_3)$, $y = \wp(u \mid n\omega_1, \omega_3)$ gesetzt wird, so sind $x$ und $\sqrt{X}$ rationale Funktionen von $y$ und $\sqrt{Y}$. Man kann diesen Satz auch anders wenden, indem man an die Integrale anknüpft; er sagt dann aus: *wenn ein elliptisches Integral I. Gattung:*

$$\int \frac{dx}{\sqrt{X}}$$

*vorgelegt ist, so ist es in mannigfaltiger Weise möglich, $x$ und $\sqrt{X}$ so als rationale Funktionen einer neuen Variabeln $y$ und der Quadratwurzel aus einer ganzen Funktion dritten oder vierten Grades $Y$ von $y$ auszudrücken, daß:*

$$1)\qquad \int \frac{dx}{\sqrt{X}} = \int \frac{dy}{\sqrt{Y}}$$

*wird.* Man kann dieses Problem auch algebraisch angreifen; wir wollen uns aber dabei auf den Fall beschränken, daß $x$ eine rationale Funktion von $y$ allein, ohne $\sqrt{Y}$, werden soll.[1]

Sei $x = \dfrac{U}{V}$, unter $U$, $V$ teilerfremde ganze Funktionen $n^{\text{ten}}$ Grades von $y$ verstanden. Dann geht das Integral:

$$2)\qquad u = \int \frac{dx}{\sqrt{(x-\alpha_0)(x-\alpha_1)(x-\alpha_2)(x-\alpha_3)}}$$

über in:

$$3)\qquad \int \frac{V\,dU - U\,dV}{\sqrt{(U-\alpha_0 V)(U-\alpha_1 V)(U-\alpha_2 V)(U-\alpha_3 V)}};$$

[1] Ohne Beweis sei erwähnt, daß der allgemeine Fall auf diesen speziellen durch Anwendung der Additionstheoreme zurückgeführt werden kann.

und dieses Integral ist dann, und nur dann ein elliptisches, wenn von den $4n$ linearen Faktoren, in die die ganze Funktion $(4n)^{\text{ten}}$ Grades unter dem Wurzelzeichen zerlegt werden kann, nur vier unter ihm stehen bleiben, während die $4n-4$ übrigen paarweise einander gleich sind, sodaß eine Funktion $(2n-2)^{\text{ten}}$ Grades vor das Zeichen gesetzt werden kann. Nun können zwei der Funktionen $U - \alpha_k V$ keinen Faktor gemein haben; denn da die $\alpha_k$ alle voneinander verschieden sind, wäre ein solcher Faktor auch in $U$ und $V$ enthalten, gegen die Voraussetzung, daß $U$ und $V$ teilerfremd sein sollten. *Also ist das transformierte Integral dann, und nur dann ein elliptisches, wenn die vier Funktionen $U - \alpha_k V$ zusammengenommen gerade $2n-2$ Doppelfaktoren haben.*

Dann ist es aber auch stets ein Integral *erster* Gattung. Denn jeder Doppelfaktor einer der Funktionen $U - \alpha_k V$ ist zugleich einfacher Faktor von $\frac{dU}{dx} - \alpha_k \frac{dV}{dx}$, also auch Faktor der *Funktionaldeterminante:*

$$4)\qquad V\frac{dU}{dx} - U\frac{dV}{dx} = V\frac{d(U-\alpha_k V)}{dx} - (U - \alpha_k V)\frac{dV}{dx}$$

und hebt sich folglich aus Zähler und Nenner von (3) heraus. Die Funktionaldeterminante scheint nach ihrer Definition vom Grade $2n-1$ zu sein; in der That ist sie nur vom Grade $2n-2$, da die Glieder $(2n-1)^{\text{ter}}$ Ordnung sich wegheben. Daraus folgt, daß die Funktionaldeterminante unter den gemachten Voraussetzungen jedenfalls dann, wenn ihre $2n-2$ Faktoren alle verschieden sind, gerade aus dem Produkt jener $2n-2$ Doppelfaktoren besteht, sich also aus Zähler und Nenner von (3) vollständig weghebt. Es bleibt also im Zähler nur $dy$, im Nenner die Quadratwurzel aus einer ganzen Funktion dritten oder vierten Grades von $y$ stehen; das transformierte Integral ist also ein elliptisches Integral erster Gattung von $y$, w. z. b. w.

Die Gleichung zwischen $x$ und $y$ ist natürlich nur insofern bestimmt, als man sowohl auf $x$, wie auf $y$ noch eine lineare Transformation (§ 62) anwenden kann. Man kann versuchen, sie durch geeignete Wahl dieser Transformationen möglichst zu vereinfachen; wir wollen das an den einfachsten Beispielen durchführen.

Im Falle $n = 2$ müssen zwei von den Faktoren $U - \alpha_k V$ vollständige Quadrate linearer Funktionen von $y$ werden; wir können auf $y$ eine lineare Transformation ausüben, sodaß der Nullpunkt einer dieser Funktionen nach 0, der der andern nach $\infty$ fällt. Ferner können wir durch eine lineare Transformation von $x$ erreichen, daß von den zugehörigen Verzweigungspunkten der Fläche über der $x$-Ebene auch der eine nach 0, der andere nach $\infty$ fällt. Dann hat die Gleichung zwischen $x$ und $y$ einfach die Form:

$$5)\qquad x = y^2$$

und man erhält so den Satz:

*Jedes elliptische Integral der Form:*

$$6)\qquad u = \int \frac{dx}{\sqrt{x(x-a_2)(x-a_3)}}$$

*wird durch die quadratische Transformation (5) übergeführt in ein ebensolches Integral der Form:*

$$7)\qquad u = 2\int \frac{dy}{\sqrt{(y^2-a_2)(y^2-a_3)}}.$$

*Man kann also die quadratischen Transformationen, die ein vorgelegtes elliptisches Integral zuläßt, sofort angeben, sowie man seine Verzweigungspunkte kennt: die Aufsuchung der möglichen quadratischen Transformationen und die Auflösung der Gleichung $f(x) = 0$ sind äquivalente algebraische Probleme.*

Hat insbesondere das vorgelegte Integral (6) die *erste* Normalform (§ 63), so erscheint das transformierte Integral (7) in der *dritten* (§ 65). Man kann also ein elliptisches Integral dadurch auf die Legendresche Normalform bringen, daß man es erst durch eine lineare Transformation in die erste Normalform überführt und dann eine quadratische Transformation anwendet. Von dieser Methode wird in älteren Schriften vielfach Gebrauch gemacht.

Hieraus erklärt es sich auch, weshalb bei unserer Entwicklung die Funktionen Jacobis, die ursprünglich als Umkehrungsfunktionen von Integralen der Legendreschen Normalform definiert waren, als Funktionen *zweiter Stufe* auftraten: setzt man z. B.

$$8)\qquad x = \wp u - e_1, \quad y = \frac{\sigma_1(u)}{\sigma(u)},$$

so besteht zwischen $x$ und $y$ die Gleichung (5) und man erhält einerseits aus § 18, (9):

$$9)\qquad u = \int \frac{dx}{\sqrt{4x(x-(e_2-e_1))(x-(e_3-e_1))}},$$

andererseits aus § 34, (8):

$$10)\qquad u = \int \frac{dy}{\sqrt{(y^2-(e_2-e_1))(y^2-(e_3-e_1))}},$$

in Übereinstimmung mit den Formeln (6) und (7).

Übrigens ist durch diese Überlegungen auch eine im XI. Abschnitt noch beiseite gelassene Frage beantwortet, nämlich die nach der Abhängigkeit des in der LEGENDREschen Normalform auftretenden Koeffizienten $\mu^4$ vom Periodenverhältnis $\tau$. Man sieht:

Wird ein elliptisches Integral durch eine lineare Transformation in die LEGENDREsche Normalform übergeführt, so erhält die auftretende Konstante $\mu^4$ einen der 24 verschiedenen Werte von $\lambda(2\tau)$.

Wir wollen uns noch direkt davon überzeugen, in welcher Weise die Perioden der Integrale (6) und (7) miteinander zusammenhängen. Wir sehen:

Dem Periodenweg $A$ des Integrals (6), der von $-\infty$ auf der einen Seite der Halbaxe der negativ reellen Zahlen nach 0, um 0 herum und auf der andern Seite jener Halbaxe nach $-\infty$ zurückführt, entspricht in der $y$-Ebene ein Weg längs der Axe der rein imaginären Zahlen von $\infty$ über 0 nach $\infty$ zurück. Dieser Weg kann auf eine Umkreisung von $\sqrt{\alpha_2}$ und $\sqrt{\alpha_3}$, oder von $-\sqrt{\alpha_2}$ und $-\sqrt{\alpha_3}$ zusammengezogen werden, ist also auch für das Integral (7) ein Periodenweg.

Dem Wege $B$, der die Punkte 0 und $\alpha_2$ umgiebt, entspricht auf der $y$-Fläche ein Weg, der vom Nullpunkt des einen Blattes um $\sqrt{\alpha_2}$ (oder um $-\sqrt{\alpha_2}$) herum nach dem Nullpunkt des andern Blattes zurückführt, also *ungeschlossen* ist. Durchlaufen wir dann den Weg $B$ in der $x$-Ebene noch einmal, so werden wir auf der $y$-Fläche um den Punkt $-\sqrt{\alpha_2}$ (bezw. $+\sqrt{\alpha_2}$) herum nach dem Nullpunkt des ersten Blattes zurückgeführt. Es ist also nicht $2\omega_1$, sondern erst $4\omega_1$ eine Periode des Integrals (7). Es folgt also:

*Wenn $x$ durch die Gleichung (6) als elliptische Funktion von $u$ mit den Perioden $2\omega_1$ und $2\omega_3$ definiert ist, wird $y=\sqrt{x}$ durch die Gleichung (7) als elliptische Funktion von $u$ mit den Perioden $4\omega_1$ und $2\omega_3$, also durch die Gleichung:*

$$u' = \int \frac{dy}{\sqrt{(y^2-\alpha_2)(y^2-\alpha_3)}}$$

*als elliptische Funktion von $u'$ mit den Perioden $2\omega_1$ und $\omega_3$ definiert.*

Im Falle $n=3$ müssen alle vier Faktoren $U-\alpha_k V$ je einen Doppelfaktor haben. Sind aber $U$, $V$ Formen dritten Grades, so giebt es überhaupt im allgemeinen nur vier Formen $U-\alpha V$, die einen Doppelfaktor haben; denn die Diskriminante einer Form dritten Grades ist vom vierten Grade in den Koeffizienten. Es folgt daraus, daß jede beliebige rationale Substitutionsfunktion dritten

Grades $y = U/V$ geeignet ist, ein und nur ein elliptisches Integral erster Gattung in ein ebensolches zu transformieren. Die Frage dagegen: welches sind die möglichen Transformationen dritten Grades, die ein vorgelegtes elliptisches Integral erlaubt, führt auf das algebraische Problem: alle Büschel von kubischen Formen zu finden, deren Diskriminante als Funktion des Büschelparameters vorgegebene Nullpunkte hat.

## § 117. Transformation von Funktionen höherer Stufe.

Wenn es sich darum handelt, den Wert zu bestimmen, den eine elliptische Funktion höherer Stufe (§ 103 a. E.) — sie heiße $\varphi(u)$ — für die transformierten Perioden annimmt, so kann man so verfahren, daß man zuerst nach Anleitung von § 113 die Funktionen $\bar{p}u$ und $\bar{p}'u$ bestimmt und dann noch die Gleichung auflöst, die $\bar{\varphi}(u)$ mit diesen Funktionen verbindet. Man kann aber auch den ursprünglichen Wert der Funktion $\varphi(u)$ als gegeben betrachten; dann können Reduktionen ganz derselben Art eintreten, wie wir sie bei dem Problem der Transformation der Modulfunktionen höherer Stufe in § 105 als möglich erkannt haben. Ein genaueres Eingehen würde wie dort zahlreiche Fallunterschiede erfordern.

Was speziell die Transformation der Funktionen *zweiter* Stufe und der zu ihnen in enger Beziehung stehenden Thetafunktionen betrifft, so hat man zu deren Behandlung auch noch verschiedene andere Mittel. Man kann z. B. in den unendlichen Produkten für die Sigma-, bezw. die Thetafunktionen (§§ 21 und 31) immer alle diejenigen Terme für sich zusammenfassen, deren Index modulo der Transformationszahl zu einem bestimmten Rest kongruent ist; man kann ferner ein analoges Verfahren auf die Theta*reihen* anwenden; man kann endlich die fertigen Formeln mit Hilfe der Sätze des V. Abschnitts verifizieren.

## § 118. Realitätsverhältnisse bei quadratischer Transformation.

Wir wollen noch, als Ergänzung zu den Entwicklungen des X. Abschnitts, zusehen, wie sich bei quadratischer Transformation die Realitätsverhältnisse gestalten.

Dabei können wir an die einfachste Form anknüpfen, in der uns diese Transformation begegnet ist, nämlich an die Formeln (5) bis (7) von § 116. Sie zeigen: Wenn das Doppelverhältnis $\lambda$ der

Verzweigungspunkte der vorgelegten Fläche (über der $x$-Ebene) reell und positiv ist, wird auch das der Verzweigungspunkte über der $y$-Ebene reell; ist aber $\lambda$ negativ, so erhalten wir in der $y$-Ebene zwei reelle und zwei konjugiert imaginäre Verzweigungspunkte. *Umgekehrt können wir also ein Integral mit zwei reellen und zwei konjugierten Verzweigungspunkten in ein solches mit vier reellen Verzweigungspunkten transformieren,* indem wir es zuerst auf die LEGENDREsche Normalform bringen und dann von dieser durch die quadratische Transformation:

$$y = \sqrt{x}$$

zur ersten Normalform übergehen. In der That: ist das aus $2\omega_1$ und $2\omega_3$ gebildete Periodenparallelogramm ein Rhombus (§ 88, I), so ist das aus $2\omega_2$ und $2\omega_2'$ gebildete ein Rechteck; der Übergang von $\omega_1$ und $\omega_3$ zu:

$$\omega_2 = -\omega_1 - \omega_3$$
$$\omega_2' = \omega_1 - \omega_3$$

ist aber eine quadratische Transformation. Man erhält ihn durch die drei successiven Schritte:

$$\omega_1' = \omega_1 + \omega_3, \quad \omega_3' = \omega_3 \qquad \text{(lineare Transformation);}$$
$$\bar{\omega}_1 = \omega_1', \qquad \bar{\omega}_3 = 2\omega_3' \qquad \text{(quadr. Transformation);}$$
$$\omega_2 = -\bar{\omega}_1, \qquad \omega_2' = \bar{\omega}_1 - \bar{\omega}_3 \qquad \text{(lineare Transformation).}$$

## § 119. Complexe Multiplikation.

Die Formeln § 89, (7) und § 90 (4) legen die Frage nahe: unter welchen Umständen kann, wenn $\varphi(u)$ eine elliptische Funktion mit den Perioden $(2\omega_1, 2\omega_3)$ ist, $\varphi(\mu u)$ für einen *nicht ganzzahligen Wert von* $\mu$ eine elliptische Funktion mit denselben Perioden sein?

Vermehren wir $u$ um $2\omega_1$, so vermehrt sich $\mu u$ um $2\mu\omega_1$. Schreiben wir dann für $\mu u$ wieder $u$, so erhalten wir die Gleichung:

$$1) \qquad \varphi(u + 2\mu\omega_1) = \varphi(u),$$

mit andern Worten, $2\mu\omega_1$ muß eine Periode von $\varphi(u)$ sein. Nehmen wir an, $2\omega_1$, $2\omega_3$ seien ein *primitives* Periodenpaar von $\varphi(u)$ (was wir doch unbeschadet der Allgemeinheit dürfen), so folgt aus der Gleichung (1) und der entsprechenden Gleichung für $\omega_3$ die

Existenz von vier ganzen Zahlen $\alpha$, $\beta$, $\gamma$, $\delta$ von der Beschaffenheit, daß:

2) $$\begin{cases} \mu\,\omega_1 = \alpha\,\omega_1 + \beta\,\omega_3 \\ \mu\,\omega_3 = \gamma\,\omega_1 + \delta\,\omega_3 \end{cases}$$

ist, oder:

3) $$\begin{cases} \mu = \alpha + \beta\,\tau \\ \mu\,\tau = \gamma + \delta\,\tau. \end{cases}$$

Aus diesen Gleichungen ergiebt sich, wenn zur Abkürzung gesetzt wird:

4) $$\alpha\,\delta - \beta\,\gamma = n,$$

durch Elimination von $\tau$ für $\mu$ die Gleichung zweiten Grades mit ganzzahligen Koeffizienten:

5) $$\mu^2 - (\alpha + \delta)\,\mu + n = 0$$

und durch Elimination von $\mu$ die Gleichung derselben Art für $\tau$:

6) $$\beta\,\tau^2 + (\alpha - \delta)\,\tau - \gamma = 0.$$

Der Fall, daß diese Gleichung *identisch*, d. h. für alle Werte von $\tau$ besteht, daß also $\beta = \gamma = 0$, $\alpha = \delta$ ist, bedingt $\mu = \alpha = \delta$, führt also auf die in § 27 bereits behandelte ganzzahlige Multiplikation zurück. Man drückt das so aus:

I. *Multiplikation mit einer andern als einer ganzen Zahl kann nur stattfinden, wenn das Periodenverhältnis Wurzel einer algebraischen Gleichung zweiten Grades mit ganzzahligen Koeffizienten ist.*

Wir nennen ein solches Periodenverhältnis ein *singuläres*, indem wir den Satz als bekannt voraussetzen, daß nicht jede Zahl Wurzel einer solchen Gleichung ist.[1]

Die Wurzeln dieser Gleichung müssen nach § 11, IV complex sein; es muß also:

7) $$D = -\,4\,\beta\,\gamma - (\alpha - \delta)^2 = 4\,n - (\alpha + \delta)^2$$

und umsomehr $n$ positiv sein.

Ist umgekehrt $\tau$ Wurzel einer quadratischen Gleichung mit ganzzahligen Koeffizienten, die nicht alle einen gemeinsamen Teiler haben:

8) $$A\,\tau^2 + B\,\tau + C = 0,$$

[1] Übrigens sei ohne Beweis bemerkt, daß die singulären Werte in der $\tau$-Ebene *überall dicht* liegen.

und ist:

9) $$\varDelta = 4\,A\,C - B^2$$

positiv, so wird die allgemeinste Gleichung der Form (6), der $\tau$ genügt, erhalten, indem man mit $x$ eine ganze Zahl bezeichnet und:

10) $$\beta = A\,x, \quad \gamma = -\,C\,x, \quad \alpha - \delta = B\,x$$

setzt. Setzt man noch:

11) $$\alpha + \delta = y,$$

so wird:

12) $$n = \tfrac{1}{4}(y^2 + \varDelta\,x^2),$$

13) $$\tau = \frac{-B + i\sqrt{\varDelta}}{2\,A} = \frac{2\,C}{-B - i\sqrt{\varDelta}},$$

14) $$\mu = \alpha + \beta\,\tau = \tfrac{1}{2}\left(y + i\,x\sqrt{\varDelta}\right).$$

Was den wirklichen Ausdruck von $\varphi(\mu u)$ durch die elliptischen Funktionen von $u$ betrifft, so ist zu beachten: Aus den Gleichungen (2) folgt, daß die sämtlichen Punkte

15) $$\mu u + 2\,\mu\,k_1\,\omega_1 + 2\,\mu\,k_3\,\omega_3,$$

die aus einem System kongruenter Punkte

$$u + 2\,k_1\,\omega_1 + 2\,k_3\,\omega_3$$

durch Multiplikation mit $\mu$ hervorgehen, selbst untereinander kongruent sind. Umgekehrt aber erhält man auf diesem Wege nicht alle zu $\mu u$ kongruenten Punkte, sondern nur solche Punkte

$$\mu u + 2\,k_1'\,\omega_1 + 2\,k_3'\,\omega_3,$$

für die es möglich ist, die Gleichungen:

16) $$\begin{cases} k_1' = \alpha\,k_1 + \gamma\,k_3 \\ k_3' = \beta\,k_1 + \delta\,k_3 \end{cases}$$

in ganzen Zahlen aufzulösen; und das ist nur dann für *alle* ganzzahligen Werte von $k_1'$ und $k_3'$ der Fall, wenn die bei dieser Auflösung als Nenner auftretende Determinante $n$ gleich 1 ist (vgl. § 67, (3)). Wenn also $n$ nicht gleich 1 ist, zerfallen die zu $\mu u$ kongruenten Punkte in mehrere, sagen wir $\nu$, Klassen, deren jede aus einer Klasse untereinander kongruenter Punkte $u$ hervorgeht; und es ist dann $\varphi(\mu u)$ eine elliptische Funktion der Ordnung $k \cdot \nu$, wenn $\varphi(u)$ eine Funktion der Ordnung $k$ ist. Insbesondere *kann* *es nur für $n = 1$ elliptische Funktionen $\varphi(u)$ geben, für die eine Gleichung der Form:*

$$\varphi(\mu u) = c\,\varphi(u) \tag{17}$$

*besteht.*

Gleichung (12) zeigt, daß aus $n = 1$ folgt: entweder $x = 0$, $y = 2$, was die identische Transformation ergiebt;

$$\text{oder} \quad x = \pm 1, \quad y = \pm 1, \quad \Delta = 3, \quad \mu = \frac{\pm 1 \pm i\sqrt{3}}{2};$$

$$\text{oder} \quad x = \pm 2, \quad y = 0, \qquad \Delta = 1, \quad \mu = \pm i.$$

II. *Die beiden in den §§ 89 und 90 behandelten speziellen Fälle elliptischer Funktionen sind also in der That die einzigen, bei denen Gleichungen der Form:*

$$\varphi(\mu u) = c\,\varphi(u)$$

*für nicht reelle Werte von $\mu$ bestehen.*

# DREIZEHNTER ABSCHNITT.

# Numerische Berechnung elliptischer Integrale und Funktionen.

## § 120. Berechnung des Wertes eines elliptischen Integrals I. Gattung.

Nachdem wir nun in den Besitz aller erforderlichen Hilfsmittel der Theorie gelangt sind, können wir uns der Frage zuwenden, in welcher Weise schließlich numerische Rechnungen zu führen sind, in denen elliptische Funktionen auftreten. Es handelt sich dabei namentlich um zwei Aufgaben: einmal um die Berechnung des Wertes eines elliptischen Integrals, dessen Koeffizienten und Grenzen numerisch gegeben sind, dann um die numerische Lösung des Umkehrproblems.

Wir beschäftigen uns zunächst mit der ersteren Aufgabe; sie wird mit Hilfe von Reihenentwicklungen zu erledigen sein. Dabei tritt uns die Schwierigkeit entgegen, daß die zunächst liegenden Reihenentwicklungen nicht in der ganzen Ebene und auch innerhalb ihres Konvergenzkreises nicht genügend schnell konvergieren. Man kann jedoch dieser Schwierigkeiten auf Grund der Sätze des XII. Abschnitts Herr werden: die Gleichung (7) von § 116 zeigt, daß man ein elliptisches Integral I. Gattung in ein anderes überführen kann durch eine Substitution, bei der die ganze $x$-Ebene auf eine Halbebene der $y$-Ebene abgebildet wird (I, § 17, 2). Indem man dann noch eine lineare Substitution vornimmt, die diese Halbebene auf das Innere eines Kreises abbildet, kann man erreichen, daß alle vorzunehmenden Entwicklungen in diesem Kreisinnern vor sich gehen und dort so gut konvergieren, als es für die wirkliche Benutzung zu numerischen Rechnungen erforderlich ist. Nur wenn der ursprüngliche Integrationsweg in der $x$-Ebene den behufs der Abbildung in dieser Ebene zu ziehenden Einschnitt (Übergangslinie, I, § 59) überschreitet, muß das Integral erst in Teile zerlegt und jeder dieser Teile für sich behandelt werden.

Für die Ausführung bringt man das Integral am besten zunächst auf die erste Normalform (§ 63, 9):

1) $$\int \frac{d\zeta}{\sqrt{a_0' \zeta (1-\zeta)(1-\lambda\zeta)}},$$

mit:

2) $$a_0' = a_0(\alpha_2 - \alpha_0)(\alpha_3 - \alpha_1).$$

Von den sechs Werten, die $\lambda$ haben kann, sind je zwei zu einander reciprok; die abzuleitenden Formeln ändern sich nicht wesentlich, wenn man $\lambda$ und gleichzeitig $\zeta$ durch ihre reciproken Werte ersetzt. Man kann daher $|\lambda| \leqq 1$ voraussetzen. Macht man die Substitution:

3) $$\zeta = y^2,$$

so geht das Integral (1) zunächst über in:

4) $$2\int \frac{dy}{\sqrt{a_0'(1-y^2)(1-\lambda y^2)}}.$$

Legen wir den erwähnten Einschnitt längs der Halbaxe der negativ reellen $\zeta$, so entspricht ihm die Axe der rein imaginären $y$. Diese soll auf einen Kreis abgebildet werden, und zwar so, daß den Punkten $y$, deren reeller Bestandteil positiv ist, Punkte des Kreisinnern entsprechen; dabei können wir noch drei Bedingungen erfüllen. Wir können z. B. verlangen, daß die beiden Verzweigungspunkte, die dem Kreisinnern angehören, nach $\pm 1$ kommen, und daß die beiden andern einander entgegengesetzt gleich werden, sodaß wir sie mit $\pm l^{-2}$ bezeichnen können und das transformierte Integral abermals in der LEGENDREschen Normalform (§ 65) erscheint. (Dabei ist nur der Fall auszuschließen, daß $\lambda$ in (1) negativ reell ist; Fig. 14 von I zeigt, daß, wenn dies mit einem Wert von $\lambda$ der Fall ist, zwei andere reell positiv und kleiner als 1 sind.) Sollen den Punkten

5) $$y = 1 \qquad \lambda^{-1/2} \qquad -\lambda^{-1/2} \qquad -1$$

bezw. die Punkte

6) $$\xi = 1 \qquad -1 \qquad -l^{-2} \qquad l^{-2}$$

entsprechen, so muß nach I, § 15, IV $l$ aus der Gleichung bestimmt werden:

$$\frac{l^{-2}-1}{l^{-2}+1} : \frac{-l^{-2}-1}{-l^{-2}+1} = \frac{-1-1}{-1-\lambda^{-1/2}} : \frac{-\lambda^{-1/2}-1}{-\lambda^{-1/2}-\lambda^{-1/2}}$$

oder:

7) $$\left(\frac{1-l^2}{1+l^2}\right)^2 = \frac{4\sqrt{\lambda}}{(1+\sqrt{\lambda})^2}.$$

Dabei sind unter $\lambda^{-1/2}$ und $\sqrt{\lambda}$ die Hauptwerte (I, § 58, V) zu verstehen. Zieht man noch einmal die Wurzel, so kann man über das Vorzeichen beliebig verfügen; man kann also in der sich ergebenden Gleichung:

8) $$\frac{1-l^2}{1+l^2} = \frac{2\sqrt[4]{\lambda}}{1+\sqrt{\lambda}}$$

auch unter $\sqrt[4]{\lambda}$ den Hauptwert verstehen. Endlich können wir auch noch unter $l$ denjenigen von den beiden Werten der Quadratwurzel aus der bisher allein definierten Größe $l^2$ verstehen, für den die Gleichung gilt:

9) $$l = \frac{1-\sqrt[4]{\lambda}}{1+\sqrt[4]{\lambda}}.$$

Man erkennt, daß diese Gleichung mit § 110, (10) übereinkommt, wenn man dort $\lambda$ durch $1-\lambda$ ersetzt.

Die Substitutionsformel selbst, die die Punkte (5) in (6) überführt, lautet dann:

10) $$\xi = \frac{1+\sqrt[4]{\lambda}}{1-\sqrt[4]{\lambda}} \cdot \frac{1-y\sqrt[4]{\lambda}}{1+y\sqrt[4]{\lambda}}$$

oder:

$$11) \qquad l^2 \xi = \frac{1 - \sqrt[4]{\lambda}}{1 + \sqrt[4]{\lambda}} \cdot \frac{1 - y\sqrt[4]{\lambda}}{1 + y\sqrt[4]{\lambda}}$$

und umgekehrt:

$$12) \qquad y = \frac{1}{\sqrt[4]{\lambda}} \, \frac{1 + l\xi}{1 - l\xi}.$$

Sie zeigt, daß in der That der Axe der rein imaginären $y$ der Kreis vom Radius $|l^{-1}|$ um den Nullpunkt der $\xi$-Ebene entspricht, und bei der getroffenen Verfügung über den Wert von $\sqrt[4]{\lambda}$ den $y$ mit positiv reellem Bestandteil das *Innere* dieses Kreises.

Man erhält weiter:

$$1 - \xi = \frac{-2\sqrt[4]{\lambda}}{1 - \sqrt[4]{\lambda}} \; \frac{1 - y}{1 + y\sqrt[4]{\lambda}},$$

$$1 + \xi = \frac{2}{1 - \sqrt[4]{\lambda}} \; \frac{1 - y\sqrt{\lambda}}{1 + y\sqrt[4]{\lambda}},$$

$$1 - l^2\xi = \frac{2\sqrt[4]{\lambda}}{1 + \sqrt[4]{\lambda}} \cdot \frac{1 + y}{1 + y\sqrt[4]{\lambda}},$$

$$1 + l^2\xi = \frac{2}{1 + \sqrt[4]{\lambda}} \cdot \frac{1 + y\sqrt{\lambda}}{1 + y\sqrt[4]{\lambda}},$$

$$d\xi = \frac{1 + \sqrt[4]{\lambda}}{1 - \sqrt[4]{\lambda}} \cdot \frac{-2\sqrt[4]{\lambda}\,dy}{(1 + y\sqrt[4]{\lambda})^2};$$

damit geht das Integral (4) über in:

$$13) \qquad \frac{4(1 + \sqrt[4]{\lambda})^2}{\sqrt{-a_0'}\,\sqrt{\lambda}} \int \frac{d\xi}{\sqrt{(1 - \xi^2)(1 - l^4\xi^2)}}.$$

Da nun nur noch Werte von $\xi$ in Betracht kommen, die dem absoluten Betrage nach $< |l^{-1}|$ sind, so können wir den Faktor $(1 - l^4\xi^2)^{-1/2}$ unter dem Integralzeichen nach dem binomischen Lehrsatz entwickeln und gliedweise integrieren. Die dazu erforderlichen Rechnungen sind im wesentlichen schon in § 82 ausgeführt; wir erhalten ganz wie dort:

$$14)\quad \left\{\begin{aligned} \int \frac{d\xi}{\sqrt{(1-\xi^2)(1-l^4\xi^2)}} &= \int \frac{d\xi}{\sqrt{1-\xi^2}} \\ &+ \sum_{n=1}^{\infty} \frac{1.3.5\ldots(2n-1)}{2.4.6\ldots 2n} l^{4n} \int \frac{\xi^{2n}\,d\xi}{\sqrt{1-\xi^2}} \end{aligned}\right.$$

und:

$$15)\quad \left\{\begin{aligned} \int \frac{\xi^{2n}\,d\xi}{\sqrt{1-\xi^2}} &= \frac{1.3.5\ldots(2n-1)}{2.4.6\ldots 2n} \int \frac{d\xi}{\sqrt{1-\xi^2}} \\ &- \frac{\xi\sqrt{1-\xi^2}}{2n} \left\{\xi^{2n-2} + \frac{2n-1}{2n-2}\xi^{2n-4}\right. \\ &\left. + \frac{(2n-1)(2n-3)}{(2n-2)(2n-4)}\xi^{2n-6} + \ldots + \frac{(2n-1)(2n-3)\ldots 5.3}{(2n-2)(2n-4)\ldots 4.2}\right\}. \end{aligned}\right.$$

Dabei ist der Wert der Quadratwurzel $\sqrt{1-\xi^2}$ so zu wählen, daß $\sqrt{1-\xi^2}\,.\,\sqrt{1-l^4\xi^2}$ den vorgeschriebenen Wert erhält, wenn für $\sqrt{1-l^4\xi^2}$ der Hauptwert gesetzt wird; denn die vorgenommene Entwicklung bezieht sich auf diesen Hauptwert.

Da die Reihen wie geometrische Reihen konvergieren, so kann man (I, § 25, VI) auch nach Potenzen von $\xi$ ordnen, was zuweilen bequemer ist. Man erhält dann:

$$16)\quad \left\{\begin{aligned} \int \frac{d\xi}{\sqrt{(1-\xi^2)(1-l^4\xi^2)}} &= L_0 \int \frac{d\xi}{\sqrt{1-\xi^2}} \\ &- \sqrt{1-\xi^2}\left\{L_{01}\xi + \tfrac{2}{3}L_{02}\xi_3 + \frac{2.4}{3.5}L_{03}\xi^5 + \ldots\right\}, \end{aligned}\right.$$

wo zur Abkürzung gesetzt ist:

$$17)\quad L_0 = 1 + \sum_{n=1}^{\infty}\left(\frac{1.3.5\ldots(2n-1)}{2.4.6\ldots(2n)}\right)^2 l^{4n},$$

$$18)\quad L_{0k} = \sum_{n=k}^{\infty}\left(\frac{1.3.5\ldots(2n-1)}{2.4.6\ldots(2n)}\right)^2 l^{4n}.$$

## § 121. Auswahl von $\lambda$ und Bestimmung der Grenzen für $l$.

Wir haben im vorigenParagraphen bereits gesehen, daß von den sechs Werten, die $\lambda$ haben kann, im allgemeinen drei, ausnahmsweise nur zwei für unseren Zweck brauchbar sind; wir müssen noch zusehen, welchen von diesen Werten wir zweckmäßigerweise benutzen. Darüber entscheidet, daß die Reihen des vorigen Paragraphen im allgemeinen um so besser konvergieren, je kleiner $|l|$ ist. $|l|$ wird aber möglichst klein, wenn $\lambda$ möglichst nahe an 1 liegt. Daraus folgt (vgl. I, Fig. 14):

I. *Wollen wir für die numerische Rechnung möglichst gut konvergente Reihen haben, so müssen wir es bei der Transformation auf die erste Normalform so einrichten, daß* $\lambda = \lambda_1 + i\lambda_2$ *dem von den Linien* $\lambda_1 = \frac{1}{2}$ *und* $\lambda_1{}^2 + \lambda_2{}^2 = 1$ *begrenzten Kreisabschnitt angehört.*

Man kann sich nun folgendermaßen überzeugen, daß $|l|$ in keinem Punkte dieses Kreisabschnitts einen größeren Wert annimmt, als in den Ecken desselben. Auf dem Einheitskreis, wo $\lambda = e^{i\varphi}$, $\varphi$ reell ist, wird

$$1)\qquad l = \frac{1 - e^{1/4\, i\varphi}}{1 + e^{1/4\, i\varphi}} = -i \operatorname{tg} \frac{\varphi}{8}$$

rein imaginär; und man erkennt sofort, daß sein absoluter Betrag von dem Scheitel des Kreisabschnitts, wo er 0 ist, wächst bis zu den Ecken, wo er den Wert:

$$2)\qquad \operatorname{tg} \frac{\pi}{24} = 0{,}13165 < \frac{2}{15} \cdot$$

erreicht.

Um ferner das Verhalten von $l$ auf der Begrenzungslinie $\lambda_1 = \frac{1}{2}$ zu untersuchen, setze man:

$$3)\qquad \lambda = \tfrac{1}{2} + \frac{i}{2} \operatorname{tg} w = \frac{1}{2\cos w}\, e^{wi};$$

läßt man dann $w$ alle reellen Werte von $-\frac{\pi}{2}$ bis $+\frac{\pi}{2}$ durchlaufen, so durchläuft $\lambda$ die ganze Gerade, von der diese Begrenzungslinie ein Stück ist. Es ist dann:

$$4)\qquad \left\{ \begin{aligned} \frac{d\log l}{dw} &= -\tfrac{1}{2}\lambda^{-3/4} . \frac{1}{1 - \lambda^{1/2}} \frac{d\lambda}{dw} \\ &= \tfrac{1}{2}(\lambda^{-3/4} + \lambda^{-1/4}) \frac{d\log(1-\lambda)}{dw}; \end{aligned} \right.$$

und da sich

$$5)\qquad \frac{d\log(1-\lambda)}{dw} = -\frac{i\lambda}{2}$$

ergiebt, so folgt:

$$6)\qquad \Re\, \frac{d\log l}{dw} = \tfrac{1}{4} \left\{ \frac{\sin \frac{w}{2}}{\sqrt[4]{2\cos w}} + \frac{\sin \frac{3w}{4}}{\sqrt[4]{2\cos w^3}} \right\} \cdot$$

Das hat für alle in Betracht kommenden Werte von $w$ dasselbe Vorzeichen wie $w$; auf der Geraden $\lambda_1 = \frac{1}{2}$ hat also $|l|$ im Punkte $\lambda = \frac{1}{2}$, $w = 0$ ein Minimum und wächst von da nach beiden Seiten. Der Logarithmus des absoluten Betrags einer analytischen Funktion complexen Arguments ist nämlich gleich dem reellen Teil ihres Logarithmus. Da dieser Logarithmus im Innern des Bereichs regulär ist, kann man Satz III von I, § 36 anwenden und findet so:

II. *In dem bezeichneten Kreisabschnitt ist überall:*

$$|l| \leqq \operatorname{tg} \frac{\pi}{24}$$

also:

$$|l^4| < 0{,}0003005,$$

$|l^8|$ kleiner als eine Einheit der siebenten, $|l^{12}|$ kleiner als eine Einheit der zehnten Dezimalstelle.

## § 122. Spezielle Rechenvorschriften für den Fall reeller Verzweigungspunkte.

Sind alle vier Verzweigungspunkte reell, so erhält man für $|l|$ eine noch niedrigere obere Grenze. Denn wenn $\lambda$ abnehmend die reellen Werte von 1 bis $\frac{1}{2}$ durchläuft, durchläuft $l$ zunehmend reelle Werte von 0 bis

$$1)\qquad \frac{\sqrt[4]{2} - 1}{\sqrt[4]{2} + 1} = 0{,}08642;$$

es ist also hier $|l^4| < 0{,}000057$, $|l^8|$ kleiner als eine halbe Einheit der 8., $|l^{12}|$ kleiner als eine halbe Einheit der 12. Dezimalstelle.

Die Transformation auf die erste Normalform, die der Entwicklung von § 120 vorauszugehen hat, kann, wenn über den zu wählenden Wert von $\lambda$ Verfügung getroffen ist, noch auf vier verschiedene Arten geschehen (§ 63 a. E.); wir müssen noch untersuchen, welche von diesen Arten wir in jedem Falle zweckmäßigerweise wählen. Wir werden dabei zwei Rücksichten zu beobachten haben: einerseits werden wir wünschen, $|\xi|$ möglichst klein zu bekommen, andererseits reelle Werte auch in reeller Form ausgedrückt zu erhalten.

Seien zunächst die vier Verzweigungspunkte reell und der Größe nach geordnet (wie in § 8):

$$2)\qquad a_0 < a_1 < a_2\, a_3.$$

Dann sind von den sechs Werten ihres Doppelverhältnisses die beiden folgenden:

$$3)\quad \lambda_1 = \frac{\alpha_0 - \alpha_3}{\alpha_0 - \alpha_2} : \frac{\alpha_1 - \alpha_3}{\alpha_1 - \alpha_2} \quad \text{und} \quad \lambda_2 = \frac{\alpha_0 - \alpha_1}{\alpha_0 - \alpha_2} : \frac{\alpha_3 - \alpha_1}{\alpha_3 - \alpha_2} = 1 - \lambda_1$$

zwischen 0 und 1 enthalten; und man hat nur noch zu entscheiden, welcher von ihnen größer, welcher kleiner als $\frac{1}{2}$ ist; den ersteren hat man zu wählen. Den Fall $\lambda_1 > \frac{1}{2}$ bezeichnen wir als Hauptfall I, den Fall $\lambda_2 > \frac{1}{2}$ als Hauptfall II. Beidemal sind zwei Fälle zu unterscheiden, je nachdem:

$$\text{A.}\quad a_0 < 0 \qquad \text{oder} \qquad \text{B.}\quad a_0 > 0$$

ist; und in jedem dieser beiden Fälle kommen insbesondere diejenigen Intervalle der Axe der reellen Zahlen in Betracht, in denen die zu integrierende Funktion reell ist; nämlich im Falle A. die Intervalle:

1. von $\alpha_2$ bis $\alpha_3$; 2. von $\alpha_0$ bis $\alpha_1$;

im Falle B. die Intervalle:

1. von $\alpha_1$ bis $\alpha_2$; 2. von $\alpha_3$ über $\infty$ bis $\alpha_0$.

Die in § 63 gegebenen Formeln sind im Hauptfalle I anzuwenden. In diesem haben $a_0$ und $a_0'$ dasselbe Zeichen; da in § 120, (13) $\sqrt{-a_0'}$ auftritt, werden sie uns im Falle I A. reelle, im Falle I B. imaginäre Werte geben.

Im Falle I A. 1. fällt bei Anwendung der Formeln von § 63 $\zeta$ zwischen 1 und $\lambda_1^{-1}$, also $\xi$ zwischen $-1$ und $+1$, und die Formeln sind unmittelbar zur Anwendung fertig. Für das in § 120 auftretende Integral:

$$4)\qquad \int \frac{d\xi}{\sqrt{1-\xi^2}}$$

ist in diesem Falle der Hauptwert der Funktion $\arcsin \xi$, d. h. der zwischen den Grenzen $-\frac{\pi}{2}$ und $+\frac{\pi}{2}$ gelegene Wert dieser Funktion zu nehmen.

Im Falle I B. 1. fällt bei Anwendung von § 63, (1) $\zeta$ zwischen 0 und 1, also $\xi$ zwischen 1 und $l^{-1}$ (oder zwischen $-1$ und $-l^{-1}$). Die Reihen von § 120 konvergieren in diesem Falle weniger gut, sind aber immer noch brauchbar. Nur wird es zweckmäßig sein, sie in reelle Form umzusetzen und zu schreiben:

$$5)\quad \left\{\begin{aligned} &\frac{1}{\sqrt{a_0'}}\int\frac{d\xi}{\sqrt{(\xi^2-1)(1-l^4\xi^2)}}\\ &=\sqrt{a_0'}\left[L_0\log\left(\xi+\sqrt{\xi^2-1}\right)+\sqrt{\xi^2-1}\left(L_{01}\xi+\ldots\right)\right].\end{aligned}\right.$$

Dem Logarithmus ist sein Hauptwert beizulegen.

Im Falle *I A. 2.* würde bei direkter Anwendung der Formeln von § 63 $\zeta$ zwischen $-\infty$ und 0 fallen, also $y$ rein imaginär, $\xi$ eine complexe Größe vom absoluten Betrage 1 werden. Man vermeidet das, indem man hier:

$$6)\quad \zeta_1=\frac{x-\alpha_3}{x-\alpha_2}:\frac{\alpha_0-\alpha_3}{\alpha_0-\alpha_2}$$

setzt, was zu demselben Wert von $\lambda$ führt; dieses $\zeta_1$ fällt dann in diesem Falle zwischen 1 und $\lambda^{-1}$, das aus ihr berechnete $\xi_1$ also zwischen $-1$ und $+1$.

Im Falle *I B. 2.* fällt bei Anwendung der Formel (6) $\zeta_1$ zwischen 0 und 1; und es wird wie im Falle I B. 1. zweckmäßig sein, sich der Formel (5) zu bedienen, in der man $\xi$ durch $\xi_1$ ersetzt.

Durch analoge Überlegungen kommt man im Hauptfalle II zu folgenden Resultaten:

In den Fällen *II A. 1.* und *II B. 1.* ist zu setzen:

$$7)\quad \zeta_2=\frac{x-\alpha_3}{x-\alpha_0}:\frac{\alpha_2-\alpha_3}{\alpha_2-\alpha_0}.$$

Das fällt im Falle II A. 1. zwischen 0 und 1, im Falle II B. 1 zwischen 1 und $\lambda^{-1}$; also fällt:

$$8)\quad \xi_2=\frac{1+\sqrt[4]{\lambda_2}}{1-\sqrt[4]{\lambda_2}}\cdot\frac{1-\sqrt[4]{\lambda_2}\sqrt[4]{\zeta_2}}{1+\sqrt[4]{\lambda_2}\sqrt[4]{\zeta_2}}$$

im ersteren Falle zwischen 1 und $l_2^{-1}$ (oder $-1$ und $-l_2^{-1}$), im letzteren zwischen $-1$ und $+1$. Man hat also im Falle *II A. 1.* die Formel (5), im Falle *II B. 1.* die Formel § 120, (16) anzuwenden, nachdem man in diesen Formeln $\xi$ durch $\xi_2$ und $l$ durch

$$9)\quad l_2=\frac{1-\sqrt[4]{l_2}}{1+\sqrt[4]{l_2}}$$

ersetzt hat.

Endlich in den Fällen *II A. 2.* und *II B. 2.* hat man zu setzen:

$$10)\quad \zeta_3=\frac{x-\alpha_1}{x-\alpha_2}:\frac{\alpha_0-\alpha_1}{\alpha_0-\alpha_1},\quad \xi_3=\frac{1+\sqrt[4]{\lambda_2}}{1-\sqrt[4]{\lambda_2}}\cdot\frac{1-\sqrt[4]{\lambda_2}\sqrt[4]{\zeta_3}}{1+\sqrt[4]{\lambda_2}\sqrt[4]{\zeta_3}},$$

mit denselben Werten von $\lambda_2$ und $l_2$ wie in den beiden letzten Fällen. Im ersteren Falle fällt $\zeta_3$ zwischen 0 und 1, $\xi_3$ zwischen 1 und $+ l_2^{-1}$ (oder zwischen $-1$ und $-l_2^{-1}$), im letzteren $\zeta_3$ zwischen 0 und 1, $\xi_3$ zwischen $-1$ und $+1$. Man hat also in diesen beiden Fällen $\xi$ durch $\xi_3$, $l$ durch $l_2$ zu ersetzen, und im Falle *II A. 2.* die Formel (5), im Falle *II B. 2.* die Formel § 120, (16) anzuwenden.

In jedem dieser acht Fälle giebt es übrigens noch *eine* andere Substitution derselben Art, die dasselbe leistet, wie die hier vorgeschriebene. So fällt z. B. im Falle I A. 1. auch:

$$\zeta_4 = \frac{z - \alpha_0}{z - \alpha_1} : \frac{\alpha_3 - \alpha_0}{\alpha_3 - \alpha_1} = \frac{1}{\lambda_1 \zeta}$$

(vgl. § 66, 4) in das Intervall zwischen 1 und $\lambda_1^{-1}$ (mit demselben Wert von $\lambda_1$ wie oben). Der zugehörige Wert von $\xi$, $\xi_4$ ist aber dem früheren entgegengesetzt gleich, sodaß man hieraus keinen weiteren Vorteil ziehen kann.

## § 123. Paarweise konjugiert complexe Verzweigungspunkte.

Ein elliptisches Integral I. Art nimmt auch dann für reelle Werte des Arguments reelle Werte an, wenn die vier Verzweigungspunkte paarweise konjugiert complex sind und $a_0$ positiv ist; allgemeiner ausgedrückt (vgl. § 91): wenn die Verzweigungspunkte paarweise Spiegelbilder voneinander in Bezug auf einen Kreis sind und die Integrationsvariable auf diesem Kreise sich bewegt.

Bei geeigneter Numerierung der Verzweigungspunkte entspricht diesem Kreis in der $\zeta$-Ebene der Kreis vom Mittelpunkt 0 und Radius $\lambda^{-1/2}$, also in der $y$-Ebene der Kreis vom Mittelpunkt 0 und Radius $\lambda^{-1/4}$, also in der $\xi$-Ebene die Axe der rein imaginären Zahlen. Wir müssen uns vor allem überlegen, welche Numerierung der Verzweigungspunkte das erzielt. Bezeichnen wir dieselben mit $\alpha \pm i\beta$ und $\gamma \pm i\delta$, so werden von ($\beta$ und $\delta$ positiv) den sechs Werten ihres Doppelverhältnisses die folgenden beiden positiv und kleiner als 1:

$$1) \quad \frac{(\alpha + i\beta) - (\gamma + i\delta)}{(\alpha + i\beta) - (\gamma - i\delta)} : \frac{(\alpha - i\beta) - (\gamma + i\delta)}{(\alpha - i\beta) - (\gamma - i\delta)} = \frac{(\alpha - \gamma)^2 + (\beta - \delta)^2}{(\alpha - \gamma)^2 + (\beta + \delta)^2} = \lambda_1$$

und:

$$2) \quad \frac{(\alpha + i\beta) - (\alpha - i\beta)}{(\alpha + i\beta) - (\gamma - i\delta)} : \frac{(\gamma + i\delta) - (\alpha - i\beta)}{(\gamma + i\delta) - (\gamma - i\delta)} = \frac{4\beta\delta}{(\alpha - \gamma)^2 + (\beta + \delta)^2} = \lambda_2.$$

Ist $\lambda_1 > \frac{1}{2}$, so nehmen wir die Substitution vor:

$$3)\qquad \zeta_1 = \frac{z-(\gamma+i\delta)}{z-(\gamma-i\delta)} : \frac{(\alpha+i\beta)-(\gamma+i\delta)}{(\alpha+i\beta)-(\gamma-i\delta)};$$

ist aber $\lambda_2 > \frac{1}{2}$, so setzen wir:

$$4)\qquad \zeta_2 = \frac{z-(\alpha-i\beta)}{z-(\gamma-i\delta)} : \frac{(\alpha+i\beta)-(\alpha-i\beta)}{(\alpha+i\beta)-(\gamma-i\delta)}.$$

Im ersten Falle können wir schreiben:

$$5)\qquad \zeta = \frac{e^{i\psi}}{\sqrt{\lambda_1}},$$

$$6)\qquad \psi = 2\operatorname{arc\,tg}\frac{\delta}{z-\gamma} - \operatorname{arc\,tg}\frac{\beta-\delta}{\alpha-\gamma} + \operatorname{arc\,tg}\frac{\beta+\delta}{\alpha+\gamma};$$

wir erhalten dann:

$$7)\qquad y = \frac{e^{\frac{i\psi}{2}}}{\sqrt[4]{\lambda_1}}, \quad \xi = l^{-1}.\frac{1-e^{\frac{i\psi}{2}}}{1+e^{\frac{i\psi}{2}}} = -\,i\,l^{-1}\operatorname{tg}\frac{\psi}{4}.$$

Dabei bedarf nur noch die Bestimmung des Winkels $\psi$ näherer Erörterung. Für die untere Grenze darf ein beliebiger Wert von $\psi$ genommen werden, für die obere ist dann derjenige zu nehmen, der aus ihm durch stetige Fortsetzung entsteht. Indem man, wenn erforderlich, das Integrationsintervall zerlegt, kann man erreichen, daß nur Werte von $\psi$ in Betracht kommen, die zwischen $-\pi$ und $+\pi$ liegen. Dann wird $|l\xi| \leqq 1$ und die Reihen von § 120 konvergieren rasch genug, um zur Berechnung dienen zu können.

Weniger günstig liegt die Sache, wenn $\lambda_1 > \frac{1}{2}$ ist. Es beschreibt nämlich $\zeta_2$, wenn $z$ die Axe der reellen Zahlen durchläuft, einen Kreis vom Mittelpunkt $\lambda_2^{-1}$ und Radius $\lambda_2^{-1}\sqrt{1-\lambda_2}$, sodaß man setzen kann:

$$8)\qquad 1-\lambda_2\zeta_2 = \sqrt{1-\lambda_2}\,e^{i\psi},$$

mit demselben Werte von $\psi$ wie unter (6). Da dieser Kreis ganz auf der positiven Seite der Axe der imaginären $\zeta_2$ liegt, entspricht ihm in der $\xi_2$-Ebene[1] eine geschlossene Kurve, die ganz im Innern eines Kreisbogenzweiecks liegt, dessen Ecken die Punkte $\pm l^{-1}$ sind und dessen Seiten mit der Axe der reellen $\xi_2$ Winkel von $45^0$ ein-

[1] $\xi_2$ ist ebenso aus $\zeta_2$ und $\lambda_2$ zu berechnen, wie $\xi$ in § 120 aus $\zeta$ und $\lambda$.

schließen. Die nach $\xi_2$ fortschreitenden Reihenentwicklungen konvergieren also sehr gut. Sie haben aber den Übelstand, daß $\xi_2$ für reelle $x$ complex ist. Man wird daher auch in diesem Falle sich mit Vorteil der Substitution (5) bedienen, ausgenommen allein den Fall, daß $l$ sehr nahe an 1 liegt und man gleichzeitig über Werte von $x$ zu integrieren hat, für die auch $\operatorname{tg}\frac{\psi}{4}$ nahe an 1 rückt.

## § 124. Zwei reelle und zwei konjugiert complexe Verzweigungspunkte.

Den Fall, daß zwei Verzweigungspunkte reell, die beiden andern konjugiert complex sind, kann man, wie wir bereits § 118 gesehen haben, durch eine quadratische Transformation auf den Fall von vier reellen Verzweigungspunkten zurückführen. Bezeichnet man nämlich die beiden reellen Punkte mit $\alpha_0$ und $\alpha_3$, die beiden konjugiert imaginären mit $\alpha_1 = \gamma + i\delta$ und $\alpha_2 = \gamma - i\delta$, so werden

$$1)\qquad \lambda = \frac{\alpha_2 - \alpha_3}{\alpha_2 - \alpha_0} : \frac{\alpha_1 - \alpha_3}{\alpha_1 - \alpha_0} = \frac{\gamma - i\delta - \alpha_3}{\gamma + i\delta - \alpha_3} : \frac{\gamma - i\delta - \alpha_0}{\gamma + i\delta - \alpha_0}$$

und

$$2)\qquad \lambda_1 = \frac{\alpha_2 - \alpha_0}{\alpha_2 - \alpha_3} : \frac{\alpha_1 - \alpha_0}{\alpha_1 - \alpha_3} = \frac{1}{\lambda}$$

Größen vom absoluten Betrage 1. Beide führen zu denselben Werten von $l$, sodaß es genügt, $\lambda$ ins Auge zu fassen. Wir können:

$$3)\qquad \lambda = e^{i\varphi}$$

setzen, wenn wir den Winkel $\varphi$ durch

$$4)\quad \varphi = 2\operatorname{arc\,tg}\frac{\delta}{\alpha_3 - \gamma} - 2\operatorname{arc\,tg}\frac{\delta}{\alpha_0 - \gamma} = 2\operatorname{arc\,tg}\frac{(\alpha_0 - \alpha_3)\delta}{(\alpha_0 - \gamma)(\alpha_3 - \gamma) + \delta^2}$$

bestimmen. Dabei ist es gleichgültig, welche Werte der arc tg wir nehmen, da eine andere Wahl $\varphi$ nur um ein ganzzahliges Vielfaches von $2\pi$ ändert; wir können also für $\varphi$ den Hauptwert wählen. Wir erhalten nach § 120, (9):

$$5)\qquad l = \frac{1 - \sqrt[4]{\lambda}}{1 + \sqrt[4]{\lambda}} = -i\operatorname{tg}\frac{\varphi}{8};$$

also einen rein imaginären Wert, dessen absoluter Betrag höchstens

6) $$= \operatorname{tg}\frac{\pi}{8} < 0{,}41422$$

ist.[1]

Eine der zu dem Wert (1) von $\lambda$ gehörenden Transformationsformeln (§§ 63; 66) lautet:

7) $$\zeta = \frac{z - (\gamma + i\delta)}{z - (\gamma - i\delta)} : \frac{\gamma + i\delta - \alpha_0}{\gamma - i\delta - \alpha_0}.$$

Durchläuft $z$ alle reellen Werte, so durchläuft $\zeta$ die Werte vom absoluten Betrage 1; wählen wir also in der Formel (vgl. § 120, 10):

8) $$l\xi = \frac{1 - \sqrt[4]{\lambda}\sqrt{\zeta}}{1 + \sqrt[4]{\lambda}\sqrt{\zeta}}$$

die Wurzelgröße $\sqrt{\zeta}$ so, daß $\sqrt[4]{\lambda}\sqrt{\zeta}$ gleich dem Hauptwert der Quadratwurzel aus $\sqrt{\lambda}\,.\,\zeta$ wird, so erhalten wir für $l\xi$ rein imaginäre Werte, deren absoluter Betrag höchstens gleich 1 ist, sodaß genügend rasche Konvergenz der Reihen gesichert ist. Wir müssen dabei nur darauf achten, daß wir das Integral in zwei Teile zerlegen, wenn der Integrationsweg über den Punkt wegführt, an dem der Hauptwert eine Unterbrechung der Stetigkeit erleidet.

Setzt man:

9) $$\zeta = e^{i\psi}, \quad \psi = 2\operatorname{arc}\operatorname{tg}\frac{-\delta}{z - \gamma} - 2\operatorname{arc}\operatorname{tg}\frac{-\delta}{\alpha_0 - \gamma},$$

so erhält man:

10) $$l\xi = -i\operatorname{tg}\left(\frac{\varphi}{8} + \frac{\psi}{4}\right)$$

und hat dabei den Wert des Winkels $\psi$ so zu wählen, daß $\left|\frac{\varphi}{8} + \frac{\psi}{4}\right| \leqq \frac{\pi}{2}$ wird.

Eine zweite der zu dem Werte (1) von $\lambda$ gehörenden Substitutionsformeln lautet:

11) $$\zeta_1 = \frac{z - \alpha_0}{z - \alpha_3} : \frac{\gamma + i\delta - \alpha_0}{\gamma + i\delta - \alpha_3} = \frac{z - \alpha_0}{z - \alpha_3}\, e^{-\frac{i\varphi}{2}},$$

wo $\varphi$ den in Gleichung (4) angegebenen Wert hat. Durchläuft $z$ die Axe der reellen Zahlen, so durchläuft $\zeta$ eine unter dem

[1] Wie wir in § 121, II gesehen haben, könnten wir durch andere Wahl von $\lambda$ einen noch kleineren Wert von $l$ erreichen; aber dann werden die Formeln durch das Auftreten complexer Größen unhandlich.

Winkel $-\frac{\varphi}{2}$ gegen diese Axe geneigte Gerade, also Werte, deren Arcus teils $-\frac{\varphi}{2}$, teils $+\frac{\varphi}{2}$ ist. Bestimmt man den Winkel $\frac{\varphi}{2}$ aus den Gleichungen:

$$\cos\varphi_0 = \frac{\gamma - \alpha_0}{\sqrt{(\gamma - \alpha_0)^2 + \delta^2}}, \quad \sin\varphi_0 = \frac{\delta}{\sqrt{(\gamma - \alpha_0)^2 + \delta^2}},$$

$$\cos\varphi_3 = \frac{\gamma - \alpha_3}{\sqrt{(\gamma - \alpha_3)^2 + \delta^2}}, \quad \sin\varphi_3 = \frac{\delta}{\sqrt{(\gamma - \alpha_3)^2 + \delta^2}},$$

$$\frac{\varphi}{2} = \varphi_3 - \varphi_0,$$

so entspricht der zweite Halbstrahl der Strecke zwischen $\alpha_0$ und $\alpha_3$, der erste den außerhalb dieser Strecke gelegenen Punkten. Versteht man andererseits wie oben unter $\varphi$ den Hauptwert, ebenso unter $\sqrt{\zeta}$, so liefert der Halbstrahl vom Arcus $\frac{\varphi}{2}$ reelle Werte von

$$l\xi_1 = \frac{1 - \sqrt[4]{\lambda}\sqrt{\zeta_1}}{1 + \sqrt[4]{\lambda}\sqrt{\zeta_1}},$$

die zwischen $-1$ und $+1$ liegen, der Halbstrahl vom Arcus $-\frac{\varphi}{2}$ dagegen liefert für $l\xi_1$ Werte vom absoluten Betrage 1. Beide Arten von Werten sind zur Berechnung brauchbar.

Genauere Untersuchung zeigt, daß zum Hauptwert von $-\frac{\varphi}{2}$ dasjenige Stück der Axe der reellen $z$ gehört, in dem die zweiten Schnittpunkte der durch $\gamma + i\delta$, $\gamma - i\delta$ und $\alpha_0$ bezw. $\alpha_3$ gelegten Kreise mit dieser Axe liegen; also das endliche oder das unendliche Stück, je nachdem $\gamma \pm i\delta$ innerhalb oder außerhalb des über $\alpha_0 \ldots \alpha_3$ als Durchmesser beschriebenen Kreises liegen. Liegen sie auf diesem Kreise, so wird $\lambda = -1$; es kommt dann darauf an, ob $\alpha_0$ größer oder kleiner als $\alpha_3$ ist.

## § 125. Berechnung des Periodenverhältnisses und der Grösse $h$.

Die Formeln der vorhergehenden Paragraphen gestatten insbesondere auch die Berechnung der Perioden. Den Werten:

$$\zeta = \infty \qquad 0 \qquad 1$$

entsprechen nämlich die Werte:

$$\xi = -l^{-1} \qquad l^{-1} \qquad 1;$$

da diese Werte alle im Innern des Konvergenzbereichs der Reihen liegen, können die Perioden aus diesen Reihen entwickelt werden. Man erhält auf diesem Wege Ausdrücke der Perioden und des Periodenverhältnisses, die sich von den in § 82 benutzten dadurch unterscheiden, daß:

$$\omega_1 \qquad \omega_3 \qquad h \qquad \lambda$$

durch

$$\omega_1 \qquad 4\,\omega_3 \qquad h^4 \qquad l^4$$

ersetzt sind.

Rascher kommt man zumeist zum Ziele, wenn man zunächst aus der Formel:

$$1)\qquad h^4 = \frac{l^4}{16}\left\{1 + 8\,\frac{l^4}{16} + 84\left(\frac{l^4}{16}\right)^2 + 992\left(\frac{l^4}{16}\right)^3 + \ldots\right\},$$

die durch die angegebene Substitution aus § 82, (16) entsteht, durch Wurzelausziehung die folgende ableitet:

$$2)\qquad h = \frac{l}{2}\left\{1 + 4\left(\frac{l}{2}\right)^4 + 30\left(\frac{l}{2}\right)^9 + 300\left(\frac{l}{2}\right)^{13} + \ldots\right\}$$

und aus ihr vor allem $h$ direkt aus $l$ berechnet. Für die praktische Verwendung dieser Formel ist es wesentlich zu wissen, wie groß der Fehler ist, den man begeht, wenn man sie an einer bestimmten Stelle abbricht. Man gelangt dazu von Gleichung (9) von § 120 aus, muß aber dabei folgenden Umstand wohl beachten: Durch die Entwicklungen von §§ 82 und 93 war ein ganz bestimmter Wert von $\lambda$ als Funktion von $\tau$ definiert; wollen wir aus diesem den Wert $l^4$ berechnen, der dieselbe Funktion von $4\tau$ ist, wie $\lambda$ von $\tau$, so müssen wir Gleichung (10) von § 110 anwenden; mit andern Worten, *wir müssen den in Gleichung (9) von § 120 auftretenden Wert des Doppelverhältnisses nicht mit $\lambda$, sondern mit $1 - \lambda$ bezeichnen.* Thun wir das, so erhalten wir aus ihr durch logarithmische Differentiation (vgl. § 121, 4):

$$d\log l = \tfrac{1}{2}\left[(1-\lambda)^{-3/4} + (1-\lambda)^{-1/4}\right]\frac{d\lambda}{\lambda}.$$

Die Entwicklung der Wurzelgrößen nach Potenzen von $\lambda$ giebt nur positive Zahlenkoeffizienten; also sind auch in der durch Integration folgenden Entwicklung:[1]

[1] Die Bestimmung der Integrationskonstanten ergiebt sich daraus, daß

$$\lim_{\lambda=0}\frac{l}{\lambda} = \lim_{\lambda=0}\frac{1}{(1+\sqrt{1-\lambda})(1+\sqrt[4]{1-\lambda})^2} = \frac{1}{8}$$

ist.

3) $$\log l = \log \frac{\lambda}{8} + \sum_{\nu=1}^{\infty} \varepsilon_\nu \lambda^\nu$$

alle Koeffizienten positiv. Multipliziert man mit $m$ und geht dann zum Numerus über, so sieht man, daß auch in der Reihe:

4) $$l^m = \left(\frac{\lambda}{8}\right)^m + \sum_{\nu=1}^{\infty} \varepsilon_{m,\nu} \lambda^{m+\nu}$$

alle Koeffizienten positiv sind; es ist also für jedes $0 < \lambda < 1$ und für jedes endliche $n$:

$$\sum_{\nu=1}^{n+1} \varepsilon_\nu \lambda^\nu < \log l - \log \lambda + \log 8; \quad \left(\frac{\lambda}{8}\right)^m + \sum_{\nu=1}^{n+1} \varepsilon_{m,\nu} \lambda^{m+\nu} < l^m.$$

Die beiden Glieder jeder dieser Ungleichungen bleiben auch für $\lambda = 1$ stetig; daher folgt aus ihnen:

$$\sum_{\nu=1}^{n+1} \varepsilon_\nu \leqq \log 8; \quad 8^{-m} + \sum_{\nu=1}^{n+1} \varepsilon_{m,\nu} \leqq 1,$$

also sicher:

$$\sum_{\nu=1}^{n} \varepsilon_\nu < \log 8; \quad 8^{-m} + \sum_{\nu=1}^{n} \varepsilon_{m,\nu} < 1.$$

Daraus folgt, daß die Reihen (3) und (4) auch noch für $\lambda = 1$ konvergieren, und daß folglich (vgl. I, § 27, VII) die Gleichungen bestehen:

5) $$\sum_{\nu=1}^{\infty} \varepsilon_\nu = \log 8, \quad \sum_{\nu=1}^{\infty} \varepsilon_{m,\nu} = 1 - \frac{1}{8^m}.$$

Schreibt man nun die Gleichung (16) von § 82 in der Form:

$$h = \sum_{n=0}^{\infty} \alpha_n \lambda^{n+1}$$

und stellt neben sie die Gleichung

6) $$\log(16h) = \log \lambda + \sum_{n=1}^{\infty} \beta_n \lambda^n$$

und die daraus durch die Substitution von $h^4$ für $h$ und $l^4$ für $\lambda$ hervorgehende:

7) $$\log h + \log 2 = \log l + \tfrac{1}{4} \sum_{n=1}^{\infty} \beta_n l^{4n},$$

so erhält man die Identität:

$$\sum_{n=1}^{\infty} \beta_n \lambda^n = \log l - \log \frac{\lambda}{8} + \tfrac{1}{4} \sum_{m=1}^{\infty} \beta_m l^{4m}$$

oder wenn man die Reihen (3) und (4) einsetzt:

8) $$\sum_{n=1}^{\infty} \beta_n \lambda^n = \sum_{n=1}^{\infty} \varepsilon_n \lambda^n + \tfrac{1}{4} \sum_{n=0}^{\infty} \sum_{m=1}^{\infty} \varepsilon_{4m,n} \beta_m \lambda^{4m+n}.$$

Aus dieser Identität ergiebt sich durch Koeffizientenvergleichung:

$$\beta_1 = \varepsilon_1, \quad \beta_2 = \varepsilon_2, \quad \beta_3 = \varepsilon_3, \quad \beta_4 = \varepsilon_4 + \tfrac{1}{4}\varepsilon_{4,0}\beta_1,$$

allgemein:

9) $$\beta_{4r+\varrho} = \varepsilon_r + \tfrac{1}{4}\{\varepsilon_{4,4r-4+\varrho}\beta_1 + \varepsilon_{8,4r-8+\varrho}\beta_2 + \dots + \varepsilon_{4r,\varrho}\beta_r\}.$$

*Es sind also die Koeffizienten $\beta_n$ sämtlich positiv reell, folglich auch die Koeffizienten der daraus durch Übergang zur Exponentialfunktion sich ergebenden Formel (2).*

Durch dieselben Schlüsse wie die Gleichungen (5) beweist man nun auch die Gleichungen:

$$\sum_{n=1}^{\infty} \beta_n = \log 16$$

und, wenn man die Gleichung (2) so schreibt:

$$h = \sum_{n=0}^{\infty} \alpha_n l^{4n+1},$$

10) $$\sum_{n=0}^{\infty} \alpha_n = 1.$$

Daraus folgt: der Fehler, den man begeht, wenn man in der Reihe (2) nur die beiden ersten Glieder berücksichtigt, ist kleiner als:

$$\frac{15}{512} l^9 + \frac{150}{2^{13}} l^{13} + \left(1 - \frac{1}{2} - \frac{1}{16} - \frac{25}{29} - \frac{150}{2^{13}}\right) l^{17} (1 + l^4 + l^8 + \dots)$$
$$= \frac{15}{512} l^9 + \frac{150}{2^{13}} l^{13} + \frac{1597}{4096} \frac{l^{17}}{1 - l^4},$$

also wenn $l < \frac{1}{2}$ ist:

$$< \frac{15}{512} l^9 + \frac{10}{2^{13}} l^9 + \frac{1597}{4096} \cdot \frac{16}{15} \cdot \frac{1}{2^8} l^9 < \frac{17}{512} l^9 < \frac{1}{30} l^9.$$

Da wir, wie wir § 121 gesehen haben,[1] es immer erreichen können, daß $l < \frac{2}{15}$ wird, so reichen wir mit den beiden ersten Gliedern der Reihe aus, wenn keine größere Genauigkeit als neun Dezimalstellen verlangt wird. Begnügt man sich mit geringerer Genauigkeit, so hat man nicht einmal nötig, es so einzurichten, daß $\lambda$

[1] Die § 124 erwähnten Umständlichkeiten kommen hier nicht in Frage.

zwischen $\frac{1}{2}$ und 1 fällt; auch Werte von $\lambda$ zwischen 0 und 1, wenn sie nur nicht gar zu klein sind, geben noch Werte von $l$, für die die Reihe gut konvergiert.

Hat man auf diese Weise $h$ berechnet, so erhält man $\omega_1$, wenn man die Gleichung (3) von § 83 auf das transformierte Integral anwendet. Für dasselbe ist zu setzen:

$$4\,a_0(\alpha_2-\alpha_0)(\alpha_3-\alpha_1)(1+\sqrt[4]{\lambda})^4 \text{ statt } a_0;$$
$$1,\quad -1,\quad l^{-2},\quad -l^{-2},\quad \text{statt } \alpha_2,\ \alpha_0,\ \alpha_3,\ \alpha_1;$$

sowie $2\,\omega_1$ an Stelle von $\omega_1$. Was die Verteilung der Verzweigungspunkte betrifft, so trennt hier $2\,\bar{\omega}_3$ 1 und $-1$ von $l^{-2}$ und $-l^{-2}$, $2\,\bar{\omega}_1$ trennt 1 und $l^{-2}$ von $-1$ und $-l^{-2}$. Früher trennte $2\,\omega_1$ $\alpha_1$ und $\alpha_2$ von $\alpha_0$ und $\alpha_3$, $2\,\omega_3$ trennte $\alpha_0$ und $\alpha_1$ von $\alpha_2$ und $\alpha_3$. Also haben wir an Stelle von $(\alpha_2-\alpha_0)(\alpha_3-\alpha_1)$ in Gleichung (3) von § 83 hier zu setzen:

$$\pm(1+l^{-2})(-1-l^{-2}) = \mp(1+l^{-2})^2.$$

So erhalten wir die Formel:

$$\vartheta_3^{\,4}(0\,|\,4\,\tau) = \frac{4\,\omega_1^{\,2}}{\pi^2}\,4\,a_0(\alpha_2-\alpha_0)(\alpha_3-\alpha_1)(1+\sqrt[4]{\lambda})^4(1+l^{-2})^2;$$

oder wenn wir für $1+l^{-2}$ seinen Wert

$$1+\left(\frac{1+\sqrt[4]{\lambda}}{1-\sqrt[4]{\lambda}}\right)^2 = \frac{2(1+\sqrt{\lambda})}{(1-\sqrt[4]{\lambda})^2}$$

einsetzen und die vierte Wurzel ausziehen:

$$11)\qquad \sqrt{\frac{2\,\omega_1}{\pi}} = \frac{\vartheta_3(0\,|\,4\,\tau)}{\sqrt[4]{4\,a_0(\alpha_2-\alpha_0)(\alpha_3-\alpha_1)}\,\sqrt{2(1+\sqrt{\lambda})}\,\dfrac{1+\sqrt[4]{\lambda}}{1-\sqrt[4]{\lambda}}}.$$

Da die Reihenentwicklung:

$$12)\qquad \vartheta_3(0\,|\,4\,\tau) = 1+2\,h^4+2\,h^{16}+\ldots$$

sehr rasch konvergiert, so ist diese Formel (11) zu numerischer Berechnung sehr geeignet.

Hat man auf diese Weise die eine Periode gefunden, so ergiebt sich die andere einfach mittels der Formel:

$$13)\qquad \omega_3 = -\frac{\omega_1\,i}{\pi}\log\operatorname{nat} h.$$

## § 126. Berechnung der Werte elliptischer Funktionen bei gegebenem Werte des Arguments.

Soll zu einem gegebenen Wert des Arguments der zugehörige Wert einer elliptischen Funktion berechnet werden, so ist es in den meisten Fällen das Zweckmäßigste, diese elliptische Funktion zunächst als Quotienten von Thetaprodukten auszudrücken und die Thetafunktionen mit Hilfe ihrer Reihenentwicklungen zu berechnen. Dazu ist erforderlich, daß man die Größe $h$ kennt; diese muß also vor allem nach den Methoden des vorigen Paragraphen berechnet sein.

Den Rechnungen desselben liegen ganz bestimmte Voraussetzungen über die Auswahl eines primitiven Periodenpaares, oder was auf dasselbe hinauskommt, über die Numerierung der Verzweigungspunkte zu Grunde; will man also z. B. die Formeln des § 56 zur numerischen Lösung bestimmter Umkehrprobleme verwenden, so muß man dafür sorgen, daß die Numerierung der Verzweigungspunkte hier und dort die gleiche ist. Dabei ist zu beachten, daß die für § 125 erforderliche Numerierung der Verzweigungspunkte so gewählt ist, daß $\omega_1$ die dem absoluten Betrag nach kleinste Periode ist. Das giebt im Fall von § 86 zu einer Unterscheidung von zwei Unterfällen Veranlassung (vgl. § 87): Ist die kleinste reelle Periode dem absoluten Betrag nach kleiner als die kleinste rein imaginäre, so wird das $\omega_1$ von § 125 reell; es gehören also dann zu reellen Werten von $u$ auch reelle Werte des Thetaarguments $v$, und die Thetareihen enthalten für reelle $u$ trigonometrische, für rein imaginäre $u$ Exponentialfunktionen reellen Arguments. Ist aber die kleinste reelle Periode dem absoluten Betrag nach größer als die kleinste rein imaginäre, so wird das $\omega_1$ von § 125 rein imaginär, und die Thetareihen enthalten für reelle $u$ Exponential-, für rein imaginäre $u$ trigonometrische Funktionen reellen Arguments. Im Grunde liegt wenig daran, ob der eine oder der andere Fall eintritt, da man doch meist die Werte der Funktionen sowohl für reelle, wie für rein imaginäre Argumentwerte braucht. Außerdem braucht man sie häufig auch noch für Argumentwerte, deren reeller oder imaginärer Bestandteil einer Halbperiode gleich ist; für diese kommen die Formeln von § 45, (6) bis (8) in Betracht.

Eine wichtige Frage ist in jedem Fall, wie groß die *relative* Genauigkeit ist, die man erzielt, wenn man die Thetareihe mit einer bestimmten Gliederzahl abbricht. Setzen wir, um das zu untersuchen, z. B.:

$$1)\qquad \vartheta_3(v\,|\,\tau) = 1 + 2h\cos 2v\pi + 2h^4\cos 4v\pi + R,$$

so können wir für den absoluten Betrag von $R$ eine obere Grenze angeben, sobald wir eine solche für den imaginären Bestandteil von $v$ haben. Wir ziehen daraus zunächst die Regel:

*Für numerische Rechnungen mit Thetareihen ist es zur Erreichung rascher Konvergenz erforderlich, den imaginären Bestandteil des Arguments mit Hilfe der Relationen § 45, (5) möglichst zu verkleinern.*

Sei also, wenn $v = a + ib$ gesetzt wird,

$$2)\qquad |b| \leqq \frac{\tau}{2i}.$$

Nun ist:

$$|\cos 2kv\pi| = \tfrac{1}{2}|e^{2kv\pi i} + e^{-2kv\pi i}| \leqq \tfrac{1}{2}(e^{2kb\pi} + e^{-2kb\pi}) \leqq e^{2k|b|\pi},$$

also wegen (2):

$$3)\qquad |\cos 2kv\pi| \leqq h^{-k}.$$

Also ist:

$$|R| \leqq 2\sum_{k=3}^{\infty} h^{k^2-k} \leqq 2h^6\{1 + h^4 + h^9 + \ldots\},$$

d. h.

$$4)\qquad |R| \leqq \frac{2h^6}{1-h^4}.$$

Damit ist der absolute Betrag des Fehlers abgeschätzt; um eine Vorstellung von seiner relativen Bedeutung zu haben, müssen wir für $\vartheta_3(v\,|\,\tau)$ eine untere Grenze finden. Man erkennt, daß:

$$5)\qquad \left\{\begin{aligned} |\vartheta_3(v\,|\,\tau)| &> 1 - |2h\cos 2v\pi + \ldots| \\ &> 1 - |2h\cos 2v\pi| - \ldots \\ &> 1 - 2h^2 - 2h^6 - \ldots \\ &> 1 - \frac{2h^2}{1-h^4} \end{aligned}\right.$$

ist. Die Vergleichung der Formeln (4) und (5) ergiebt, da wir immer $h \leqq e^{-\pi}$ voraussetzen dürfen, daß

$$\left|\frac{R}{\vartheta_3}\right| \leqq \frac{2h^6}{1-2h^2-h^4}$$

kleiner ist als eine Einheit der 8. Dezimalstelle.

*Man reicht also, wenn man keine größere Genauigkeit verlangt und die angegebenen Vorsichtsmaßregeln beachtet, in jedem Falle mit den drei ersten Gliedern der Reihe (1) aus.*

Für die Funktion $\vartheta_0$ gilt ganz dasselbe; für die beiden andern Thetafunktionen sind die Schlüsse etwas zu modifizieren: man muß den Faktor $\sin v\pi$, bezw. $\cos v\pi$ herausziehen und beachten, daß

$$\left|\frac{\sin(2k+1)v\pi}{\sin v\pi}\right| = \left|e^{2kv\pi i} + e^{(2k-1)v\pi i} + \ldots e^{-2kv\pi i}\right|$$
$$\leqq (2k+1)e^{2kb\pi} \leqq (2k+1)h^k$$

und ebenso:

$$\left|\frac{\cos(2k+1)v\pi}{\cos v\pi}\right| \leqq (2k+1)h^k$$

ist.

Soll der Wert eines elliptischen Integrals II. oder III. Gattung numerisch berechnet werden, so ist zuerst der Wert $u$ des zwischen denselben Grenzen genommenen Integrals I. Gattung nach § 120 bis § 124 zu berechnen; durch diesen ist der gesuchte Integralwert nach § 24, II (vgl. § 57) auszudrücken. Dann sind die Thetafunktionen einzuführen; dabei treten ihre Ableitungen auf, deren Reihenentwicklungen allerdings etwas schlechter konvergieren, als die der Thetafunktionen selbst, sodaß man vielleicht zuweilen Veranlassung hat, bei ihnen ein Glied mehr zu berücksichtigen.

---

# VIERZEHNTER ABSCHNITT.

## Algebraisch-geometrische Anwendungen der elliptischen Funktionen.

### § 127. Gleichungen zwischen elliptischen Funktionen.

Zwischen zwei zu demselben Periodenparallelogramm gehörenden elliptischen Funktionen besteht nach § 24, V stets eine algebraische Gleichung mit von $u$ unabhängigen Koeffizienten. Wir wollen die Eigentümlichkeiten solcher Gleichungen noch näher untersuchen.

Sei $\varphi$ eine elliptische Funktion $n^{\text{ten}}$, $\psi$ eine solche $m^{\text{ten}}$ Grades. Sei $\varphi_0$ ein Wert, den die Funktion $\varphi$ in $n$ voneinander verschiedenen Punkten des Periodenparallelogramms annimmt. (Wenn $\varphi - \varphi_0 = a_0 (u - u_0)^n + \ldots$, kann man um $\varphi_0$ nach I, § 69, (5) einen Kreis von so kleinem Radius beschreiben, daß im Innern desselben $u - u_0$ eine eindeutige Funktion von $(\varphi - \varphi_0)^{1/n}$ ist. Nach I, § 46, X kann man den Radius dieses Kreises so klein wählen, daß im Innern desselben $u - u_0$ in verschiedenen Punkten verschiedene Werte annimmt. Wenn also $\varphi_0$ ein Wert ist, der in einem Punkte des Periodenparallelogramms mehrfach angenommen wird, so liegen doch in seiner Umgebung stets Werte von $\varphi$, die in $n$ voneinander verschiedenen Punkten desselben angenommen werden.) Die Werte der Funktion $\psi$ in diesen Punkten seien mit:

$$1) \qquad \psi(u_0), \quad \psi(u_1) \ldots \psi(u_{n-1})$$

bezeichnet. Wir wollen zunächst annehmen, diese $n$ Werte seien für jeden Wert von $\varphi_0$, einzelne ausgenommen, voneinander verschieden. Dann wird die zwischen $\varphi$ und $\psi$ bestehende Gleichung, die doch, wenn man $\varphi = \varphi_0$ setzt, alle diese Werte zu Wurzeln haben muß, in Bezug auf $\psi$ bis zum $n^{\text{ten}}$ Grade ansteigen. Wir erhalten somit den Satz:

I. *Zwischen einer elliptischen Funktion $n^{\text{ter}}$ Ordnung $\varphi$ und einer solchen Funktion $m^{\text{ter}}$ Ordnung $\psi$, die so beschaffen sind, daß zu verschiedenen Wertepaaren $(\varphi, \psi)$ im allgemeinen (d. h. nur einzelne solche Wertepaare ausgenommen) nur ein Punkt $u$ des Periodenparallelogramms gehört, besteht eine algebraische Gleichung, die in Bezug auf $\varphi$ vom $m^{\text{ten}}$, in Bezug auf $\psi$ vom $n^{\text{ten}}$ Grade ist.*

Wenn aber für unendlich viele Werte von $\varphi$ zwei der zugehörigen Werte von $\psi$ einander gleich sind, also etwa $\psi(u) = \psi(u')$ ist, muß es im Periodenparallelogramm mindestens einen Punkt $u$ geben von der Beschaffenheit, daß in jeder Nähe desselben Punkte liegen, für die eine solche Relation besteht (I, § 26, XXIV). Aber $\psi(u)$ und $\psi(u')$ können als bis auf Pole reguläre Funktionselemente angesehen werden; wenn die Gleichung $\psi(u)$ $(=)$ $\psi(u')$ für unendlich viele Punkte in der Umgebung eines im Innern eines solchen Bereiches gelegenen Punktes bestehen soll, so muß sie nach I, § 39, (1) identisch bestehen. Also muß sie auch für alle analytischen Fortsetzungen bestehen bleiben (I, § 66, IV). Es fallen also dann für *jeden* Wert von $\varphi$ zwei der zugehörigen Werte von $\psi$ zusammen; mit andern Worten, es gilt der Satz:

II. *Wenn die Bedingungen des Satzes I nicht erfüllt sind, giebt es zu jedem Punkte $u_0$, höchstens einzelne ausgenommen, einen zu ihm inkongruenten Punkt $u_1$ von der Beschaffenheit, daß gleichzeitig*

$$\varphi(u_1) = \varphi(u_0) \quad \text{und} \quad \psi(u_1) = \psi(u_0)$$

*ist.*

Natürlich kann es auch mehrere inkongruente Punkte geben. Seien dieselben, um gleich den allgemeinsten Fall ins Auge zu fassen, $u_1, u_2 \ldots u_{k-1}$; dann betrachten wir die Summe $u_1 + u_2 + \ldots + u_{k-1}$ als Funktion von $u_0$. Als solche hat sie folgende Eigenschaften:

1. Sie ist für jeden endlichen Wert von $u_0$ eindeutig bestimmt und endlich.

2. Wenn man $u_0$ durch einen kongruenten Wert ersetzt, treten an Stelle der $u_1, u_2 \ldots u_{k-1}$ Werte, von denen jeder wieder zu einem dieser Werte kongruent sein muß; ihre Summe kann sich also nur um eine Periode vermehren.

Aus beiden Eigenschaften folgt, daß diese Summe, von einer Konstanten abgesehen, gleich einem Vielfachen von $u_0$ sein muß (vgl. § 6, X und § 7, II); wir schreiben:

$$u_1 + u_2 + \ldots + u_{k-1} = c_0 u_0 + \gamma_0. \tag{2}$$

Ebenso erhält man die Gleichungen:

$$\begin{aligned} u_2 + u_3 + \ldots + u_{k-1} + u_0 \quad &= c_1 \quad u_1 \quad + \gamma_1 \\ \cdots\cdots&\cdots\cdots \\ u_0 + u_1 + \ldots + u_{k-3} + u_{k-2} &= c_{k-1}\, u_{k-1} + \gamma_{k-1}. \end{aligned}$$

Nun sind zwei Fälle möglich. *Entweder die Zahlen c sind alle gleich — 1.* Dann müssen auch die Zahlen $\gamma$ alle einander gleich sein und das Gleichungssystem reduziert sich auf die eine Gleichung:

$$u_0 + u_1 + u_2 + \ldots + u_{k-1} = \gamma. \tag{3}$$

Seien nun $(\varphi', \psi')$ und $(\varphi'', \psi'')$ irgend zwei Paare zusammengehöriger Werte von $\varphi$ und $\psi$; $u_0', u_1' \ldots u'_{k-1}$ und $u_0'', u_1'' \ldots u''_{k-1}$ die bezw. zu dem einen und dem andern dieser Wertepaare gehörenden inkongruenten Werte von $u$. Jedes dieser Werte $k$-tupel genügt der Gleichung (3); also giebt es nach § 22, I eine elliptische Funktion von $u$, die in den $u'$ Null und in den $u''$ unendlich wird. Wir können eine solche Funktion in der dort angegebenen Weise ausdrücken, aber auch in der folgenden:

$$\chi(u) = \prod_{h=0}^{k-1} \frac{\sigma(u_h - u_0')}{\sigma(u_h - u_0'')}. \tag{4}$$

Denn wenn man $u_0 = u$ um eine Periode vermehrt, permutieren sich die übrigen $u_h$ bis auf Perioden; und die Summe der zu den sämtlichen $u_h$ tretenden Perioden muß Null sein, damit die Gleichung (3) fortbesteht. Daraus folgt mit Hilfe von § 20, (12), daß $\chi(u)$ in der That eine elliptische Funktion ist. Wenn ferner $u$ mit einem der $u_h'$ $(u_h'')$ zusammenfällt, muß ein anderes der $u_h$ mit $u_0'$ $(u_0'')$ zusammenfallen; daraus folgt, daß $\chi(u)$ in der That die verlangten Pole und Nullpunkte hat. Der Ausdruck (4) dieser Funktion zeigt aber, daß:

$$\chi(u_0) = \chi(u_1) = \ldots \chi(u_{k-1})$$

ist. Mit andern Worten, diese Funktion nimmt jedesmal denselben Wert an in je $k$ Punkten, in denen $\varphi$ und $\psi$ dieselben Werte annehmen. Sie nimmt aber überhaupt jeden Wert nur in je $k$ Punkten an; giebt man also den Wert von $\chi$, so ist dadurch ein solches Punkte-$k$-tupel eindeutig bestimmt, also auch die zugehörigen Werte von $\varphi$ und $\psi$. $\varphi$ und $\psi$ sind also *eindeutige* Funktionen von $\chi$, und da sie außerdem nach I *algebraische* Funktionen von $\chi$ sind, müssen sie *rationale* Funktionen von $\chi$ sein. Also folgt:

III. *Wenn die Zahlen $c$ in den Gleichungen (2) alle gleich $-1$ sind, lassen sich $\varphi$ und $\psi$ als rationale Funktionen einer Hilfsvariabeln $\chi$ ausdrücken.*

Wenn aber die Zahlen $c$ nicht alle gleich $-1$ sind, kann keine von ihnen gleich $-1$ sein. Denn man erhält in jedem Falle aus (2):

$$5)\quad (1 + c_0)u_0 + \gamma_0 = (1 + c_1)u_1 + \gamma_1 = \ldots = (1 + c_{k-1})u_{k-1} + \gamma_{k-1};$$

wäre also z. B. $c_0 = -1$, aber $c_1 \neq -1$, so würde folgen, daß $u_1 =$ konst. sei, was doch nicht sein kann. Es ist also dann jeder der Werte $u_0, u_1 \ldots u_{k-1}$ eine lineare ganze Funktion von jedem andern. Sei etwa $u_1 = s(u)$, sodaß für jeden Wert von $u$ die Gleichungen bestehen:

$$6)\quad \varphi\big(s(u)\big) = \varphi(u), \quad \psi\big(s(u)\big) = \psi(u).$$

Ersetzen wir hier $u$ durch $s(u)$ und schreiben wie in § 68 $s^2(u)$ für $s\big(s(u)\big)$ u. s. w., so sehen wir: die Funktion $\varphi$ (und ebenso $\psi$) nimmt für alle die unendlich vielen Argumentwerte:

$$u, \quad s(u), \quad s^2(u) \ldots s^k(u) \ldots$$

denselben Wert an. Sie kann aber als elliptische Funktion denselben Wert nur in einer endlichen Anzahl von Punkten des

Periodenparallelogramms annehmen; also können die Punkte (6) nicht alle modulis Perioden inkongruent sein. Sei etwa

$$s^l(u) \equiv s^{k+l}(u)$$

und folglich auch:

7) $$s^k(u) \equiv u.$$

Wenn die lineare Funktion $s(u)$ die Gestalt hat:

8) $$s(u) = u + \beta,$$

wird:

$$s^k(u) = u + k\beta.$$

In diesem Falle folgt aus Gleichung (7), daß $k\beta$ eine Periode ist; und dann zeigen die Gleichungen (6), daß die Funktionen $\varphi$ und $\psi$ zu einem Periodenparallelogramm gehören, das nur den $k^{\text{ten}}$ Teil des zuerst angenommenen ausmacht. Wir dürfen aber annehmen, das Periodenparallelogramm sei von Anfang an so klein gewählt, daß es nicht weiter verkleinert werden kann; wir können also diesen Fall bei Seite lassen.

Wenn aber in der Gleichung:

$$s(u) = \alpha u + \beta$$

$\alpha \neq 1$ ist, können wir sie ersetzen durch:

9) $$s(u) - \lambda = \alpha(u - \lambda).$$

Da wir über den Nullpunkt der $u$-Ebene noch nicht verfügt haben, dürfen wir in diesem Falle $\lambda = 0$, also auch $\beta = 0$ annehmen. Dann können wir aus Satz II von § 119 schließen, daß $\alpha$ entweder eine zweite, oder eine dritte, oder eine vierte, oder eine sechste Wurzel der Einheit sein muß, und in den drei letzten Fällen überdies noch, daß wir es mit einem singulären Periodenverhältnis zu thun haben. In keinem dieser Fälle aber genügen alle elliptischen Funktionen des betreffenden Periodenparallelogramms den Gleichungen (6), sondern im ersten Falle nur die rationalen Funktionen von $pu$, im zweiten die rationalen Funktionen von $p'u$, im dritten die von $p^2u$, im vierten die von $p'^2u$.

Das Resultat ist also:

IV. *Wenn die Funktionen $\varphi(u)$ und $\psi(u)$ die Eigenschaft haben, daß in ihrem wirklichen Periodenparallelogramm zu jedem Wertepaar $(\varphi, \psi)$, höchstens einzelne ausgenommen, mehr als ein Punkt $u$ gehört, lassen sie sich rational durch eine und dieselbe Funktion $\chi(u)$ ausdrücken.*

Sind umgekehrt $\varphi(u)$ und $\psi(u)$ rationale Funktionen einer Funktion $\chi(u)$, so gehören zu jedem Wertepaar $\varphi$, $\psi$ mehrere Punkte $u$, nämlich diejenigen, in denen $\chi$ denselben Wert annimmt.

## § 128. Diskussion der Gleichung $y^3 = f_3(x)$.

Eine Gleichung der Form:

1) $$y^3 = a_0 x^3 + 3 a_1 x^2 + 3 a_2 x + a_3,$$

deren rechte Seite keinen mehrfachen Faktor besitzt, kann stets durch elliptische Funktionen erfüllt werden, und zwar durch solche der in § 90 untersuchten speziellen Art. Um das zu zeigen, konstruieren wir zunächst die zu dieser Gleichung gehörige Riemannsche Fläche über der $x$-Ebene. Zu jedem Wert von $x$ gehören drei Werte von $y$; die Fläche bekommt also drei Blätter. In der Umgebung jedes Punktes $x_0$, für den $f'(x_0) \neq 0$ ist, läßt sich jeder der drei Zweige von $y$ nach dem binomischen Satz als reguläre Funktion von $x - x_0$ entwickeln; über jedem solchen Punkte verlaufen also die drei Blätter isoliert. In jedem der drei Nullpunkte von $f(x)$ — wir wollen sie mit $\alpha_0$, $\alpha_1$, $\alpha_2$ bezeichnen — läßt sich $y$ auf die Form bringen:

2) $$y = \sqrt[3]{x - \alpha_k}\, \varphi(x),$$

wo $\varphi(x)$ eine in der Umgebung von $\alpha_k$ reguläre Funktion von $x$ bezeichnet. In jedem solchen Punkte hängen also alle drei Blätter der Fläche miteinander zusammen; bei Umkreisung eines der drei Punkte geht jeder Wert $y$ über in $\varepsilon y$, wo $\varepsilon$ die bestimmte dritte Einheitswurzel:

3) $$\varepsilon = e^{\frac{2\pi i}{3}}$$

bezeichnet (vgl. I, § 63). Im Unendlichen findet keine Verzweigung statt; man erkennt das, wenn man die Gleichung (1) in der Form:

4) $$y = x \sqrt[3]{a_0 + a_1 x^{-1} + a_2 x^{-2} + a_3 x^{-3}}$$

schreibt. Definieren wir also die drei Blätter der Fläche dadurch, daß $y$ in einem bestimmten Punkt $x$ im ersten Blatt einen bestimmten Wert $y_1$, im zweiten Blatt den Wert $\varepsilon y_1$, im dritten den Wert $\varepsilon^2 y_1$ haben soll, und legen wir die Übergangslinie von $\alpha_0$

über $\alpha_1$ nach $\alpha_2$, so haben wir die Blätter in der in Fig. 47 angegebenen Weise aneinander zu heften; dann kommt man bei Umkreisung jedes einzelnen Verzweigungspunktes in positivem Sinne aus dem ersten ins zweite, aus diesem ins dritte Blatt, aus diesem wieder ins erste zurück. Man kann dann zwei Rückkehrschnitte so ziehen, wie in der Figur angegeben (im ersten, zweiten, dritten Blatt verlaufende Linien sind bezw. ausgezogen, gestrichelt, punktiert). Diese beiden Rückkehrschnitte haben nur einen Punkt (im ersten Blatte) miteinander gemein; und wenn man die Fläche ihnen entlang zerschneidet, erhält man eine einfach zusammenhängende Fläche. Man erkennt das am einfachsten, wenn man die Schnitte bis auf die Strecke $\alpha_0 \alpha_1$ zusammenzieht, d. h. den Zusammenhang der Blätter längs dieser Linie aufhebt, sodaß sie nur noch über $\alpha_1 \alpha_2$ hinüber zusammenhängen.

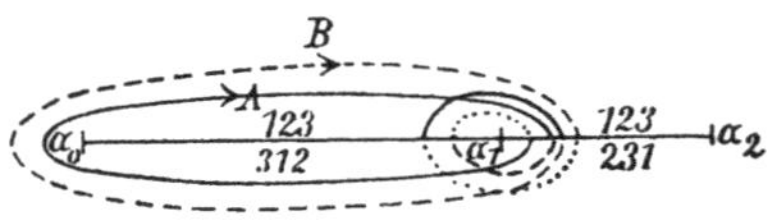

Fig. 47.

I. *Die unzerschnittene Fläche ist also in der That vom Geschlecht 1 gewesen* (§ 3, II).

Man kann auch leicht ein Integral I. Gattung auf der Fläche angeben, d. h. ein Integral einer rationalen Funktion von $x$ und $y$, das auf der Fläche überall endlich ist. Eine regularisierende Hilfsvariable (§ 4) können wir einführen:

5) in einem gewöhnlichen Pkt. $x_0$ durch $x - x_0 = t, \quad dx = dt,$

6) in einem Verzweigungspkt. $\alpha_k$ durch $x - \alpha_k = t^3, \quad dx = 3t^2 dt,$

7) in einem unendl. fernen Pkt. durch $x = t^{-1}, dx = -t^{-2} dt;$

soll also eine rationale Funktion $R(x, y)$ von $x$ und $y$ zu einem überall endlichen Integral $\int R(x, y)\, dx$ führen, so ist dazu notwendig und hinreichend, daß $R$ auf der Fläche überall regulär ist (in dem § 4, II definierten Sinne), außer in den Verzweigungspunkten, in denen sie Pole zweiter Ordnung haben darf, und daß $R$ im Unendlichen in jedem Blatte mindestens von der zweiten Ordnung Null wird. Anders ausgedrückt: es ist notwendig und hinreichend, daß $Ry^2$ auf der Fläche überall regulär ist. Eine überall reguläre Funktion der Fläche ist aber eine Konstante; das kann hier ebenso wie in § 5 bewiesen werden. Also folgt:

II. *Das Integral:*

8) $$u = \int \frac{dx}{y^2}$$

*ist ein Integral erster Gattung; und jedes andere Integral erster Gattung der Fläche kann sich von ihm nur durch einen konstanten Faktor unterscheiden.*

Die Periodicitätsmoduln dieses Integrals an den Querschnitten $A, B$ stehen in einem einfachen Zusammenhang. Denn wir können durch erlaubte Abänderung von $B$ erreichen, daß er durch cyklische Vertauschung der Blätter (1, 2, 3) aus $A$ hervorgeht. Es ist also:

9) $$\int_B = \varepsilon \int_A$$

und folglich nach § 6, VIII:

10) $$2\,\omega_3 = -\,\varepsilon^2 . 2\,\omega_1 = \left(\frac{1}{2} + \frac{i}{2}\sqrt{3}\right) . 2\,\omega_1 .$$

Ganz wie im VI. Abschnitt können wir nun beweisen:

III. *$x$ und $y$ und überhaupt alle rationalen Funktionen von $x$ und $y$ sind elliptische Funktionen von $u$;*

und zwar wegen der Relation (10) elliptischer Funktionen der speziellen in § 90 untersuchten Art.

Wollen wir explicite Ausdrücke dieser Funktionen haben, so müssen wir zunächst die untere Grenze des Integrals $u$ festlegen. Legen wir sie etwa nach $\alpha_1$, so gehört, wenn der Wert $u$ dem Punkt $(x, y)$ entspricht, der Wert $\varepsilon u$ zu $(x, \varepsilon y)$ und der Wert $\varepsilon^2 u$ zu $(x, \varepsilon^2 y$. Ausdrücke für $\wp u$ und $\wp' u$ erhalten wir dann durch folgende Überlegungen:

Durch Wegschaffen der Nenner und Benutzung der Relation (2) kann die allgemeinste rationale Funktion von $x$ und $y$ zunächst auf die Form gebracht werden:

11) $$R(x, y) = \frac{a_0 + a_1 y + a_2 y^2}{b_0 + b_1 y + b_2 y^2},$$

in der die $a$, $b$ rationale ganze Funktionen von $x$ allein bedeuten. Multipliziert man dann im Zähler und Nenner mit

$$(b_0 + \varepsilon b_1 y + \varepsilon^2 b_2 y^2)(b_0 + \varepsilon^2 b_1 y + \varepsilon b_2 y^2)$$

und benutzt abermals die Relation (2), so erhält man die andere Form:

12) $$R(x, y) = r_0(x) + y\,r_1(x) + y^2 r_2(x),$$

in der $r_0$, $r_1$, $r_2$ rationale Funktionen von $x$ sind.

Da $\wp(\varepsilon u) = \varepsilon \wp u$ ist, so folgt, daß wir für $\wp u$ speziell einen Ausdruck der Form erhalten müssen:

13) $$\wp u = y\,r_1(x).$$

Diesen müssen wir nun so bestimmen, daß er für $x = \alpha_1$ von der zweiten Ordnung, sonst aber nirgends, $\infty$ wird. Es muß also $r_1(x)$ überall, auch im Unendlichen, endlich sein, ausgenommen in $x = \alpha$, wo es (auf der Fläche betrachtet) von der dritten Ordnung unendlich werden darf. (In $x = \alpha_0$ und $x = \alpha_3$ dürfte es von der ersten Ordnung unendlich werden, aber das kann eine rationale Funktion von $x$ allein nicht; also muß es auch dort endlich bleiben.) Im Unendlichen muß es überdies von der ersten Ordnung Null werden. Diese Eigenschaften hat nur

$$\frac{c}{x - \alpha_1};$$

die Konstante bestimmt sich aus der Vergleichung der Anfangsglieder der Entwicklungen. Man erhält so:[1]

$$14)\qquad pu = \frac{1}{9}\,\frac{y f'(\alpha_1)}{x - \alpha_1} = \frac{f'(\alpha_1)\sqrt[3]{a_0}}{9}\sqrt[3]{\frac{(x-\alpha_0)(x-\alpha_2)}{(x-\alpha_1)^2}}$$

und daraus durch Differentiation:

$$\frac{p'u}{pu} = \left\{\frac{1}{3}\,\frac{1}{x-\alpha_0} + \frac{1}{3}\,\frac{1}{x-\alpha_2} - \frac{2}{3}\,\frac{1}{x-\alpha_1}\right\} y^2,$$

also:

$$15)\qquad \begin{cases} p'u = \dfrac{f'(\alpha_1)\,.\,a_0}{27}\left\{(x-\alpha_2) + (x-\alpha_0) - \dfrac{2(x-\alpha_0)(x-\alpha_2)}{x-\alpha_1}\right\} \\[2ex] \quad\;\; = \dfrac{f'(\alpha_1)\,.\,a_0}{27}\left\{\quad \alpha_0 - 2\alpha_1 + \alpha_2 + \dfrac{2(\alpha_0-\alpha_1)(\alpha_1-\alpha_2)}{x-\alpha_1}\right\}. \end{cases}$$

Eine zweite Differentiation ergiebt, da

$$f'(\alpha_1) = a_0(\alpha_1 - \alpha_0)(\alpha_1 - \alpha_2)$$

ist:

$$16)\qquad p''u = \frac{2a_0^2(\alpha_1-\alpha_0)^2(\alpha_1-\alpha_2)}{27(x-\alpha_1)^2}\,y^2 = \frac{2y^2 f'(\alpha_1)^2}{27(x-\alpha_1)^2} = 6p^2u;$$

Integration daraus:

$$p'^2u = 4p^3u - g_3.$$

Die Integrationskonstante bestimmt man am bequemsten durch Einsetzen von $x = \alpha_0$, was

$$17)\qquad pu = 0,\quad p'u = \frac{a_0^2(\alpha_0-\alpha_1)(\alpha_1-\alpha_2)(\alpha_2-\alpha_0)}{27}$$

[1] Legt man die untere Grenze in einen beliebigen Punkt $(\xi, \eta)$ der Fläche, so erhält man:

$$pu = \frac{F(\overset{2}{x}, \overset{1}{\xi})\,\eta + F(\overset{1}{x}, \overset{2}{\xi})\,y + y^2\eta^2}{3(x-\xi)^2}.$$

ergiebt. Es ist also $g_3$ bis auf einen Zahlenfaktor gleich der Diskriminante von $f$.

Der zweite der in § 54 a. E. erwähnten Ansätze würde hier auf folgende Überlegungen führen: Zieht man den Schnitt $A$ bis auf die gerade Verbindungslinie der Verzweigungspunkte $\alpha_0$ und $\alpha_1$ zusammen und bezeichnet mit $y_1$ den Wert von $y$ auf dem linken Ufer dieser Linie im ersten Blatte, so erhält man:

$$18)\qquad 2\,\omega_3 = \int_{\alpha_0}^{\alpha_1} \frac{dx}{y_1^2} + \int_{\alpha_1}^{\alpha_0} \frac{dx}{\varepsilon^2 y_1^2} = (\varepsilon - 1)\int_{\alpha_1}^{\alpha_0} \frac{dx}{y_1^2}.$$

Zieht man den Schnitt $B$ durch das Unendliche hindurch auf die Verbindungslinie von $\alpha_1$ und $\alpha_2$ zusammen, so erhält man ebenso:

$$19)\qquad -2\,\omega_1 = \int_{\alpha_2}^{\alpha_1} \frac{dx}{\varepsilon^2 y_1^2} + \int_{\alpha_1}^{\alpha_2} \frac{dx}{y_1^2} = (1 - \varepsilon)\int_{\alpha_1}^{\alpha_2} \frac{dx}{y_1^2}.$$

Den Punkten $\alpha_0$ und $\alpha_2$ entsprechen also bei unserer Wahl der unteren Grenze, die in § 40 (p. 220) mit $u_1$ und $u_2$ bezeichneten Nullpunkte von $pu$, und man wird so zunächst zu Gleichung (14) zurückgeführt. Den Halbperioden dagegen entsprechen hier zufolge (15) drei Punkte der Fläche, die zu demselben Werte $x$ gehören, also in den drei Blättern übereinander liegen.

## § 129. Elliptische Kurven.

Wir kehren zurück zur allgemeinen Untersuchung der algebraischen Gleichungen zwischen zwei Variabeln $x$ und $y$, die dadurch identisch erfüllt werden können, daß man $x$ und $y$ als elliptische Funktionen I. Art einer Hilfsvariabeln $u$ darstellt. Dazu ist es vielfach zweckmäßig, sich diese Funktionen nach Anleitung von § 22 als Quotienten von Sigmaprodukten dargestellt zu denken; dabei darf man unbeschadet der Allgemeinheit annehmen, daß die beiden Ausdrücke für $x$ und $y$ denselben Nenner haben, da man sie ja auf gemeinsamen Nenner bringen kann. Man erhält so den Ansatz:

$$1)\qquad x = \frac{\Pi\,\sigma(u - a_k)}{\Pi\,\sigma(u - c_k)}, \quad y = \frac{\Pi\,\sigma(u - b_k)}{\Pi\,\sigma(u - c_k)}$$

oder:

$$2)\qquad x : y : 1 = \prod \sigma(u - a_k) : \prod \sigma(u - b_k) : \prod \sigma(u - c_k).$$

Ein etwa allen drei Produkten gemeinsamer Faktor würde bedeutungslos sein und weggelassen werden können; dagegen dürfen wir den Fall nicht ausschließen, daß zwei von den drei Produkten einen gemeinsamen Faktor haben. Die Anzahl der Faktoren ist in allen drei Produkten nach § 22, (2) dieselbe und die Konstanten $a$, $b$, $c$ genügen nach § 22, (3) den Gleichungen:

3) $$\sum a_k = \sum b_k = \sum c_k.$$

Deuten wir $x$ und $y$ als Kartesische Koordinaten eines Punktes der Ebene, so stellen die Gleichungen (1) oder (2) eine ebene Kurve dar. Die Form dieser Gleichungen legt es nahe, durch die Substitution:

4) $$x = \frac{x_1}{x_3}, \quad y = \frac{x_2}{x_3}$$

zu homogenen Koordinaten überzugehen und die Gleichungen unter Einführung eines für diese geometrische Darstellung bedeutungslosen Proportionalitätsfaktors $\varrho$ so zu schreiben:

5) $$\left\{\begin{aligned} \varrho\, x_1 &= \prod \sigma(u - a_k) \\ \varrho\, x_2 &= \prod \sigma(u - b_k) \qquad (k = 1, 2 \ldots n). \\ \varrho\, x_3 &= \prod \sigma(u - c_k) \end{aligned}\right.$$

Man wird dann zweckmäßigerweise von der Benutzung des Kartesischen Koordinatensystems überhaupt absehen und unter $x_1$, $x_2$, $x_3$ irgendwelche Dreieckskoordinaten eines Punktes der Ebene verstehen. Denn man erkennt, daß die Darstellung in der Form (5) von der Wahl des Koordinatendreiecks insofern unabhängig ist, als eine Kurve, die für *irgend ein* Koordinatendreieck in dieser Gestalt sich darstellen läßt, für *jedes* Koordinatendreieck eine solche Darstellung zuläßt. Der Übergang von einem Fundamentaldreieck zu einem andern geschieht nämlich durch eine homogene lineare Substitution; wegen der Relationen (3) ist aber jede homogene lineare Verbindung von $x_1$, $x_2$, $x_3$ eine Jacobische Funktion $n^{\text{ter}}$ Ordnung und läßt sich als solche auf Grund von § 40, IV als Sigmaprodukt derselben Art darstellen, wie sie in (5) auftreten.

Von dieser Formulierung aus gelangt man nun zu folgender Verallgemeinerung: Man bezeichne mit $x_1$, $x_2 \ldots x_m$ homogene Koordinaten eines Punktes in einem Raume von $m - 1$ Dimensionen und setze:

6) $$\varrho\, x_i = T_i(u) \qquad (i = 1, 2 \ldots m),$$

wo $T_i(u)$ gleichändrige Jacobische Funktionen $n^{ter}$ Ordnung bedeuten sollen, die nicht alle einen gemeinsamen Nullpunkt haben. Betrachtet man dann $u$ allein als variabel, so stellen diese Gleichungen eine Kurve in dem genannten Raume dar. Man nennt eine solche Kurve eine *elliptische Kurve.* Sie hat mit jeder linearen Mannigfaltigkeit $(m - 2)^{ter}$ Dimension dieses Raumes, der sie nicht ganz angehört, $m$ Punkte gemein. Denn jede lineare homogene Verbindung der $x_i$ ist eine mit den $T_i(u)$ gleichändrige Jacobische Funktion, hat also nach § 37, IV gerade $n$ Nullpunkte, wenn sie nicht identisch Null ist.

Nun giebt es nach dem Hermiteschen Satz (§ 40, V) nicht mehr als $n$ voneinander linear unabhängige Jacobische Funktionen $n^{ter}$ Ordnung. Ist also $m > n$, so müssen zwischen den $m$ Funktionen $T_i(u)$ notwendig $n - m$ verschiedene homogene lineare Relationen identisch bestehen; mit andern Worten, es gilt der Satz:

I. *Ist $m > n$, so liegt die durch die Gleichungen (6) dargestellte Kurve ganz in demjenigen linearen Raume von geringerer Dimensionenzahl, der durch diese Relationen aus dem zuerst angenommenen Raume ausgeschieden wird.*

II. *Ist $m = n$ und sind die $T_i(u)$ voneinander linear unabhängig, so nennen wir die Kurve (2): elliptische Normalkurve des Raumes von $(m - 1)$ Dimensionen.*

Ist $m < n$ und sind die $T_i(u)$ voneinander linear unabhängig, so können wir nach dem positiven Teil des Hermiteschen Satzes (§ 43) noch $n - m$ von ihnen und voneinander linear unabhängige und mit ihnen gleichändrige Funktionen $T_{m+1}(u) \ldots T_n(u)$ angeben. Wir können ferner unsern Raum $R_m$ als in einem Raume $R_n$ von $n - 1$ Dimensionen gelegen denken, in welchem $x_1, x_2 \ldots . x_m, x_{m+1}, \ldots x_n$ homogene Punktkoordinaten sind; die Gleichungen:

$$7) \qquad \varrho x_i = T_i(u) \qquad (i = 1, 2, \ldots m, m + 1, \ldots n)$$

stellen dann eine elliptische Normalkurve dieses Raumes dar. Aus ihr entsteht die Kurve (6), indem man sie $(m - n)$mal je von einer Ecke des Koordinatensystems aus auf die gegenüberliegende Mannigfaltigkeit projiziert. Es gilt also der Satz:

III. *Jede elliptische Kurve $n^{ter}$ Ordnung, die in einem ebenen Raum von weniger als $n - 1$ Dimensionen liegt, läßt sich als Projektion einer elliptischen Normalkurve des Raumes von $n$ Dimensionen ansehen.*

Umgekehrt wird durch eine solche Projektion aus der Normalkurve des $R_n$ im allgemeinen eine elliptische Kurve $n^{ter}$ Ordnung des $R_m$ erhalten. Eine Ausnahme tritt nur dann ein, wenn einer oder mehrere der successive zum Projektionscentrum gewählten Punkte auf der Kurve selbst liegen. Dann haben nämlich die übrig bleibenden Funktionen $T_i$, als Sigmaprodukte dargestellt, einen oder mehrere Faktoren gemein; streicht man diese weg, so sieht man, daß die erhaltene Projektion in diesem Falle von niedrigerer als der $n^{\text{ten}}$ Ordnung wird.

## § 130. Die ebene Kurve dritter Ordnung ohne singuläre Punkte.

Betrachten wir zunächst den speziellen Fall $m = 3$, $n = 3$; seien also in den Gleichungen:

1) $$\varrho x_1 = T_1(u), \quad \varrho x_2 = T_2(u), \quad \varrho x_3 = T_3(u)$$

$T_1$, $T_2$, $T_3$ drei voneinander linear unabhängige gleichändrige Jacobische Funktionen dritter Ordnung. Die erste Frage ist, ob zu inkongruenten Werten $u$ auch immer verschiedene Punkte der Kurve gehören. Dabei dürfen wir annehmen, es sei bereits das „wirkliche" Periodenparallelogramm der aus den $T$ durch Division hervorgehenden elliptischen Funktionen eingeführt; dann folgt aus § 127, III:

I. *Wenn zu jedem Punkte der Kurve inkongruente Werte von $u$ gehören, lassen sich die beiden Quotienten $T_1(u) : T_3(u)$ und $T_2(u) : T_3(u)$ als rationale Funktionen einer Hilfsvariabeln $t$ darstellen, die selbst eine elliptische Funktion von $u$ ist*

Eine elliptische Funktion erster Ordnung giebt es überhaupt nicht (§ 14, VI); durch eine elliptische Funktion II. Ordnung läßt sich eine solche III. Ordnung nicht rational darstellen. Folglich muß $t$ eine elliptische Funktion *dritter* Ordnung von $u$ und $T_1 : T_3$, $T_2 : T_3$ müssen lineare Funktionen von ihr, also (I, § 14, VI) auch voneinander sein. Daraus folgt:

II. *In diesem Falle stellen die Gleichungen (1) eine* (dreifach überdeckt zu denkende) *gerade Linie vor.*

In jedem andern Falle gehören zu inkongruenten Werten von $u$ im allgemeinen auch verschiedene Punkte der Kurve. Ja man kann sogar zeigen, daß das *ausnahmslos* gilt. Denn wenn etwa zu zwei inkongruenten Werten $u_1$, $u_2$ derselbe Punkt der Kurve gehörte, so könnte man wegen § 129 unbeschadet der Allgemeinheit annehmen, es sei der Punkt $x_1 = x_2 = 0$; dann hätten $T_1$ und $T_2$ zwei und folglich nach § 40, IV auch den dritten Nullpunkt gemein, unterschieden sich also nur durch einen konstanten Faktor und die Bedingungen des Satzes I wären erfüllt.

Bilden wir dann eine homogene lineare Funktion der $x$:

$$A(x) = a_1 x_1 + a_2 x_2 + a_3 x_3,$$

so wird dieselbe eine mit den $T_i(u)$ gleichändrige Funktion, hat also auch drei Nullpunkte. Da jedem von diesen nur ein Kurvenpunkt entspricht, so folgt:

III. *Die Kurve (1) hat mit jeder Geraden $A(x) = 0$ drei Punkte gemein, ist also von der dritten Ordnung.*

Kein Punkt der Kurve kann die Eigenschaft haben, daß *jede* durch ihn gehende Gerade die Kurve nur noch in einem von ihm verschiedenen Punkt schneidet. Denn wäre das für den Punkt $x_1 = x_2 = 0$ der Fall (der ja beliebig ist), so hätten $T_1$ und $T_2$ einen doppeltzählenden Nullpunkt gemein; daraus würde wie oben folgen, daß sie sich nur durch einen konstanten Faktor unterscheiden. Es gilt also der Satz:

IV. *Außer im Falle des Satzes I hat die durch die Gleichungen (1) dargestellte Kurve keinen singulären Punkt.*

Eine ganze homogene Funktion $n^{\text{ten}}$ Grades der $x$ wird durch $u$ ausgedrückt eine Jacobische Funktion der Ordnung $3n$, hat also $3n$ Nullpunkte. Daraus folgt:

V. *Die Kurve (1) hat mit jeder algebraischen Kurve $n^{\text{ter}}$ Ordnung $3n$ Punkte gemein.*

Sei $C_n(x) = 0$ die Gleichung einer solchen Kurve, $A(x) = 0$ die irgend einer geraden Linie. Dann ist der Quotient $C_n : A^n$, als Funktion von $x$ betrachtet, eine elliptische Funktion erster Art. Bezeichnet man also mit $a$ die Summe der Nullpunkte von $A$, mit $u_1, u_2 \ldots u_{3n}$ die Nullpunkte von $C_n$, so ist nach dem Abelschen Theorem:

$$2) \qquad u_1 + u_2 + \ldots + u_{3n} \equiv n a \quad \text{(modd. Per.)},$$

also unabhängig davon, welche $C_n$ man gewählt hat. Insbesondere ist diese Summe für jede gerade Linie gleich $a$. Der Wert dieser Konstanten $a$ hängt ab von der Wahl des Nullpunkts in der $u$-Ebene; unbeschadet der Allgemeinheit können wir ihn so gewählt denken, daß $a = 0$ wird. Dann gilt der Satz:

VI. *Die $3n$ Schnittpunkte unserer Kurve dritter Ordnung mit irgend einer Kurve $n^{\text{ter}}$ Ordnung sind durch die Relation verbunden*

$$3) \qquad u_1 + u_2 + \ldots + u_{3n} \equiv 0 \quad \text{(modd. Per.)}.$$

Sind umgekehrt auf unserer Kurve $3n$ Punkte gegeben, deren Argumente $u$ der Relation (2), bezw. (3) genügen, so kann man nach § 22, I stets eine mit den $n^{\text{ten}}$ Potenzen der $T_i$ gleichändrige JACOBIsche Funktion $(3n)^{\text{ter}}$ Ordnung bilden, die alle diese Punkte zu Nullpunkten hat. Eine solche Funktion läßt sich aber stets als ganze homogene Funktion $n^{\text{ten}}$ Grades von $T_1$, $T_2$, $T_3$ darstellen. Denn zwischen den $T_1$, $T_2$, $T_3$ kann keine andere homogene Relation bestehen, als die Gleichung dritten Grades $f_3(x_1, x_2, x_3) = 0$, die eben unsere Kurve vorstellt, und natürlich diejenigen Relationen $M.f = 0$, die aus ihr durch Multiplikation mit irgend einer homogenen Funktion $M$ entstehen; bestände darüber hinaus noch eine weitere, so würde man durch Elimination von $T_3$ zu einer homogenen Relation zwischen $T_1$ und $T_2$ allein gelangen können, sodaß $T_1$ und $T_2$ nicht linear unabhängig wären, gegen die Voraussetzung. Sei $x_1^{\alpha} x_2^{\beta} x_3^{\gamma}$ $(\alpha + \beta + \gamma = 3)$ ein Glied, das in $f$ wirklich vorkommt, so kann demzufolge keine Relation $n^{\text{ten}}$ Grades allein zwischen denjenigen Produkten von Potenzen der $x$ bestehen, die durch $x_1^{\alpha}$ $x_2^{\beta}$ $x_3^{\gamma}$ nicht teilbar sind. Also sind diese Produkte linear unabhängig; und da ihre Anzahl in jedem Falle $= 3n$ ist, so folgt, daß sich jede mit ihnen gleichändrige JACOBIsche Funktion $(3n)^{\text{ter}}$ Ordnung linear durch sie ausdrücken läßt. Also gilt der Satz:

VII. *Wenn $3n$ Punkte unserer Kurve durch die Relation (3) verbunden sind, giebt es stets (mindestens) eine durch sie hindurchgehende Kurve $n^{\text{ter}}$ Ordnung, die die gegebene Kurve dritter Ordnung nicht als Bestandteil enthält.*

Aus diesen Sätzen ergeben sich eine Reihe von Anwendungen mit Hilfe der Teilungsprobleme (§§ 104 und 114). Nehmen wir z. B. einen Schnittpunkt einer Geraden als gegeben an und verlangen die Gerade so zu bestimmen, daß die beiden andern Schnittpunkte zusammenfallen (mit andern Worten, verlangen wir von einem gegebenen Punkt der Kurve selbst aus Tangenten an sie zu ziehen) so muß:

4) $$2u_2 = -u_1 + a$$

sein. Die Aufgabe, $u_2$ aus dieser Gleichung zu bestimmen, ist das allgemeine Zweiteilungsproblem; sie hat nach §§ 113 und 114 vier Lösungen. Ist $u_1$ eine von ihnen, so sind die drei andern:

5) $$u_1 + \omega_1, \quad u_1 + \omega_2, \quad u_1 + \omega_3.$$

Sei ferner verlangt, die *Wendetangenten* der Kurve zu bestimmen, d. h. diejenigen Geraden, die drei zusammenfallende Punkte mit ihr gemein haben, so ist das auszudrücken durch:

6) $$3u \quad a.$$

Das ist das allgemeine Dreiteilungsproblem, das neun Lösungen hat; ist eine derselben $u_1$, so sind sie:

$$7)\quad \begin{cases} u_1, & u_1 + \frac{2\,\omega_1}{3}, & u_1 + \frac{4\,\omega_1}{3} \\ u_1 + \frac{2\,\omega_3}{3}, & u_1 + \frac{2\,\omega_1 + 2\,\omega_3}{3}, & u_1 + \frac{4\,\omega_1 + 2\,\omega_3}{3} \\ u_1 + \frac{4\,\omega_3}{3}, & u_1 + \frac{2\,\omega_1 + 4\,\omega_3}{3}, & u_1 + \frac{4\,\omega_1 + 4\,\omega_3}{3}. \end{cases}$$

Man sieht übrigens, daß die oben zur Vereinfachung gemachte Annahme, $a$ sei gleich Null, darauf hinauskommt, daß man den Wert $u = 0$ einem Wendepunkt der Kurve zuordnet.

Aus den Argumenten (7) der Wendepunkte ergeben sich ihre Gruppierungsverhältnisse. Man erkennt zunächst:

VIII. *Jede Gerade, die zwei Wendepunkte verbindet, schneidet die Kurve noch in einem dritten Wendepunkt.*

Drei solche Punkte:

$$u_1 + \frac{2\,\lambda_\alpha\,\omega_1 + 2\,\mu_\alpha\,\omega_3}{3} \qquad (\alpha = 1, 2, 3)$$

liegen nämlich nach VII auf einer Geraden, wenn die beiden Kongruenzen erfüllt sind:

$$\lambda_1 + \lambda_2 + \lambda_3 \equiv 0, \quad \mu_1 + \mu_2 + \mu_3 \equiv 0 \pmod{3}.$$

Diese Kongruenzen gestatten aber zwei von den drei Wendepunkten beliebig anzunehmen; der dritte ist dann durch sie bestimmt.

Solcher „*Wendelinien*“ giebt es:

$$\frac{9 \cdot 8}{3!} = 12;$$

denn den ersten Wendepunkt kann man auf neun Arten wählen, den zweiten dann noch auf acht Arten; bei dieser Art abzuzählen, wird aber jede Wendelinie 3! mal erhalten. In dem Schema (7) liegen je die drei Punkte einer Horizontalreihe auf einer Geraden, ebenso je die drei Punkte einer Vertikalreihe, endlich je drei Punkte, die ein Glied der Determinante geben würden, wenn man das Schema als eine solche behandeln würde. Daraus folgt:

IX. *Die zwölf Wendelinien ordnen sich zu vier „Wendedreiecken“ zusammen, deren jedes sämtliche neun Wendepunkte enthält.*

Eine ähnliche Frage ist die nach den „*sextaktischen*“ Punkten. Da ein Kegelschnitt von fünf Konstanten abhängt, kann man ihn so bestimmen, daß er mit unserer Kurve in einem gegebenen

Punkte $u_1$ fünf konsekutive Punkte gemein hat (eine Berührung vierter Ordnung mit ihr eingeht); der sechste Schnittpunkt ist dann durch die Kongruenz:

8) $$5 u_1 + u_6 \equiv 2 a \quad \text{(modd. Per.)}$$

bestimmt. Er ist im allgemeinen von dem gegebenen Punkt verschieden und fällt nur in dem Falle mit ihm zusammen, daß

9) $$6 u_1 \equiv 2 a \quad \text{(modd. Per.)}$$

ist. Es giebt 36 verschiedene Punkte, deren Argumente dieser Kongruenz genügen; unter ihnen sind aber die neun Wendepunkte, für die der sechspunktig berührende Kegelschnitt in die doppelt gezählte Wendetangente ausartet. Nur die 27 übrigen Punkte sind eigentliche sextaktische Punkte; sie ordnen sich den Wendepunkten in der Weise zu, daß zu jedem Wendepunkt $u_1$ drei sextaktische Punkte:

10) $$u_1 + \frac{\omega_1}{2}, \quad u_1 + \frac{\omega_2}{2}, \quad u_1 + \frac{\omega_3}{2}$$

gehören. Diese liegen nach VII auf einer Geraden, *„der harmonischen Polaren des Wendepunkts"*.

## § 131. Kanonische Koordinatensysteme für die ebene Kurve dritter Ordnung.

Die Sätze über die Wendepunkte gestatten, die Gleichung der Kurve durch Einführung geeigneter Koordinatensysteme auf zwei sehr übersichtliche Formen zu bringen.

Wählt man *erstens* eine Wendetangente $u = 0$, die zugehörige harmonische Polare und irgend eine Gerade durch den Wendepunkt zu Seiten des Koordinatendreiecks, so erhält man bei passender Bestimmung des Einheitspunktes Gleichungen der Form:

1) $$\left\{\begin{aligned} \varrho x_1 &= \sigma^3 u, \\ \varrho x_2 &= 2 \frac{\sigma(u - \omega_1)\,\sigma(u - \omega_2)\,\sigma(u - \omega_3)}{\sigma\omega_1\,\sigma\omega_2\,\sigma\omega_3}, \\ \varrho x_3 &= -\frac{\sigma(u)\,\sigma(u + a)\,\sigma(u - a)}{\sigma^2 a} \end{aligned}\right.$$

oder nach § 23, (1) und (14):

2) $$x = \frac{x_3}{x_1} = pu - pa, \quad y = \frac{x_2}{x_1} = p'u.$$

Also lautet die Gleichung der Kurve in diesem Falle:

$$4) \qquad y^2 = 4(x + pa)^3 - g_2(x + pa) - g_3,$$

oder wenn man die dritte Seite des Koordinatensystems so wählt, daß $pa = 0$ wird, einfach:

$$4) \qquad y^2 = 4x^3 - g_2 x - g_3.$$

Wählt man aber *zweitens* ein Wendedreieck zum Koordinatendreieck, so erhält man Gleichungen der Form:

$$5) \left\{\begin{aligned} \varrho x_1 &= \sigma u \quad \sigma\left(u - \frac{2\omega_1}{3}\right)\sigma\left(u + \frac{2\omega_1}{3}\right), \\ \varrho x_2 &= \sigma\left(u - \frac{4\omega_3}{3}\right)\sigma\left(u - \frac{2\omega_1 - 2\omega_3}{3}\right)\sigma\left(u + \frac{2\omega_1 + 2\omega_3}{3}\right), \\ \varrho x_3 &= \sigma\left(u + \frac{4\omega_3}{3}\right)\sigma\left(u - \frac{2\omega_1 + 2\omega_3}{3}\right)\sigma\left(u + \frac{2\omega_1 - 2\omega_3}{3}\right). \end{aligned}\right.$$

Dann ist: $x_1{}^3 + x_2{}^3 + x_3{}^3$ eine $T$-Funktion neunter Ordnung, die in jedem der neun Wendepunkte Null wird.

[Setzt man z. B. $u = \frac{2\omega_1}{3}$, so wird $x_1 = 0$,

$$\varrho x_2 = \sigma\left(\frac{2\omega_1 - 4\omega_3}{3}\right)\sigma\left(\frac{2\omega_3}{3}\right)\sigma\left(\frac{4\omega_1 + 2\omega_3}{3}\right),$$

$$\varrho x_3 = \sigma\left(\frac{2\omega_1 + 4\omega_3}{3}\right)\sigma\left(\frac{2\omega_3}{3}\right)\sigma\left(\frac{4\omega_1 - 2\omega_3}{3}\right).$$

Es ist aber:

$$\begin{aligned} \sigma\left(\frac{2\omega_1 + 4\omega_3}{3}\right) &= \sigma\left(\frac{-4\omega_1 - 2\omega_3}{3} + 2\omega_1 + 2\omega_3\right) \\ &= -e^{(2\eta_1 + 2\eta_3)\left(\frac{-4\omega_1 - 2\omega_3}{3} + \omega_1 + \omega_3\right)}\sigma\left(\frac{-4\omega_1 - 2\omega_3}{3}\right), \\ \sigma\left(\frac{4\omega_1 - 2\omega_3}{3}\right) &= \sigma\left(\frac{-2\omega_1 + 4\omega_3}{3} + 2\omega_1 - 2\omega_3\right) \\ &= -e^{(2\eta_1 - 2\eta_3)\left(\frac{-2\omega_1 + 4\omega_3}{3} + \omega_1 - \omega_3\right)}\sigma\left(\frac{-2\omega_1 + 4\omega_3}{3}\right), \end{aligned}$$

also:

$$x_3 = -e^{2\eta_1 \cdot \frac{2\omega_3}{3} + 2\eta_3 \cdot \frac{-2\omega_1}{2}} \cdot x_2 = -e^{\frac{2\pi i}{3}} x_2$$

(wegen § 19, (14)].

Sie kann sich also von $x_1$, $x_2$, $x_3$ nur durch einen konstanten

Faktor unterscheiden, und es besteht folglich für alle Punkte unserer Kurve eine Gleichung der Form:

$$6)\qquad x_1^3 + x_2^3 + x_3^3 + 6\,a x_1 x_2 x_3 = 0.$$

Wenn es umgekehrt auf algebraischem Wege gelingt, die Gleichung einer vorgelegten ebenen Kurve dritter Ordnung durch Einführung eines neuen Koordinatendreiecks in eine der Formen (4) oder (6) zu transformieren, so ist damit zugleich eine Parameterdarstellung der Kurve der Form (1), bezw. (5) gegeben.

## § 132. Die Raumkurve vierter Ordnung erster Spezies.

Wir nehmen jetzt den Fall $n = 4$, $m = 4$ der allgemeinen Untersuchung von § 129 vor. Es seien also in den Gleichungen:

$$1)\qquad \varrho x_1 = T_1(u), \quad \varrho x_2 = T_2(u), \quad \varrho x_3 = T_3(u), \quad \varrho x_4 = T_4(u)$$

die $T$ voneinander linear unabhängige Jacobische Funktionen vierter Ordnung. Dann folgt wie in § 130, I:

I. *Wenn zu jedem Punkte der Kurve (1) inkongruente Werte von $u$ gehören, lassen sich die Quotienten der $T$ als rationale Funktionen einer Hilfsvariabeln $t$ darstellen, die selbst eine elliptische Funktion von $u$ ist.*

Diese elliptische Funktion ist dann entweder vom vierten oder vom zweiten Grad; die Quotienten der $T$ sind also entweder lineare oder quadratische Funktionen von ihr. Daraus folgt:

II. *Die Gleichungen (1) stellen in diesem Falle entweder eine vierfach überdeckte Gerade oder einen doppelt überdeckten Kegelschnitt vor.*

Wenn das aber nicht der Fall ist, kann man (vgl. § 129, p. 322) unbeschadet der Allgemeinheit annehmen, die vier Ecken des Koordinatentetraeders lägen auf der Kurve und seien einfache Punkte derselben; dann haben je drei der vier $T_i$ einen, aber auch nur einen gemeinsamen Faktor. Unter den vier $T_i$ müssen drei sein, zwischen denen keine lineare homogene Relation besteht; denn bestände je eine solche zwischen je dreien von ihnen, so bestände auch eine zwischen allen vieren, gegen die Voraussetzung. Seien $T_1(u)$, $T_2(u)$, $T_3(u)$ linear unabhängig; hebt man ihren gemeinsamen Faktor, so sieht man (vgl. § 129 a. E.):

III. *In jedem andern Falle ist die Projektion der Kurve (1) von einem ihrer Punkte aus auf irgend eine Ebene eine Kurve dritter Ordnung ohne singuläre Punkte.*

Daraus folgt wegen § 130, IV:

IV. *Außer im Falle I besitzt unsere Kurve keinen singulären Punkt.*

Ferner ergeben sich analog wie § 130, III, V, VI die Sätze:

V. *Unsere Kurve hat mit jeder Ebene vier Punkte gemein, ist also von der vierten Ordnung. Man nennt sie Raumkurve vierter Ordnung erster Spezies.*

VI. *Mit jeder algebraischen Fläche $n^{ter}$ Ordnung hat unsere Kurve $4n$ Punkte gemein, deren Argumente durch die Relation verbunden sind:*

2) $$u_1 + u_2 + \ldots + u_{4n} \equiv 0 \quad \text{(modd. Per.)}$$

Nicht so einfach ist die Umkehrung dieses letzten Satzes zu beweisen. Nur den einfachsten Fall $n = 1$ können wir sofort erledigen: denn man sieht, daß man eine mit den gegebenen gleichändrige Jacobische Funktion bilden kann, die in drei gegebenen Punkten und also auch in einem vierten, durch die Relation (2) mit ihnen verbundenen, Null wird. Da aber die vier gegebenen Funktionen (1) als linear unabhängig vorausgesetzt waren, so ist diese neue Funktion nach § 40, V als lineare Funktion der gegebenen darstellbar. Daraus folgt:

VII. *Vier Punkte der Kurve, deren Argumente durch die Relation verbunden sind:*

3) $$u_1 + u_2 + u_3 + u_4 \equiv 0 \quad \text{(modd. Per.)}$$

*liegen stets in einer Ebene.*

Von den an diesen Satz sich knüpfenden Anwendungen der Teilungsprobleme sei hier nur die Frage nach den *Hyperoskulationsebenen* erwähnt, d. h. nach denjenigen Ebenen, deren Schnittpunkte mit der Kurve alle vier zusammenfallen. Diese Schnittpunkte genügen der Kongruenz:

4) $$4u \equiv 0 \quad \text{(modd. Per.)};$$

daraus folgt nach § 104, daß ihre Anzahl 16 beträgt. Wählt man eine solche Ebene, eine von ihr verschiedene Ebene durch die zugehörige Tangente, eine dritte Ebene durch den Berührungspunkt, aber nicht durch die Tangente, und eine vierte Ebene zu Koordinatenebenen, so kann man die Gleichungen der Kurve, bei geeigneter Bestimmung der hierin noch willkürlichen Elemente, auf die Form bringen (vgl. § 131, 2):

5) $$x = pu, \quad y = p'u, \quad z = p^2 u.$$

Hieraus ergiebt sich

VIII. *eine algebraische Darstellung der Kurve, bei der sie als vollständiger Schnitt der beiden Flächen zweiter Ordnung:*

6) $$\begin{cases} y^2 = 4xz - g_2 x - g_3, \\ x^2 = z \end{cases}$$

*erscheint.*

Jede Gerade einer dieser Flächen zweiter Ordnung hat mit der Kurve zwei Punkte gemein, nämlich diejenigen beiden Punkte, in denen sie die andere Fläche schneidet.

Auch ohne solche spezielle Wahl des Koordinatensystems kann man sich davon überzeugen, daß unsere Kurve Grundkurve eines Büschels von einfach unendlich vielen Flächen zweiter Ordnung ist. Denn aus den vier Funktionen $T_i$ kann man zehn Quadrate und Produkte bilden; von diesen müssen sich nach § 40, V mindestens zwei linear und homogen durch die übrigen ausdrücken lassen. Es können aber auch, außer im Falle I, nicht mehr als zwei voneinander linear unabhängige Flächen zweiter Ordnung durch die Kurve gehen; denn der einzige sonst noch denkbare Fall, daß unsere Kurve in eine Gerade und eine Raumkurve dritter Ordnung zerfiele, wird dadurch ausgeschlossen, daß diese letztere eine rationale Kurve ist.

Durch jeden Punkt des Raumes kann folglich eine Fläche zweiter Ordnung gelegt werden, die unsere Kurve ganz enthält. Da durch jeden Punkt einer solchen Fläche zwei Gerade gehen, die ganz in ihr liegen, so folgt:

IX. *Durch einen Punkt des Raumes gehen im allgemeinen zwei Sehnen der Kurve.*

Daraus folgt:

Durch Projektion unserer Kurve von einem nicht auf ihr gelegenen Punkte erhält man eine ebene Kurve vierter Ordnung mit zwei Doppelpunkten. Wählt man das Projektionscentrum speziell:

a) auf einer Tangente der Kurve;
b) im Schnittpunkt zweier Tangenten;
c) auf einer der durch die Kurve gehenden Kegelflächen;
d) auf einer Tangente in einem Hyperoskulationspunkt;
e) in der Spitze einer der genannten Kegelflächen,

so erhält man als Projektion bezw.

a) eine ebene Kurve vierter Ordnung mit einem Doppelpunkt und einer Spitze;
b) eine solche mit zwei Spitzen;
c) desgl. mit Selbstberührung;
d) mit Schnabelspitze;
e) einen doppelt überdeckten Kegelschnitt.

## § 133. Korrespondenzen auf elliptischen RIEMANN'schen Flächen.

Wir wollen noch die folgende Frage beantworten:

*Auf welche Weise kann eine elliptische RIEMANNsche Fläche so analytisch auf sich selbst bezogen werden, daß jedem ihrer Punkte $x$ $\alpha$ Punkte $y$ und umgekehrt jedem Punkte $y$ $\beta$ Punkte $x$ entsprechen?*

Man sagt dann: man hat auf der Fläche eine $(\alpha, \beta)$-*Korrespondenz.*

Seien die $\alpha$ Punkte $y$, die einem Punkte $x$ entsprechen, in beliebiger Aufeinanderfolge mit:

1) $$y', \; y'' \ldots y^{(\alpha)}$$

bezeichnet; sei ferner allgemein:

2) $$\frac{1}{2\,\omega_1}\int^{y}\frac{dz}{\sqrt{f(z)}} = v(y)$$

gesetzt. Betrachten wir dann allgemein die Summe:

3) $$U = v(y') + v(y'') + \cdots + v(y^{(\alpha)})$$

als Funktion von $x$, so sehen wir: sie ist für alle Werte von $x$ endlich; und wenn $x$ einen Periodenweg durchläuft, können sich die $y$ nur untereinander permutieren, $U$ kann sich also nur um eine von $x$ unabhängige Größe vermehren. Daraus folgt nach § 6, XI und § 7, II:

4) $$U = k\,v(x) + k_1,$$

wo $k$ und $k_1$ von $x$ unabhängige Größen bedeuten. Der zweiten können wir durch die Wahl der unteren Grenze der Integrale einen beliebigen Wert, z. B. den Wert 0 erteilen; über die erste erhalten wir näheren Aufschluß, wenn wir $x$ einen bestimmten Periodenweg durchlaufen lassen. Wir finden so die beiden Gleichungen:

5) $$\begin{cases} \alpha + \beta\,\tau = k, \\ \gamma + \delta\,\tau = k\,\tau, \end{cases}$$

in denen $\alpha$, $\beta$, $\gamma$, $\delta$ ganze Zahlen bedeuten. Aus ihnen folgt durch Elimination von $k$ für $\tau$ die quadratische Gleichung:

6) $$\beta\,\tau^2 + (\alpha - \delta)\,\tau + \gamma = 0.$$

Wenn also die vorgelegte elliptische Fläche nicht complexe Multiplikation (§ 119) zuläßt, muß

7) $$\beta = 0, \quad \alpha = \delta = k, \quad \gamma = 0$$

sein; es ist also dann $k$ eine *ganze Zahl*, die man die *Wertigkeit* der Korrespondenz nennt. Eine solche Korrespondenz nennt man eine *Wertigkeitskorrespondenz*; man kann somit den Satz aussprechen:

I. *Auf einer nicht singulären elliptischen Fläche existieren keine andern Korrespondenzen als Wertigkeitskorrespondenzen.*

Um zu einer algebraischen Darstellung solcher Korrespondenzen zu gelangen, setzen wir zur Abkürzung:

$$\sigma(x;\, y) = \sigma\left(\int_y^x \frac{dz}{\sqrt{f(z)}}\right) \tag{8}$$

und bezeichnen mit $x$ einen variabeln Punkt, mit $y', y'' \ldots y^{(a)}$ die ihm entsprechenden Punkte; mit $x_0$ einen festen Punkt, mit $y_0', y_0'' \ldots y_0^{(a)}$ die ihm entsprechenden; endlich mit $y$ einen variabeln, mit $y_0$ einen festen Punkt. Dann ist das Produkt:

$$F(x,\, y) = \left[\frac{\sigma(y;\, x)}{\sigma(y;\, x_0)\,\sigma(y_0;\, x)}\right]^k \cdot \prod_{r=1}^{a} \frac{\sigma(y;\, y^{(r)})}{\sigma(y_0;\, y^{(r)})\,\sigma(y;\, y_0^{(r)})} \tag{9}$$

als Funktion von $y$ betrachtet, eine Funktion der Fläche (§ 4 a. E.); denn wenn $y$ einen Periodenweg durchläuft, tritt zu ihr ein Exponentialfaktor (§ 20, 12), dessen Exponent sich vermöge der Gleichung (4) und der entsprechenden Gleichung für $x_0$ und die $y_0^{(r)}$ als Null ergiebt. Sie hat die Punkte $y^{(r)}$ zu Nullpunkten, die Punkte $y_0^{(r)}$ zu Polen; außerdem entweder $x$ zum $k$-fachen Nullpunkt und $x_0$ zum $k$-fachen Pol oder $x$ zum $(-k)$-fachen Pol und $x_0$ zum $(-k)$-fachen Nullpunkt, je nachdem $k$ positiv oder negativ ist. Läßt man andererseits $x$ einen Periodenweg durchlaufen, so sieht man zunächst nur ein, daß zu der Funktion $F(x, y)$ ein Exponentialfaktor tritt, dessen Exponent gleich:

$$(2\, m_1\, \eta_1 + 2\, m_3\, \eta_3) \int_{y_0}^{y} \frac{dz}{\sqrt{f(z)}}$$

ist, unter $m_1$ und $m_3$ irgend welche ganzen Zahlen verstanden; da aber die Funktion nach wie vor eine algebraische Funktion von $y$ bleiben muß, müssen diese Zahlen Null sein, und es ergiebt sich, daß $F(x, y)$ auch als Funktion von $x$ eine Funktion der Fläche ist. Damit ist der Satz bewiesen:

II. *Jede Wertigkeitskorrespondenz auf einer elliptischen* Riemann*schen Fläche läßt sich algebraisch darstellen durch Nullsetzen einer Funktion $F(x, y)$, die in Bezug auf jedes ihrer Argumente eine Funktion* *der Fläche ist. Wird $x$ festgehalten, so wird $F(x, y)$ als Funktion von $y$ $k$-fach 0-, bezw. $(-k)$-fach $\infty$ für $x = y$ und je einfach 0 in den $\alpha$ Punkten $y^{(r)}$, die dem $x$ entsprechen; wird $y$ festgehalten, so gilt Analoges.*

Wir bilden ferner die Funktion:

$$10)\quad F(x) = \lim_{y=x} \frac{F(x, y)}{\sigma(x, y)^k} = \pm \left[\frac{1}{\sigma(x; x_0)\,\sigma(x; y_0)}\right]^k \prod_{r=1}^{\alpha} \frac{\sigma(x; y^{(r)})}{\sigma(x; y_0^{(r)})\,\sigma(y_0; y^{(r)})}.$$

Auch sie ist eine Funktion der Fläche; denn wenn $x$ einen Periodenweg $2\omega$ durchläuft, tritt zu ihr ein Exponentialfaktor, dessen Exponent gleich ist:

$$11)\quad 2\eta\left(\sum_{\alpha}\int_{y_0^{(\alpha)}}^{y}\frac{dz}{\sqrt{f(z)}} - k\int_{x_0}^{x}\frac{dz}{\sqrt{f(z)}}\right) + (2m_1\eta_1 + 2m_3\eta_3)\int_{y_0}^{x}\frac{dz}{\sqrt{f(z)}},$$

mit *denselben* Werten der ganzen Zahlen $m_1$ und $m_3$ wie vorhin. Da diese Null sind, so folgt aus (3) und der entsprechenden Gleichung für $x_0$ und die $y_0^{(r)}$, daß der ganze Exponent 0 ist, daß also $F(x)$ eine Funktion der Fläche ist. Sie wird je $k$-fach $\infty$ für $x = x_0$ und $x = y_0$, je einfach in den $\alpha$ Punkten $y_0^{(r)}$ und in den $\beta$ Punkten $x$, die dem Punkte $y_0$, als einem Punkte $y$ entsprechen (denn für diese fällt je eines der $y^{(r)}$ mit $y$ zusammen). Also muß sie auch $\alpha + \beta + 2k$ Nullpunkte haben; sie wird aber nur Null, wenn $x$ mit einem der ihm selbst zugeordneten Punkte $y^{(r)}$ zusammenfällt. Einen solchen Punkt $x$ nennt man einen Koincidenzpunkt der Korrespondenz; damit kann man den bewiesenen Satz folgendermaßen aussprechen:

III. *Eine $k$-wertige $(\alpha, \beta)$ Korrespondenz auf der elliptischen Fläche hat*

$$12)\quad C = \alpha + \beta + 2k$$

*Coincidenzpunkte.*

Diese Zahl $C$ kann ihrer Bedeutung nach niemals negativ sein; sie kann aber auch nicht größer sein als $2(\alpha + \beta)$. Denn setzen wir:

$$13)\quad u = \int^{x}\frac{dz}{\sqrt{f(z)}},\quad w^{(r)} = \int^{y^{(r)}}\frac{dz}{\sqrt{f(z)}}$$

und bilden das Produkt:

$$14)\quad \Phi(x) = \prod_{r=1}^{\alpha}(\wp u - \wp w^{(r)}),$$

so sehen wir, daß es eine elliptische Funktion I. Art von $u$ ist, da die symmetrischen Funktionen der $w^{(r)}$ solche Funktionen sind. Unbeschadet der Allgemeinheit dürfen wir annehmen, $u = 0$, d. h. die untere Grenze der Integrale, sei kein Koincidenzpunkt; dann wird $\Phi(x)$ unendlich von der Ordnung $2\alpha$ für $u = 0$ und je von der Ordnung 2 in jedem der $\beta$ Punkte $u$, die umgekehrt dem $w = 0$ entsprechen. Also hat $\Phi(x)$ auch $2\alpha + 2\beta$ Nullpunkte; unter diesen müssen die Koincidenzpunkte sein. — Der Schluß versagt in dieser Form für Korrespondenzen, für die ein $w^{(r)}$ stets $= -u$ ist, da dann $\Phi(x)$ identisch Null ist; aber für solche ist $u = 0$ Koincidenzpunkt. Es gilt somit allgemein der Satz:

IV. *Die Zahlen $C$ und $k$ sind durch die Ungleichungen beschränkt:*

$$15)\qquad 0 \leqq C \leqq 2\alpha + 2\beta, \qquad -\frac{\alpha+\beta}{2} \leqq k \leqq \frac{\alpha+\beta}{2}.$$

Insbesondere giebt es nur zwei Arten, eine nicht singuläre elliptische RIEMANNsche Fläche umkehrbar eindeutig auf sich selbst zu beziehen, oder nur zwei Arten von (1, 1) Korrespondenzen auf der Fläche: 1-wertige und (— 1)-wertige. Die ersteren sind durch Gleichungen der Form:

$$16)\qquad u + w = c,$$

die letzteren durch Gleichungen der Form:

$$17)\qquad u - w = c$$

definiert. Die ersteren haben je *vier* Koincidenzpunkte:

$$18)\qquad \frac{c}{2}, \quad \frac{c}{2} + \omega_1, \quad \frac{c}{2} + \omega_2, \quad \frac{c}{2} + \omega_3,$$

die letzteren *keine*.

Ist die Gleichung (6) nicht identisch erfüllt, so erhält man aus den Gleichungen (5) durch Elimination von $\tau$ auch für $k$ eine Gleichung zweiten Grades (vgl. § 119, (5)):

$$19)\qquad k^2 - (\alpha + \delta)k + n = 0.$$

Soll die Korrespondenz insbesondere eine (1, 1)-deutige sein, so muß, wie man durch Vertauschung von $x$ und $y$ in der Gleichung (4) findet, auch $1/k$ einer Gleichung derselben Form wie (19) genügen, d. h. einer Gleichung, in der der Koeffizient von $k^2$ gleich 1 und die übrigen Koeffizienten rationale ganze Zahlen sind. Das ist nur für $n = \pm 1$ der Fall; da $n = -1$ nach § 119, (7) ausgeschlossen ist, so folgt, daß $n = +1$ sein muß. Satz II von § 119 giebt dann das Resultat:

IV. *Andere (1, 1)-deutige Korrespondenzen als die durch (16) und (17) gegebenen existieren nur in den §§ 89 und 90 behandelten speziellen Fällen;*

nämlich im harmonischen Falle:

$$u - c = \pm i(w - c) \tag{20}$$

mit den *zwei* Koincidenzpunkten:

$$c \quad \text{und} \quad c + \omega_2; \tag{21}$$

im äquianharmonischen Falle:

$$u - c = \varepsilon(w - c) \tag{22}$$

mit den *drei* Koincidenzpunkten (vgl. § 90, (6)):

$$c, \quad c + \tfrac{2}{3}(1 - \varepsilon)\omega_1, \quad c - \tfrac{2}{3}(1 - \varepsilon)\omega_1. \tag{23}$$

Im letzteren Falle kann $\varepsilon$ irgend eine der vier Größen $e^{\frac{\lambda \pi i}{3}}$, $\lambda = 1, 2, 4, 5$ bedeuten.

# FÜNFZEHNTER ABSCHNITT.

## Lineare Differentialgleichungen II. Ordnung, deren Koeffizienten elliptische Funktionen und deren Integrale eindeutige Funktionen der unabhängigen Veränderlichen sind.

### § 134. Der Satz von Picard.

(Obwohl die Sätze dieses Paragraphen für lineare Differentialgleichungen beliebiger Ordnung gelten, wollen wir uns doch bei ihrer Entwicklung auf lineare Differentialgleichungen zweiter Ordnung beschränken.)

Es sei eine lineare homogene Differentialgleichung zweiter Ordnung vorgelegt:

$$\frac{d^2 y}{d u^2} + f_1(u) \frac{dy}{du} + f_2(u) y = 0. \tag{1}$$

Wir müssen die beiden folgenden Sätze als bekannt voraussetzen:

I. *In jedem einfach zusammenhängenden Bereiche, in dem $f_1(u)$ und $f_2(u)$ sich regulär verhalten, existieren zwei nicht bloß um einen konstanten Faktor verschiedene reguläre Funktionselemente $y_1(u)$, $y_2(u)$, deren jedes, in die Gleichung (1) eingesetzt, sie identisch befriedigt.*

II. *Jede in einem solchen Bereiche reguläre Funktion $y(u)$, die in die Gleichung (1) eingesetzt sie identisch befriedigt, läßt sich als lineare homogene Kombination der beiden Elemente $y_1(u)$, $y_2(u)$ mit von $u$ unabhängigen Koeffizienten darstellen:*

2) $$y(u) = c_1 y_1(u) + c_2 y_2(u).$$

Wenn man aus dem Funktionenelement $y_1(u)$ durch analytische Fortsetzung das Element $y_1(u + 2\omega)$ erhält, so muß dieses nach I, § 66, IV die Gleichung befriedigen:

3) $$y'' + f_1(u + 2\omega)y' + f_2(u + 2\omega)y = 0$$

(wir gebrauchen die Accente als Zeichen der Differentiation nach $u$). Sind $f_1$ und $f_2$ periodische Funktionen mit der Periode $2\omega$, so fällt diese Gleichung mit der ursprünglichen (1) zusammen. Dann folgt aus Satz II:

III. *Sind die Koeffizienten der Gleichung (1) periodische Funktionen von $y$ mit der Periode $2\omega$; sind $y_1(u)$, $y_2(u)$ zwei der Gleichung genügende linear unabhängige Funktionselemente mit einem gemeinschaftlichen Definitionsbereiche; sind endlich $y_1(u + 2\omega)$, $y_2(u + 2\omega)$ zwei Funktionselemente, die aus den beiden ersten durch simultane analytische Fortsetzung entstehen, so bestehen Gleichungen der Form:*

4) $$\begin{cases} y_1(u + 2\omega) = a_{11} y_1(u) + a_{12} y_2(u), \\ y_2(u + 2\omega) = a_{21} y_1(u) + a_{22} y_2(u), \end{cases}$$

*in denen die $a_{ik}$ von $u$ unabhängige Größen bedeuten.*

Man pflegt das kürzer, wenn auch weniger präcis, so auszudrücken:

IIIa. *Bei Vermehrung des Arguments um eine Periode erfahren zwei beliebige linear unabhängige Integrale einer linearen Differentialgleichung zweiter Ordnung mit periodischen Koeffizienten eine homogene lineare Substitution mit konstanten Koeffizienten.*

Man kann nun fragen, ob es nicht möglich ist, hier eine lineare Substitution von besonders einfacher Form dadurch zu erhalten, daß man das Paar von Integralen, von dem man ausgeht, in besonderer Weise wählt. Irgend ein Integral

5) $$y(u) = c_1 y_1(u) + c_2 y_2(u)$$

geht bei der Substitution (4) über in:

6) $$y(u+2\omega) = (a_{11}c_1 + a_{21}c_2)y_1(u) + (a_{12}c_1 + a_{22}c_2)y_2(u);$$

es wird also das neue Integralelement gleich einem konstanten Vielfachen des alten sein, wenn die Gleichungen bestehen:

7) $$\begin{cases} a_{11}c_1 + a_{21}c_2 = \lambda c_1, \\ a_{12}c_1 + a_{22}c_2 = \lambda c_2. \end{cases}$$

Diese Gleichungen können aber nur dann für Werte von $c_1$ und $c_2$, die nicht beide gleich Null sind, zusammen bestehen, wenn die Determinante:

8) $$D(\lambda) = \begin{vmatrix} a_{11}-\lambda & a_{21} \\ a_{12} & a_{22}-\lambda \end{vmatrix}$$

Null ist, wenn also mit $\lambda$ eine Wurzel der Gleichung:

9) $$D(\lambda) = 0$$

oder ausführlich geschrieben:

$$\lambda^2 - (a_{11}+a_{22})\lambda + a_{11}a_{22} - a_{12}a_{21} = 0$$

bezeichnet wird.

Wäre $a_{11}a_{22} - a_{12}a_{21} = 0$, so wären $y_1(u+2\omega)$ und $y_2(u+2\omega)$ nicht linear unabhängig voneinander. Das kann aber nach I, § 66, IV nicht sein, da $y_1(u)$ und $y_2(u)$ als voneinander linear unabhängig vorausgesetzt waren. Also hat die Gleichung (9) in jedem Falle mindestens eine endliche und von Null verschiedene Wurzel. Nimmt man diese in den Gleichungen (7) für $\lambda$, so giebt es stets Werte von $c_1$ und $c_2$, die diese Gleichungen befriedigen und nicht beide gleich Null sind. Also gilt der Satz:

IV. *Unter den Integralen der Gleichung (1) ist unter den angegebenen Voraussetzungen stets mindestens eines, das sich bei Vermehrung des Arguments um eine Periode bis auf einen konstanten Faktor reproduziert.*

Will man über diesen Satz hinaus tiefer eindringen, so muß man verschiedene Fälle unterscheiden:

1. *Die Gleichung (8) hat zwei verschiedene Wurzeln $\lambda_1$ und $\lambda_2$.*

Dann gehört zu jeder dieser Wurzeln ein Integral der Gleichung (1), das bei Vermehrung des Arguments um eine Periode diese Wurzel zum Multiplikator hat:

10) $$\begin{cases} y_1(u+2\omega) = \lambda_1 y_1(u), \\ y_2(u+2\omega) = \lambda_2 y_2(u). \end{cases}$$

Diese beiden Integrale müssen linear unabhängig sein; denn wenn sie sich nur durch einen konstanten Faktor unterschieden, müßten sie denselben Multiplikator haben.

2. *Die Gleichung* (9) *hat nur eine (Doppel-)Wurzel* $\lambda_1$.

Dann sind wieder zwei Unterfälle zu unterscheiden:

2A. *Nicht alle Unterdeterminanten der Determinante* (8) *werden Null, wenn man* $\lambda = \lambda_1$ *setzt.*

Dann geben die Gleichungen (7) für $\lambda = \lambda_1$ einen wohlbestimmten Wert des Koeffizientenverhältnisses $c_1 : c_2$; es giebt also in diesem Unterfall, abgesehen von einem konstanten Faktor, nur *ein* Integral der Gleichung (1), das $\lambda_1$ zum Multiplikator hat. Wir können annehmen, dieses Integral sei als das oben mit $y_1$ bezeichnete gewählt, sodaß:

$$a_{11} = \lambda_1, \quad a_{12} = 0$$

sei und die Gleichung (8) sich auf:

$$(a_{11} - \lambda)(a_{22} - \lambda) = 0$$

reduziert. Wäre nun $a_{22}$ von $a_{11}$ verschieden, so hätte diese Gleichung noch eine von $\lambda_1$ verschiedene Wurzel (nämlich eben $a_{22}$), und es gäbe folglich noch ein Integral der Gleichung (1), das diese Wurzel zum Multiplikator hätte, entgegen dem, was oben bewiesen ist. Also muß, wenn wir die angegebene Verfügung über $y_1$ treffen, $a_{22} = a_{11}$, $a_{12} = 0$ werden; und jedes von $y_1$ linear unabhängige Integral hat die Eigenschaft, daß:

$$11) \qquad y_2(u + 2\,\omega) = a_{21}\, y_1(u) + \lambda_1\, y_2(u)$$

ist. Der Quotient $y_2/y_1$ erfüllt in diesem Falle die Gleichung:

$$12) \qquad \frac{y_2(u + 2\,\omega)}{y_1(u + 2\,\omega)} = \frac{y_2(u)}{y_1(u)} + \frac{a_{21}}{\lambda_1}.$$

2B. *Alle Unterdeterminanten der Determinante* (8) *werden Null, wenn man* $\lambda = \lambda_1$ *setzt, mit andern Worten, es ist* $a_{11} = a_{22} = \lambda_1$, $a_{12} = a_{21} = 0$.

Dann sieht man, daß *jedes* Integral der Gleichung (1) bei Vermehrung des Arguments um $2\,\omega$ sich bis auf den konstanten Faktor $\lambda_1$ reproduziert; wenn man zwei beliebige linear unabhängige Integrale mit $y_1$ und $y_2$ bezeichnet, genügen sie den Gleichungen (10) für $\lambda_2 = \lambda_1$.

Wir nehmen nun weiter an, die Koeffizienten der vorgelegten Gleichung hätten außer der einen Periode $2\omega_1$ noch eine zweite $2\omega_3$;

übrigens halten wir an der Voraussetzung fest, daß sie eindeutige Funktionen von $u$ seien. Sollen dann auch die Integrale eindeutige Funktionen von $u$ sein, so gelten für die zweite Periode analoge Folgerungen, wie für die erste; auch zu ihr gehört eine lineare homogene Substitution mit konstanten Koeffizienten.

Die nächste Frage ist nun: können die beiden linearen Substitutionen $A_1$ und $A_3$, die der Vermehrung des Arguments bezw. um die eine und die andere Periode entsprechen, ganz unabhängig voneinander gewählt werden oder besteht zwischen ihnen eine Beziehung? Man erkennt sofort, daß das letztere der Fall sein muß. Denn man erhält dasselbe Resultat, ob man $u$ erst um $2\omega_1$ und dann um $2\omega_3$ vermehrt, oder erst um $2\omega_3$ und dann um $2\omega_1$. Sollen also die $y$ eindeutige Funktionen von $u$ werden, so muß man dasselbe Resultat erhalten, ob man auf sie erst die Substitution $A_1$ und dann die Substitution $A_3$ anwendet, oder ob man umgekehrt verfährt; mit andern Worten, es gilt der Satz:

V. *Erfahren zwei eindeutige Funktionen von $u$ bei Vermehrung des Arguments um je eine Periode je eine homogene lineare Substitution, so müssen diese Substitutionen untereinander vertauschbar sein.*

Wenn wir näher untersuchen wollen, wann das der Fall ist, können wir annehmen, die eine der beiden Substitutionen sei schon auf eine der oben angegebenen Normalformen gebracht, mit andern Worten, es seien $y_1$ und $y_2$ so gewählt, daß ihr Verhalten bei Vermehrung des Arguments um die erste Periode entweder durch die Gleichungen (10) oder durch die Gleichungen (11) angegeben wird. Sollen dann außerdem noch die Gleichungen bestehen:

$$13)\quad \begin{cases} y_1(u+2\omega_3) = g_{11}\,y_1(u) + g_{12}\,y_2(u), \\ y_2(u+2\omega_3) = g_{21}\,y_1(u) + g_{22}\,y_2(u), \end{cases}$$

so erhält man im *ersten* Falle:

$$14)\quad \begin{cases} g_{11}\lambda_1 y_1 + g_{12}\lambda_2 y_2 = \lambda_1(g_{11}y_1 + g_{12}y_2), \\ g_{21}\lambda_1 y_1 + g_{22}\lambda_2 y_2 = \lambda_2(g_{21}y_1 + g_{22}y_2). \end{cases}$$

Sind $\lambda_1$ und $\lambda_2$ verschieden, so bestehen diese Gleichungen nur dann identisch, wenn $g_{12}$ und $g_{21}$ Null sind. Dann verhalten sich also *dieselben* Integrale, die sich gegenüber Vermehrung des Arguments um die erste Periode multiplikativ verhalten, auch bei Vermehrung des Arguments um die zweite Periode multiplikativ, sind also elliptische Funktionen zweiter Art (§ 28).

Tritt dagegen für die erste Periode der mit 2A bezeichnete Fall ein, sodaß die Gleichungen (11) bestehen, so erhält man aus diesen und den Gleichungen (13) auf demselben Wege statt der Gleichungen (14) die folgenden:

$$15)\left\{\begin{array}{l} g_{11}\lambda y_1 + g_{12}(a_{21}y_1 + \lambda y_2) = \lambda(g_{11}y_1 + g_{12}y_2), \\ g_{21}\lambda y_1 + g_{22}(a_{21}y_1 + \lambda y_2) = a_{21}(g_{11}y_1 + g_{12}y_2) + \lambda(g_{21}y_1 + g_{22}y_2). \end{array}\right.$$

Sollen sie identisch bestehen, so muß:

$$g_{12}\,a_{21} = 0, \quad g_{22}\,a_{21} = g_{11}\,a_{21}$$

sein. Ist nun $a_{21} \neq 0$, d. h. haben wir es bei der ersten Periode mit dem Falle 2A zu thun, so folgt $g_{12} = 0$, $g_{11} = g_{22}$, d. h. auch bei der zweiten Periode tritt der Fall 2 ein, und ebendasselbe Integral, das sich für die erste Periode multiplikativ verhält, verhält sich auch für die zweite multiplikativ. Auch in diesem Falle giebt es also ein Integral $y_1$, das eine elliptische Funktion II. Art ist.

Ist endlich $a_{21} = 0$, d. h. haben wir es bei der ersten Periode mit dem Falle 2B zu thun, so verhält sich für sie jedes Integral multiplikativ; wählen wir also ein Integral, das sich für die zweite Periode multiplikativ verhält — was stets möglich ist —, so haben wir wieder eine elliptische Funktion II. Art.

Das Resultat dieser ganzen Untersuchung ist also der Satz:

VI. *Wenn jedes Integral einer linearen Differentialgleichung (zweiter Ordnung), deren Koeffizienten elliptische Funktionen I. Art von u sind, eine eindeutige, im Endlichen bis auf Pole reguläre Funktion von u ist, so ist unter diesen Integralen stets mindestens eines eine elliptische Funktion II. Art.*

## § 135. Der Hermite'sche Fall der Lamé'schen Gleichung.

Die allgemeinen Entwicklungen des vorigen Paragraphen finden Anwendung auf eine wichtige spezielle Differentialgleichung, die den Namen Lamés trägt. Sie lautet in der Weierstrassschen Bezeichnung:

$$1) \qquad y'' = [n(n+1)pu + B]y;$$

dabei wollen wir $n$ als ganze Zahl voraussetzen (weil die Gleichung sonst kein in $u$ eindeutiges Integral hat). Was $B$ betrifft, so hat Lamé selbst die (in § 138 zu besprechenden) Fälle untersucht, in denen der Gleichung durch eine elliptische Funktion *erster* Art Genüge geleistet werden kann; Hermite fand, daß sie bei willkürlichem $B$ durch elliptische Funktionen *zweiter* Art integriert werden könne.

Der Fall $n = 0$ ist trivial; der Fall eines negativen $n$ kann auf den eines nicht negativen dadurch zurückgeführt werden, daß man $n$ durch $-n-1$ ersetzt. Wir nehmen also im folgenden an, *$n$ sei eine positive ganze Zahl.*

Wenn wir auf Grund der Resultate des vorigen Paragraphen versuchen wollen, ein Integral der Gleichung (1) in Form einer elliptischen Funktion zweiter Art zu finden, müssen wir uns zunächst überlegen, wo etwa Pole dieser Funktion liegen können. Da sehen wir, daß kein Pol in einem zum Nullpunkt inkongruenten Punkt liegen kann. Denn ist $u = a$ ein Pol $k^{\text{ter}}$ Ordnung von $y$, so ist es ein Pol $(k+2)^{\text{ter}}$ Ordnung von $y''$; das verträgt sich mit der Gleichung (1) nur, wenn in ihr der Koeffizient von $y$ in $u = a$ einen Pol zweiter Ordnung hat. Wenn also (1) durch eine elliptische Funktion zweiter Art integriert werden soll, müssen alle Pole dieser Funktion im Nullpunkt (und den dazu kongruenten Punkten) vereinigt liegen. Beginnt ferner die Entwicklung von $y$ in der Umgebung des Nullpunkts mit $cu^{-k}$, so beginnt die von $y''$ mit $k(k+1)cu^{-k-2}$; da nun die von $\wp u$ mit $u^{-2}$ beginnt (§ 18, (2)), so folgt aus der Vergleichung der Anfangsglieder in den Entwicklungen beider Seiten der Gleichung (2) nach Potenzen von $u$, daß $k = n$ sein muß.

Zufolge Satz VII von § 28 können wir demnach die supponierte Lösung als Produkt von Elementarfaktoren ansetzen:

$$2)\qquad y = e^{\varrho u}\cdot \prod_{\nu=1}^{n} \frac{\sigma(u-a_\nu)}{\sigma u\, \sigma a_\nu}\, e^{u \zeta a_\nu}.$$

Logarithmische Differentiation dieses Ausdrucks ergiebt, wegen § 23, (4):

$$3)\qquad \frac{y'}{y} = \varrho + \sum_{\nu=1}^{n}\{\zeta(u-a_\nu) - \zeta u + \zeta a_\nu\} = \varrho + \tfrac{1}{2}\sum_{\nu=1}^{n} \frac{\wp' u + \wp' a_\nu}{\wp u - \wp a_\nu}$$

und abermalige Differentiation (vgl. § 23, 5):

$$\frac{y''}{y} - \frac{y'^2}{y^2} = \sum_{\nu=1}^{n}\{\wp u - \wp(u-a_\nu)\}$$

oder mit Rücksicht auf Gleichung (8) von § 23:

$$4)\qquad = \sum_{\nu=1}^{n}\left\{2\wp u + \wp a_\nu - \tfrac{1}{4}\left(\frac{\wp' u + \wp' a_\nu}{\wp u - \wp a_\nu}\right)^2\right\}.$$

Andererseits folgt aus (3):

$$\frac{y'^2}{y^2} = \varrho^2 + \varrho \sum_{\nu=1}^{n} \frac{p'u + p'a_\nu}{pu - pa_\nu} + \frac{1}{4} \sum_{\nu=1}^{n} \left( \frac{p'u + p'a_\nu}{pu - pa_\nu} \right)^2$$

$$+ \frac{1}{2} \sum_{\mu \gtreqless \nu} \sum \frac{(p'u + p'a_\mu)(p'u + p'a_\nu)}{(pu - pa_\mu)(pu - pa_\nu)}.$$

Hier müssen wir nun jedes Glied der Doppelsumme in Partialbrüche zerlegen; wir erhalten zunächst (§ 24, I):

$$2pu + \frac{p'a_\mu + p'a_\nu}{pa_\mu - pa_\nu} \{\zeta(u - a_\mu) - \zeta(u - a_\nu)\} + C,$$

und für die Konstante $C$ erhalten wir durch Berücksichtigung des konstanten Terms der Reihenentwicklung in der Umgebung von $u = 0$ den Wert:

$$C = 2(pa_\mu + pa_\nu) - \frac{p'a_\mu + p'a_\nu}{pa_\mu - pa_\nu} (\zeta a_\mu - \zeta a_\nu).$$

Damit geht die Gleichung (4) über in:

$$5)\quad \left\{ \begin{aligned} \frac{y''}{y} &= \varrho^2 + 2\varrho \sum_{\nu=1}^{n} \{\zeta(u - a_\nu) - \zeta u + \zeta a_\nu\} \\ &+ \sum_{\mu > \nu} \sum \frac{p'a_\mu + p'a_\nu}{pa_\mu - pa_\nu} \{\zeta(u - a_\mu) + \zeta a_\mu\} \\ &+ n(n+1)pu + (2n-1) \sum_{\nu=1}^{n} pa_\nu. \end{aligned} \right.$$

Soll sich die rechte Seite dieser Gleichung auf $n(n+1)pu + B$ reduzieren, so muß zunächst $\zeta u$ herausfallen, d. h. es muß:

$$6)\qquad \varrho = 0$$

sein. Ferner muß jeder der Terme $\zeta(u - a_\mu)$ einzeln herausfallen, d. h. es muß für jeden Index $\nu$:

$$7)\qquad \sum_{\mu \gtreqless \nu} \frac{p'a_\mu + p'a_\nu}{pa_\mu - pa_\nu} = 0$$

sein. Endlich muß:

$$8)\qquad (2n - 1)p(a_\nu) = B$$

sein. Das Resultat ist also:

*Wenn das allgemeine Integral der Gleichung (1) eine eindeutige Funktion von $u$ ist, so hat eines ihrer Integrale die Form:*

$$9)\qquad y = \prod_{\nu=1}^{n} \frac{\sigma(u - a_\nu)}{\sigma u \, \sigma a_\nu} e^{u \zeta a_\nu},$$

*in der die Konstanten $a_\nu$ den Gleichungen (7) und (8) Genüge leisten müssen.*

Von diesen Gleichungen ist eine eine unmittelbare Folge der übrigen, da die Summe der linken Seiten der Gleichungen (7) identisch Null ist.

## § 136. Diskussion der einfachsten Fälle $n = 1$ und $n = 2$.

Bevor wir allgemein die Frage nach der Verträglichkeit der zuletzt erhaltenen Gleichungen untersuchen, wollen wir die einfachsten Fälle direkt erledigen.

Im Falle $n = 1$ fallen die Gleichungen (7) ganz weg, Gleichung (8) lautet einfach:

9) $$p a_1 = B.$$

Diese Gleichung hat zwei im allgemeinen inkongruente Lösungen, die wir mit $a$ und $-a$ bezeichnen wollen; jede derselben liefert ein Integral der vorausgesetzten Form, und das allgemeine Integral der Gleichung:

10) $$y'' = (2 p u + p a) y$$

lautet:

11) $$y = C_1 \frac{\sigma(u-a)}{\sigma u \, \sigma a} e^{u \zeta a} + C_2 \frac{\sigma(u+a)}{\sigma u \, \sigma a} e^{-u \zeta a}.$$

Im Falle $n = 2$ haben wir eine Gleichung (7), nämlich:

12) $$\frac{p' a_1 + p' a_2}{p a_1 - p a_2} = 0,$$

dazu die Gleichung (8):

13) $$p a_1 + p a_2 = \tfrac{1}{3} B.$$

Die Auflösung dieser Gleichungen gelingt einfach, wenn man zunächst:

14) $$a_1 - a_2 = a$$

als Hilfsunbekannte einführt; es folgt nämlich dann aus ihnen wegen § 23, (8):

15) $$p a = -\tfrac{1}{3} B$$

und ferner wegen § 23, (10):

16) $$p'(-a_1) = p'(a_2) = p'(a).$$

Man hat also zunächst einen Wert $a$ zu bestimmen, der der Gleichung (15) genügt und hierauf die beiden von $a$ verschiedenen

Werte $-a_1$ und $a_2$ aufzusuchen, für die die Funktion $p'$ denselben Wert annimmt wie für $a$; dann ist ein Integral der LAMÉschen Gleichung für $n = 2$:

$$17)\qquad \frac{\sigma(u - a_1)\,\sigma(u - a_2)}{\sigma^2 u}\, e^{(\zeta a_1 + \zeta a_2) u}.$$

Ein zweites Integral erhält man, wenn man die andere Wurzel der Gleichung (15) wählt, die der ersten entgegengesetzt gleich ist; man erhält dann auch für $a_1$ und $a_2$ die entgegengesetzten Werte. Dasselbe zweite Integral erhält man auch, wenn man in (17) überall $u$ durch $-u$ ersetzt; bei dieser Substitution bleibt nämlich die LAMÉsche Differentialgleichung ungeändert.

Was die Bestimmung der Werte $a_1$ und $a_2$ betrifft, so sei noch bemerkt: Ist $pa = \alpha$, $pa_1$ oder $pa_2 = \xi$, so ist nach (16) und § 18, (6):

$$4\,\xi^3 - g_2\,\xi - g_3 = 4\,\alpha^3 - g_2\,\alpha - g_3$$

oder nach Beseitigung der Wurzel $\xi = \alpha$:

$$18)\qquad \xi^2 - \alpha\,\xi + \alpha^2 - \tfrac{1}{4}\,g_2 = 0.$$

Die eine Wurzel dieser quadratischen Gleichung ist dann $pa_1$, die andere $pa_2$; die zugehörigen Werte $a_1$ und $a_2$ selbst bestimmen sich hieraus nach Anleitung von § 120.

## § 137. Bestimmung der Konstanten im allgemeinen Falle.

Wie eben schon bemerkt, bleibt die LAMÉsche Differentialgleichung ungeändert, wenn man $u$ durch $-u$ ersetzt. Ist also $y(u)$ ein Integral von ihr, so ist auch:

$$\bar{y}(u) = y(-u)$$

ein Integral. Ist insbesondere $y$ ein Integral, das sich bei Vermehrung des Arguments um eine Periode multiplikativ verhält, ist also:

$$y(u + 2\,\omega) = \mu\,y(u)$$

oder (da man $u$ durch $u - 2\,\omega$ ersetzen darf):

$$y(u - 2\,\omega) = \mu^{-1}\,y(u),$$

so folgt:

$$\bar{y}(u + 2\,\omega) = \mu^{-1}\,\bar{y}(u),$$

d. h. hat $y$ für eine bestimmte Periode den Multiplikator $\mu$, so hat $\bar{y}$ für dieselbe Periode den Multiplikator $\mu^{-1}$. Daraus folgt:

I. *Das Produkt derjenigen beiden partikulären Integrale der* LAMÉ*schen Differentialgleichung, die elliptische Funktionen zweiter Art sind, ist eine elliptische Funktion erster Art, und zwar eine gerade Funktion von* $\wp u$.

Das letztere folgt nämlich daraus, daß dieses Produkt eine gerade Funktion von $u$ ist, die (nach § 135) nur die zu Null kongruenten Punkte zu Polen hat.

Nun kann man, wenn irgend eine lineare Differentialgleichung zweiter Ordnung vorgelegt ist, aus ihr eine lineare Differentialgleichung dritter Ordnung ableiten, der die Produkte je zweier Integrale der ersteren genügen. Setzt man nämlich:

1) $$Y = y_1 y_2,$$

so ist:

2) $$Y'' = y_1'' y_2 + 2 y_1' y_2' + y_1 y_2''.$$

Genügen also $y_1$ und $y_2$ beide der Differentialgleichung:

3) $$y'' - py = 0,$$

so folgt:

$$Y'' - 2p\,Y = 2 y_1' y_2',$$

und daraus durch Differentiation:

$$\begin{aligned} Y''' - 2p\,Y' - 2p'\,Y &= 2 y_1'' y_2' + 2 y_1' y_2'' \\ &= 2p(y_1 y_2' + y_2 y_1') = 2p\,Y' \end{aligned}$$

oder:

4) $$Y''' - 4p\,Y' - 2p'\,Y = 0.$$

Wir können sagen:

II. *Jedes Produkt zweier Integrale der Gleichung (3) genügt der Gleichung (4).*

Sind also $y_1$ und $y_2$ irgend zwei linear unabhängige Integrale von (3), so sind $y_1^2$, $y_1 y_2$, $y_2^2$ Integrale von (4), also auch alle linearen Verbindungen dieser drei Funktionen. Dieselben sind aber linear unabhängig; denn aus einer linearen homogenen Relation zwischen ihnen würde eine ebensolche Relation zwischen $y_1$ und $y_2$ folgen. Also hat jedes Integral von (4) die Form $\alpha y_1^2 + \beta y_1 y_2 + \gamma y_2^2$; und daraus folgt:

II. *Jedes Integral der Gleichung (4) ist ein Produkt zweier Integrale der Gleichung (3).*

Ist (3) die LAMÉsche Gleichung, so lautet die Gleichung (4):

5) $$Y''' - 4[n(n+1)\wp u + B]\,Y' - 2n(n+1)\wp' u\,Y = 0;$$

wir haben also zu untersuchen, ob und in welcher Weise dieser Gleichung durch eine rationale ganze Funktion von $pu$ genügt werden kann. Da wir bereits wissen (§ 135), daß der Grad dieser Funktion gleich $n$ sein muß, so können wir die Aufgabe durch den Versuch erledigen. Die Rechnung vereinfacht sich etwas, wenn wir:

6) $$s = pu - \frac{1}{n(2n-1)} B$$

als unabhängige Veränderliche einführen; es wird dann:

$$\begin{aligned} Y' &= \frac{dY}{ds} p'u, \\ Y'' &= \frac{dY}{ds} p''u + \frac{d^2Y}{ds^2} p'^2u, \\ Y''' &= \frac{dY}{ds} p'''u + 3\frac{d^2Y}{ds^2} p'u\, p''u + \frac{d^3Y}{ds^3} p'^3u; \end{aligned}$$

und Gleichung (5) geht nach Division mit $p'u$ über in:

7) $$\left\{ \begin{aligned} & p'^2u \frac{d^3Y}{ds^3} + 3p''u \frac{d^2Y}{ds^2} + [(12 - 4n(n+1))pu - 4B] \frac{dY}{ds} \\ & \qquad - 2n(n+1)Y = 0. \end{aligned} \right.$$

Schreiben wir $b$ für $\frac{B}{n(2n-1)}$ und $s + b$ für $pu$, so nimmt diese Gleichung die Form an:

7a) $$\left\{ \begin{aligned} & [4s^3 + 12bs^2 + (12b^2 - g_2)s + 4b^3 - g_2 b - g_3] \frac{d^3Y}{ds^3} \\ & + [18s^2 + 36bs + 18b_2^2 - \tfrac{3}{2} g_2] \frac{d^2Y}{ds^2} \\ & + [(-4n^2 - 4n + 12)s + (-12n^2 + 12b)] \frac{dY}{ds} \\ & - 2n(n+1)Y = 0. \end{aligned} \right.$$

Setzen wir nun versuchsweise:

8) $$Y = \sum_{k=0}^{n} a_k s^k,$$

und setzen in (7a) den Faktor von $s^k$ gleich Null, so erhalten wir zur Bestimmung der Koeffizienten $a_k$ eine Rekursionsformel, in der $a_k$ mit:

9) $$\left\{ \begin{aligned} & 4k(k-1)(k-2) + 18k(k-1) + (-4n^2 - 4n + 12)k \\ & - 2n(n+1) = 2(2k+1)(k-n)(k+n+1) \end{aligned} \right.$$

multipliziert auftritt, außerdem noch $a_{k+1}$, $a_{k+2}$ und $a_{k+3}$; dabei sind alle diejenigen Größen $a_k$, deren Index $n$ übersteigt, gleich

Null zu setzen. Die letzte dieser Relationen enthält also nur $a_n$, multipliziert mit 0, ist demnach identisch erfüllt; die vorletzte enthält $a_{n-1}$ multipliziert mit einem von Null verschiedenen Faktor, gestattet also $a_{n-1}$ durch $a_n$ auszudrücken; vermöge der drittletzten drückt sich $a_{n-2}$ durch $a_n$ und $a_{n-1}$ aus u. s. w.; und die so erhaltenen Ausdrücke versagen für keinen Wert von $b$, weil eben der unter (9) angegebene Faktor von $a_k$ in keiner dieser Gleichungen ($k = n - 1, n - 2, \ldots 1, 0$) gleich Null ist. Also folgt:

IV. *Es ist stets möglich, die Gleichung (4) durch eine ganze Funktion $n^{ten}$ Grades zu befriedigen; und zwar abgesehen von einem konstanten Faktor nur auf eine Weise.*

Daraus geht wegen Satz III hervor, daß sich die Lamésche Gleichung stets durch elliptische Funktionen zweiter Art integrieren läßt. Um diese Funktionen nach Integration der Gleichung (4) wirklich zu bestimmen, stellen wir neben die Gleichung (1) noch eine andere, die wir folgendermaßen erhalten: Aus $y_1'' + py_1 = 0$ und $y_2'' + py_2 = 0$ folgt durch Elimination von $p$:

10) $$y_1 y_2'' - y_1'' y_2 = 0$$

und daraus durch Integration:

11) $$y_1 y_2' - y_1' y_2 = 2C.$$

Um nun aus (1) und (11) $y_1$ und $y_2$ zu berechnen, leiten wir aus (1) zunächst durch Differentiation ab:

12) $$y_1 y_2' + y_1' y_2 = Y';$$

damit erhalten wir:

$$y_1 y_2' = \quad C + \tfrac{1}{2} Y'$$
$$y_1' y_2 = - C + \tfrac{1}{2} Y'$$

und folglich:

13) $$\frac{y_1'}{y_1} = \frac{-C + \frac{1}{2} Y'}{Y}, \quad \frac{y_2'}{y_2} = \frac{C + \frac{1}{2} Y'}{Y}.$$

Dadurch ist die Bestimmung von $y_1$ und $y_2$ auf je eine Quadratur zurückgeführt.

Man kann diesem Resultat noch eine etwas übersichtlichere Form geben und dadurch seine Übereinstimmung mit dem von § 135 nachweisen. Aus der ersten Gleichung (13) folgt nämlich durch Differentiation:

$$\frac{y_1''}{y_1} - \left(\frac{y_1'}{y_1}\right)^2 = \frac{C}{Y^2} + \frac{1}{2}\frac{Y''}{Y} - \frac{1}{2}\left(\frac{Y'}{Y}\right)^2,$$

also:

$$\frac{y_1''}{y_1} = \frac{C^2 + \frac{1}{2} Y Y'' - \frac{1}{4} Y'^2}{Y^2}$$

oder wenn man die linke Seite durch ihren Wert aus der LAMÉschen Gleichung ersetzt:

14) $$4C^2 = Y'^2 - 2YY'' + 4[n(n+1)pu + B]Y.$$

Man kann daher den Wert der durch die Gleichung (11) eingeführten Integrationskonstanten dadurch bestimmen, daß man hier für $u$ irgend einen speziellen Wert einsetzt. Wählt man z. B. eine der Wurzeln $\alpha, \beta \ldots$ der Gleichung $Y(u) = 0$, so erhält man:

15) $$C = \pm \tfrac{1}{2} Y'(\alpha) = \pm \tfrac{1}{2} Y'(\beta) = \ldots;$$

dabei gilt immer für die eine von zwei einander entgegengesetzt gleichen Wurzeln dieser Gleichung das obere, für die andere das untere Zeichen. Infolgedessen kann man setzen:

16) $$\frac{C}{Y} = \tfrac{1}{2}\sum\{\zeta(u-\alpha) - \zeta(u+\alpha) + 2\zeta\alpha\};$$

denn die rechte Seite hat (eben wegen (15)) die erforderlichen Pole und Residuen und wird außerdem Null für $u = 0$. Daneben erhält man aus:

$$Y = c^2 . \prod(pu - p\alpha)$$

nach § 23, (2):

17) $$\frac{Y'}{Y} = \sum \frac{p'u}{pu - p\alpha} = \sum\{\zeta(u+\alpha) + \zeta(u-\alpha) - 2\zeta u\}.$$

Setzen wir diese Werte in (13) ein, so erhalten wir:

$$\frac{y_1'}{y_1} = \sum\{\zeta(u+\alpha) - \zeta u - \zeta\alpha\},$$

also durch Integration:

18) $$y_1 = c\prod \frac{\sigma(u+\alpha)}{\sigma u} e^{-u\zeta\alpha},$$

und ebenso:

19) $$y_2 = c\prod \frac{\sigma(u-\alpha)}{\sigma u} e^{u\zeta\alpha}.$$

Damit haben wir dieselbe Form der Integrale wie in § 135 erreicht und können den Satz aussprechen:

V. *Wenn $n$ eine ganze Zahl ist, läßt sich die LAMÉsche Differentialgleichung stets durch elliptische Funktionen II. Art integrieren.*

## § 138. Die LAMÉ'schen Polynome.

Die letzten Rechnungen würden etwas zu modifizieren sein, wenn das Polynom $Y$ durch $pu$ teilbar wäre. Aber dieser Fall kann nicht eintreten; denn er würde zu einem Widerspruch mit der zu Beginn von § 135 (p. 343) abgeleiteten Relation $k = n$ führen.

Ferner tritt eine Modifikation der letzten Rechnungen ein, wenn $C = 0$ wird. Dazu ist, wegen der Relationen § 137, (15) erforderlich und hinreichend, daß jede Wurzel der Gleichung $Y(u) = 0$ entweder eine Doppelwurzel oder gleich einer Halbperiode sei (das letztere nach § 18, p. 47, da $Y'(u)$ den Faktor $p'u$ hat).

Man überzeugt sich zunächst, daß $Y = 0$ in keinem Falle eine drei- oder noch mehrfache Wurzel haben kann. Wäre nämlich gleichzeitig

$$Y = 0, \quad Y' = 0, \quad Y'' = 0,$$

so würde aus der Differentialgleichung und aus den aus ihr durch successive Differentiation hervorgehenden Gleichungen folgen, daß auch alle höheren Ableitungen für denselben Argumentwert Null sein müßten. Ebenso würde, wenn für eine halbe Periode gleichzeitig $Y = 0$, $Y' = 0$ wäre, aus § 137, (7) folgen, daß auch $Y''$ und alle höheren Ableitungen für dieselbe Halbperiode Null wären; also kann keine Halbperiode mehrfache Wurzel sein. Es folgt somit:

I. *Im Falle $C = 0$ hat das Polynom $Y$ die Gestalt*

$$1) \qquad Y = c^2 (pu - e_1)^{\varepsilon_1} (pu - e_2)^{\varepsilon_2} (pu - e_3)^{\varepsilon_3} . \prod (pu - pa)^2,$$

*in der jede der drei Zahlen $\varepsilon$ entweder 0 oder 1 bedeutet.*

Daraus folgt (vgl. § 137, (13)), daß in diesem Falle:

$$2) \qquad y_1 = y_2 = c \sqrt{pu - e_1}^{\,\varepsilon_1} \sqrt{pu - e_2}^{\,\varepsilon_2} \sqrt{pu - e_3}^{\,\varepsilon_3} \prod (pu - pa)$$

wird, also:

II. *Im Falle $C = 0$ liefert die Methode des vorigen Paragraphen, abgesehen von einem konstanten Faktor, nur ein Integral der* LAMÉ*schen Differentialgleichung; und zwar ist dasselbe eine elliptische Funktion I. Art und I. oder II. Stufe* (vgl. § 30).

Für gerade $n$ sind (wegen 1) alle drei $\varepsilon$ oder nur eines gleich 0; für ungerade $n$ eines oder zwei.

Die genauere Diskussion der Gleichung (14) zeigt, daß $C^2$ eine ganze Funktion $(2n + 1)^{\text{ten}}$ Grades des in der Differentialgleichung auftretenden Koeffizienten $B$ ist. Daraus folgt, daß es zu jedem $n$ $2n + 1$ Werte dieses Koeffizienten giebt, für die die LAMÉsche Differentialgleichung je ein Integral der Form (2) besitzt. Man nennt diese Integrale *LAMÉsche Polynome.*

Um die übrigen Integrale der LAMÉschen Differentialgleichungen in diesen Fällen zu finden, bedient man sich der allgemeinen Methode, die die Ordnung einer linearen Differentialgleichung zu erniedrigen erlaubt, wenn ein partikuläres Integral bekannt ist. Ist nämlich $y_1$ ein solches, so führe man durch die Substitution:

$$3)\qquad y = y_1 z$$

eine neue abhängige Veränderliche in die Differentialgleichung ein; man erhält:

$$y_1 z'' + 2y_1' z' + y_1'' z = [n(n+1)pu + B] y_1 z$$

oder da $y_1$ der LAMÉschen Gleichung genügen sollte:

$$y_1 z'' = -2 y_1' z',$$

woraus durch Integration:

$$z = c_1 + c_2 \int \frac{du}{y_1^2} .$$

Die hier verlangte Integration kann in jedem Falle mit Hilfe des Satzes § 24, II ausgeführt werden. In der Umgebung jedes Nullpunkts $a$ von $y_1$ besitzt $y_1$ eine Entwicklung der Form:

$$y_1 = y_1'(u-a) + \frac{y_1'''}{6}(u-a)^3 + \ldots,$$

da vermöge der Differentialgleichung $y_1''$ mit $y_1$ zugleich Null wird. Infolgedessen enthält die Entwicklung von $y_1^{-2}$ für keinen Pol Glieder der Ordnung $(-1)$; also enthält $z$ keine Logarithmen, und es gilt der Satz (vgl. § 57):

*Wenn ein Integral der LAMÉschen Differentialgleichung ein LAMÉsches Polynom ist, ist der Quotient $z$ irgend eines andern Integrals geteilt durch das erste ein elliptisches Integral II. Gattung.*

# SECHZEHNTER ABSCHNITT.

## Das sphärische Pendel.

### § 139. Aufstellung der Differentialgleichungen des Problems.

Unter einem mathematischen sphärischen Pendel versteht man einen schweren Punkt, der mittelst eines als gewichtslos betrachteten Stabes an einem festen Punkte aufgehängt, also gezwungen ist, sich auf einer Kugelfläche zu bewegen.

Um die Differentialgleichungen der Bewegung eines solchen Punktes aufzustellen, führen wir zunächst ein rechtwinkliges Koordinatensystem der $x$, $y$, $z$ ein, dessen Nullpunkt mit dem Aufhängepunkt zusammenfällt und dessen positive $z$-Axe der Richtung der Schwere entgegengesetzt gerichtet ist. Die Masse des Pendels, die ohnedies aus den Formeln herausfällt, nehmen wir gleich 1 an, die Intensität der Schwere bezeichnen wir mit $g$, den Kugelradius (die Länge des Pendelstabes) mit $L$, die Spannung des Stabes mit $N$. Dann lauten die Gleichungen:

$$1)\quad \begin{cases} \dfrac{d^2 x}{d t^2} = -\dfrac{N x}{L}, \\[2ex] \dfrac{d^2 y}{d t^2} = -\dfrac{N y}{L}, \\[2ex] \dfrac{d^2 z}{d t^2} = -\dfrac{N z}{L} - g; \end{cases}$$

zu ihnen tritt noch die Gleichung der Kugel:

$$2)\quad x^2 + y^2 + z^2 = L^2$$

mit der aus ihr folgenden Differentialgleichung:

$$3)\quad x\frac{d x}{d t} + y\frac{d y}{d t} + z\frac{d z}{d t} = 0.$$

## § 140. Reduktion auf Quadraturen.

Durch Elimination der Spannung, oder, was auf dasselbe hinauskommt, durch Benutzung der allgemeinen Prinzipien der Mechanik erhält man aus den Gleichungen (1) von § 139 zwei unmittelbar integrable Kombinationen.

Multipliziert man nämlich der Reihe nach mit $dx/dt$, $dy/dt$, $dz/dt$ und berücksichtigt die Gleichung (3), so erhält man die *Energiegleichung:*

$$1)\quad \left(\frac{d x}{d t}\right)^2 + \left(\frac{d y}{d t}\right)^2 + \left(\frac{d z}{d t}\right)^2 = -2 g z + H.$$

Die hierdurch eingeführte *Energiekonstante* $H$ muß jedenfalls der Ungleichung:

$$2)\quad H \geqq -2 g L$$

genügen, da sonst die linke Seite von (1) für alle mit den Bedingungen der Aufgabe verträglichen Werte von $z$, für die nämlich

$$3)\quad -L \leqq z \leqq L$$

ist, negativ wäre, was nicht sein kann.

Eliminiert man ferner die Spannung nur aus den beiden ersten Gleichungen (1) von § 139, so erhält man die *Flächengleichung:*

$$4)\qquad x\frac{dy}{dt} - y\frac{dx}{dt} = C.$$

Die hiermit eingeführte *Flächenkonstante* $C$ ist zwar an und für sich ganz willkürlich; wenn aber $H$ bereits gegeben ist, kann $C$ gewisse später (§ 141, (1)) anzugebende Grenzen nicht überschreiten.

Die Gleichungen (1) und (4) nehmen eine einfachere Gestalt an, wenn man in der $xy$-Ebene durch die Gleichungen:

$$5)\qquad x = r\cos\varphi, \quad y = r\sin\varphi$$

Polarkoordinaten einführt; nämlich:

$$6)\qquad \left(\frac{dr}{dt}\right)^2 + r^2\left(\frac{d\varphi}{dt}\right)^2 + \left(\frac{dz}{dt}\right)^2 = -2gz + H;$$

$$7)\qquad r^2\frac{d\varphi}{dt} = C.$$

Die Gleichungen (2) und (3) von § 139 werden dabei:

$$8)\qquad r^2 + z^2 = L^2;$$

$$9)\qquad r\frac{dr}{dt} + z\frac{dz}{dt} = 0.$$

Aus den so umgeformten Gleichungen kann man ohne neue Integration $r$, $dr/dt$ und $d\varphi/dt$ eliminieren ($\varphi$ selbst kommt gar nicht vor); man erhält zunächst aus (6) durch Multiplikation mit $r^2$ und Berücksichtigung von (9):

$$r^2\left(\frac{dz}{dt}\right)^2 + r^4\left(\frac{d\varphi}{dt}\right)^2 + z^2\left(\frac{dz}{dt}\right)^2 = (-2gz + H)r^2;$$

und daraus mit Hilfe von (7) und (8):

$$10)\qquad L^2\left(\frac{dz}{dt}\right)^2 = (H - 2gz)(L^2 - z^2) - C^2.$$

Da in dieser Gleichung die unabhängige Veränderliche (die Zeit) explicite nicht vorkommt, geschieht ihre Integration durch die Quadratur:

$$11)\qquad t = \int_{z_0}^{z} \frac{L\,dz}{\sqrt{(H - 2gz)(L^2 - z^2) - C^2}},$$

in der $z_0$ den Anfangswert von $z$ bedeutet; also durch ein *elliptisches Integral I. Gattung.*

Die Bestimmung des Winkels $\varphi$ geschieht dann zufolge (7) durch die zweite Quadratur:

$$12)\qquad \varphi - \varphi_0 = \int_{z_0}^{z} \frac{CL}{L^2 - z^2} \frac{dz}{\sqrt{(H - 2gz)(L^2 - z^2) - C^2}}$$

(unter $\varphi_0$ den Anfangswert von $\varphi$ verstanden); also ebenfalls durch ein *elliptisches Integral,* und zwar, wie wir sehen werden, durch ein solches *III. Gattung.*

## § 141. Diskussion der gefundenen Lösung.

Für die Einsicht in die Natur des Bewegungsvorgangs ist vor allem wichtig zu erkennen, daß die Verzweigungspunkte der auftretenden Quadratwurzel in jedem Falle alle reell sind. Dazu führen die folgenden Überlegungen:

Bei gegebenem Wert der Anfangsgeschwindigkeit und gegebener Anfangslage erhält man den größten Wert für $C$, wenn die Anfangsgeschwindigkeit zur $z$-Axe senkrecht, wenn also:

$$\left(\frac{dz}{dt}\right)_0 = 0 \text{ und folglich auch } \left(\frac{dr}{dt}\right)_0 = 0$$

ist. Dann ist aber nach § 140, (6) und (7):

$$C^2 = r_0^2 (H - 2 g z_0);$$

also ist allgemein:

$$1)\qquad C^2 \leqq r_0^2 (H - 2 g z_0).$$

(Die linke Seite dieser Ungleichung ist nach § 140, (1) stets positiv).

Daraus folgt, daß die in den Gleichungen (11) und (12) unter dem Wurzelzeichen stehende ganze Funktion dritten Grades:

$$2)\qquad \begin{cases} f(z) = \frac{1}{L^2} [(H - 2 g z)(L^2 - z^2) - C^2] \\ \quad\; = \frac{1}{L^2} [2 g z^3 - H z^2 - 2 g L^2 z + H L^2 - C^2] \end{cases}$$

für $z = z_0$ nicht negativ ist; es ist nämlich:

$$f(z_0) \geqq \frac{1}{L^2} (H - 2 g z_0)(L^2 - z_0^2 - r_0^2),$$

also nach § 140, (8) $\geqq 0$. Somit erhalten wir für die Vorzeichen der Werte von $f(z)$ folgende Tabelle:

| $z = -\infty$ | $-L$ | $z_0$ | $L$ | $+\infty$ |
|---|---|---|---|---|
| $f(z) = -\infty$ | $\leqq 0$ | $\geqq 0$ | $\leqq 0$ | $+\infty$, |

und damit den Satz:

I. *Im allgemeinen hat die Gleichung $f(z) = 0$ drei verschiedene reelle Wurzeln: eine zwischen $-L$ und $z_0$, eine zwischen $z_0$ und $L$, eine zwischen $L$ und $+\infty$.*

Ausnahmen können nur eintreten:

a) wenn $z_0 = \pm L$ ist; dann muß $C = 0$ sein und die drei Wurzeln sind $-L$, $+L$, $\frac{H}{2g}$, sodaß eine Doppelwurzel auftritt, wenn $H = \pm 2gL$ ist;

b) wenn $C = r_0^2(H - 2gz_0)$ ist, da dann $f(z_0) = 0$ ist. In diesem Falle ist:

$$L^2 f(z) = (H - 2gz)(L^2 - z^2) - (H - 2gz_0)(L^2 - z_0^2)$$
$$= (z - z_0)[-2gL^2 - H(z + z_0) + 2g(z^2 + zz_0 + z_0^2];$$

also ist, je nachdem $2g(3z_0^2 - L^2) - 2Hz_0 >$ oder $< 0$ ist, noch eine Wurzel zwischen $z_0$ und $L$ oder eine zwischen $-L$ und $z_0$ vorhanden, außerdem jedenfalls eine zwischen $L$ und $+\infty$. Nur wenn $g(3z_0^2 - L^2) - Hz_0 = 0$ ist, ist $z_0$ Doppelwurzel.

Das Auftreten einer Doppelwurzel ist also hier wegen der Ungleichungen § 140, (2) und § 141 (1) durch je *zwei* Relationen zwischen den Konstanten bedingt:

3) entweder: $z_0 = L$ und $H = 2gL$

4) oder: $z_0 = -L$ und $H = -2gL$

5) $\begin{cases} \text{oder: } C^2 = r_0^2(H - 2gz_0) \\ \text{und } Hz_0 = g(3z_0^2 - L^2). \end{cases}$

Aus den beiden letzten Gleichungen folgt noch:

6) $$C^2 z_0 = -2g(L^2 - z_0^2)^2;$$

sie können also niemals zusammen bestehen, wenn $z_0$ positiv ist. Um noch näheres über die Wurzeln von $f(z)$ zu erfahren, bilden wir:

7) $$L^2 f'(z) = 6gz^2 - 2Hz - 2gL^2.$$

Die Nullpunkte dieser Funktion sind in jedem Falle reell und haben verschiedenes Zeichen. Da die algebraisch kleinste Wurzel von $f(z)$ kleiner sein muß, als die algebraisch kleinste von $f'(z)$, so folgt hieraus:

II. *Die algebraisch kleinste Wurzel der Gleichung $f(z) = 0$ ist stets negativ.*

Daß die algebraisch größte Wurzel stets positiv ist, geht schon aus Satz I hervor; die mittlere Wurzel hat dasselbe Vorzeichen wie $HL^2 - C^2$.

Indem wir uns zunächst zur *Untersuchung des allgemeinen Falles* wenden, bezeichnen wir die Wurzeln mit $z_1$, $z_2$, $z_3$, so zwar, daß:

8)
$$z_1 > z_2 > z_3$$

ist. Das Integral § 140, (11) geht dann über in:

9)
$$t = \frac{L}{\sqrt{2g}} \int_{z_0}^{z} \frac{dz}{\sqrt{(z - z_1)(z - z_2)(z - z_3)}};$$

Aus dieser Gleichung ist die Änderung von $z$ im Verlauf der Zeit zu entnehmen. Ist die Anfangsgeschwindigkeit nach oben gerichtet, so ist der Quadratwurzel für $t = 0$, $z = z_0$ der positive Wert beizulegen. $z$ nimmt also zunächst zu und zwar bis $z_2$; denn dieser Wert wird nach einer endlichen Zeit erreicht, da das bis $z_2$ erstreckte Integral nach § 7, I endlich ist. Darüber hinaus kann $z$ nicht zunehmen, da sonst die Quadratwurzel imaginäre Werte erhalten würde; also muß von da ab $dz/dt$ negativ werden, die Quadratwurzel muß negativ genommen werden und $z$ nimmt ab bis zu dem Wert $z_3$, der ebenfalls nach endlicher Zeit erreicht wird. Von da nimmt $z$ wieder zu bis $z_2$ u. s. w. Da man für den Fall einer nach unten gerichteten Anfangsgeschwindigkeit entsprechende Resultate erhält, so kann man den Satz aussprechen:

III. *Das Pendel bewegt sich fortwährend zwischen den beiden Parallelkreisen $z = z_2$ und $z = z_3$ hin und her; die Dauer einer Periode* (Hin- und Rückweg) *beträgt:*

10)
$$2\omega_1 = \frac{2L}{\sqrt{2g}} \int_{z_2}^{z_3} \frac{dz}{\sqrt{(z_1 - z)(z_2 - z)(z - z_3)}},$$

*der Fall dauert ebensolange wie das Aufsteigen.*

Das Integral § 140, (12) können wir schreiben:

11)
$$\varphi - \varphi_0 = \int_{t_0}^{t} \frac{C}{L^2 - z^2}\, dt.$$

Daraus geht vor allem hervor:

IV. *Der Winkel $\varphi$ wächst beständig oder nimmt beständig ab, je nachdem $C > 0$ oder $< 0$ ist; die durch das Pendel und die z-Axe gelegte Vertikalebene dreht sich also beständig in demselben Sinne.*

Während einer Halbperiode von $z$ nimmt der Winkel $\varphi$ zu um:

12)
$$\Phi = \int_{z_2}^{z_3} \frac{C}{L^2 - z^2} \frac{L\, dz}{\sqrt{2g}\sqrt{(z_1 - z)(z_2 - z)(z - z_3)}}.$$

Für diesen Winkel $\Phi$ kann man zwei Grenzen angeben, zwischen denen er eingeschlossen ist, wenn man beachtet, daß in dem Integrationsintervall:

$$z_1 - z_2 \leqq z_1 - z \leqq z_1 - z_3$$

ist; man erhält:

13) $$\frac{1}{\sqrt{z_1 - z_2}} \Phi_0 > \Phi > \frac{1}{\sqrt{z_1 - z_3}} \Phi_0,$$

wo $\Phi_0$ durch das Integral:

$$\Phi_0 = \int_{z_2}^{z_3} \frac{C L}{\sqrt{2 g}} \frac{d z}{(L^2 - z^2)\sqrt{(z_2 - z)(z - z_3)}}$$

gegeben ist. Es ist also $2\Phi_0$ gleich dem auf der rechten Seite stehenden Integrale, genommen auf einem Wege, der die beiden Verzweigungspunkte $z_2$ und $z_3$ umgiebt. Ein solcher Weg kann auf je eine Umkreisung des unendlich fernen Punktes und der beiden Punkte $\pm L$ zusammengezogen werden; es ist also nach I, § 45, II und V $\Phi_0 = 2\pi i \times$ der Summe der Residuen der zu integrierenden Funktion in diesen Punkten.

Das Residuum im Unendlichen ist 0, das in $+L$:

$$\frac{-C}{2\sqrt{2 g (z_2 - L)(L - z_3)}},$$

das in $-L$:

$$\frac{C}{2\sqrt{2 g (z_2 + L)(- L - z_3)}}.$$

Somit ist:[1]

14) $$\begin{cases} 2\Phi_0 = \dfrac{\pi C}{\sqrt{2 g}} \left\{ \dfrac{1}{\sqrt{(L + z_2)(L + z_3)}} + \dfrac{1}{\sqrt{(L - z_2)(L - z_3)}} \right\} \\ \quad = \dfrac{\pi C}{\sqrt{2 g}} \sqrt{\dfrac{2 L^2 + 2 z_2 z_3 + \sqrt{(L^2 - z_2^2)(L^2 - z_3^2)}}{(L^2 - z_2^2)(L^2 - z_3^2)}}. \end{cases}$$

Dieser Ausdruck läßt sich noch etwas übersichtlicher schreiben, wenn man die Ausdrücke der Koeffizienten der Gleichung (2) durch ihre Wurzeln benutzt. Man hat nämlich:

15) $$z_1 + z_2 + z_3 = \frac{H}{2 g},$$

[1] Die beiden Quadratwurzeln im Nenner von $\Phi_0$ sind mit demselben Vorzeichen zu nehmen; denn beim Durchgang durch $z = \infty$ ändert die Wurzelgröße ihr Vorzeichen.

16) $$z_1 z_2 + z_2 z_3 + z_3 z_1 = -L^2$$

17) $$z_1 z_2 z_3 = \frac{C^2 - HL^2}{2g}.$$

Aus (16) folgt:

18) $$z_1 = -\frac{L^2 + z_2 z_3}{z_2 + z_3};$$

damit aus (15):

19) $$\frac{H}{2g} = \frac{z_2^2 + z_2 z_3 + z_3^2 - L^2}{z_2 + z_3}$$

und folglich aus (17):

20) $$\frac{C^2}{2g} = \frac{(L^2 - z_2^2)(L^2 - z_3^2)}{-(z_2 + z_3)} = -(z_1 + z_2)(z_1 + z_3)(z_2 + z_3).$$

(Diese Gleichung zeigt, daß $z_2 + z_3$ stets negativ ist).) Man kann somit den Ausdruck (14) ersetzen durch:

21) $$2\,\Phi_0 = \pi \sqrt{\frac{2L^2 + 2z_2 z_3 + 2\sqrt{(L^2 - z_2^2)(L^2 - z_3^2)}}{-(z_2 + z_3)}}.$$

Andererseits ist nach (18):

$$z_1 - z_3 = \frac{L^2 + 2z_2 z_3 + z_3^2}{-(z_2 + z_3)}, \quad z_1 - z_2 = \frac{L^2 + 2z_2 z_3 + z_2^2}{-(z_2 + z_3)},$$

also folgt aus (13):

22) $$\Phi > \frac{\pi}{2}\sqrt{1 + \frac{L^2 - z_3^2 + 2\sqrt{(L^2 - z_2^2)(L^2 - z_3^2)}}{L^2 + 2z_2 z_3 + z_3^2}}$$

und:

23) $$\Phi < \frac{\pi}{2}\sqrt{1 + \frac{L^2 - z_2^2 + 2\sqrt{(L^2 - z_2^2)(L^2 - z_3^2)}}{L^2 + 2z_2 z_3 + z_2^2}}.$$

Die erste dieser Grenzbestimmungen zeigt, daß in jedem Fall:

24) $$\Phi > \frac{\pi}{2}$$

ist. Die zweite ergiebt kein so einfaches Resultat, da der rechts stehende Ausdruck über alle Grenzen wächst, wenn man erst $z_3 = -L$ setzt, und dann zur Grenze $z_2 = L$ übergeht (was mit der Bedingung $z_2 + z_3 \leqq 0$ verträglich ist).

## § 142. Darstellung der Höhe als Funktion der Zeit durch Thetaquotienten.

Durch Umkehrung der Gleichung (9) des vorigen Paragraphen können wir die Höhe $z$ des Pendelpunktes über der $x$-$y$-Ebene explicite als Funktion der Zeit darstellen. Um das auszuführen, müssen wir die Formeln (7) bis (9) von § 56[1] für unsern jetzigen Zweck einrichten. Wir werden vor allem wünschen, daß reellen Werten der Zeit auch reelle Werte des Thetaarguments entsprechen; dazu ist erforderlich, daß wir einen der Endpunkte des in § 141, III genannten Intervalls mit $\alpha_1$ bezeichnen. Ferner ist zu beachten: die damaligen Formeln bezogen sich zunächst auf den Fall, daß alle Verzweigungspunkte im Endlichen liegen; wir können aber den erforderlichen Grenzübergang sofort ausführen. Identifizieren wir z. B. die damals mit $\alpha_0$, $\alpha_1$, $\alpha_2$, $\alpha_3$ bezeichneten Größen der Reihe nach mit $z_1$, $z_2$, $z_3$, $\infty$, so erhalten wir aus jenen Formeln zunächst:

$$1)\qquad \frac{z - z_3}{z - z_2} = \sqrt{\frac{z_1 - z_3}{z_1 - z_2}}\,\frac{\vartheta_2^2(v)}{\vartheta_1^2(v)}$$

$$2)\qquad \frac{1}{z - z_2} = \sqrt{\frac{1}{(z_1 - z_2)(z_2 - z_3)}}\,\frac{\vartheta_3^2(v)}{\vartheta_1^2(v)}$$

$$3)\qquad \frac{z - z_1}{z - z_2} = \sqrt{\frac{z_1 - z_3}{z_2 - z_3}}\,\frac{\vartheta_0^2(v)}{\vartheta_1^2(v)}$$

und hieraus durch Division z. B. noch die folgenden:

$$4)\qquad z_2 - z = \sqrt{(z_1 - z_2)(z_2 - z_3)}\,\frac{\vartheta_1^2(v)}{\vartheta_3^2(v)}\,;$$

$$5)\qquad z - z_3 = \sqrt{(z_1 - z_3)(z_2 - z_3)}\,\frac{\vartheta_2^2(v)}{\vartheta_3^2(v)}\,.$$

Das in diesen Formeln auftretende Argument $v$ ist durch die Gleichung:

$$6)\qquad v = \frac{1}{2\omega_1}\int\limits_{z_2}^{z} \frac{dz}{\sqrt{f(z)}}$$

definiert, hängt also mit der Zeit $t$ (§ 141, (9)) durch die Gleichung zusammen:

$$7)\qquad v = \frac{t}{2\omega_1} - \frac{1}{2\omega_1}\int\limits_{z_0}^{z_2} \frac{dz}{\sqrt{f(z)}}\,.$$

Ist die Anfangsgeschwindigkeit nach oben gerichtet, so ist in (7) auf dem kürzesten Wege zu integrieren; ist sie aber nach unten gerichtet, so ist von $z_0$ zunächst bis $z_3$ und von da wieder nach $z_2$ zurück zu integrieren; mit andern Worten, es ist zu setzen:

[1] In jenen Formeln ist der Faktor $\frac{1}{2}$ vor und der Faktor $a_0$ unter dem Wurzelzeichen zu streichen.

8)
$$v = \frac{t}{2\omega_1} + \frac{1}{2} + \frac{1}{2\omega_1}\int\limits_{z_3}^{z_0}\frac{dz}{\sqrt{f(z)}}.$$

Besondere Beachtung erfordert noch die Bestimmung der Vorzeichen der Quadratwurzeln in den Formeln (1) bis (5). In den allgemeinen Formeln von § 56 sind die den Wurzeln beizulegenden Werte bis zu einem gewissen Grade willkürlich; nämlich insoweit, als die verschiedenen Formeln vermöge der zwischen den Thetaquadraten bestehenden Relationen miteinander übereinstimmen müssen. In unserm Falle aber müssen wir dafür sorgen, daß wir mit den Ergebnissen von § 141 in Übereinstimmung bleiben; das ist dann und nur dann der Fall, wenn wir *die Quadratwurzel in (1) und (2) negativ, in (3), (4) und (5) positiv nehmen.*

Für manche Zwecke bieten die Weierstrassschen Funktionen Vorteile. Um die auf sie bezüglichen Formeln (4) und (5) von § 56 hier anzuwenden, machen wir in ihnen den Grenzübergang:

9)
$$\lim \alpha_3 = \infty, \quad \lim a_0\,\alpha_3 = -\frac{2g}{L^2}$$

und identifizieren $z_1$, $z_2$, $z_3$ der Reihe nach mit $\alpha_0$, $\alpha_1$, $\alpha_2$; wir erhalten dann:

10)
$$\begin{cases} e_1 - e_2 = \frac{g}{2L^2}(z_1 - z_2), \quad e_2 - e_3 = \frac{g}{2L^2}(z_2 - z_3), \\ e_1 - e_3 = \frac{g}{2L^2}(z_1 - z_3) \end{cases}$$

und:

11)
$$\begin{cases} pu - e_1 = \frac{g}{2L^2}(z_1 - z_2)\frac{z - z_3}{z_2 - z} \\ pu - e_2 = \frac{g}{2L^2}(z_1 - z_2)(z_2 - z_3)\frac{1}{z_2 - z} \\ pu - e_3 = \frac{g}{2L^2}(z_2 - z_3)\frac{z - z_1}{z - z_2}. \end{cases}$$

Verzichten wir auf den Vorteil, daß reellen Werten der Zeit auch reelle Werte des Arguments $u$ entsprechen, so können wir noch einfachere Formeln erhalten. Setzen wir nämlich:

12)
$$\lim \alpha_1 = \infty, \quad \lim a_0\,\alpha_1 = -\frac{2g}{L^2}$$

und identifizieren $\alpha_2$, $\alpha_3$, $\alpha_3$ der Reihe nach mit $z_1$, $z_2$, $z_3$, so erhalten wir:

13)
$$z - z_k = \frac{2L^2}{g}(pu_1 - e_k), \quad (k = 1, 2, 3).$$

In diesen Formeln entsprechen reellen Werten der Zeit Werte von $u_1$, deren imaginärer Bestandteil gleich der Hälfte der rein imaginären Periode ist; es ist nämlich:

$$u_1 = \int_{\infty}^{z} \frac{dz}{\sqrt{f(z)}} = \omega_3 + \int_{z_2}^{z} \frac{dz}{\sqrt{f(z)}} = \omega_3 + u.$$

## § 143. Darstellung des Winkels $\varphi$ als Funktion der Zeit.

Will man auch den Winkel $\varphi$ explicite als Funktion der Zeit darstellen, so erhält man die analytisch (wenn auch nicht für die numerische Rechnung) einfachsten Formeln, wenn man an die letzten Formeln von § 142 anknüpft. Den Werten $z = -L$ und $z = +L$ entsprechen nämlich dann zwei Werte $u_1 = a$ und $u_1 = b$, von denen der erste rein imaginär ist, während der reelle Bestandteil des zweiten gleich $\omega_1$ ist. Für jeden dieser Werte ist:

1) $$\left(\frac{dz}{dt}\right)^2 = -\frac{C^2}{L^2};$$

da andererseits vermöge § 142, (13):

2) $$\frac{dz}{dt} = \frac{2L^2}{g} p' u_1$$

ist, so folgt:

$$p'^2 a = p'^2 b = -\frac{g^2 C^2}{4 L^6}.$$

Wählt man — was noch freisteht — $a$ und $b$ so, daß ihre imaginären Bestandteile zwischen 0 und $\omega_3$ fallen, so wird $p'a$ negativ, $p'b$ positiv imaginär (vgl. § 86, IX). Also hat man, *wenn $C$ positiv ist,*

3) $$-p'a = p'b = \frac{i C g}{2 L^3}$$

zu setzen. Damit geht die Gleichung (11) von § 141 über in:

$$\begin{aligned}\frac{d\varphi}{du_1} &= \frac{C}{L^2 - z^2} = \frac{C}{2L}\left\{\frac{1}{L-z} + \frac{1}{L+z}\right\}\\ &= \frac{Cg}{4L^3}\left\{-\frac{1}{pu_1 - pb} + \frac{1}{pu_1 - pa}\right\}\\ &= -\frac{1}{2i}\left\{\frac{p'b}{pu_1 - pb} + \frac{p'a}{pu_1 - pa}\right\}\\ &= \frac{1}{2i}[\zeta(u_1+b) - \zeta(u_1-b) + \zeta(u_1+a) - \zeta(u_1-a) - 2\zeta a - 2\zeta b].\end{aligned}$$

Hier kann die Integration mit Hilfe von § 23, (3) sofort vollzogen werden; man erhält:

4) $$2i\varphi = \log\frac{\sigma(u_1+a)\,\sigma(u_1+b)}{\sigma(u_1-a)\,\sigma(u_1-b)} - 2u_1(\zeta a + \zeta b) + C.$$

Aus dieser Gleichung erhält man den in § 141, (12) mit $\Phi$ bezeichneten Winkel, indem man die Integration von irgend einem Werte $u_0$ bis zu dem um $2\omega_1$ größeren Werte erstreckt. Man kann aber auch:

$$\frac{d\varphi}{dt} = \frac{1}{2i}\int\limits_{-a}^{b}[-p(u_1+v) - p(u_1-v) + 2p\,v]\,dv$$

setzen, sodaß $\Phi$ als Doppelintegral erscheint, und dann die Reihenfolge der Integrationen vertauschen, da die Integrationswege sich nicht schneiden (vgl. § 60). Man erhält so:

$$5)\quad \begin{cases} \Phi = \dfrac{1}{4i}\displaystyle\int\limits_{-a}^{b}[-4\eta_1 + 4\omega_1 pv]\,dv \\ \quad = i[\eta_1(a+b) + \omega_1(\zeta a + \zeta b)]. \end{cases}$$

Bedingung für die Richtigkeit dieser Gleichung ist, daß $a$ und $b$ so wie oben angegeben gewählt werden.

## § 144. Bewegung eines Punktes auf einer Kugel ohne Wirkung von Kräften.

In den Entwicklungen der beiden letzten Paragraphen ist auf die Möglichkeit keine Rücksicht genommen, daß die auftretenden elliptischen Funktionen ausarten (vgl. den IX. Abschnitt).

Eine solche Ausartung tritt zunächst ein, wenn eine Wurzel der Gleichung $f(z) = 0$ (§ 141) unendlich groß wird, sodaß die Gleichung sich auf den zweiten Grad reduziert. Das ist nur dann der Fall, wenn $g = 0$ zu setzen ist, d. h. wenn man es mit der Bewegung eines Punktes auf einer Kugel ohne Wirkung von Kräften zu thun hat.

Die direkte Untersuchung dieses Falles führt zu folgenden Resultaten: Die Gleichung $f(z) = 0$ reduziert sich auf:

$$1)\qquad H(L^2 - z^2) - C^2 = 0;$$

ihre Wurzeln sind:

$$2)\qquad z_2 = +\sqrt{L^2 - \frac{C^2}{H_1}},\quad z_3 = -z_2.$$

Setzt man demgemäß:[1]

$$t = \frac{L}{\sqrt{H}}\int\limits_{z_0}^{z}\frac{dz}{\sqrt{z_2^2 - z^2}} = \frac{L}{\sqrt{H}}\int\frac{d\,\frac{z}{z_2}}{\sqrt{1-\left(\frac{z}{z_2}\right)^2}}.$$

[1] $H$ ist in diesem Fall nach § 140, (2) stets positiv.

so erhält man durch Integration:

$$3)\qquad z = z_2 \sin v, \quad v = \frac{\sqrt{H}}{L}\left(t + \arcsin\frac{z_0}{z_2}\right).$$

Damit geht die Gleichung (12) von § 140 über in:

$$\varphi - \varphi_0 = \int_{t_0}^{t} \frac{C\,dt}{L^2 - z^2} = \frac{CL}{\sqrt{H}} \int_0^v \frac{dv}{L^2 - z_2^2 \sin^2 v}$$

$$= \frac{CL}{\sqrt{H}} \int_0^v \frac{dv}{L^2 \cos^2 v + \frac{C^2}{H}\sin^2 v}$$

$$= \operatorname{arc\,tg}\left(\frac{C}{L\sqrt{H}} \operatorname{tg} v\right)$$

oder:

$$4)\qquad \operatorname{tg} v = \frac{L\sqrt{H}}{C} \operatorname{tg}(\varphi - \varphi_0).$$

Um aus dieser Gleichung und der vorhergehenden die Zeit zu eliminieren und so die Gleichung der Bahnkurve zu erhalten, setzen wir:

$$5)\qquad z = L \sin \Theta.$$

Wir erhalten dann aus (3):

$$\cos^2\Theta = 1 - (1 - \frac{C^2}{HL^2}\sin^2 v) = \cos^2 v + \frac{C^2}{HL^2}\sin^2 v,$$

$$6)\qquad \operatorname{tg}^2\Theta = \frac{L(HL^2 - C^2)\sin^2 v}{HL^2\cos^2 v + C^2 \sin^2 v};$$

aus (4):

$$\frac{1}{\cos^2(\varphi - \varphi_0)} = \frac{HL^2\cos^2 v + C^2\sin^2 v}{HL^2\cos^2 v},$$

$$7)\qquad \sin^2(\varphi - \varphi_0) = \frac{C^2 \sin^2 v}{HL^2\cos^2 v + C\sin^2 v}.$$

Die gesuchte Gleichung der Bahnkurve lautet also:

$$8)\qquad \operatorname{tg}^2\Theta = \frac{HL^2 - C^2}{C^2}\sin^2(\varphi - \varphi_0).$$

Das ist aber die Gleichung, die die beiden Katheten eines rechtwinkligen sphärischen Dreiecks verbindet, wenn:

$$9)\qquad \operatorname{tg}\gamma = \frac{\sqrt{HL^2 - C^2}}{C}$$

die Tangente des der Seite $\Theta$ gegenüberliegenden Winkels ist. D. h.:

*Im Falle $g = 0$ beschreibt der Punkt auf der Kugel einen Hauptkreis, der unter dem Winkel $\gamma$ gegen die Horizontalebene geneigt ist.*

Sehen wir nun zu, ob und wie wir dieses Resultat aus den allgemeinen Formeln durch Grenzübergang erhalten können. Dazu gehen wir am bequemsten von den Formeln (10) von § 142 aus. Setzen wir in ihnen:

10) $$\lim g = 0, \quad \lim (2 g z_1) = H,$$

so geben sie:

11) $$e_1 - e_2 = e_1 - e_3 = \tfrac{1}{4} \frac{H}{L^2}, \quad e_2 - e_3 = 0,$$

woraus:

12) $$e = \tfrac{1}{6} \frac{H}{L^2}, \quad e_2 - e_3 = -\frac{1}{12} \frac{H}{L^2};$$

und also nach § 80, (6):

13) $$\frac{\pi}{\omega_1} = \frac{\sqrt{H}}{L}.$$

Damit können wir den Grenzübergang an den Formeln § 142, (11) mit Hilfe von § 80, (12) und (13) ausführen; wir erhalten:

14) $$\frac{H}{4 L^2} \cot^2 \frac{v}{2} = \frac{H}{4 L^2} \frac{z - z_3}{z_2 - z}$$

15) $$\frac{H}{4 L^2} \operatorname{cosec}^2 \frac{v}{2} = \frac{H}{4 L^2} \frac{z_2 - z_3}{z_2 - z}.$$

Diese Gleichungen ergeben sich ganz ebenso aus (3); man muß nur beachten, daß $v$ hier von einem um eine Viertelperiode verschiedenen Anfangspunkt aus gerechnet ist (für $z = z_2$ wird hier $v = 0$, dort $= \pi/2$).

Will man den Grenzübergang auch an den Gleichungen von § 143 ausführen, so hat man zu beachten, daß die Formeln von § 80 nur unter der dort ausdrücklich hervorgehobenen Voraussetzung eines endlichen Argumentwertes gelten. Diese ist hier für keinen der drei Argumentwerte $u_1$, $a$, $b$ erfüllt; man muß daher erst durch die Substitutionen:

16) $$u_1 = \omega_3 + u, \quad a = \omega_3 - a', \quad b = \omega_3 - b'$$

Größen $u$, $a'$, $b'$ einführen, die auch in der Grenze endlich bleiben. Gleichung (4) von § 143 geht dann mit Rücksicht auf § 20, (7) zunächst über in:

$$2 i \varphi = \log \left\{ e^{2 \eta_3 (b' + a')} \frac{\sigma(u + a') \sigma(u + b')}{\sigma(u - a') \sigma(u - b')} \right\}$$
$$- 2 (u + \omega_3) \left( \frac{\sigma_3' a'}{\sigma_3 a'} + \frac{\sigma_3' b'}{\sigma_3 b'} \right) + C.$$

Wenden wir nun die Gleichungen (4) und (14) von § 80 an, indem wir zur Abkürzung setzen:

17) $$\frac{u \pi}{2 \omega_1} = v, \quad \frac{a' \omega}{2 \omega_1} = \alpha i, \quad \frac{b' \pi}{2 \omega_1} = \beta i,$$

so erhalten wir:

$$\lim(2i\varphi) = 2\eta_3(b' + a') + \frac{\pi^2}{24\,\omega_1^2}[(u + a')^2 + (u + b')^2$$

$$- (u + a')^2 - (u - b')^2] + \log\frac{\sin(v + \alpha i)\sin(v + \beta i)}{\sin(v - \alpha i)\sin(v - \beta i)}$$

$$- 2(u + \omega_3)\cdot\frac{\pi^3}{12\,\omega_1^2}(a' + b') + C.$$

Hier fallen die mit $u$ multiplizierten Glieder heraus, die von $u$ freien geben wegen § 80, (11) und § 19, (14)

$$2(b' + a')\left(\eta_3 - \omega_3\frac{\eta_1}{\omega_1}\right) = -\pi i\frac{a' + b'}{\omega_1} = 2(\beta + \alpha),$$

also einen endlich bleibenden Wert; und wir erhalten, wenn wir die Konstanten in die Definition von $\varphi$ mit hereinnehmen:

18) $$\lim(2i\varphi) = \log\frac{\sin(v + \alpha i)\sin(v + \beta i)}{\sin(v - \alpha i)\sin(v - \beta i)}.$$

Es bleibt nur noch übrig, daß wir die Grenzwerte von $\alpha$ und $\beta$ bestimmen. $a'$ und $b'$ sind gegeben durch:

$$a' = \int_{z_2}^{-L}\frac{dz}{\sqrt{f(z)}} = \omega_1 + \int_{z_2}^{-L}\frac{dz}{\sqrt{f(z)}}, \quad b' = \int_{z_2}^{L}\frac{dz}{\sqrt{f(z)}};$$

mit Hilfe von (2) folgt daraus:

19) $$\left\{\begin{aligned}\lim b' &= \frac{Li}{\sqrt{H}}\int_{z_2}^{L}\frac{dz}{\sqrt{z^2 - z_2^2}} = \frac{Li}{\sqrt{H}}\log\frac{L + \sqrt{z^2 - z_2^2}}{z + \sqrt{z_2^2 - z_2^2}}\\ &= \frac{Li}{\sqrt{H}}\log\frac{C + L\sqrt{H}}{z_2\sqrt{H}} = \frac{Li}{\sqrt{H}}\log\frac{L\sqrt{H} + C}{L\sqrt{H} - C}\end{aligned}\right.$$

und:

20) $$\lim a' = \omega_1 + \lim b'.$$

(Wegen der Vorzeichenbestimmungen vgl. man § 143.)

Es wird also, da nach (3) $\lim\omega_1 = \frac{L\pi}{\sqrt{H}}$ ist:

21) $$\lim\alpha i = \lim\beta i + \frac{\pi}{2}, \quad \lim\beta i = \tfrac{1}{2}\log\frac{L\sqrt{H} + C}{L\sqrt{H} - C}$$

und folglich:

$$\lim 2i\varphi = \log\frac{\sin 2(v + \beta i)}{\sin 2(v - \beta i)} = \log\frac{\operatorname{tg} 2v + \operatorname{tg} 2\beta i}{\operatorname{tg} 2v - \operatorname{tg} 2\beta i}$$

oder, da nach I, § 56, (7):

$$\log \frac{x + y i}{x - y i} = 2 i \operatorname{arc\,tg} \frac{y}{x}$$

ist:

22) $$\lim \varphi = \operatorname{arc\,tg} \left[ \frac{e^{\beta} - e^{-\beta}}{e^{\beta} + e^{-\beta}} \operatorname{ctg} v \right].$$

Aus (21) folgt aber:

$$\frac{e^{2\beta} - e^{-2\beta}}{e^{2\beta} + e^{-2\beta}} = \frac{C}{L\sqrt{H}},$$

also geht (22) über in:

23) $$\cot v = \frac{L\sqrt{H}}{C} \operatorname{tg} \varphi.$$

Man sieht, daß diese Gleichung mit (4) übereinstimmt, wenn man wieder die Verschiedenheit des Nullpunkts der Zählung von $v$ berücksichtigt.

Man erhält also durch Ausführung des Grenzübergangs dieselben Formeln wie durch direkte Behandlung des Grenzfalls; daraus folgt:

*Bei im Verhältnis zu $\sqrt{gL}$ sehr großer Anfangsgeschwindigkeit bewegt sich das Pendel während endlicher Zeit nahezu auf einem größten Kreise.*

## § 145. Asymptotische Bewegung des Pendels.

Die elliptischen Funktionen arten ferner noch aus, wenn zwei Wurzeln der Gleichung $f(z) = 0$ zusammenfallen. Sollen $z_1$ und $z_2$ zusammenfallen, so müssen sie beide $= L$ werden, da sie ja stets durch $L$ getrennt sind; das tritt dann und nur dann ein, wenn gleichzeitig:

1) $$C = 0, \qquad H = 2gL$$

ist. Dann wird aber:

2) $$\frac{d\varphi}{dt} = 0, \qquad \varphi = \text{const.},$$

d. h. das Pendel bewegt sich in einer Vertikalebene; ferner wird $z_3 = -L$, also:

3) $$t = \frac{L}{\sqrt{2g}} \int_{z_0}^{z} \frac{dz}{(L - z)\sqrt{L + z}}.$$

Die Substitution:

$$z = -L + s^2$$

führt dieses Integral über in:

$$4)\qquad t = \frac{2L}{\sqrt{2g}}\int_{s_0}^{s}\frac{ds}{2L - s^2} = \frac{1}{2}\sqrt{\frac{L}{g}}\left[\log\frac{s + \sqrt{2L}}{s - \sqrt{2L}}\right]_{s_0}^{s}.$$

Setzen wir:

$$5)\qquad 2t\sqrt{\frac{g}{L}} + \log\frac{s_0 + \sqrt{2L}}{s_0 - \sqrt{2L}} = 2v,$$

so erhalten wir durch Umkehrung:

$$6)\qquad s = \sqrt{2L}\,\frac{e^v - e^{-v}}{e^v + e^{-v}}.$$

Diese Gleichung zeigt, daß $z$ mit wachsender Zeit fortwährend wächst und sich asymptotisch dem Werte $z = L$ nähert. Dabei ist vorausgesetzt, daß die Wurzelgröße in (3) positiv genommen wird; ist die Anfangsgeschwindigkeit nach unten gerichtet, so nimmt $z$ zuerst ab, bis es nach der endlichen Zeit:

$$t = \frac{L}{\sqrt{2g}}\log\frac{s_0 + \sqrt{2L}}{s_0 - \sqrt{2L}}$$

den Wert $-L$ erreicht. Dort wird $dz/dt = 0$, aber für die Horizontalkomponente der Geschwindigkeit ergiebt sich aus § 140, (1) der von 0 verschiedene Wert $2\sqrt{gL}$.

Um diese Formeln durch Grenzübergang aus den allgemeinen zu erhalten, müssen wir in jenen nicht die rein imaginäre, sondern die reelle Periode über alle Grenzen wachsen lassen. Man hat dann in den Formeln von § 80 $\omega_1$ durch $\omega_3$ und die dadurch auftretenden trigonometrischen Funktionen rein imaginären Arguments durch Exponentialfunktionen reellen Arguments zu ersetzen. Dabei kann man aber nicht unmittelbar an die Formeln (11) von § 142 anknüpfen, weil das dort mit $u$ bezeichnete Integral, dessen untere Grenze in $z_2$ liegt, für alle $z$ unendlich groß wird; man muß vielmehr aus ihnen erst mit Hilfe von § 23 (6) (vgl. auch § 46 (2)) ableiten:

$$7)\qquad p u_2 - e_1 = \frac{(e_1 - e_2)(e_1 - e_3)}{p u - e_1} = \frac{g}{2L^2}(z_1 - z_3)\frac{z_2 - z}{z - z_3},$$

wo $u_2 = \omega_1 - u$ gesetzt ist. Dann erhält man in der Grenze:

8) $$\left(\frac{2\omega_3}{\pi i}\cdot\frac{e^v - e^{-v}}{2}\right)^2 = \frac{L}{g}\cdot\frac{z - z_3}{z_2 - z}$$

mit:

9) $$v = \frac{u_2 \pi i}{2\omega_3}.$$

Die rein imaginäre Halbperiode $\omega_3$ wird aber in der Grenze:

10) $$\begin{cases} \dfrac{2L}{\sqrt{2g}}\displaystyle\int_{-\infty}^{-L}\frac{dz}{(L-z)\sqrt{L+z}} = \dfrac{2iL}{\sqrt{2g}}\displaystyle\int_{L}^{\infty}\frac{dz}{(L+z)\sqrt{z-L}} \\ \qquad = \dfrac{4iL}{\sqrt{2g}}\displaystyle\int_{0}^{\infty}\frac{ds}{2L+s^2} = \pi i\sqrt{\dfrac{L}{g}}, \end{cases}$$

also ist die durch (9) definierte Größe $v$ in der That mit der durch (5) definierten identisch und Gleichung (8) geht über in:

11) $$\frac{z+L}{L-z} = \left(\frac{e^v - e^{-v}}{2}\right)^2.$$

Da sich aus (6) ergiebt:

$$L - z = s^2 - 2L = 2L\cdot\left(\frac{2}{e^v + e^{-v}}\right)^2,$$

so findet auch zwischen (6) und (11) Übereinstimmung statt.

Was die Ausführung des Grenzübergangs an den Formeln von § 143 betrifft, so beachte man zunächst, daß in diesem Fall:

12) $$\lim a = \omega_3, \qquad \lim b = \omega_2$$

wird. Man erhält also:

13) $$\lim(2i\varphi) = \log(e^{(2\eta_3 + 2\eta_2)u_1}) - 2u_1(\eta_3 + \eta_2) + C = C.$$

Doch ist damit nichts bewiesen, da in der Grenze $\omega_2$ unendlich wird und die Formeln von § 80 für unendlich große Argumente nicht gelten. In der That kann für Anfangsbedingungen, die von den Bedingungen des hier untersuchten Falles beliebig wenig verschieden sind, der Wert der Periode $\Phi$ noch ein zwischen gewissen Grenzen ganz beliebiger sein.

## § 146. Bewegung des Pendels auf einem Horizontalkreis.

Es bleibt endlich noch der Grenzfall zu besprechen, daß

1) $$z_2 = z_3$$

wird. Da $z - z_1$ stets negativ ist, ist in diesem Falle $(dz/dt)^2$ niemals positiv und nur 0, wenn $z$ beständig $= z_2 = z_3$ ist. Das

Pendel bleibt also dann beständig auf einem und demselben Horizontalkreis; und aus Gleichung (7) von § 139 geht hervor, daß es diesen Kreis mit gleichbleibender Geschwindigkeit beschreibt.

Der Wert dieser Geschwindigkeit läßt sich mit Hilfe der Gleichungen (15) bis (20) von § 141 durch $L$, $g$ und $z_2$ ausdrücken. Setzt man nämlich in ihnen $z_2 = z_3$, so folgt:

$$z_1 = -\frac{L^2 + z_2^2}{2z_2}, \qquad z_2 + z_2 = \frac{-L^2 + z_2^2}{2z_2};$$

also:

$$\frac{d\varphi}{dt} = \frac{C}{L^2 - z_2^2} = \sqrt{\frac{g}{-z_2}}. \tag{2}$$

Man sieht, daß $z_2$ negativ sein muß.

An den Formeln von § 143 ist in diesem Fall der Grenzübergang unter Beibehaltung von $u_1$ auszuführen.

# Register.

## Berichtigungen.

Zum ersten Teil.

Seite 75, Def. XI bedarf des Zusatzes, daß der Zusammenhang (Def. VIII) durch *innere* Punkte (Def. XII) vermittelt sein muß.

Seite 75 Satz XVII ist zuzufügen: „und für das $dy/dx$ nicht öfter als einmal unendlich wird“.

Seite 125 Z. 3 v. u. statt „zwei“ lies „einen“.

Zum zweiten Teil.

Seite 64, Satz I ist zuzufügen: „wenn die $A_{\nu 1}$ der Bedingung (4) genügen“.

Seite 139 In den Formeln (7) bis (9) ist $\frac{1}{2}$ und $a_0$ zu streichen.

Seite 140, (12) statt $\sqrt{\phantom{x}}$ lies $\sqrt[4]{\phantom{x}}$.

Seite 201, Z. 10 u. 6 v. u. statt $\omega_1$ lies $2\,\omega_1$.

Seite 207, Z. 6 v. u. statt $\vartheta_3{}^4$ lies $\vartheta_3{}^4\,\omega - 2$.

Seite 216, Z. 16 statt $x_3$ lies $x^3$.

Seite 219, Z. 9 v. u. statt 10 lies 19.

Seite 225, § 93, Z. 4 statt 64 lies 63.

Druck von Metzger & Wittig in Leipzig.

Bei Fragen zur Produktsicherheit wenden Sie sich bitte an:
If you have any questions regarding product safety,
please contact:

Walter de Gruyter GmbH
Genthiner Straße 13
10785 Berlin
productsafety@degruyterbrill.com